全国煤矿"三项岗位人员"安全培训考核系列教材

煤矿安全检查作业操作资格培训考核教材

中国煤炭工业协会培训中心　组织编写
全国煤炭行业教育培训资源编审专家委员会　审　　定

刘祥龙　主　编

应急管理出版社
·北　京·

图书在版编目（CIP）数据

煤矿安全检查作业操作资格培训考核教材／中国煤炭工业协会培训中心组织编写；刘祥龙主编．－－北京：应急管理出版社，2023

全国煤矿"三项岗位人员"安全培训考核系列教材
ISBN 978-7-5237-0066-2

Ⅰ.①煤… Ⅱ.①中… ②刘… Ⅲ.①煤矿—矿山安全—安全检查—安全培训—教材 Ⅳ.①TD7

中国国家版本馆 CIP 数据核字（2023）第 226124 号

煤矿安全检查作业操作资格培训考核教材

（全国煤矿"三项岗位人员"安全培训考核系列教材）

组织编写	中国煤炭工业协会培训中心
主　　编	刘祥龙
责任编辑	成联君
编　　辑	康嘉焱
责任校对	赵　盼
封面设计	众安图书
出版发行	应急管理出版社（北京市朝阳区芍药居 35 号　100029）
电　　话	010-84657898（总编室）　010-84657880（读者服务部）
网　　址	www.cciph.com.cn
印　　刷	徐州市拓朴彩色印刷有限公司
经　　销	全国新华书店
开　　本	787mm×1092mm $^1/_{16}$　印张 $19^1/_4$　字数　491 千字
版　　次	2024 年 1 月第 1 版　2024 年 1 月第 1 次印刷
社内编号	20230750　　　　　　　定价　40.00 元

版权所有　违者必究

本书如有缺页、倒页、脱页等质量问题，本社负责调换，电话:010-84657880

全国煤矿"三项岗位人员"安全培训考核系列教材编审委员会

主　　任	李增全	马汉鹏			
副 主 任	周心权	黄　红	姚亚楠	武龙飞	刘建伟
	张春利	李小平	吴国勇	孙可心	宁尚根
	杜志刚	刘祥龙	丁元伟		
委　　员	（按姓氏笔画排序）				
	于善勇	万志军	王　华	王　虎	王　朔
	王　锋	王　嘉	王永湘	王志强	王胜江
	王焕忠	孔光宇	王双伟	卢卫永	田　斌
	史成磊	曲晓明	朱世阳	任自锐	任旭红
	刘　帅	刘金娃	刘建伟	刘晓宁	孙　淼
	孙荣良	孙海峰	纪晓峰	纪新海	杜运夯
	李　宝	李云龙	李旭哲	李军峰	李若飞
	杨世模	杨西栋	杨相海	宋元文	张　冲
	张　惠	张　雷	张士勇	张文勇	张志军
	张学峰	张剑涛	张彦宾	陈　飞	陈　静
	陈中玉	陈世荣	苗化雨	郅荣伟	周玉君
	周如刚	宗　君	胡伟元	钟　帅	洪木银
	秦冬冬	贾新勇	党　珂	钱德利	徐坤光
	高志宏	高素芹	郭玉志	郭俊杰	唐豪龙
	陶　勇	黄文明	黄学远	菅　斐	康文林
	鹿志发	董照堂	程长社	程衍海	焦　跃
	鲁德智	谢明芬	谢　耀	衡玲燕	魏志跃
秘　　书	郭　玉				

本书编委会

主　　编　刘祥龙

副 主 编　王伟丽　王英辉　王　伟
　　　　　董照堂　周立喆　高　娇
参　　编　高　伟　潘炳昕　郭玉飞
　　　　　蔡志勇　崔晓宁　武龙飞
审　　稿　宁尚根　刘　康
　　　　　李　鹏

出版说明

为了落实《安全生产法》《煤矿安全生产标准化管理体系基本要求及评分方法(试行)》等法律法规对煤矿安全培训工作的新要求,根据应急管理部、国家矿山安全监察局"按照看得懂、记得住、用得上原则,开发分层次、分专业、分岗位的教材体系""建设安全生产数字资源库,推动安全培训课件、事故案例、电子教材等资源共建共享"的要求,我们组织了煤炭行业的专家和骨干教师,共同编写了这套"科学准确、先进实用、配套数字化资源"立体化新形态的《全国煤矿"三项岗位人员"安全培训考核系列教材》。

为了编写好本套教材,我们组织了近二百位煤炭行业的专家和教学经验丰富的骨干教师,深入煤矿企业、安全培训机构进行了大量的调研,广泛征求了各方面的意见,力求做到教材与培训大纲、考核要求、考试题库、实际培训授课的有机统一和融合,确保做到科学准确和先进实用。本套教材具有如下特点:

(1) 内容新颖,科学准确。 教材严格按照近年来颁布和修订的法律法规(如2021年修订的《刑法》《安全生产法》《煤矿重大事故隐患判定标准》、最新的煤矿"一规程四细则"等)进行编写,注重介绍当前煤矿生产中的新技术、新工艺、新材料、新设备和新方法,选取近五年内的典型事故案例。

(2) 严格按照培训大纲和考核要求编写。 教材在编写中严格按照国家公布的培训大纲和考核要求编写,增加了《安全生产法》《煤矿安全生产标准化管理体系基本要求及评分方法(试行)》等关于安全培训的新内容和新要求(如安全风险分级管控、隐患排查治理、煤矿安全生产标准化和全员安全生产责任制等),同时考虑到煤矿"三项岗位人员"安全培训考核取证的实际,不过度拓展。

(3) 体例合理,配套数字化教学资源。 教材将大纲考核内容的顺序进行适当调整,知识点之间有效衔接,便于读者由浅入深、循序渐进进行学习。教材配套PPT电子课件和视频、动画等微课、事故案例,便于教师讲授和学习。

(4) 建立网络题库,学员免费练题。 学员用手机扫描书上的注册码和验证码(一书一码),登录后可以顺序练题、随机练题、模拟考试,自动建立个人错题集,以有效应对考试。

本套教材的编审得到了中国煤矿安全技术培训中心、山西煤矿安全培训中心、山东煤矿安全技术培训中心、河北煤矿安全培训中心、四川矿山安全技术培

出版说明

训中心、内蒙古煤矿安全培训中心、宁夏煤矿安全技术培训中心、新疆煤炭工业安全技术培训中心、江苏煤矿安全技术培训中心、国家能源集团神东煤炭教育培训中心、国家能源集团乌海能源职工培训中心、平顶山天安煤业股份有限公司安全技术培训中心、兖矿能源集团员工教育培训中心、内蒙古平庄煤业(集团)有限责任公司职工教育培训中心、华亭煤业集团有限责任公司培训中心、扎赉诺尔煤业有限责任公司职工教育培训中心、铁法能源有限责任公司安全培训中心、山东能源集团济南培训中心、晋能控股煤业集团培训教育中心、太原煤炭气化(集团)有限责任公司培训中心、霍州煤电集团职工培训教育中心、甘肃靖远煤电股份有限公司职工培训处、窑街煤电集团职工教育培训中心、新汶矿业集团公司安全技术培训中心、峰峰集团教育培训中心、淮北矿业集团安全培训中心、陕西陕煤彬长矿业集团员工培训中心、郑煤集团职工教育培训中心、淮河能源控股集团职工培训中心、华阳新材料集团公司人才培训中心、西山煤电(集团)有限责任公司职工教育中心、河南能源化工集团永煤公司职工培训学校、神木职业技术教育中心、鄂尔多斯市煤炭安全技术培训中心、毕节市煤矿安全技术培训中心、华晋焦煤有限责任公司培训中心、中煤华利能源控股有限公司山西分公司培训中心、川煤集团攀枝花煤矿培训中心、山东煤炭技师学院培训中心、大同煤炭职业技术学院培训部、兰州资源环境职业技术学院安全技术培训中心、潞安职业技术学院、山西汾西矿业(集团)公司员工学校、辽北技师学院、山东肥矿技师学院、河南省能源工业技师学院、抚顺矿业集团技师学院、陕西工程科技高级技工学校、陕煤集团神南产业发展有限公司神南学院、晋能控股集团技师学院、陕西能源职业技术学院、云南能源职业技术学院、中煤职业技术学院、徐矿大学、河南理工大学安全技术培训学院、河南工程学院安全技术培训中心、山西工程职业学院、山西能源学院、吕梁学院、西安科技大学、中国矿业大学(北京)、中国矿业大学教育培训中心、国家能源集团、晋能控股集团、山东能源集团、河南能源化工集团鹤煤公司、山东能源新矿集团、河南能源化工集团焦煤公司、陕西陕煤黄陵矿业有限公司、陕西陕煤韩城矿业有限公司、陕西陕煤蒲白矿业有限公司、开滦(集团)有限责任公司、汇永控股集团有限公司、贵州盘江煤电集团技术研究院有限公司、淮北矿业集团、皖北煤电集团、黑龙江鸡西矿业集团、河南神火集团、潞安化工集团新元煤矿、山西中安华智科技发展有限责任公司、徐州众安图书有限公司等单位的大力支持,在此表示衷心感谢!

中国煤炭工业协会培训中心

前　言

为了落实煤矿安全培训"教考分离、统一标准、统一题库、统一证书、分级负责"的原则,贯彻执行《特种作业人员安全技术培训考核管理规定》《安全生产培训管理办法》等对煤矿特种作业人员培训的规定,进一步做好煤矿特种作业人员安全操作资格培训考试工作,我们组织煤矿安全监察部门和煤矿安全培训机构的专家和学者,共同编写了《煤矿安全检查作业操作资格培训考核教材》。

在本书编写过程中,编写人员深入煤矿企业、培训机构进行了大量的调研,广泛征求了各方面的意见,认真研究了大纲和题库,力图做到教材与考核大纲、实操考核标准、考试题库、实际培训授课的有机统一和融合。本书突出了煤矿特种作业人员岗位知识和技能,具有很强的权威性、针对性和实用性。

本书主要有以下特点:

(1) 按照最新培训大纲和考核要求编写。本书以原国家安全生产监督管理总局颁布实施的《煤矿特种作业人员安全技术培训大纲及考核要求》(AQ标准)和原国家煤矿安全监察局制定的《煤矿特种作业安全技术实际操作考试标准(试行)》为依据,贯彻了《煤矿安全生产标准化管理体系基本要求及评分方法(试行)》等对煤矿特种作业人员安全培训的新要求。

(2) 内容新颖,实用性强。本书编写过程中融入最近几年颁布和修订的法律法规(如2021年的《刑法》《安全生产法》《煤矿重大事故隐患判定标准》、2022年的《煤矿安全规程》、2023年《中共中央办公厅 国务院办公厅关于进一步加强矿山安全生产工作的意见》《煤矿单班入井(坑)作业人数限员规定》等),注重介绍当前煤矿生产中的新技术、新工艺、新材料、新设备和新方法,选取了最近几年发生的典型事故案例。

(3) 体例合理,便于讲授和学习。本书把《煤矿特种作业人员安全技术培训大纲及考核要求》(AQ标准)规定的考核内容的顺序进行了适当调整,使知识点之间有效衔接,便于教师讲授,也便于读者由浅入深地进行学习和备考。

(4) 立体化教材,动画、视频扫码可看。书中插入二维码,对于重点、难点,以及一些操作性强的内容,扫码可看视频讲解或动画演示,提高了教材的可读性。

(5)建立网络题库进行考试练习。 学员可以用手机或电脑免费练题。学员手机登录网络题库,可以进行顺序练题、随机练题、模拟考试,可以建立个人错题集,便于复习提高(网络题库免费使用期为验证后1年)。学员可先按章节顺序练题,生成个人错题集,随后在错题集中练习,逐步减少错题集中题目的数量,最终掌握所有错题。

(6)编制了配套的电子课件,便于教学。 我们组织教学经验丰富的教师编写了PPT电子课件,对购书超过100册的单位可以免费赠送,联系方式:414697740@qq.com(邮箱),13813483120(微信)。

欢迎读者对本书提出批评和修正意见,以便以后修订完善。意见反馈邮箱为:414697740@qq.com。

编　者

视频和网络题库使用流程

1. 微信扫描本书封底的注册码,完成"众安教培服务平台"小程序的注册(可以点击右上角三个点,添加到桌面上,便于以后使用)。已经注册过的,无须重复注册。

2. 在"众安教培服务平台"中"我的"里面找"扫一扫",扫描本书封底的验证码(一书一码,只能一人验证)。

3. 在"众安教培服务平台"中"我的"里面找"扫一扫",扫描书中的二维码即可观看视频。

4. 在"众安教培服务平台"中"题库"里面找"煤矿安全检查作业"题库,即可进行网络练题。

5. 使用中如有问题,请联系QQ414697740、微信13813483120,或者加入煤矿安全培训QQ群869935149进行交流。

目 录

第一篇 煤矿安全基本知识

第一章 煤矿安全生产方针与法律法规 1
    第一节 煤矿安全生产形势、特点与方针 1
    第二节 煤矿安全生产主要法律 4
    第三节 煤矿安全生产主要行政法规 11
    第四节 煤矿安全生产主要部门规章 13
    第五节 煤矿从业人员安全生产的权利和义务 19
    第六节 煤矿安全管理制度 21

第二章 煤矿生产技术 23
    第一节 矿井地质基本知识 23
    第二节 矿井开拓与生产系统 26
    第三节 采煤与掘进技术 31

第三章 煤矿灾害防治 38
    第一节 矿井通风 38
    第二节 矿井瓦斯灾害防治 43
    第三节 矿井火灾防治 51
    第四节 矿尘防治 56
    第五节 矿井水灾防治 60
    第六节 矿井顶板灾害防治 65
    第七节 冲击地压灾害防治 69
    第八节 矿井热害防治 71

第四章 煤矿事故自救互救与创伤急救 75
    第一节 煤矿事故应急预案 75
    第二节 矿井自救设施与设备 76

第三节　煤矿灾害应急处置 ·· 81
  第四节　创伤急救 ·· 86

第五章　煤矿职业病危害防治 ·· 99
  第一节　煤矿职业健康形势 ·· 99
  第二节　煤矿主要职业危害及防治措施 ······························· 100
  第三节　煤矿职业卫生管理制度和应急处置 ························ 104
  第四节　煤矿从业人员职业病预防的权利和义务 ·················· 106
  第五节　煤矿职业卫生健康监护基本要求 ··························· 107

第二篇　安全专业技术知识

第六章　煤矿安全检查作业人员的职业特殊性 ····························· 109
  第一节　煤矿安全检查作业人员在防治煤矿灾害中的重要作用 ······ 109
  第二节　煤矿安全检查作业人员的职业道德和安全职责 ········ 110

第七章　煤矿安全检查 ·· 112
  第一节　煤矿安全检查的依据、方式和方法 ························ 112
  第二节　煤矿安全检查的内容 ··· 115

第八章　采煤系统安全检查 ··· 120
  第一节　采区及辅助系统安全检查 ····································· 120
  第二节　综采工作面安全检查 ··· 123
  第三节　普采工作面安全检查 ··· 126
  第四节　炮采工作面安全检查 ··· 128
  第五节　特殊开采条件下工作面现场安全检查 ····················· 130

第九章　掘进系统安全检查 ··· 133
  第一节　井筒开凿安全检查 ·· 133
  第二节　巷道和硐室掘进安全检查 ····································· 134
  第三节　巷道维修安全检查 ·· 141
  第四节　特殊掘进条件下掘进现场安全检查 ························ 142

第十章　矿井"一通三防"系统安全检查 ····································· 144
  第一节　矿井通风系统安全检查 ·· 144
  第二节　矿井瓦斯防治系统安全检查 ·································· 148

第三节 矿井防尘系统安全检查 …………………………………………… 157
第四节 矿井防灭火系统安全检查 ………………………………………… 159

第十一章 矿井电气系统安全检查 ……………………………………………… 163
第一节 地面供电系统安全检查 …………………………………………… 163
第二节 井下电气设备防爆安全检查 ……………………………………… 164
第三节 井下电网保护安全检查 …………………………………………… 166
第四节 井下电气设备保护接地安全检查 ………………………………… 169
第五节 井下电缆的安全检查 ……………………………………………… 170
第六节 井下机电设备硐室安全检查 ……………………………………… 172
第七节 井下照明、信号及设备检修、停送电作业安全检查 …………… 173
第八节 供电系统双回路分列运行、双风机双电源、"三专两闭锁"安全检查 …… 175
第九节 矿井电气系统违章行为及灾害预防的安全检查 ………………… 177

第十二章 矿井提升运输系统安全检查 ………………………………………… 179
第一节 矿井提升系统安全检查 …………………………………………… 179
第二节 矿井提升运输安全防护设施安全检查 …………………………… 184
第三节 矿井运输系统安全检查 …………………………………………… 186
第四节 井下输送机安全检查 ……………………………………………… 191
第五节 井下绞车、人力推车安全检查 …………………………………… 193

第十三章 煤矿防治水作业安全检查 …………………………………………… 197
第一节 地面防治水安全检查 ……………………………………………… 197
第二节 井下防治水安全检查 ……………………………………………… 199
第三节 井下探放水安全检查 ……………………………………………… 202

第十四章 煤矿安全生产监测监控系统安全检查 ……………………………… 206
第一节 安全监测监控系统的组成及主要装备的功能 …………………… 206
第二节 安全生产监测监控系统安全检查 ………………………………… 207
第三节 人员位置、通信及图像监视系统安全检查 ……………………… 217

第三篇 安全操作技能

第十五章 煤矿安全检查作业安全技术实际操作考试标准 …………………… 219

附录 煤矿安全检查作业安全操作资格考试题库 ……………………………… 228

目　录

第一部分　安全法律知识子题库…………………………………………………… 228

第二部分　安全基本知识子题库…………………………………………………… 243

第三部分　安全技术理论知识子题库……………………………………………… 257

参考文献 ………………………………………………………………………………… 294

第一篇　煤矿安全基本知识

第一章　煤矿安全生产方针与法律法规

本章培训与考核要点
- 了解我国安全生产方针；
- 了解有关煤矿安全生产法律法规；
- 掌握劳动保护相关知识；
- 掌握煤矿从业人员安全生产的权利和义务；
- 了解煤矿安全管理制度。

第一节　煤矿安全生产形势、特点与方针

一、煤矿安全生产形势

近年来，我国煤矿安全生产形势持续稳定向好。随着落后产能淘汰退出，截至2022年底，全国煤矿数量减少到4300余处，年产120万t以上的大型煤矿产量占85%左右，实现"一井一面"或"一井两面"生产煤矿达1904处，已建成智能采掘工作面1156个，二级以上标准化煤矿达1947处。2022年，发生煤矿事故168起、死亡245人，其中煤矿瓦斯事故起数、死亡人数均同比下降44%，未发生冲击地压和火灾死亡事故。尽管近年来煤矿安全生产工作取得明显成效，但形势依然复杂严峻，重大事故尚未杜绝，较大事故时有发生，一般事故还经常发生，还存在一些突出问题。

（1）安全培训不到位。受煤价波动等多种因素影响，安全培训工作弱化，培训质量不高，精准培训有差距。煤矿安全培训走形式、走过场，假培训、假办班、乱办班、假考核、乱发证、办假证等时有发生。

（2）违法违规行为屡禁不止、屡罚不改。煤矿超层越界开采、超能力超强度生产、违规开采安全煤柱、违规转包分包、不经批准擅自复工复产等违法违规行为严重。

（3）危险源辨识、风险管控不够深入。一些地区、部门和煤矿企业风险意识不强，把风险管控等同于一般性安全检查，在办公室电脑里搞风险辨识与管控，没有落实到煤矿井下现场，没有真正辨识系统性、深层次的危险源，也没有切实制定风险管控措施。

（4）企业主体责任落实不到位。安全发展理念树得不牢，重生产轻安全，好像是为政府抓安全，缺乏内生动力。一些国有企业多层级管理，责任落实层层递减，制度措施和现场管理"两张皮"。

（5）事故教训吸取不深刻。2020年重庆松藻"9·27"重大火灾事故后，不到3个月吊水洞煤矿又发生重大事故。湖南省耒阳市2011年、2012年连续发生透水事故后，2020年又发生重大透水事故，3起事故如出一辙。2023年2月22日，内蒙古新井煤矿发生大面积坍塌事故，造成53人死亡，鄂尔多斯市小纳林沟露天煤矿3月4日因存在重大隐患被责停产整改，3月8—20日竟然还偷偷出煤7万多吨。

（6）随着开采深度的增加，一些矿井灾害日益严重。截至2021年底，全国有高瓦斯矿井840处、煤与瓦斯突出矿井718处、冲击地压矿井133处。随着开采深度的增加，部分煤矿由低瓦斯矿井向高瓦斯矿井或煤与瓦斯突出矿井演变，无冲击地压危险矿井向弱冲击或强冲击危险矿井演变，水文地质类型由简单向复杂或极复杂演变，大采深矿井地热、岩爆等问题凸显，且多种灾害叠加，煤与非煤、油气等相互伴生，防控难度增大。

（7）采掘接续紧张没有有效解决。一些煤矿采掘接续紧张问题一直没有得到有效解决，甚至有的矿井还在加重，导致灾害治理时间、空间不足。传统上煤矿生产接续按照"两头"保"一面"布置，现在为了灾害治理需要"多头"保"一面"，但一些煤矿在投入上、队伍上、管理上、技术上跟不上，陷入了采掘接续紧张的恶性循环。

（8）外部环境不确定性带来安全风险。受国际能源贸易摩擦、行业特点和极端天气等影响，个别地区、个别时段可能出现煤炭市场异常波动、价格大起大落，企业开开停停，造成生产不均衡，事故风险增加。

"十四五"时期是煤矿安全发展向更高水平迈进的关键时期。煤矿安全生产必须以习近平新时代中国特色社会主义思想为指导，以改革创新为根本动力，以保护矿工生命安全为根本目的，健全矿山安全法治、安全责任、灾害防治、科技支撑、基础保障和社会化服务等六大体系，实施矿山智能化建设、重大灾害治理、风险分级管控和隐患排查治理、从业人员素质提升、监管监察能力建设和信息化建设等重点工程，扎实推进煤矿安全治理体系与治理能力现代化，才能实现煤矿安全的根本好转。

二、煤矿井下作业特点

随着科学技术的创新和快速发展，煤炭工业面貌不断得到改善，以大型煤炭基地、大型煤炭企业和大型现代化煤矿为主的格局基本形成，大量落后不安全的小煤矿被淘汰，煤矿机械化、信息化和智能化程度逐步提高，安全生产条件大为改善。但是煤炭工业是一个特殊行业，生产条件和工作环境相对特殊，工作场所环境变化大，生产安全事故始终影响和制约着煤矿的生产建设。因此，煤矿特种作业人员了解井下作业场所的特点，对于履行自己的岗位职责具有重要意义。

（一）煤矿作业环境特殊

煤矿作业场所多为地下作业，条件相对艰苦，而且我国95%以上的煤矿是井工煤矿，井深平均在400 m以上，作业环境具有明显的特殊性。

（1）狭窄不平，变化大。采煤工作面空间依据煤层厚度而定，中厚煤层空间稍大，薄煤层、极薄煤层作业空间非常狭小，给行人和运输造成不便。此外，采掘作业面经常处在交替衔接之中，采掘作业的条件变化较大。

第一章 煤矿安全生产方针与法律法规

(2) 光线不足,噪声大。作业场所没有自然采光,井下作业人员要靠矿灯照明;采、掘、运等设备运转声响大,经常造成噪声超标。

(3) 阴凉潮湿,风速大。有的巷道或工作面经常出现淋水或积水,导致井下环境湿度较大。为保障通风质量,必须有较大的风速。

(4) 粉尘严重,危害大。在生产过程中,伴有粉尘、有害气体产生;采深大的矿井伴有地热现象,环境温度较高。

(5) 井深巷远,强度大。作业场所在地下,井深巷远,加上辅助时间,作业人员在井下时间较长,劳动强度大。

(二) 煤矿生产系统复杂

(1) 煤矿生产工艺复杂。煤矿井下生产具有多工种、多方位、多系统立体交叉连续作业的特点。采煤、掘进、通风、机电、排水、供电、运输等系统中,任何部位或任何一个环节出现问题,都可能酿成事故,甚至造成重特大事故。

(2) 煤矿生产和建设常常同时进行。要保证矿井持续生产,保持采掘平衡,必须在工作面回采的同时,不断进行巷道开拓准备,保证生产接替,这些生产建设环节的交叉,增加了安全生产、组织管理和技术管理的复杂性。

(三) 煤矿生产设备多

(1) 煤矿机电设备多而复杂。因为煤矿生产环节多,工艺复杂,所以井下生产要用到提升运输设备、通风压风设备、电气设备、排水设备、采掘设备以及保障安全生产的安全监测监控及瓦斯抽采设备。

(2) 煤矿机电设备向机械化、自动化、智能化的方向发展。综采成套设备的生产能力在适宜的煤层条件下,采煤工作面可实现年产超千万吨,出现了"一矿一面、一个采区、一条生产线"的高效集约化生产模式。高度智能化的采煤机实现了远程操控和工作面无人操作,带式输送机运输系统实现了自动化,矿井主要通风机、主提升设备操作实现了智能化。

(四) 煤矿事故诱发因素多样

(1) 由于煤矿生产条件的特殊性,大多数煤矿灾害因素多,致灾机理复杂。矿井瓦斯、矿尘、水、火、冲击地压及有毒有害气体经常威胁着煤矿安全生产,甚至引起重大安全事故。

(2) 安全管理不到位,设备、物料处于不安全状态,违章指挥、违章作业是造成人为事故的重要因素。

三、煤矿安全生产方针

(一) 煤矿安全生产方针的内容

安全生产方针是指国家对安全生产工作的总要求,是安全生产工作的方向。煤矿企业必须遵循"安全第一、预防为主、综合治理"的安全生产方针,把它作为安全生产工作的指导思想和行为准则。

1. 安全第一

安全第一是指强调安全,强调人的生命与健康高于一切,安全优先,以人为本,把安全放在一切工作的首位。煤矿企业要树立红线意识,落实"不安全不生产,隐患不排除不生产,安全措施不落实不生产"的原则,井下从业人员要珍惜自身生命健康,保持随时、随地安全生产的习惯,杜绝侥幸心理,实现自主保安、相互保安。

2. 预防为主

预防为主是指实现安全生产的主要工作在于预防,把安全生产工作的关口前移,超前防范,通过预防工作及时把各类事故消灭在萌芽之中。

3. 综合治理

综合治理是指综合运用各种手段,包括加强安全生产管理,保证安全生产投入,加强安全生产教育培训,做好业务保安、科技兴安工作,充分发挥各方面的安全监督作用,来保证安全生产。综合治理要求做到全方位、全过程、全员管理;重视科学技术对煤矿安全的重要支撑作用,提高煤矿生产机械化、自动化、信息化水平。综合治理是安全生产工作的重心所在,是保证安全管理目标实现的重要途径。

"安全第一、预防为主、综合治理"的安全生产方针是一个有机统一的整体。安全第一体现了以人为本的发展思想,是预防为主、综合治理的统帅和灵魂,没有安全第一的思想,预防为主就失去了思想支撑,综合治理就失去了整治依据。预防为主是实现安全第一的根本途径。只有把安全生产的重点放在建立风险管控预防体系上,超前防范,及时发现和整改事故隐患,才能有效减少事故损失,实现安全第一。综合治理是落实安全第一、预防为主的手段和方法。只有不断健全和完善综合治理工作机制,才能有效贯彻安全生产方针,真正把安全第一、预防为主落到实处,不断开创安全生产工作的新局面。

(二)贯彻煤矿安全生产方针对特种作业人员的要求

(1)牢固树立"安全第一"的思想,做到不安全不生产、风险不管控不生产。

(2)遵守煤矿安全管理制度,学法、知法、守法,树立依法进行煤矿安全生产作业的意识。

(3)遵纪守规,不违反劳动纪律,不违章作业,不违章指挥。

(4)带领班组成员认真履行全员安全生产责任,按照安全操作规程作业,做到操作标准化。

(5)参加安全生产培训,掌握煤矿安全知识和实际操作技能。

(6)做好劳动保护,做好工伤预防,避免职业伤害。

(7)工作中随时检查自己所处的作业环境,做到自主保安和相互保安。

(8)树立安全理念,实现由"要我安全"向"我要安全"和"我能安全"的转变。

第二节 煤矿安全生产主要法律

我国的煤矿安全生产法律法规体系由煤矿安全生产相关的法律、法规(行政法规和地方性法规)、规章(部门规章和地方性规章)、标准规范构成。

一、《中华人民共和国刑法》(以下简称《刑法》)

2020年12月26日,第十三届全国人大常委会第二十四次会议审议通过了《刑法修正案(十一)》,于2021年3月1日起正式施行。修订后的《刑法》中关于安全生产的犯罪主要有以下几种:

(一)重大责任事故罪

在生产、作业中违反有关安全管理的规定,因而发生重大伤亡事故或者造成其他严重后果的,处三年以下有期徒刑或者拘役;情节特别恶劣的,处三年以上七年以下有期徒刑。

【案例 1-1】 2016 年 7 月 29 日 20 时许，白×在未认真检查本班现场安全状况、未及时发现刮板输送机机尾稳固支柱存在的问题，且未取得操作证的情况下，开始生产作业。次日 8 时许，白×在点动刮板输送机时未发出信号，导致违章擅自提前进入工作面，冒险翻越刮板输送机的采煤工张×被刮板输送机拱起的溜槽挤至顶板受伤，后经抢救无效死亡。

法院审理认为，白×作为煤矿负责安全生产和安全监督检查的队长，未认真履行职责、违反安全生产管理规定，在未取得操作证的情况下违章作业，致使发生一人死亡的事故，其行为已构成重大责任事故罪。根据白×的犯罪情节、悔罪表现，综合被害人家属得到的赔偿情况，法院判决其有期徒刑 6 个月，缓刑 1 年。

（二）强令违章冒险作业罪

强令他人违章冒险作业，或者明知存在重大事故隐患而不排除，仍冒险组织作业，因而发生重大伤亡事故或者造成其他严重后果的，处五年以下有期徒刑或者拘役；情节特别恶劣的，处五年以上有期徒刑。

视频

【案例 1-2】 2015 年 1 月 4 日，淮沪煤电有限公司丁集煤矿开拓二区 201 队喷浆班班长蒋×带领工人王××、魏××和邹×到该煤矿井下 63 号钻场喷浆作业。当班作业完成后，蒋×私自决定并强制工人王××、魏××和邹×违章冒险工作，将 63 号钻场的叉车移动到 62 号钻场下方。在操作的过程中，未按照规定操作，叉车脱手下滑冲出轨道，致使工人吴××和盛×受伤，吴××经抢救无效死亡。

蒋×违反操作规定，强令他人违章冒险作业，发生 1 人死亡、2 人受伤的重大伤亡事故，其行为构成强令、组织他人冒险作业罪，被判处有期徒刑 2 年。

（三）重大劳动安全事故罪

安全生产设施或者安全生产条件不符合国家规定，因而发生重大伤亡事故或者造成其他严重后果的，对直接负责的主管人员和其他直接责任人员，处三年以下有期徒刑或者拘役；情节特别恶劣的，处三年以上七年以下有期徒刑。

【案例 1-3】 2016 年 10 月 13 日，黔西南州贞丰县荣盛煤矿发生一起较大瓦斯爆炸事故，造成 7 人死亡，7 人受伤，直接经济损失约 815 万元。李佩×身为荣盛煤矿法定代表人、主要投资人，对该矿疏于管理，致矿难事故发生；实际负责人李显×、总工程师马××、安全副矿长丛××、生产副矿长宋××和机电副矿长于××在明知该矿安全生产条件不符合国家规定的情况下，仍然组织安排工人下井生产采煤。12 时 30 分许，该矿 1203 采煤面因瓦斯积聚，工人爆破作业引发瓦斯爆炸事故。2018 年 5 月 22 日，黔西南州中级人民法院终审裁定：李显×、李佩×、马××、丛××、宋××和于××犯重大劳动安全事故罪，分别被判处有期徒刑四年、三年零六个月、三年、三年、二年零六个月和二年零四个月（缓刑三年）。

（四）危险作业罪

在生产、作业中违反有关安全管理的规定，有下列情形之一，具有发生重大伤亡事故或者其他严重后果的现实危险的，处一年以下有期徒刑、拘役或者管制：

视频

（1）关闭、破坏直接关系生产安全的监控、报警、防护、救生设备、设施，或者篡改、隐瞒、销毁其相关数据、信息的；

（2）因存在重大事故隐患被依法责令停产停业、停止施工、停止使用有关设备、设施、场所或者立即采取排除危险的整改措施，而拒不执行的；

(3) 涉及安全生产的事项未经依法批准或者许可,擅自从事矿山开采、金属冶炼、建筑施工,以及危险物品生产、经营、储存等高度危险的生产作业活动的。

【案例 1-4】 2021 年 3 月 7 日,刘×在金沙县龙宫煤矿二号井检测瓦斯过程中,用牌板遮挡摄像头,用黑色电胶布封闭 T_2 甲烷传感器的进气口,防止瓦斯超限报警。3 月 8 日,廖××为避免 T_2 甲烷传感器超限报警,用黑色电胶布封闭 T_2 甲烷传感器进气口,过了一段时间又将其撕掉。3 月 8 日,金沙县能源局执法人在对龙宫煤矿二号井 21404 综采工作面回风巷 T_5 甲烷传感器超限报警情况核实检查中发现:3 月 8 日 11 时 45 分 21404 综采工作面回风巷 T_5 甲烷传感器超限报警,最大浓度 3.42%,超限时长 16 分钟,在此期间 T_2 甲烷传感器监测数据最大浓度为 0.48%,属人为故意对 T_2 甲烷传感器监控数据进行屏蔽,造成瓦斯超限后甲烷传感器监测数据失真。5 月 18 日,廖××、刘×主动到公安机关自首,并如实供述自己用电胶布封闭 T_2 甲烷传感器进气孔的事实。2021 年 9 月 22 日,金沙县人民法院判廖××和刘×犯危险作业罪,判处拘役 3 个月,缓刑 6 个月。

上述四种犯罪中的"发生重大伤亡事故或者造成其他严重后果",是指如下情形之一:

(1) 造成死亡 1 人以上,或者重伤 3 人以上的;
(2) 造成直接经济损失 100 万元以上的;
(3) 其他造成严重后果或者重大安全事故的情形。

上述前三种犯罪中的"情节特别恶劣",指具有下列情形之一:

(1) 造成死亡 3 人以上或者重伤 10 人以上,负事故主要责任的;
(2) 造成直接经济损失 500 万元以上,负事故主要责任的;
(3) 其他造成特别严重后果、情节特别恶劣或者后果特别严重的情形。

(五) 工程重大安全事故罪

建设单位、设计单位、施工单位、工程监理单位违反国家规定,降低工程质量标准,造成重大安全事故的,对直接责任人员,处五年以下有期徒刑或者拘役,并处罚金;后果特别严重的,处五年以上十年以下有期徒刑,并处罚金。

(六) 不报、谎报安全事故罪

在安全事故发生后,负有报告职责的人员不报或者谎报事故情况,贻误事故抢救,情节严重的,处三年以下有期徒刑或者拘役;情节特别严重的,处三年以上七年以下有期徒刑。

【案例 1-5】 2019 年 7 月 29 日,贵州省修文县龙窝煤矿发生一起较大煤与瓦斯突出事故,造成 4 人死亡、2 人轻伤,直接经济损失 731.72 万元。龙窝煤矿在东下山违规布置施工隐蔽作业区域,在不具备安全生产条件的情况下,越界违法开采。事故发生后,该矿实际控制人郑××和矿长杨××组织瞒报事故,逃避修文县人民政府的核查。最终因遇难者家属报警,事情败露。2021 年 1 月 27 日,贵阳市中级人民法院终审裁定:郑××和杨××犯不报、谎报安全事故罪,分别判处有期徒刑 1 年和 6 个月;综合其所犯的重大责任事故罪和非法采矿罪,最终执行有期徒刑 7 年和 5 年。

此外,《刑法》规定的与煤矿生产有关的犯罪还有非法采矿罪,破坏性采矿罪,以危害方法危害公共安全罪和非法制造、买卖、运输、邮寄、储存爆炸物罪。

二、《中华人民共和国安全生产法》(以下简称《安全生产法》)

修订后的《安全生产法》自 2021 年 9 月 1 日起施行。制定《安全生产法》的目的是加强安全生产工作,防止和减少生产安全事故,保障人民群众生命财产安全,促进经济社会持续健康发展。

该法包括生产经营单位的安全生产保障、从业人员的安全生产权利和义务、安全生产的监督管理、生产安全事故的应急救援和调查处理、法律责任等内容。煤矿特种作业人员应当重点掌握如下内容：

视频

（1）安全生产工作坚持中国共产党的领导。

（2）安全生产工作应当以人为本，坚持人民至上、生命至上，把保护人民生命安全摆在首位，树牢安全发展理念，坚持安全第一、预防为主、综合治理的方针，从源头上防范化解重大安全风险。

（3）安全生产工作实行管行业必须管安全、管业务必须管安全、管生产经营必须管安全，强化和落实生产经营单位主体责任与政府监管责任，建立生产经营单位负责、职工参与、政府监管、行业自律和社会监督的机制。

（4）生产经营单位应当教育和督促从业人员严格执行本单位的安全生产规章制度和安全操作规程；并向从业人员如实告知作业场所和工作岗位存在的危险因素、防范措施以及事故应急措施。

（5）生产经营单位应当关注从业人员的身体、心理状况和行为习惯，加强对从业人员的心理疏导、精神慰藉，严格落实岗位安全生产责任，防范从业人员行为异常导致事故发生。

（6）生产经营单位必须为从业人员提供符合国家标准或者行业标准的劳动防护用品，并监督、教育从业人员按照使用规则佩戴、使用。

（7）生产经营单位必须依法参加工伤保险，为从业人员缴纳保险费。国家鼓励生产经营单位投保安全生产责任保险；属于国家规定的高危行业、领域的生产经营单位，应当投保安全生产责任保险。

（8）任何单位或者个人对事故隐患或者安全生产违法行为，均有权向负有安全生产监督管理职责的部门报告或者举报。

（9）生产经营单位发生生产安全事故后，事故现场有关人员应当立即报告本单位负责人。

（10）任何单位和个人都应当支持、配合事故抢救，并提供一切便利条件。

三、《中华人民共和国劳动法》(以下简称《劳动法》)

修订后的《劳动法》自2018年12月29日起施行。制定《劳动法》的目的是保护劳动者的合法权益、调整劳动关系、建立和维护适应社会主义市场经济的劳动制度、促进经济发展和社会进步。

《劳动法》的内容包括：总则、促进就业、劳动合同和集体合同、工作时间和休息休假、工资、劳动安全卫生、女职工和未成年工特殊保护、职业培训、社会保险和福利、劳动争议、监督检查、法律责任和附则。

《劳动法》规定了劳动者享有的基本权利和义务。劳动者享有平等就业和选择职业的权利、取得劳动报酬的权利、休息休假的权利、获得劳动安全卫生保护的权利、接受职业技能培训的权利、享受社会保险和福利的权利、提请劳动争议处理的权利以及法律规定的其他劳动权利。劳动者应当完成劳动任务，提高职业技能，执行劳动安全卫生规程，遵守劳动纪律和职业道德。

国家实行劳动者每日工作时间不超过8h，平均每周工作时间不超过44h的工时制度。

用人单位应当保证劳动者每周至少休息1日。煤矿企业因生产特点不能实行上述规定的,经劳动行政部门批准,可以实行其他工作和休息办法。劳动者连续工作一年以上的,享受带薪年休假。用人单位在元旦、春节、国际劳动节、国庆节及法律法规规定的其他休假节日期间应当依法安排劳动者休假。

工资分配应当遵循按劳分配原则,实行同工同酬。用人单位根据本单位的生产经营特点和经济效益,依法自主确定本单位的工资分配方式和工资水平。国家实行最低工资保障制度。用人单位支付劳动者的工资不得低于当地最低工资标准。劳动者在法定休假日和婚丧假期间以及依法参加社会活动期间,用人单位应当依法支付工资。用人单位与劳动者发生劳动争议,当事人可以依法申请调解、仲裁、提起诉讼,也可以协商解决。

四、《中华人民共和国劳动合同法》(以下简称《劳动合同法》)

修订后的《劳动合同法》自2013年7月1日起施行。制定《劳动合同法》的目的是完善劳动合同制度,明确劳动合同双方当事人的权利和义务,保护劳动者的合法权益,构建和发展和谐稳定的劳动关系。

(一)劳动合同的内容

视频

劳动合同应当具备以下条款:
(1)用人单位的名称、住所和法定代表人或者主要负责人;
(2)劳动者的姓名、住址和居民身份证或者其他有效身份证件号码;
(3)劳动合同期限;
(4)工作内容和工作地点;
(5)工作时间和休息休假;
(6)劳动报酬;
(7)社会保险;
(8)劳动保护、劳动条件和职业危害防护;
(9)法律、法规规定应当纳入劳动合同的其他事项。

劳动合同除前款规定的必备条款外,用人单位与劳动者可以约定试用期、培训、保守秘密、补充保险和福利待遇等其他事项。

(二)解除劳动合同

(1)用人单位与劳动者协商一致,可以解除劳动合同。

(2)劳动者提前30日以书面形式通知用人单位,可以解除劳动合同。劳动者在试用期内提前3日通知用人单位,可以解除劳动合同。

(3)【劳动者单方解除劳动合同】用人单位有下列情形之一的,劳动者可以解除劳动合同:

① 未按照劳动合同约定提供劳动保护或者劳动条件的;
② 未及时足额支付劳动报酬的;
③ 未依法为劳动者缴纳社会保险费的;
④ 用人单位的规章制度违反法律、法规的规定,损害劳动者权益的;
⑤ 因《劳动合同法》第二十六条第一款规定的情形致使劳动合同无效的;
⑥ 法律、行政法规规定劳动者可以解除劳动合同的其他情形。

用人单位以暴力、威胁或者非法限制人身自由的手段强迫劳动者劳动的,或者用人单位违章指挥、强令冒险作业危及劳动者人身安全的,劳动者可以立即解除劳动合同,不需事先告知用人单位。

(4)【用人单位单方解除劳动合同(过失性辞退)】劳动者有下列情形之一的,用人单位可以解除劳动合同:

① 在试用期间被证明不符合录用条件的;

② 严重违反用人单位的规章制度的;

③ 严重失职,营私舞弊,给用人单位造成重大损害的;

④ 劳动者同时与其他用人单位建立劳动关系,对完成本单位的工作任务造成严重影响,或者经用人单位提出,拒不改正的;

⑤ 因本法第二十六条第一款第一项规定的情形致使劳动合同无效的;

⑥ 被依法追究刑事责任的。

(5)【用人单位单方解除劳动合同(无过失性辞退)】有下列情形之一的,用人单位提前三十日以书面形式通知劳动者本人或者额外支付劳动者一个月工资后,可以解除劳动合同:

① 劳动者患病或者非因工负伤,在规定的医疗期满后不能从事原工作,也不能从事由用人单位另行安排的工作的;

② 劳动者不能胜任工作,经过培训或者调整工作岗位,仍不能胜任工作的;

③ 劳动合同订立时所依据的客观情况发生重大变化,致使劳动合同无法履行,经用人单位与劳动者协商,未能就变更劳动合同内容达成协议的。

(6)【用人单位不得解除劳动合同的情形】劳动者有下列情形之一的,用人单位不得依照上述(4)、(5)项的规定解除劳动合同:

① 从事接触职业病危害作业的劳动者未进行离岗前职业健康检查,或者疑似职业病病人在诊断或者医学观察期间的;

② 在本单位患职业病或者因工负伤并被确认丧失或者部分丧失劳动能力的;

③ 患病或者非因工负伤,在规定的医疗期内的;

④ 女职工在孕期、产期、哺乳期的;

⑤ 在本单位连续工作满十五年,且距法定退休年龄不足五年的;

⑥ 法律、行政法规规定的其他情形。

(7)违反劳动合同行为的处理。依据《劳动法》的规定,违反劳动合同应承担的法律责任主要包括经济责任、行政责任及刑事责任。

① 因违反劳动合同,给对方造成经济损失的,应根据其后果和责任的大小予以赔偿;

② 劳动者违反劳动纪律和用人单位规章制度,应接受本单位的批评和教育,以及适当的行政处分;

③ 用人单位违反劳动法规或劳动合同,造成事故,使劳动者生命、财产遭受损失的,应追究用人单位的行政责任;损害劳动者身体健康的,应负责给予治疗,并向致病致残者支付各项人费用;触犯刑律,构成犯罪者,由司法机关追究刑事责任。

【案例1-6】 2003年3月1日,王×与许庄煤矿签订劳动合同书,合同期限自2003年3月1日起至2008年2月28日止。2006年2月12日晚,王×在燃放鞭炮过程中被炸伤,致右眼球摘除,左眼眼眶下壁骨折,被鉴定为五级伤残。2006年6月王×出院后回到该煤矿继续从事井下采掘工作。2006年9月,因王×身体状况不能胜任井下采掘工作,被调至矿调度室工作。2007年4月底,因王×视力问题不能从事调度室的调度记录工作,又被调至煤矿木厂工作,但其仍不能胜任。2008年4月15日,该煤矿向王×送达了解除劳动合同通知书,王×拒绝签字。2008年5月17日,该矿停止了王×的工作。王×向当地法院起诉了该煤矿。《劳动合同法》规定,劳动者患病或者非因工负伤,医疗期满后,不能从事原工作也不能从事由用人单位另行安排的工作的,用人单位可以解除劳动合同。法院判决支持了许庄煤矿与王×解除劳动合同的决定,但要求该矿支付原告王×一定经济补偿金。

五、《中华人民共和国职业病防治法》(以下简称《职业病防治法》)

视频

2001年10月27日第九届全国人民代表大会常务委员会第二十四次会议通过《职业病防治法》后,该法分别于2011年、2016年、2017年和2018年经历了四次修订。制定《职业病防治法》的目的是:预防、控制和消除职业病危害,防治职业病,保护劳动者健康及其相关权益,促进经济社会发展。煤矿特种作业人员应重点掌握《职业病防治法》中的如下内容:

(1) 产生职业病危害的用人单位的设立除应当符合法律、行政法规规定的设立条件外,其工作场所还应当符合下列职业卫生要求:

① 职业病危害因素的强度或者浓度符合国家职业卫生标准;
② 有与职业病危害防护相适应的设施;
③ 生产布局合理,符合有害与无害作业分开的原则;
④ 有配套的更衣间、洗浴间、孕妇休息间等卫生设施;
⑤ 设备、工具、用具等设施符合保护劳动者生理、心理健康的要求;
⑥ 法律、行政法规和国务院卫生行政部门关于保护劳动者健康的其他要求。

(2) 用人单位必须采用有效的职业病防护设施,并为劳动者提供个人使用的职业病防护用品。用人单位为劳动者个人提供的职业病防护用品必须符合防治职业病的要求;不符合要求的,不得使用。

(3) 产生职业病危害的用人单位,应当在醒目位置设置公告栏,公布有关职业病防治的规章制度、操作规程、职业病危害事故应急救援措施和工作场所职业病危害因素检测结果。

对产生严重职业病危害的作业岗位,应当在其醒目位置,设置警示标识和中文警示说明。警示说明应当载明产生职业病危害的种类、后果、预防以及应急救治措施等内容。

(4) 任何单位和个人不得将产生职业病危害的作业转移给不具备职业病防护条件的单位和个人。不具备职业病防护条件的单位和个人不得接受产生职业病危害的作业。

(5) 用人单位与劳动者订立劳动合同(含聘用合同,下同)时,应当将工作过程中可能产生的职业病危害及其后果、职业病防护措施和待遇等如实告知劳动者,并在劳动合同中写明,不得隐瞒或者欺骗。

劳动者在已订立劳动合同期间因工作岗位或者工作内容变更,从事与所订立劳动合同中未告知的存在职业病危害的作业时,用人单位应当依照前款规定,向劳动者履行如实告知的义务,并协商变更原劳动合同相关条款。

用人单位违反前两款规定的,劳动者有权拒绝从事存在职业病危害的作业,用人单位不得因此解除与劳动者所订立的劳动合同。

(6) 用人单位应当对劳动者进行上岗前的职业卫生培训和在岗期间的定期职业卫生培训,普及职业卫生知识,督促劳动者遵守职业病防治法律、法规、规章和操作规程,指导劳动者正确使用职业病防护设备和个人使用的职业病防护用品。

劳动者应当学习和掌握相关的职业卫生知识,增强职业病防范意识,遵守职业病防治法律、法规、规章和操作规程,正确使用、维护职业病防护设备和个人使用的职业病防护用品,发现职业病危害事故隐患应当及时报告。

劳动者不履行前款规定义务的,用人单位应当对其进行教育。

(7) 对从事接触职业病危害的作业的劳动者,用人单位应当按照国务院卫生行政部门的规定组织上岗前、在岗期间和离岗时的职业健康检查,并将检查结果书面告知劳动者。职业健康检查费用由用人单位承担。

用人单位不得安排未经上岗前职业健康检查的劳动者从事接触职业病危害的作业;不得安排有职业禁忌的劳动者从事其所禁忌的作业;对在职业健康检查中发现有与所从事的职业相关的健康损害的劳动者,应当调离原工作岗位,并妥善安置;对未进行离岗前职业健康检查的劳动者不得解除或者终止与其订立的劳动合同。

(8) 劳动者离开用人单位时,有权索取本人职业健康监护档案复印件,用人单位应当如实、无偿提供,并在所提供的复印件上签章。

(9) 对遭受或者可能遭受急性职业病危害的劳动者,用人单位应当及时组织救治、进行健康检查和医学观察,所需费用由用人单位承担。

六、《中华人民共和国矿山安全法》(以下简称《矿山安全法》)

《矿山安全法》自 1993 年 5 月 1 日起施行。其立法的目的是:保障矿山安全生产,防止矿山事故,保护矿山职工的人身安全,促进采矿业的发展。

《矿山安全法》是调整劳动关系中关于保护劳动者在采矿生产过程中安全与健康的关系,有关国家机关和社会团体监督、检查矿山安全法规贯彻、执行情况所发生的关系准则。若矿山企业、事业单位及其行政主管部门(或法人代表)不履行《矿山安全法》的规定,该法的执行部门可以直接或请求有关机关依法强制其履行。因此,它是现阶段我国矿山企业在安全生产中必须遵循的法律。

第三节 煤矿安全生产主要行政法规

一、《煤矿安全监察条例》

《煤矿安全监察条例》自 2000 年 12 月 1 日起施行。制定《煤矿安全监察条例》的目的是保障煤矿安全,规范煤矿安全监察工作,保护煤矿职工人身安全和身体健康。国家对煤矿安全实行监察制度。煤矿安全监察机构按照国务院规定的职责,依照该条例的规定对煤矿实施安全监察。

《煤矿安全监察条例》共 5 章 50 条,对煤矿安全监察机构及其职责、煤矿安全监察内容作出了明确规定,在确立煤矿安全监察机构和煤矿安全监察员法律地位的同时,对其权利、职责和义务以及如何执法、如何接受监督等作出了明确规定;并确立了煤矿安全监察员管理制度、煤矿建设工程安全设施设计审查与竣工验收制度、煤矿安全生产监督检查制度、煤矿事故报告和调查处理制度、煤矿安全监察信息与档案管理制度、煤矿安全监察监督制约制度、煤矿安全监察行政处罚制度。

二、《工伤保险条例》

修订后的《工伤保险条例》自 2011 年 1 月 1 日起施行。制定《工伤保险条例》的目的是保障因工作遭受事故伤害或者患职业病的职工获得医疗救治和经济补偿,促进工伤预防和职业康复,分散用人单位的工伤风险。该条例主要规定了工伤保险基金、工伤认定、劳动能力鉴定、工伤保险待遇、监督管理、法律责任等方面的内容。

工伤保险,是指劳动者在工作中或在规定的特殊情况下,遭受意外伤害或患职业病导致暂时或永久丧失劳动能力以及死亡时,劳动者或其遗属从国家和社会获得物质帮助的一种社会保险制度。

(一) 工伤保险的作用

视频

(1) 工伤保险作为社会保险制度的一个组成部分,是国家通过立法强制实施的,是国家对职工履行的社会责任,也是职工应该享受的基本权利。工伤保险的实施是人类文明和社会发展的标志和成果。

(2) 实行工伤保险保障了工伤职工医疗及其基本生活、伤残抚恤和遗属抚恤,在一定程度上解除了职工和家属的后顾之忧。

(3) 建立工伤保险有利于促进安全生产,保护和发展社会生产力。工伤保险与生产单位改善劳动条件、防病防伤、安全教育、医疗康复、社会服务等工作紧密相连。对提高生产经营单位和职工的安全生产水平,防止或减少工伤、职业病,保护职工的身体健康至关重要。

(4) 工伤保险保障了受伤害职工的合法权益,有利于妥善处理事故和恢复生产,维护正常的生产、生活秩序,维护社会安定。

(二) 工伤认定

(1) 工伤保险认定的范围。

职工有下列情形之一的,应当认定为工伤:① 在工作时间和工作场所内,因工作原因受到事故伤害的;② 工作时间前后在工作场所内,从事与工作有关的预备性或者收尾性工作受到事故伤害的;③ 在工作时间和工作场所内,因履行工作职责受到暴力等意外伤害的;④ 患职业病的;⑤ 因工外出期间,由于工作原因受到伤害或者发生事故下落不明的;⑥ 在上下班途中,受到非本人主要责任的交通事故或者城市轨道交通、客运轮渡、火车事故伤害的;⑦ 法律、行政法规规定应当认定为工伤的其他情形。

职工有下列情形之一的,视同工伤:① 在工作时间和工作岗位,突发疾病死亡或者在 48 h 之内经抢救无效死亡的;② 在抢险救灾等维护国家利益、公共利益活动中受到伤害的;③ 职工原在军队服役,因战、因公负伤致残,已取得革命伤残军人证,到用人单位后旧伤复发的。

(2) 有下列情形之一的,不能认定为工伤或者视同工伤:① 故意犯罪的;② 醉酒或者吸毒的;③ 自残或者自杀的。

(3) 工伤认定所需材料:① 工伤认定申请表;② 与用人单位存在劳动关系(包括事实劳动关系)的证明材料;③ 医疗诊断证明或者职业病诊断证明书(或者职业病诊断鉴定书)。

(三) 工伤保险待遇

职工因工作遭受事故伤害或者患职业病进行治疗,享受工伤医疗待遇。

职工治疗工伤应当在签订服务协议的医疗机构就医,情况紧急时可以先到就近的医疗机构急救。

治疗工伤所需费用符合工伤保险诊疗项目目录、工伤保险药品目录、工伤保险住院服务标准的,从工伤保险基金支付。

职工住院治疗工伤的伙食补助费,以及经医疗机构出具证明,报经办机构同意,工伤职工到统筹地区以外就医所需的交通、食宿费用从工伤保险基金支付,基金支付的具体标准由统筹地区人民政府规定。

工伤职工到签订服务协议的医疗机构进行工伤康复的费用,符合规定的,从工伤保险基金支付。

工伤职工因日常生活或者就业需要,经劳动能力鉴定委员会确认,可以安装假肢、矫形器、假眼、假牙和配置轮椅等辅助器具,所需费用按照国家规定的标准从工伤保险基金支付。

职工因工作遭受事故伤害或者患职业病需要暂停工作接受工伤医疗的,在停工留薪期内,原工资福利待遇不变,由所在单位按月支付。

停工留薪期一般不超过12个月。伤情严重或者情况特殊的,经设区的市级劳动能力鉴定委员会确认,可以适当延长,但延长不得超过12个月。工伤职工评定伤残等级后,停发原待遇,按照《工伤保险条例》的有关规定享受伤残待遇。工伤职工在停工留薪期满后仍需治疗的,继续享受工伤医疗待遇。

生活不能自理的工伤职工在停工留薪期需要护理的,由所在单位负责。

工伤职工已经评定伤残等级并经劳动能力鉴定委员会确认需要生活护理的,从工伤保险基金按月支付生活护理费。

生活护理费按照生活完全不能自理、生活大部分不能自理或者生活部分不能自理三个不同等级支付,其标准分别为统筹地区上年度职工月平均工资的50%、40%或者30%。

三、《生产安全事故应急条例》

2019年2月17日国务院公布了《生产安全事故应急条例》,自2019年4月1日起施行。《生产安全事故应急条例》是第一部专门针对生产安全事故应急工作的行政法规。它作为实施《中华人民共和国安全生产法》《中华人民共和国突发事件应对法》的重要支撑,其颁布实施必将全面提高我国生产安全事故应急工作的法治水平和应急能力。针对生产经营单位的事故应急工作,它明确了三项制度、一个机制和四个方面应急管理保障要求:应急预案制度、定期应急演练制度和应急值班制度,第一时间应急响应机制,人员、物资、科技和信息化四个方面应急管理保障要求。

第四节 煤矿安全生产主要部门规章

一、《煤矿安全规程》

修订后的《煤矿安全规程》自2022年4月1日起施行,制定《煤矿安全规程》的目的是保障煤矿安全生产和从业人员人身安全与健康,防止煤矿事故与职业危害。

视频

《煤矿安全规程》是安全生产法律法规体系的重要组成部分,在煤炭行业具有极高的权威性,在煤矿安全生产领域居于主体规章地位,是规范煤矿安全生产行为的重要准绳。

1.《煤矿安全规程》的特点

（1）强制性。《煤矿安全规程》是必须严格遵守和执行的，所有煤矿企事业单位和职工的生产行为都不能与之相背离；否则，视情节或后果严重程度给予行政处分经济处罚，或追究其刑事责任。

（2）规范性。《煤矿安全规程》对一些内容做了具体的、明确的规定，规定了煤矿生产建设中哪些行为是被允许的，哪些行为是被禁止的，哪些行为是必须的，哪些行为是采取什么措施后才允许的，具有很强的规范性。

（3）科学性。《煤矿安全规程》是长期煤炭生产经验和科学研究成果的总结，是广大煤矿职工集体智慧的结晶，也是煤矿职工用生命和汗水换来的教训。

（4）稳定性。《煤矿安全规程》在一段时期内是相对稳定的，不得随意修改。执行一定时间后，根据各种因素的变化，再由有关安全生产监督管理部门负责组织修订。

2．煤矿特种作业人员必须熟知的内容

（1）煤矿企业必须对从业人员进行安全教育和培训。培训不合格的，不得上岗作业。特种作业人员必须按国家有关规定培训合格，取得资格证书，方可上岗作业。

（2）对作业场所和工作岗位存在的危险有害因素及防范措施、事故应急措施、职业病危害及其后果、职业病危害防护措施等，煤矿企业应当履行告知义务，从业人员有权了解并提出建议。

（3）从业人员有权制止违章作业，拒绝违章指挥；当工作地点出现险情时，有权立即停止作业，撤到安全地点；当险情没有得到处理不能保证人身安全时，有权拒绝作业。

（4）从业人员必须遵守煤矿安全生产规章制度、作业规程和操作规程，严禁违章指挥、违章作业。

（5）井下发生火灾时，矿值班调度和在现场的区、队、班组长应当依照灾害预防和处理计划的规定，将所有可能受火灾威胁区域中的人员撤离，并组织人员灭火。电气设备着火时，应当首先切断其电源；在切断电源前，必须使用不导电的灭火器材进行灭火。

（6）入井（场）人员必须戴安全帽等个体防护用品，穿带有反光标识的工作服。入井（场）前严禁饮酒。

（7）入井人员必须随身携带自救器、标识卡和矿灯，严禁携带烟草和点火物品，严禁穿化纤衣服。

（8）煤矿企业应当为接触职业病危害因素的从业人员提供符合要求的个体防护用品，并指导和督促其正确使用。作业人员必须正确使用防尘或者防毒等个体防护用品。

（9）煤矿企业必须按照国家有关规定，对从业人员上岗前、在岗期间和离岗时进行职业健康检查，建立职业健康档案，并将检查结果书面告知从业人员。

（10）煤矿必须建立矿井安全避险系统，对井下人员进行安全避险和应急救援培训，每年至少组织1次应急演练。

煤矿特种作业人员要坚持学规程、用规程，不能等到出了事故才想起学习规程。

二、《煤矿安全培训规定》

修订后的《煤矿安全培训规定》自2018年3月1日起施行。制定《煤矿安全培训规定》的目的是加强和规范煤矿安全培训工作，提高从业人员的安全素质，防止和减少伤亡事故。对于该规定，煤矿特种作业人员应重点掌握以下内容：

(1) 煤矿特种作业人员应当具备初中及以上文化程度(自 2018 年 6 月 1 日起新上岗的煤矿特种作业人员应当具备高中及以上文化程度),具有煤矿相关工作经历,或者职业高中、技工学校及中专以上相关专业学历。

(2) 煤矿特种作业人员必须经专门的安全技术培训和考核合格,由省级煤矿安全培训主管部门颁发《中华人民共和国特种作业操作证》(以下简称特种作业操作证)后,方可上岗作业(煤矿特种作业人员未取得特种作业操作证上岗作业,属于重大事故隐患)。

(3) 煤矿特种作业人员在参加资格考试前应当按照规定的培训大纲进行安全生产知识和实际操作能力的专门培训。其中,初次培训的时间不得少于 90 学时。

已经取得职业高中、技工学校及中专以上学历的毕业生从事与其所学专业相应的特种作业,持学历证明经考核发证部门审核属实的,免予初次培训,直接参加资格考试。

(4) 参加煤矿特种作业操作资格考试的人员,应当填写考试申请表,由本人或其所在煤矿企业持身份证复印件、学历证书复印件或者培训机构出具的培训合格证明向其工作地或者户籍所在地考核发证部门提出申请。

考核发证部门收到申请及其有关材料后,应当在 60 日内组织考试。对不符合考试条件的,应当书面告知申请人或其所在煤矿企业。

(5) 煤矿特种作业操作资格考试包括安全生产知识考试和实际操作能力考试。安全生产知识考试合格后,进行实际操作能力考试。

煤矿特种作业操作资格考试应当在规定的考点进行,安全生产知识考试应当使用统一的考试题库,使用计算机考试,实际操作能力考试采用国家统一考试标准进行考试。考试满分均为 100 分,80 分以上为合格。

考核发证部门应当在考试结束后 10 个工作日内公布考试成绩。

申请人考试合格的,考核发证部门应当自考试合格之日起 20 个工作日内完成发证工作。

申请人考试不合格的,可以补考一次;经补考仍不合格的,重新参加相应的安全技术培训。

(6) 特种作业操作证有效期 6 年,全国范围内有效。

特种作业操作证由国家安全生产监督管理总局统一式样、标准和编号。

(7) 特种作业操作证有效期届满需要延期换证的,持证人应当在有效期届满 60 日前参加不少于 24 学时的专门培训,持培训合格证明由本人或其所在企业向当地考核发证部门或者原考核发证部门提出考试申请。经安全生产知识和实际操作能力考试合格的,考核发证部门应当在 20 个工作日内予以换发新的特种作业操作证。

(8) 离开特种作业岗位 6 个月以上、但特种作业操作证仍在有效期内的特种作业人员,需要重新从事原特种作业的,应当重新进行实际操作能力考试,经考试合格后方可上岗作业。

(9) 特种作业操作证遗失或者损毁的,应当及时向原考核发证部门提出书面申请,由原考核发证部门补发。

特种作业操作证所记载的信息发生变化的,应当向原考核发证部门提出书面申请,经原考核发证部门审查确认后,予以更新。

(10) 企业井下作业人员调整工作岗位或者离开本岗位一年以上重新上岗前,以及煤矿企业采用新工艺、新技术、新材料或者使用新设备的,应当对其进行相应的安全培训,经培训合格后,方可上岗作业。

三、《煤矿领导带班下井及安全监督检查规定》

修订后的《煤矿领导带班下井及安全监督检查规定》自 2015 年 7 月 1 日起施行。煤矿特种作业人员应重点掌握如下内容:

(1) 煤矿是落实领导带班下井制度的责任主体,每班必须有矿领导带班下井,并与工人同时下井、同时升井。

(2) 煤矿没有领导带班下井的,煤矿从业人员有权拒绝下井作业,煤矿不得因此降低从业人员工资、福利等待遇或者解除与其订立的劳动合同。

(3) 任何单位和个人对煤矿领导未按照规定带班下井或者弄虚作假的,均有权向煤炭行业管理部门、煤矿安全监管部门、煤矿安全监察机构举报和报告。

多年的实践经验表明,领导带班与工人同时下井,有利于发现现场的安全问题,减少事故发生。

四、《矿山生产安全事故报告和调查处理办法》

2023 年 1 月 17 日,国家矿山安全监察局印发了《矿山生产安全事故报告和调查处理办法》。制定该规定的目的是规范矿山生产安全事故报告和调查处理,防范和遏制矿山生产安全事故。煤矿特种作业人员应重点掌握如下内容:

(1) 根据事故造成的人员伤亡或者直接经济损失,事故分为以下等级:

① 特别重大事故,是指造成 30 人以上死亡,或者 100 人以上重伤(包括急性工业中毒,下同),或者 1 亿元以上直接经济损失的事故;

② 重大事故,是指造成 10 人以上 30 人以下死亡,或者 50 人以上 100 人以下重伤,或者 5000 万元以上 1 亿元以下直接经济损失的事故;

③ 较大事故,是指造成 3 人以上 10 人以下死亡,或者 10 人以上 50 人以下重伤,或者 1000 万元以上 5000 万元以下直接经济损失的事故;

④ 一般事故,是指造成 3 人以下死亡,或者 10 人以下重伤,或者 100 万元以上 1000 万元以下直接经济损失的事故。

上述的"以上"包括本数,所称的"以下"不包括本数。

(2) 矿山发生事故(包括涉险事故)后,事故现场有关人员应当立即报告矿山负责人;矿山负责人接到报告后,应当于 1 h 内报告事故发生地县级及以上人民政府矿山安全监管部门,同时报告国家矿山安全监察局省级局。发生较大及以上等级事故的,可直接向省级人民政府矿山安全监管部门和国家矿山安全监察局省级局报告。

五、《煤矿重大事故隐患判定标准》

修订后的《煤矿重大事故隐患判定标准》自 2021 年 1 月 1 日起施行。制定该标准的目的是准确认定、及时消除煤矿重大生产安全事故隐患。该标准与现行的煤矿安全规定和工作实际相衔接,最大限度地减少了引用标准判定重大事故隐患时的自由裁量权,提高了判定的可操作性。

煤矿重大事故隐患包括以下 15 个方面:

(1) 超能力、超强度或者超定员组织生产。

(2) 瓦斯超限作业。
(3) 煤与瓦斯突出矿井,未依照规定实施防突出措施。
(4) 高瓦斯矿井未建立瓦斯抽采系统和监控系统,或者系统不能正常运行。
(5) 通风系统不完善、不可靠。
(6) 有严重水患,未采取有效措施。
(7) 超层越界开采。
(8) 有冲击地压危险,未采取有效措施。
(9) 自然发火严重,未采取有效措施。
(10) 使用明令禁止使用或者淘汰的设备、工艺。
(11) 煤矿没有双回路供电系统。
(12) 新建煤矿边建设边生产,煤矿改扩建期间,在改扩建的区域生产,或者在其他区域的生产超出安全设施设计规定的范围和规模。
(13) 煤矿实行整体承包生产经营后,未重新取得或者及时变更安全生产许可证而从事生产,或者承包方再次转包,以及将井下采掘工作面和井巷维修作业进行劳务承包。
(14) 煤矿改制期间,未明确安全生产责任人和安全管理机构,或者在完成改制后,未重新取得或者变更采矿许可证、安全生产许可证和营业执照。
(15) 其他重大事故隐患。

煤矿特种作业人员应当熟悉工种岗位相关的重大事故隐患的判定标准,能够及时发现、如实上报工作场所存在的重大事故隐患。

六、《煤矿作业场所职业病危害防治规定》

修订后的《煤矿作业场所职业病危害防治规定》自 2015 年 4 月 1 日起施行。制定该规定的目的是加强煤矿作业场所职业病危害的防治工作,强化煤矿企业职业病危害防治主体责任,预防、控制职业病危害,保护煤矿劳动者健康。该规定包括职业病危害防治管理,建设项目职业病防护设施,职业病危害项目申报,职业健康监护,粉尘、噪声、热害和职业毒害的防治等内容。对于该规定,煤矿特种作业人员应重点掌握如下内容:

(1) 煤矿不得使用国家明令禁止使用的可能产生职业病危害的技术、工艺、设备和材料,限制使用或者淘汰职业病危害严重的技术、工艺、设备和材料。
(2) 煤矿应当按照《煤矿职业安全卫生个体防护用品配备标准》(AQ 1051)规定,为接触职业病危害的劳动者提供符合标准的个体防护用品,并指导和督促其正确使用。
(3) 煤矿应当履行职业病危害告知义务,与劳动者订立或者变更劳动合同时,应当将作业过程中可能产生的职业病危害及其后果、防护措施和相关待遇等如实告知劳动者,并在劳动合同中载明,不得隐瞒或者欺骗。
(4) 煤矿应当在醒目位置设置公告栏,公布有关职业病危害防治的规章制度、操作规程和作业场所职业病危害因素检测结果;对产生严重职业病危害的作业岗位,应当在醒目位置设置警示标识和中文警示说明。
(5) 对接触职业病危害的劳动者,煤矿应当按照国家有关规定组织上岗前、在岗期间和离岗时的职业健康检查,并将检查结果书面告知劳动者。职业健康检查费用由煤矿承担。职业健康检查由省级以上人民政府卫生行政部门批准的医疗卫生机构承担。

七、《煤矿防治水细则》

修订后的《煤矿防治水细则》自 2018 年 9 月 1 日起施行。煤矿特种作业人员应重点掌握如下内容：

(1) 煤矿防治水工作应当坚持预测预报、有疑必探、先探后掘、先治后采的原则，根据不同水文地质条件，采取探、防、堵、疏、排、截、监等综合防治措施。

(2) 煤矿主要负责人必须赋予调度员、安检员、井下带班人员、班组长等相关人员紧急撤人的权力，发现突水征兆、极端天气可能导致淹井等重大险情，立即撤出所有受水患威胁地点的人员，在原因未查清、隐患未排除之前，不得进行任何采掘活动。

(3) 煤炭企业、煤矿应当组织开展水害应急预案、应急知识、自救互救和避险逃生技能的培训，使矿井管理人员、调度室人员和其他相关作业人员熟悉预案内容、应急职责、应急处置程序和措施。

八、《防治煤与瓦斯突出细则》

修订后的《防治煤与瓦斯突出细则》自 2019 年 10 月 1 日起施行。煤矿特种作业人员应重点掌握如下内容：

(1) 有突出矿井的煤矿企业、突出矿井应当依据《防治煤与瓦斯突出细则》，结合矿井开采条件，制定、实施区域和局部综合防突措施。区域综合防突措施包括下列内容：区域突出危险性预测；区域防突措施；区域防突措施效果检验；区域验证。局部综合防突措施包括下列内容：工作面突出危险性预测；工作面防突措施；工作面防突措施效果检验；安全防护措施。突出矿井应当加强区域和局部（简称两个"四位一体"）综合防突措施实施过程的安全管理和质量管控，确保质量可靠、过程可溯。

(2) 煤矿企业、煤矿的各职能部门负责人对职责范围内的防突工作负责；区（队）长、班组长对管辖范围内防突工作负直接责任；瓦斯防突工对所在岗位的防突工作负责。

(3) 突出煤层工作面的作业人员、瓦斯检查工、班组长应当熟悉突出预兆，发现有突出预兆时，必须立即停止作业，按避灾路线撤出，并报告矿调度室。班组长、瓦斯检查工、矿调度员有权责令相关现场作业人员停止作业、停电撤人。

(4) 突出矿井必须编制突出事故应急预案。突出煤层每个采掘工作面开始作业后 10 天内应当进行 1 次突出事故逃生、救援演习，以后每半年至少进行 1 次逃生演习，但当安全设施或者作业人员发生较大变化时必须进行 1 次逃生演习。

(5) 突出矿井的管理人员和井下工作人员必须接受防突知识培训，经考试合格后方可上岗作业。突出矿井井下工作人员的培训包括防突基本知识以及与本岗位相关的防突规章制度。

九、《防治煤矿冲击地压细则》

修订后的《防治煤矿冲击地压细则》自 2018 年 8 月 1 日起施行。煤矿特种作业人员应当重点掌握如下内容：

(1) 冲击地压矿井必须编制冲击地压事故应急预案，且每年至少组织一次应急预案演练。

(2) 人员进入冲击地压危险区域时必须严格执行"人员准入制度"。准入制度必须明确规定人员进入的时间、区域和人数，井下现场设立管理站。进入严重（强）冲击地压危险区域的人员必须采取穿戴防冲服等特殊的个体防护措施,对人体的胸部、腹部、头部等主要部位加强保护。

（3）冲击地压矿井必须制定采掘工作面冲击地压避灾路线,绘制井下避灾线路图。冲击地压危险区域的作业人员必须掌握作业地点发生冲击地压灾害的避灾路线以及被困时的自救常识。井下有危险情况时,班组长、调度员和防冲专业人员有权责令现场作业人员停止作业,停电撤人。

（4）冲击地压矿井必须依据冲击地压防治培训制度,定期对井下相关的作业人员、班组长、技术员、区队长、防冲专业人员与管理人员进行冲击地压防治的教育和培训,保证防冲相关人员具备必要的岗位防冲知识和技能。

十、《煤矿防灭火细则》

为了加强煤矿防灭火工作,有效防控煤矿火灾事故,保障煤矿安全生产及从业人员生命安全和健康,2021年10月21日国家矿山安全监察局印发了《煤矿防灭火细则》,于2022年1月1日起开始实施。煤矿特种作业人员应重点掌握如下内容：

（1）煤矿企业、煤矿必须对从业人员进行防灭火教育和培训,定期对防灭火专业技术人员进行培训,提高其防灭火工作技能和有效处置火灾的应急能力。

（2）井下工作人员必须熟悉灭火器材的使用方法和本职工作区域内灭火器材的存放地点。

（3）井下严格实行明火管制,并符合下列规定：

① 严禁在采掘工作面进行电焊、气割等动火作业；
② 严禁携带烟草和点火物品,严禁穿化纤衣服入井；
③ 井下严禁使用灯泡取暖和使用电炉；
④ 井下爆破作业时,应当按照矿井瓦斯等级选用煤矿许用炸药和雷管,并严格按施工工艺进行爆破；
⑤ 井口和井下电气设备必须装设防雷击和防短路的保护装置。

（4）井下使用的润滑油、棉纱、布头和纸等,必须存放在盖严的铁桶内。使用后的棉纱、布头和纸,也必须放在盖严的铁桶内,并由专人定期送到地面处理,不得乱放乱扔。严禁将剩油、废油泼洒在井巷或者硐室内。

（5）井下清洗风动工具时,必须在专用硐室内进行,并使用不燃性和无毒性洗涤剂。

第五节　煤矿从业人员安全生产的权利和义务

《安全生产法》《矿山安全法》《劳动法》《煤炭法》等法律规定了煤矿从业人员在安全生产方面的权利和义务。关心和维护从业人员在安全生产方面的权利,是实现安全生产的重要条件。

一、煤矿从业人员安全生产的权利

煤矿从业人员安全生产的权利可概括为以下8个方面。

（一）享受工伤保险和伤亡求偿权

生产经营单位与从业人员订立的劳动合同,应当载明有关保障从业人员劳

视频

动安全、防止职业危害的事项,以及依法为从业人员办理工伤社会保险的事项。生产经营单位不得以任何形式与从业人员订立协议,免除或者减轻其对从业人员因生产安全事故伤亡依法应承担的责任。因生产安全事故受到损害的从业人员,除依法享有工伤社会保险外,依照有关民事法律尚有获得赔偿的权利,有权向本单位提出赔偿要求。

(二)危险因素和应急措施的知情权

生产经营单位的从业人员有权了解其作业场所和工作岗位存在的危险因素、防范措施及事故应急措施。

(三)安全管理的批评检控权

矿山企业职工必须遵守有关矿山安全的法律、法规和企业规章制度。矿山企业职工有权对危害安全的行为提出批评、检举和控告。

(四)拒绝违章指挥和强令冒险作业权

从业人员有权对本单位安全生产工作中存在的问题提出批评、检举、控告;有权拒绝违章指挥和强令冒险作业。生产经营单位不得因从业人员对本单位安全生产工作提出批评、检举、控告或者拒绝违章指挥、强令冒险作业而降低其工资、福利等待遇或者解除与其订立的劳动合同。

(五)紧急情况下的停止作业和紧急撤离权

从业人员发现直接危及人身安全的紧急情况时,有权停止作业或者在采取可能的应急措施后撤离作业场所。生产经营单位不得因从业人员在紧急情况下停止作业或者采取紧急撤离措施而降低其工资、福利等待遇或者解除与其订立的劳动合同。

(六)批评、检举和控告权利

从业人员有权对本单位安全生产工作中存在的问题提出批评、检举和控告。

(七)获得符合国家标准或者行业标准劳动防护用品的权利

生产经营单位必须为从业人员提供符合国家标准或者行业标准的劳动防护用品,并监督、教育从业人员按照使用规则佩戴、使用。

(八)获得安全生产教育和培训的权利

生产经营单位应当对从业人员进行安全生产教育和培训,保证从业人员具备必要的安全生产知识,熟悉有关的安全生产规章制度和安全操作规程,掌握本岗位的安全操作技能。未经安全生产教育和培训合格的从业人员,不得上岗作业。

二、煤矿从业人员安全生产的义务

作为法律关系内容的权利与义务是对等的,从业人员依法享有权利,同时也必须承担相应的法律义务和法律责任。《安全生产法》关于从业人员的安全生产义务的规定有以下四项:

(1)必须遵法守规,服从管理的义务。

(2)正确佩戴和使用劳保用品的义务。

(3)接受安全生产教育和培训,掌握安全生产技能的义务。

(4)发现事故隐患或者其他不安全因素及时报告和及时处理的义务。

第六节 煤矿安全管理制度

一、煤矿安全生产责任制

安全生产责任制是最基本的安全管理制度,是所有安全管理制度的核心,是"企业负责"的具体落实。安全生产责任制的实质是"安全生产,人人有责",核心是将各级管理人员、各职能部门及其工作人员和岗位生产人员在安全管理方面应做的事情和应负的责任加以明确规定。

二、安全目标管理制度

安全目标管理是指煤矿企业将一定时期的安全工作任务转化为安全工作目标,制定安全目标体系,并层层分解到本企业的各个部门和个人,各个部门和个人按照所制定的目标,制定相应的对策措施。安全目标管理制度,应依据政府有关部门或上级下达的安全指标,结合实际制定年度或阶段安全生产目标,并将指标逐渐分解,明确责任、保证措施、考核和奖惩办法。

三、安全办公会议制度

安全办公会议由矿长或法定代表人主持,矿长外出时,由矿长委托生产副矿长或安全副矿长主持召开。安全办公会议的主要任务是传达贯彻上级一系列安全工作会议指示、指令、文件精神,分别听取有关专业部门对本旬安全生产检查情况的汇报,分析讨论各类隐患问题,并提出相应的安全技术措施和整改处理意见,结合各专业存在的安全工作重点,研究和部署相应安全管理规定。

四、安全技术措施审批制度

安全技术措施编制和审批,必须符合《安全生产法》《矿山安全法》《煤矿安全规程》等法律法规的规定和要求,并遵守上级主管部门颁发的各种文件、指令和技术标准。

采掘工作面作业规程和安全技术措施的审批,由总工程师和采掘专业的副总工程师负责审批;复杂硐室的组织设计,应用新技术、新工艺、新设备和新材料,以及采区首采工作面的作业规程,由上级主管部门审批。

开工前由施工单位的技术负责人组织全体人员对批准的作业规程和安全技术措施进行传达、学习,做好学习记录并存档。施工单位每月至少重新组织一次对作业规程和安全技术措施的学习,而且要做好学习记录。施工单位应根据现场的情况,每月对作业规程和安全技术措施进行复查,出现问题及时补充修改。

五、安全检查制度

安全检查是消除隐患、防止事故、改善劳动条件的重要手段。安全检查制度,应保证有效地监督安全生产规章制度、规程、标准、规范等执行情况;重点检查矿井"一通三防"的装备、管理情况;明确安全检查的周期、内容、检查标准、检查方式、负责组织检查的部门和人员、对检查结果的处理办法。对查出的问题和隐患应按"四定"原则(定项目、定人员、定措施、定时间)落实处理,并将结果进行通报及存档备案。

六、事故隐患排查制度

事故隐患排查制度应保证及时发现和消除矿井在通风、瓦斯、煤尘、火灾、顶板、机电、运输、爆破、水害和其他方面存在的隐患;明确事故隐患的识别、登记、评估、报告、监控和治理标准;按照分级管理的原则,明确隐患治理的责任和义务,并保证隐患治理资金的投入。

七、安全教育培训制度

安全教育与培训制度,应保证煤矿企业职工掌握本职工作应具备的法律法规知识、安全知识、专业技术知识和操作技能;明确企业职工教育与培训的周期、内容、方式、标准和考核办法;明确相关部门安全教育与培训的职责和考核办法;明确年度安全生产教育与培训计划,确定任务,保证安全培训的条件,落实费用。

八、安全投入保障制度

安全投入保障制度应按国家有关规定建立稳定的安全投入资金渠道,保证新增、改善和更新安全系统、设备、设施,消除事故隐患,改善安全生产条件,安全生产宣传、教育、培训、安全奖励、推广应用先进安全技术措施和管理、抢险救灾等均有可靠的资金来源。安全投入应能充分保证安全生产需要,安全投入资金要专款专用。煤矿企业应当编制年度安全技术措施计划,确定项目,落实资金、完成时间和责任人。

九、劳动防护用品产品发放与使用制度

该制度应符合《劳动防护用品产品质量监督检验暂行管理办法》及有关法规和标准的要求,内容应包括劳动防护用品的质量标准、发放标准、发放范围以及劳动防护用品的使用、监督检查等方面的内容。

十、矿用设备、器材使用管理制度

矿用设备、器材使用管理制度,应保证在用设备、器材符合相关标准,保持完好状态;明确矿用设备、器材使用前检测标准、程序、方法和检验单位、人员的资质;明确使用过程中的检验标准、周期、方法和校验单位、人员的资质;明确维修、更新和报废的标准、程序和方法。

十一、入井检身与出入井人员清点制度

入井检身与出入井人员清点制度,明确入井人员禁止带入井下的物品和检查方法;明确人员入井登记、升井登记、清点和统计、报告办法,保证准确掌握井下作业人数和人员名单,及时发现未能正常升井的人员并查明原因。

第二章　煤矿生产技术

本章培训与考核要点
- 了解煤层埋藏特征及其对安全生产的影响；
- 熟悉矿图的种类、识读方法；
- 了解矿井开拓的各种方式；
- 了解矿井与采区生产系统；
- 了解巷道分类、巷道掘进方法和巷道支护形式；
- 了解采煤工作面的巷道布置、采煤工艺、急倾斜煤层的开采等采煤技术；
- 了解煤矿智能化开采新技术。

第一节　矿井地质基本知识

一、岩石与岩层

岩石是一种或一种以上矿物组成的集合体。根据岩石的成因，岩石可分为岩浆岩、沉积岩、变质岩三大类。

岩层是指由两个平行的或近于平行的界面所限制的岩性相同或近似的层状岩石。

（1）岩层的产状：岩层在地壳中的空间存在状态，如水平岩层、倾斜岩层、直立岩层和倒转岩层。

（2）岩层的产状三要素：走向、倾向、倾角，如图2-1所示。

走向：倾斜岩层的层面与水平面的交线，称为走向线。走向线上各点的高程都相等。走向线两端延伸的方向，称为岩层的走向。走向就是表示倾斜岩层在水平面上的延伸方向。当岩层是个平面时，其走向线为一条直线，各点走向不变；当岩层为曲面时，其走向线为一条曲线，各点走向不同。

倾向：岩层层面上垂直于走向线，并沿岩层层面倾斜向下引出的直线，叫真倾斜线。真倾斜线在水平面上的投影线所指岩层向下倾斜的方向，就是岩层的倾向。

倾角：真倾斜线与其在水平面上的投影线的夹角，叫倾角。

二、地质构造

原始形成的沉积岩层受地壳运动的影响而发生了倾斜、褶皱，有的还发生了断裂，沿断裂面产生了位移。这种由地壳运动而造成的岩层或岩体的原始产状和原始形态的改变，称为地质构造变动。发生构造变动的岩层或岩体，形成了各式各样的构造形态（如褶皱、裂隙、断层），称为地质构造。

(一) 断裂构造

地壳中的岩石(岩层或岩体),特别是脆性较大和靠近地表的岩石,在受力情况下容易产生断裂和错动,总称为断裂构造。

(1) 节理:几乎所有岩石中都可看到有规律的、纵横交错的裂隙。

(2) 断层:岩块沿着破裂面有明显位移的断裂构造。

断层的几个要素:断层面、断层线、断盘,如图 2-2 所示。根据断层两盘相对位移的关系分类:

① 正断层:上盘相对下降,下盘相对上升的断层;

② 逆断层:上盘相对上升,下盘相对下降的断层;

③ 平推断层:断层两盘沿着断层面在水平方向发生相对位移的断层;

④ 枢纽断层:断层运动具有旋转性质,好像上盘围绕着一个轴作旋转运动的断层。

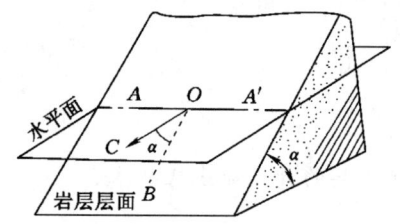

AOA′—走向线;OB—倾斜线;OC—倾向线

图 2-1 煤层产状

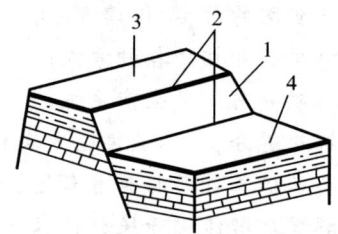

1—断层面;2—断层线;3—下盘;4—上盘

图 2-2 断层的要素

(二) 褶皱构造

岩层在水平方向积压力长期作用下,发生塑性变形而形成波状弯曲,这种构造形态称为褶皱构造。褶皱构造中岩层的一个弯曲,称为褶曲。褶曲的基本形态分为背斜和向斜。

背斜:突出的弯曲,两翼岩层从中心向外倾斜。向斜:岩层向下凹陷的弯曲,两翼岩层自两侧向中心倾斜,如图 2-3 所示。

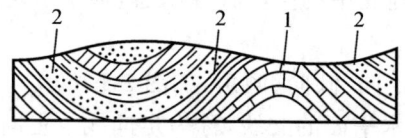

1—背斜;2—向斜

图 2-3 褶皱构造

三、煤层

煤层是指顶、底板岩石之间所夹的一套煤及其矸石层。煤层是煤系的主要组成部分,煤层层数、厚度及其变化是评价煤田经济价值的主要因素。

1. 煤层顶、底板

(1) 顶板:煤层上覆的岩层。根据岩性、厚度及采煤过程中的垮落难易程度,顶板分为:伪顶、直接顶和基本顶。

(2) 底板:位于煤层之下的岩层,分为直接底和基本底两种,如图 2-4 所示。

2. 煤层结构

煤层结构是指煤层中是否含有夹石层,分为简单结构和复杂结构和极复杂结构三种。

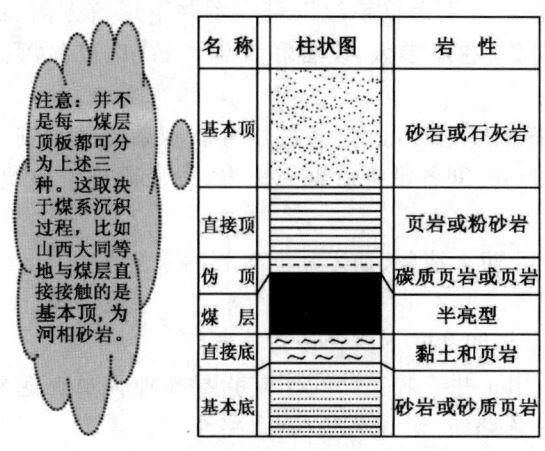

图 2-4 煤层柱状图

3. 煤层的形态

按煤层赋存的空间几何形态,分为层状煤层、似层状煤层和不规则状煤层三种形态。

4. 煤层的厚度

(1) 厚度分类。煤层的厚度是指煤层上下层面之间的垂直距离。

① 煤层总厚度:包括夹矸层在内的煤层全部厚度之和。

② 煤层有益(纯煤)厚度:所有煤分层厚度的总和。

③ 煤层可采厚度:在现代经济技术条件下适于开采的煤分层的总厚度。

(2) 煤层厚度等级。薄煤层,≤1.3 m;中厚煤层,1.3~3.5 m;厚煤层,>3.5 m。

四、矿图

在矿井设计、施工和生产管理等工作中,需要测绘一系列的图纸,这些图称为矿图。《煤矿安全规程》规定,井工煤矿必须按规定填绘反映实际情况的下列图纸:

(1) 矿井地质图和水文地质图。矿井地质图是反映矿井各种地质现象与井巷工程之间的相互关系及它们空间分布情况的所有图件。矿井水文地质图是反映矿井水文地质条件的图纸,其中矿井水文地质图包括:矿井充水性图、矿井涌水量与各种相关因素动态曲线图、矿井综合水文地质图、矿井综合水文地质柱状图、矿井水文地质剖面图、矿井含水层等水位(压)线图、区域水文地质图、矿区岩溶图。

(2) 井上、下对照图。井上、下对照图是将井田范围内的地物、地貌和井下的采掘工程情况综合画在一张平面图上的图件。井上下对照图每季度填绘 1 次,图面表达和注记无矛盾。

(3) 巷道布置图。巷道布置图是指反映全矿井或井下某一区域巷道的平面位置和相互关系的图纸。

(4) 采掘工程平面图。采掘工程平面图是将开采煤层或其分层内的采掘工程和地质情况,采用标高投影的原理,按一定比例尺绘制而成的图纸。采掘工程平面图每月填绘 1 次。

(5) 通风系统图。通风系统图是表示矿井通风网络,通风设备、设施,风流的方向和风量等参数的平面图或立体图。

(6) 井下运输系统图。井下运输系统图是表示井下煤流方向、辅助运输方向等信息的平面图,一般包括巷道名称、巷道参数、设备和设施参数、轨道参数、煤流方向、辅助运输方向等。

(7) 安全监控布置图和断电控制图、人员位置监测系统图。安全监控布置图是指反映各安全监控设备安装的位置,即各设备放置的地方,并从原理上反映监测系统怎样动作、运行及主要功能的图纸。

(8) 压风、排水、防尘、防火注浆、抽采瓦斯等管路系统图。

(9) 井下通信系统图。

(10) 井上、下配电系统图和井下电气设备布置图。

(11) 井下避灾路线图。井下避灾路线图是指导作业人员在遇到各种灾害时的撤退路线图,通常包括避瓦斯爆炸路线、避火路线、避水路线等。

以上 11 项图件是煤矿生产必不可少的基础性、全局性资料,是煤矿安全、建设、生产和管理依据的基础,是了解、掌握煤矿地质规律和分析煤矿生产问题的重要依据,要求煤矿必须备齐,并随着开采的进行及时填绘、经常修改,保持图件内容最大限度地符合地质条件和开采状况的变化。

煤矿特种作业人员应当熟悉《煤矿地质测量图例》规定的图形符号、线条、注记等,掌握最基本的矿图识读方法,能够读懂本岗位作业相关的图件,熟练掌握煤矿井下避灾路线图。

第二节 矿井开拓与生产系统

由于煤矿开采的对象是赋存于地下的煤层,受地质条件和生产技术的限制和影响,一个矿井(一套生产系统)所能开采的煤层范围是有限的,往往难以开采整个煤田,在一个井田上进行开采的煤矿一般叫矿井。

一、煤田开发

煤田的范围差异较大,大的煤田面积可达数千平方千米,储量可达数百亿吨。对于这样的煤田,如果用一个矿井来开采,无论从技术上、经济上和安全上都是不合理的。因此,在开发一个煤田时,应将煤田划分成若干较小的部分,由若干矿井进行开采。划归一个矿井开采的那部分煤田称为井田。

煤田划分为井田后,每个井田的范围仍然很大。井田的走向长度可达数千米甚至数万米,倾斜程度可达数千米,井田的储量可供开采数十年甚至数百年。为了有计划地按照一定的顺序进行开采,需要将井田划分为若干更小的部分。

(一) 井田划分为阶段和水平

阶段:在井田范围内,沿着煤层的倾斜方向,按一定标高把煤层划分为若干个平行于走向的长条部分,每个长条部分具有独立的生产系统,称为阶段。每个阶段都有独立的运输和通风系统。

水平:上下两阶段分界的水平面,称为水平。

一般而言,阶段与水平二者既有联系又有区别。其区别在于阶段表示的是井田范围中的一部分,强调的是煤层开采范围和储量;而水平是指布置在某一标高水平面上的巷道,强调的是巷道布置。二者的联系是利用水平上的巷道去开采阶段内的煤炭资源。井田内水平和阶段的开采顺序,一般是先采上部水平和阶段,后采下部水平和阶段。

（二）井田划分为盘区或带区

开采倾角很小的近水平煤层,井田沿倾斜方向的高差很小,很难将其划分成若干以一定标高为界的阶段,则可将井田直接划为盘区或带区。通常沿煤层的延展方向布置大巷,在大巷两侧划分成具有独立生产系统的块段,这样的块段称为盘区或带区。

（三）井田划分为开采区域

随着煤矿机械化和新技术、新方法、新设备的出现,我国已经建设了许多大型和特大型矿井。由于矿井生产能力大、井田范围广,辅助提升任务非常繁重,井下通风线路长,特别是当瓦斯涌出量大时,矿井通风更加困难。为了解决矿井辅助提升和通风问题,我国不少特大型矿井将井田划分为若干具有独立通风系统的开采区域。各开采区域具有独立近风、回风系统,其内部可采用采区式、盘区式或带区式准备方式,并有自己的辅助井筒,担负进风和回风任务,有时还担负辅助提升工作。井下出煤则由服务于全矿的主井集中提出。

二、矿井开拓

为开采煤炭,由地表进入煤层为开采水平服务所进行的井巷布置和开掘工程,称为井田开拓。在某一井田地质、地形及开采技术条件下,矿井开拓巷道有多种布置方式,开拓巷道的布置方式称为开拓方式。

按井筒(硐)形式可分为立井开拓、斜井开拓、平硐开拓、综合开拓。

1. 立井开拓

主井、副井均采用立井的开拓方式,称为立井开拓。井田开采一个,煤层赋存较深,表土层较厚。如图 2-5 所示,井田沿倾斜分为 2 个阶段,设 2 个开采水平。在阶段内沿走向划分为若干个采区。为减少初期工程量,尽快投产,可设中央采区。每个采区再划分为 3 个区段。

2. 斜井开拓

主井、副井均为斜井的开拓方式称为斜井开拓,如图 2-6 所示。采用斜井开拓时,一般以一对斜井开拓井田。斜井布置方式应满足井型大小、运输等要求。一般情况下,斜井井筒应布置在煤层(组)下部稳定的底板岩石中,井筒方向与煤层倾斜方向基本一致。当煤层倾角与要求的井筒倾角不一致时,可采用穿层斜井。当井筒倾角小,而煤层倾角大,则可开掘底板穿层斜井,穿底板斜井,井田可以是单水平、多水平开拓,也可以是单煤层、煤层群开拓。当煤层倾角较小,如近水平煤层,为减少斜井工程量,可开掘顶板穿层斜井。应用顶板穿层斜井时,一般井田内只开采一个煤层,且往往是单水平开拓。

3. 平硐开拓

服务于地下开采,在地层中开掘的直通地面的水平巷道,称为平硐。主要用于运输矿产品的平硐称为主平硐。用主平硐的开拓方式称为平硐开拓。简言之,利用直通地面的水平巷道进入地下煤层的开拓方式称为平硐开拓,如图 2-7 所示。

4. 综合开拓

在复杂的地形、地质及开采技术条件下,采用单一的井筒形式开拓,在技术上有困难、经济上也不合理。各种开拓方式均有优缺点,若将两种开拓方式的主要优点结合起来,就出现了综合开拓,即采用立井、斜井、平硐等任何两种或两种以上的开拓方式,称为综合开拓。可供选择的综合开拓方式有:立井—斜井、平硐—斜井、立井—平硐及立井—斜井—平硐等。

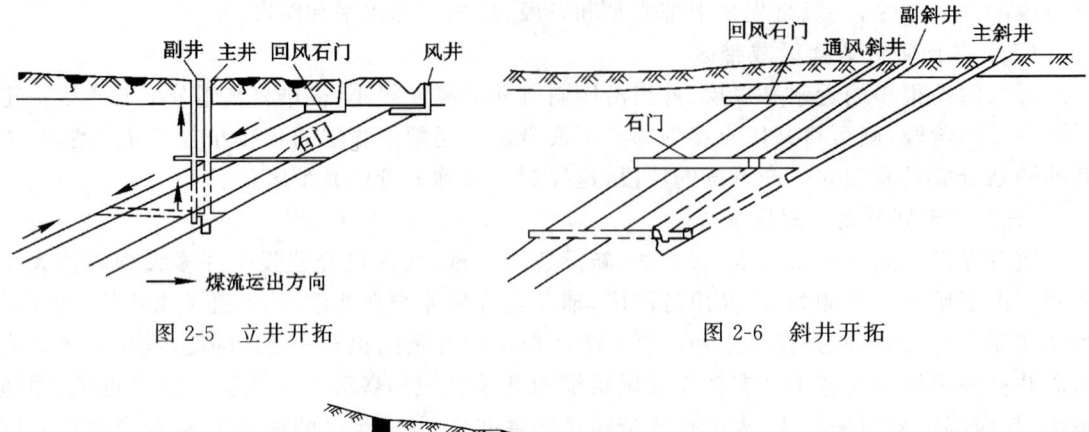

图 2-5 立井开拓　　　　　　　图 2-6 斜井开拓

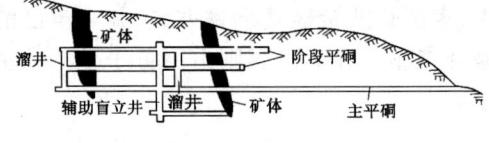

图 2-7 平硐开拓

三、矿井巷道

矿井开采需要在地下煤(岩)层中开凿大量的井巷和硐室,常按巷道的空间特征和用途来分类。

(一) 按巷道所处空间位置和形状分类

矿井巷道按巷道所处空间位置和形状,可分为垂直巷道、水平巷道和倾斜巷道。

1. 垂直巷道

立井:直接通达地面出口的垂直巷道,又称竖井。立井一般位于井田中部,担负全矿煤炭提升任务的为主立井,担负人员升降和材料、设备、矸石等辅助提升任务的为副立井。

暗立井:没有直接通达地面出口的垂直巷道,装有提升设备,也有主暗立井、副暗立井之分。暗立井通常用作上下两个水平之间的联系,即将下部水平的煤炭通过主暗立井提升到上部水平,将上部水平中的材料、设备和人员等转运到下部水平。

溜井:担负自上而下溜放煤炭任务的暗井。

2. 倾斜巷道

斜井:有直接出口通达地面的倾斜巷道。担负全口径下煤炭提升任务的斜井叫主斜井,担负矿井通风、行人、运料等辅助提升任务的斜井叫副斜井。

暗斜井:没有直接通达地面的出口,用作相邻上下水平联系的倾斜巷道,其任务是将下部水平的煤炭运到上部水平,将上部水平的材料、设备等运到下部水平。

上山:服务于一个采(盘)区的倾斜巷道,也称为采(盘)区上山。没有通达地面的出口,且位于开采水平之上,沿煤层或岩层从主要运输大巷由下向上开掘的倾斜巷道。上山用于开采其开采水平以上的煤层。按用途和装备,可将上山分为输送机上山(或运输上山)、轨道上山、通风上山、和行人上山等。输送机上山(或运输上山)内的煤炭运输方向为由上到下运至水平大巷。

下山:由运输大巷向下,沿煤岩层开掘的为一个采(盘)区服务的倾斜巷道,也称为采(盘)区下山。按用途和装备,可将下山分为输送机下山(或运输下山)、轨道下山、通风下山和行人下山等。

3. 水平巷道

平硐：有出口直接通达地面的水平巷道。一般以一条主平硐担负全矿运煤、排矸、材料设备运输、进风、排水、供电和行人等任务，专作通风用的平硐称为通风平硐。

石门：与煤层走向垂直或斜交的水平岩石巷道。服务于全阶段、一个采区、一个区段的石门，分别称为阶段石门、采区石门、区段石门，用于运输的石门称为运输石门，用于通风的石门称为通风石门。

煤门：开掘在煤层中并与煤层走向垂直或斜交的水平巷道。煤门的长度取决于煤层的厚度，只有在厚煤层中才有必要掘进煤门。

平巷：没有出口直接通达地面，沿煤层走向开掘的水平巷道。开掘在岩层中的平巷叫岩石平巷，开掘在煤层中的平巷叫煤层平巷。按用途，可将平巷分为运输平巷、通风平巷等；按服务范围，将服务全阶段、分段、区段的平巷分别称为阶段平巷、分段平巷、区段平巷。

硐室：在井下开凿和建造的在空间3个轴线上长度相差不大且又不直通地面的较短的地下巷道，如绞车房、变电所、水泵房、炸药库和煤仓等。硐室一般断面较大且长度较短。

（二）按巷道服务范围及其用途分类

矿井巷道按巷道服务范围及其用途，可分为开拓巷道、准备巷道和回采巷道。

1. 开拓巷道

为全矿井或一个开采水平服务的巷道叫开拓巷道。如井筒、井底车场、主要石门、阶段（水平）大巷、采区石门等井巷，以及掘进这些巷道的辅助巷道都属于开拓巷道。

2. 准备巷道

为采区一个以上区段、分段服务的巷道叫准备巷道，属于这类巷道的有采区上（下）山、区段集中巷、区段石门、采区车场、采区变电所等。

3. 回采巷道

形成采煤工作面及为其服务的巷道叫回采巷道，属于这类巷道的有采煤工作面的开切眼、区段运输平巷和区段回风平巷。

四、矿井生产系统

（一）井下生产系统

煤矿井下生产系统主要有采煤系统、掘进系统、运煤系统、通风系统、运料排矸系统、排水系统、动力供应系统等。在煤矿生产过程中这些系统担负提升、运输、通风、排水、人员安全进出、材料设备上下井、矸石出运、供电、供气、供水等任务，生产系统的畅通和安全是矿井安全生产的前提和保证。

视频

1. 采煤系统

煤矿生产的中心环节是利用各种采煤方法进行采煤作业。采煤系统包括合理的巷道布置和适宜的采煤工艺（包括破煤、装煤、运煤、支护、采空区处理等，主要在图2-8中的24、25处进行）。

2. 掘进系统

掘进系统就是按照井田开采规划的总体部署和采煤设计要求，开掘各种类型的巷道，合理有序地开采煤炭资源的准备系统。采掘衔接是矿井生产均衡的重要保证，掘进作业是其中的重要环节。

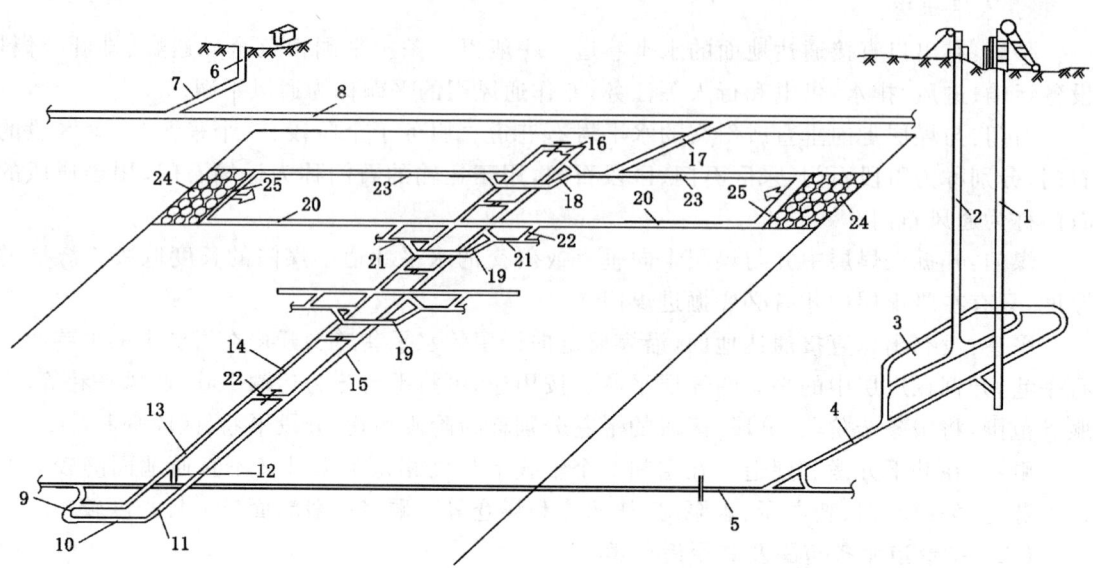

1—主井；2—副井；3—井底车场；4—主要运输石门；5—阶段运输大巷；6—回风井；7—回风石门；8—回风大巷；9—采区运输石门；10—采区下部车场底板绕道；11—采区下部车场；12—采区煤仓；13—行人进风巷；14—运输上山；15—轨道上山；16—上小绞车房；17—采区回风石门；18—采区上部车场；19—采区中部车场；20—区段运输平巷；21—下区段回风平巷；22—联络巷；23—区段回风平巷；24—开切眼；25—采煤工作面

图 2-8 煤矿生产系统

3. 运煤系统

将井下煤炭运输提升到地面的设备设施及井巷布置统称为运煤系统。运煤系统担负煤炭运输和提升的重要任务。如图 2-8 所示的煤炭运输线路为：25→20→14→12→10→5→4→3→1。

4. 通风系统

新鲜空气由进风井进入矿井后，经过井下各用风场所，然后从回风井排出矿井，风流所经过的整个路线及其配套的通风设施称为矿井通风系统。矿井通风系统是煤矿井下生产中重要的系统之一，它负责向煤矿井下提供新鲜适宜的空气，并营造一个舒适的气候环境。如图 2-8 所示的风流线路为：地面→2→3→4→5→11→15→19→20→25；污风→23→17→8→7→6→排出。

5. 运料排矸系统

担负井下需要材料、设备和矸石的运输，运送井下人员的系统称为运料排矸系统，又称为辅助运输系统。如图 2-8 所示的材料和设备的运送线路为：地面→2→3→4→5→9→11→15→23→25。

6. 排水系统

抽排矿井地下水的系统称为排水系统。它的作用就是将矿井水不断抽排到地面，防止矿井被淹没，保证人身安全和正常生产。矿井排水系统包括泵房、水仓、水泵、管路等设施。采掘工作面涌水由区段运输平巷、采区上山排到采区下部车场，经运输大巷、石门等巷道的排水沟,自流到井底车场水仓,由中央水泵房排到地面。

7. 动力供应系统

供电和供应压气的系统统称为动力供应系统。供电系统主要是为井下机械设备提供动力。常用的煤矿供电系统是：地面变电所→井下中央变电所→采区变电所→(移动式变电站)→工作面配电点。

煤矿井下除以上主要生产系统外,还有一些辅助系统,如煤矿安全避险系统、灌浆系统、瓦斯抽排系统、通信系统等,都为煤矿安全生产提供技术、设施设备保障。

(二) 工业广场及地面生产系统

工业广场是布置地面生产系统、建筑物、构筑物和井筒位置的场所。工业广场建筑物最主要的是主井、副井,其他工业建筑的位置取决于主、副井的位置;在工业广场内,有办公楼、修配厂、绞车房、矿灯房、变电站、电车房、材料库、电工房、油库、煤仓、金属支架厂等工业建筑和设施,有食堂、宿舍、招待所、医院等民用建筑和生活设施,还有各种管线、轨道等。

工业广场还包括地面煤炭深加工系统(原煤的筛分、破碎、拣选、地面储装运)、地面排矸系统和地面管线系统等。

第三节 采煤与掘进技术

一、采煤方法及工艺

(一) 有关概念

采煤工作面：在矿井内进行采煤作业的场地。采煤工作面的采煤高度称为采高,采煤工作面的煤壁长度称为采煤工作面长度。

煤壁：在采煤工作面中,直接进行采掘的煤层暴露面。

采煤工艺：在采场内根据煤层的自然赋存条件和采用的采煤机械,按照一定顺序完成采煤工作面各道工序的方法。采煤工作面工序包括破煤、装煤、运煤,支护顶板、采空区处理(放顶)等基本工序及其一些辅助工序。各道工序要求不同,在进行的顺序、时间和空间上必须有规律地进行安排和配合。采煤工作面在一定时间内,按照一定的顺序完成采煤工作各项工序的过程,称为采煤工艺过程。

采煤系统：采区内的巷道布置系统,以及为了正常生产而建立的用于运输、通风等目的的生产系统。

(二) 采煤方法

采煤方法就是采煤系统与采煤工艺的综合及其在时间和空间上的相互配合。采煤方法主要分为壁式和柱式体系两种。我国大多采用壁式体系采煤法。

按照采煤工作面的推进方向与煤层走向的关系,壁式体系采煤法又可分为走向长壁采煤法和倾斜长壁采煤法。

(1) 走向长壁采煤法,如图2-9所示,首先将采(盘)区划分为区段,在区段内布置回采巷道(区段平巷、开切眼),采煤工作面呈倾斜布置,沿走向推进,上下回采巷道基本上是水平的,且与采(盘)区上山相连。

(2) 倾斜长壁采煤法,如图2-10所示,首先将井田或阶段划分为带区及分带,在分带内布置回采巷道(分带斜巷、开切眼),采煤工作面呈水平布置,沿倾向推进,两侧的回采巷道是倾斜的,并通过联络巷直接与大巷相连。

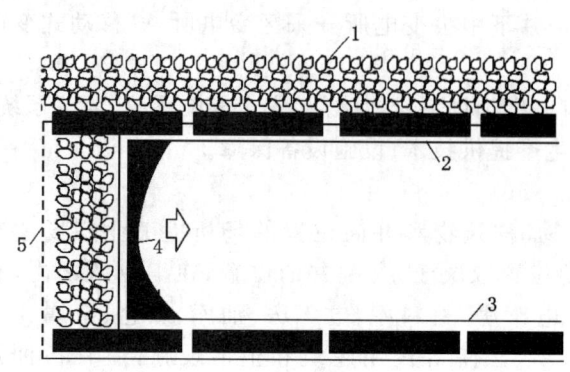

1—采空区;2—工作面回风巷;3—工作面进风巷;
4—工作面;5—开切眼

图 2-9 走向长壁采煤法

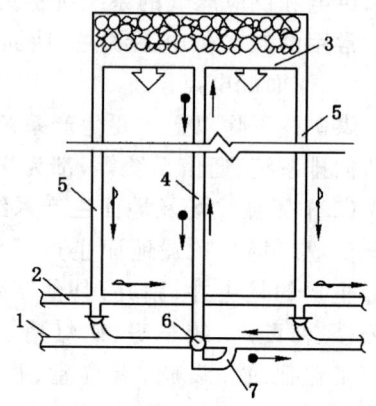

1—运输大巷;2—轨道大巷;3—采煤工作面;
4—运输巷;5—轨道巷;6—溜煤眼;7—绕道

图 2-10 倾斜长壁采煤法

采煤工作面可分别用爆破、滚筒式采煤机或刨煤机破煤、装煤,用支架支护空间,用垮落法或充填法处理采空区。

(三) 采煤工艺

采煤工作面内主要有破煤、装煤、运煤、支护及采空区处理等工序。其中,前三者是为了开采煤炭,简称为"采";后两者是为了控制顶板,简称为"控"。

1. 爆破采煤

爆破采煤的主要特点是采用爆破落煤。

2. 普通机械化采煤

普通机械化采煤工作面布置如图 2-11 所示,普通机械化采煤工艺的主要特点是用采煤机落煤。采煤机主要有刨煤机和滚筒采煤机两类。滚筒采煤机主要有单滚筒和双滚筒两种。

(1) 落煤、装煤。普采工作面的落煤与装煤由采煤机完成。

(2) 运煤。普采工作面的运煤采用可弯曲刮板输送机。推移输送机时,利用液压千斤顶将输送机移到目的地,并使输送机平、直,符合要求。

(3) 支护。普采工作面使用单体液压支柱与铰接顶梁组成的悬臂支架支护顶板。

(4) 采空区处理。采空区处理一般采用全部垮落法。对极坚硬的顶板,可以利用深孔爆破方法强制放顶以保证工作面的安全生产。

3. 综合机械化采煤

综采工艺的主要特点是采用采煤机落煤,用整体自移式液压支架支护顶板,落煤、装煤、运煤、支护全部工序实现了机械化,综采工作面设备布置如图 2-12 所示。综采工作面设备配套很关键,尤其应使采煤机、刮板输送机和液压支架这三大设备均符合工作面的条件,并在生产能力、设备强度、空间尺寸等方面配套。

(1) 落煤、装煤。由采煤机完成。综采工作面主要采用双向割煤,往返一次进两刀,斜

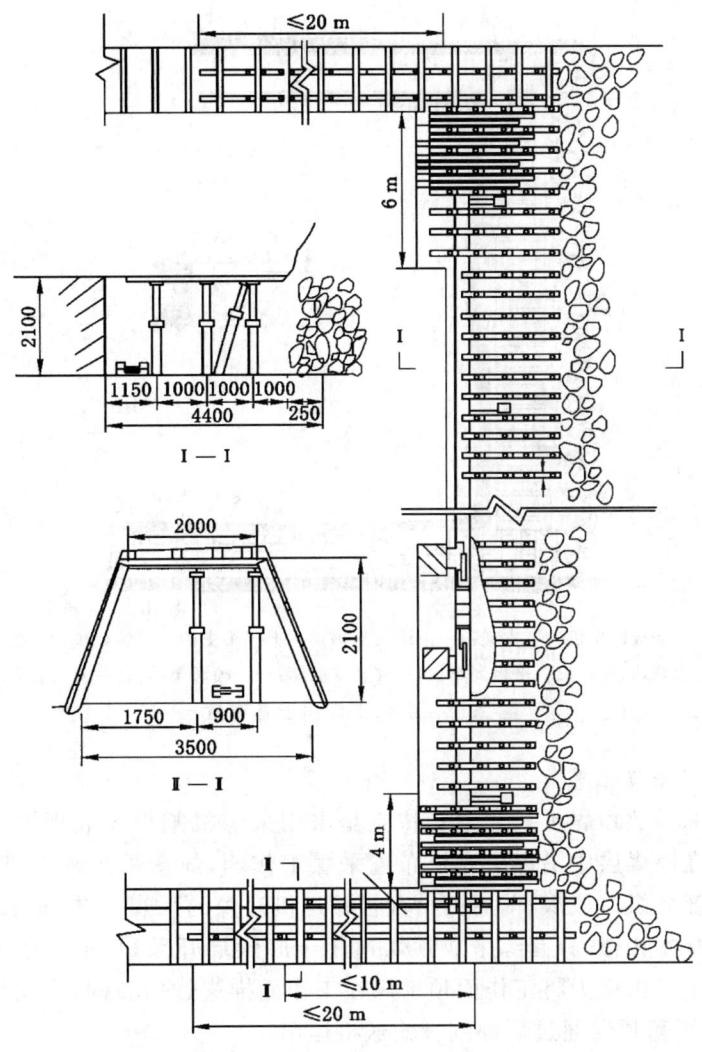

图 2-11 单滚筒采煤机普采工作面布置

切式进刀。

（2）运煤。采用可弯曲刮板输送机运煤。

（3）支护。综采工作面支护主要采用自移式液压支架，工作面两端一般采用端头支架支护。按支架与围岩的相互作用方式，支架可分为支撑式、掩护式及支撑掩护式 3 种基本类型。

支架的形式不同则移架和推移刮板输送机的方式也不同。整体式支架移架和推移刮板输送机共用一个液压千斤顶连接支架底座和刮板输送机槽，互为支点进行推、拉刮板输送机和支架。迈步式自移支架的移动，依靠本身两框架互为支点，用一个千斤顶推拉两框架分别前移，用另一个千斤顶推移刮板输送机。

（4）采空区处理。综采工作面主要用垮落法处理采空区。

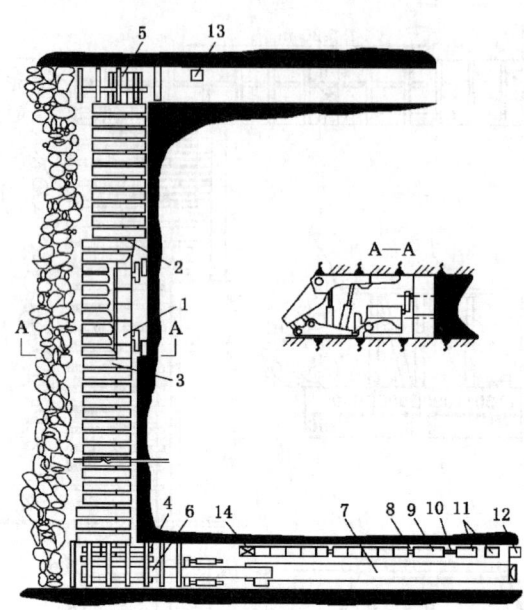

1—采煤机;2—刮板输送机;3—支架;4—下端头支护;5—上端头支护;6—转载机;7—带式输送机;
8—配电箱;9—乳化液泵站;10—设备平板列车;11—移动变电站;12—喷雾泵站;13—液压绞车;14—集中控制台

图2-12 综采工作面设备布置

4. 综采放顶煤采煤工艺

视频

综采放顶煤工艺的主要特点是采用采煤机割煤和放顶煤。综采放顶煤工艺是在厚煤层中沿煤层底板布置采煤工作面,煤壁采用采煤机割煤,顶煤从支架后部放煤口放煤,前后两个刮板输送机运煤的采煤工艺。综采放顶煤与综采工艺基本相似,只是综采放顶煤适用于厚煤层开采,且多一道放煤工序。放煤是利用矿山压力将工作面顶部煤在工作面推进过后破碎,在支架掩护梁上的放煤窗口放落,并将冒落顶煤通过后部刮板输送机运出。

放顶煤综采机械由采煤机、自移式液压支架及两部刮板输送机组成。其中,放顶煤液压支架(图2-13)与普通支架有所不同,即在掩护梁上具有一个液控落煤窗口,在掩护梁下安装第2台刮板输送机。

图2-13 放顶煤液压支架

(四) 矿山压力概述

1. 矿山压力的基本概念

矿山压力是由于采掘活动的影响,在采掘空间周围岩体上及支护物上所产生的力。由于矿山压力的作用引起围岩及支护物的位移、变形、破坏等一系列的力学现象称为矿压显现。矿压是矿压显现的原因,矿压显现是矿压作用的结果,矿压存在是绝对的、不可控制的,矿压显现是相对的、有条件的、可以控制的。

影响矿压显现的基本因素有岩石力学性质、开采深度、煤层倾角、节理、裂隙、断层与褶曲、挤压与破碎带等。巷道位置、开采程序、支护方法、顶板控制方法、工作面推进速度、采高与控顶距、上部煤层残留煤柱等开采因素对矿山压力显现也有很大的影响。

2. 采煤工作面直接顶的初次垮落和基本顶的周期来压

(1) 直接顶的初次垮落:工作面自开切眼向前推进一段距离后(8～25 m),假如没有支护,直接顶悬露达到一定距离,在其重力的作用下,就要开始垮落,称为工作面直接顶的初次垮落,这时直接顶的跨距称为初次垮落步距。

《煤矿安全规程》规定:采煤工作面必须及时支护,严禁空顶作业。所有支架必须架设牢固,并有防倒措施。严禁在浮煤或者浮矸上架设支架。单体液压支柱的初撑力,柱径为 100 mm 的不得小于 90 kN,柱径为 80 mm 的不得小于 60 kN。对于软岩条件下初撑力确实达不到要求的,在制定措施、满足安全的条件下,必须经矿总工程师审批。严禁在控顶区域内提前摘柱。碰倒或者损坏、失效的支柱,必须立即恢复或者更换。移动输送机机头、机尾需要拆除附近的支架时,必须先架好临时支架。

采煤工作面遇顶底板松软或者破碎、过断层、过老空区、过煤柱或者冒顶区,以及托伪顶开采时,必须制定安全措施。

【案例 2-1】 2019 年 10 月 26 日,四川省川南煤业泸州古叙煤电有限公司石屏一矿 13619 上综采工作面在过断层期间发生一起较大顶板事故,造成 6 人死亡、1 人受伤,直接经济损失 721 万元。事故直接原因:13619 上综采工作面受地质构造、应力叠加、生产组织等因素影响未能正常推进,导致部分液压支架被"压死"。支架上方破碎的砂质泥岩在断层裂隙水长时间的浸泡下发生软化离散,稳定性降低。作业人员在采用扩帮、卧底的方式处理被"压死"支架的过程中,支架上方饱含水分的破碎岩石从顶梁前端迅速溃入工作面,垮漏的水石混合物呈泥石流状态快速流向工作面下方,将作业人员掩埋导致事故发生。

(2) 工作面基本顶的周期来压:随着回采工作面的推进,在基本顶初次来压以后,裂隙带岩层形成的结构,将始终经历"稳定—失稳—再稳定"的变化,这种变化将呈现周而复始的过程。由于结构失稳导致了工作面顶板来压。这种来压将随着工作面的推进而呈周期性变化。因此,由于裂隙带岩层周期性失稳而引起的顶板来压现象称为工作面顶板的周期来压。

周期来压的主要表现形式是:顶板下沉速度急剧增加,顶板的下沉量变大;支柱所受的载荷普遍增加;有时还可能引起煤壁片帮、支柱折损、顶板发生台阶下沉等现象。如果支柱参数选择不合适或者单体支柱稳定性较差,则可能导致局部冒顶甚至顶板沿工作面切落等事故。

工作面周期来压时的安全措施:① 通过矿压观测,准确判断周期来压的时间和位置,做好预测预报工作;② 做好来压前的支护工作,保证支架的规格质量,保证一定的支护密度和支架稳定性;③ 合理缩小控顶距,以利于工作面维护;④ 保证直接顶垮落的质量。采空区冒落的矸石可以减轻基本顶的来压强度;⑤加强正规循环,保持工作面推进速度。

【案例 2-2】 2020 年 6 月 4 日,山东省莱芜辛庄煤矿有限公司－140 m 水平 603 采区 60307 采煤工作面发生一起顶板事故,造成 2 人被埋,该工作面采用走向长壁后退式采煤法,爆破工艺落煤,刮板输送机运煤,单体液压支柱＋金属铰接顶梁支护顶板,回柱方式为"见四回一"全部垮落法管理顶板。事故发生的原因:60307 采煤工作面周期来压,摧垮工作面 6 m×4 m 范围内的单体液压支柱＋铰接顶梁(Ⅱ型长梁)支护,将 2 名支柱工埋住。

二、巷道掘进和支护

井巷工程施工方法包括钻眼爆破法和机械化掘进法,两者的主要差别在于破岩方法不同。井巷工程施工方法的主要工序有破岩、装岩、运岩和支护等。

(一) 破岩

1. 钻爆破岩法

钻爆破岩法是指利用电钻或风钻等进行打眼、装药爆破的方法。为了提高打眼的速度可以使用专门的钻眼机械打眼,如风动凿岩机等。钻爆破岩法推广光面爆破。光面爆破是指在钻眼爆破过程中,通过采取一定的措施,使爆破后的巷道断面形状、尺寸基本符合设计要求,并尽量使巷道轮廓以外的围岩不受破坏的一种破岩方法。目前国内煤矿煤巷掘进以机械化掘进为主,岩巷掘进以钻爆破岩法为主。

2. 机械化破岩法

机械化破岩法是指利用综掘机对煤岩体进行切割和破碎的方法。该方法具有掘进速度快、效率高、巷道成形好、施工质量好等优点,在煤巷掘进中得到了广泛应用。采用综合机械化掘进机,可与自卸车、梭车、带式输送机等配套,实现掘进、运输连续作业,实现全自动凿岩机一次成巷施工。

(二) 装岩与运岩

装运煤岩有人工装运和机械装运两种方法。常用的装岩机有耙斗式、铲斗式、蟹爪式等。运输普遍采用矿车,用人或电机车调车。掘进煤巷时可以直接用刮板输送机或带式输送机运煤,综掘设备本身连接有装煤运煤设施。

(三) 巷道支护

维持巷道的有效断面,保持巷道安全使用空间的工作称为巷道支护,其目的是阻止围岩变形和垮落,防止顶板事故发生。巷道支护材料有水泥、石料、混凝土、木材和金属材料(如轻便钢轨、矿用工字钢、特殊工字钢、矿用特殊型钢等)。支护形式有架棚支护(金属拱形支护、木支护)、锚杆支护、锚喷支护、砌碹支护等。按支护存在的时间,分为临时支护和永久支护,锚喷支护和砌碹支护属于巷道永久支护,服务年限较长。

1. 架棚支护

架棚支护按棚式支架的材料构成,可分为木支架、金属支架和钢筋混凝土支架 3 种;按巷道断面形状可分为梯形支架和拱形支架(图 2-14);按支架结构可分为刚性支架和可缩性支架。

2. 砌碹支护

砌碹支护的主要形式是直墙拱顶式,是一种被动支护形式(图 2-15)。该支护具有坚固、耐久、防火、通风阻力小等优点。缺点是施工复杂、劳动强度大、成本高和进度慢等。直墙拱顶支护由拱、墙和基础 3 部分组成。

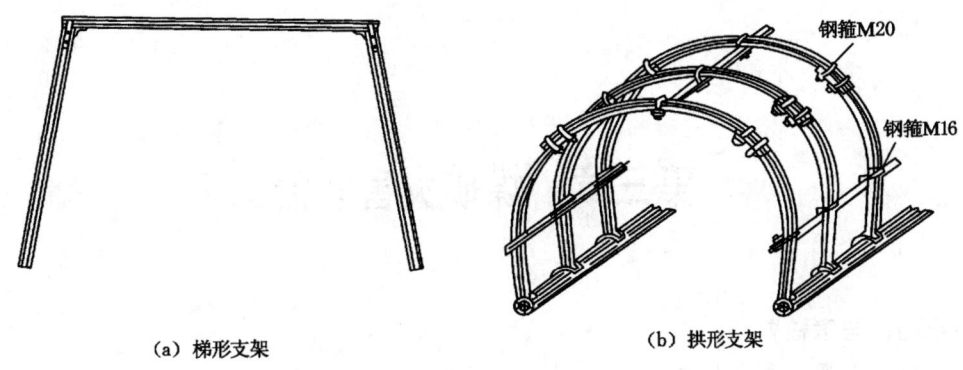

(a) 梯形支架　　　　　　(b) 拱形支架

图 2-14　金属支架

3. 锚杆支护、喷射混凝土支护

锚杆支护就是将锚杆预设在围岩中,使岩体得以加固,形成一个完整的支护结构,是一种主动支护形式,其支护原理如图 2-16 所示。锚杆种类有钢筋或钢丝绳砂浆锚杆、金属锚杆、木锚杆、树脂锚杆等。

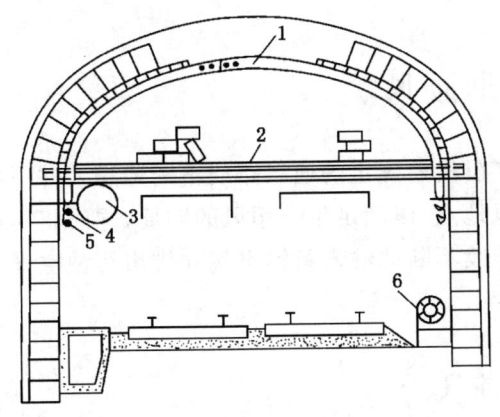

1—碹胎;2—工作台;3—风筒;4,5—线缆;6—供水管

图 2-15　砌碹支护

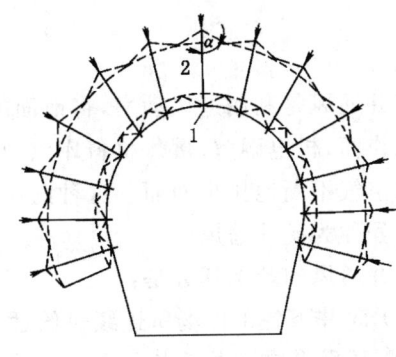

1—锚杆;2—岩层

图 2-16　锚杆支护原理示意图

喷射混凝土支护是将一定配比的水泥、砂、石子和速凝剂等混合搅拌均匀,装入喷射机,以压缩空气为动力,使拌和料沿管路吹送至喷头处与水混合,并以较高的速度喷射在岩面上凝结硬化而成的一种支护形式。

锚喷支护是锚杆支护、喷射混凝土支护和锚杆＋喷射混凝土联合支护的总称。目前,我国大多数煤矿都采用锚喷支护。

巷道掘进作业危险性较大,应采取按技术标准设计、配备安全设施、进行有效的尘毒监测、强化安全管理、制定严格的安全规章制度等措施来确保掘进安全。巷道开掘后必须及时进行临时支护,方可进行其他作业。临时支护前和永久支护前必须严格执行敲帮问顶制度,两次敲帮问顶必须有安全员在场监护,并在隐患排查记录上签字。其主要内容包括:敲帮问顶工具、时间、责任人、顶板是否完整等。

第三章　煤矿灾害防治

本章培训与考核要点：
- 掌握矿井通风基本知识；
- 掌握矿井瓦斯灾害防治知识；
- 掌握矿井火灾防治知识；
- 掌握矿尘防治知识；
- 掌握矿井水灾防治知识；
- 掌握矿井顶板灾害防治知识；
- 掌握矿井冲击地压灾害防治知识。

第一节　矿井通风

矿井通风是利用通风动力,将地面的新鲜空气,沿着确定的通风路线不断地进入井下各采掘工作面、机电硐室、爆炸材料库以及其他用风地点,以满足生产用风的需要,同时将用过的污浊空气不断地排出地面。这种向矿井井下连续不断地输入新鲜空气并排出污浊空气的通风过程称为矿井通风。

矿井通风的基本任务是：

(1) 向井下各工作场所连续供给适量的新鲜空气。

(2) 稀释并排除井下各种有害气体和浮游粉尘,使有害气体和浮游粉尘符合《煤矿安全规程》的规定。

(3) 为井下创造适宜的气候条件,提供良好的生产环境,保障职工的身体健康和生命安全,为设备的正常运转创造条件。

(4) 提高矿井的抗灾能力。

一、矿井空气

矿井空气是矿井井巷内气体的总称,包括地面进入井下的新鲜空气和井下产生的有毒有害的气体、浮尘。矿井空气的主要来源是地面空气,但是地面空气进入井下以后,在其化学成分和物理状态上发生一系列的变化,因而矿井空气与地面空气在性质和成分上均有较大差别。

(一) 矿井空气中有害气体

矿井空气中常见的有毒有害气体有：CO、NO_2、SO_2、H_2S、CH_4、NH_3、H_2,在煤矿生产过程中产生或煤层中涌出。矿井空气中常见有害气体的性质、来源及对人的危害性见表

3-1。

表 3-1 矿井空气中常见有害气体的性质、来源及对人的危害性

气体名称	主要来源	相对密度	色和味	危害性	最高容许浓度/%
一氧化碳（CO）	爆破作业,火灾,煤尘和瓦斯爆炸,煤自燃	0.97	无色、无味、无臭	极毒。一氧化碳与血红素的亲和力比氧和血红素的亲和力大250～300倍,阻碍了氧与血红素的结合而使人体缺氧,引起窒息和死亡	0.0024
二氧化碳（CO_2）	煤岩中涌出,有机物氧化,人员呼吸,爆破作业	1.52	无色、无味、无臭	微毒。对呼吸系统有刺激作用,在肺中的含量增加时使血液酸度变大,刺激呼吸中枢	
二氧化硫（SO_2）	含硫矿物氧化,在含硫矿物中爆破作业	2.2	有刺激臭及酸味	与眼、呼吸道的湿表面接触后能形成亚硫酸,因而对眼、呼吸器官有强烈腐蚀作用,严重时会引起肺水肿	0.0005
二氧化氮（NO_2）	爆破作业	1.57	棕红色、有刺激臭	强烈毒性。能和水结合成硝酸,对肺组织起破坏作用,造成肺水肿;对眼睛、鼻腔、呼吸道等有强烈刺激作用	0.00025
硫化氢（H_2S）	有机物腐烂,硫化矿物水解,煤岩中放出	1.19	无色、微甜、臭鸡蛋味、0.0001%时即可嗅到	强烈毒性。能使血液中毒,对眼睛黏膜及呼吸道系统有强烈刺激作用	0.00066
氨气（NH_3）	爆破作业	0.6	无色、有恶臭	刺激皮肤、呼吸道,使人流泪、咳嗽、头晕,严重中毒者会发生肺水肿	0.004
氢气（H_2）	蓄电池充电时放出	0.07	无色、无味、无臭	浓度达4%～7%时有爆炸性	
甲烷（CH_4）	煤岩涌出	0.554	无色、无味、无臭、无毒	具有爆炸性	不同地点允许浓度不同

注：1. 甲烷、二氧化碳和氢气的允许浓度按《煤矿安全规程》的有关规定执行。
　　2. 矿井中所有气体的浓度均按体积的百分比计算。
　　3. 二氧化氮浓度为氮氧化物换算成二氧化氮。

（二）矿井气候条件

矿井气候条件指矿井空气的温度、湿度及风速三者综合作用的状态。这三个参数的不同组合,构成了不同的矿井气候条件。

1. 矿井空气的温度

矿井空气的温度是影响矿内气候条件的主要因素,气温过高,影响人体散热,破坏身体热平衡,使人感到不适,气温过低人体散热过多,容易引起感冒,对人体最适宜的温度一般认为是15~20 ℃。

《煤矿安全规程》规定:当采掘工作面空气温度超过26 ℃、机电设备硐室超过30 ℃时,必须缩短超温地点工作人员的工作时间,并给予高温保健待遇。当采掘工作面的空气温度超过30 ℃、机电设备硐室超过34 ℃时,必须停止作业。进风井口以下的空气温度(干球温度,下同)必须在2 ℃以上。

2. 矿井空气的湿度

空气的湿度是指空气中所含水蒸气量即空气的潮湿程度,一般用"相对湿度"表示。相对湿度指在同体积和同温度下,空气中实际含有的水蒸气数量与饱和水蒸气数量的百分比。对人体比较适宜的相对湿度一般为50%~60%。

3. 井巷中的风速

在矿井井巷中,风流在单位时间内所流经的距离称为巷道中的风速。风速影响人体对流散热和蒸发散热的效果。对流换热强度随风速而增大。当气温低于体温时,风速越大,对流散热量也越大。井巷中的风流速度应当符合表3-2要求。

表3-2 井巷中的允许风流速度

井巷名称	允许风速/(m·s^{-1})	
	最低	最高
无提升设备的风井和风硐		15
专为升降物料的井筒		12
风桥		10
升降人员和物料的井筒		8
主要进、回风巷		8
架线电机车巷道	1.0	8
输送机巷,采区进、回风巷	0.25	6
采煤工作面、掘进中的煤巷和半煤岩巷	0.25	4
掘进中的岩巷	0.15	4
其他通风人行巷道	0.15	

设有梯子间的井筒或者修理中的井筒,风速不得超过8 m/s;梯子间四周经封闭后,井筒中的最高允许风速可以按表3-2规定执行。

无瓦斯涌出的架线电机车巷道中的最低风速可低于表3-2的规定值,但不得低于0.5 m/s。

综合机械化采煤工作面,在采取煤层注水和采煤机喷雾降尘等措施后,其最大风速可高于表3-2的规定值,但不得超过5 m/s。

二、矿井通风系统

矿井通风系统包括矿井通风方式、通风方法、通风网络和通风设施四个方面。矿井通风系统是保证矿井通风安全可靠、经济合理的重要基础。

(一) 矿井通风方式

矿井通风方式是根据矿井的进风井筒和回风井筒的相对位置而言的。按进、回风井筒的相对位置不同,矿井通风方式分为中央式、对角式、区域式、混合式四大类,如图 3-1 所示。

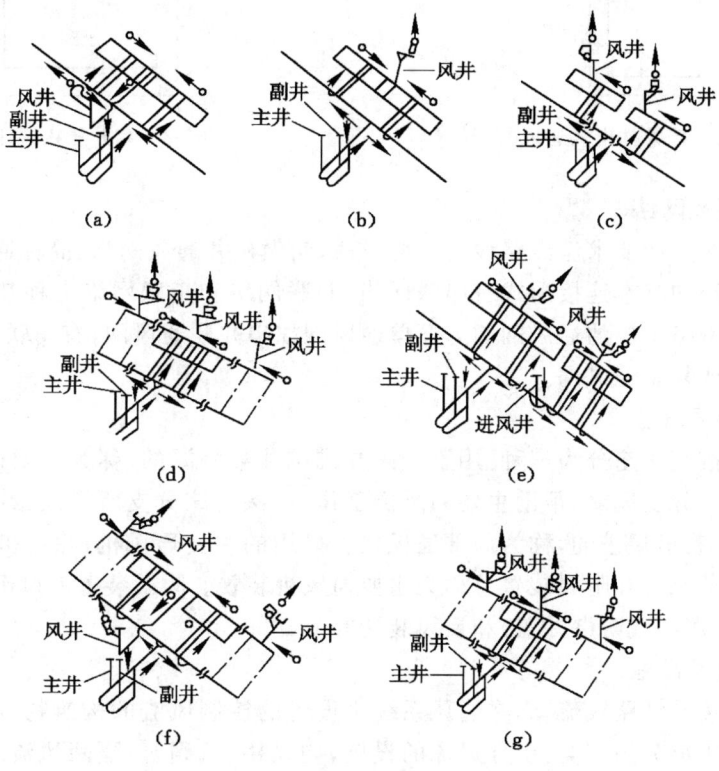

图 3-1 矿井通风方式

(二) 矿井通风方法

利用矿井通风机械运转产生的通风动力,使空气在井下巷道流动的通风方法,称为机械通风。矿井必须采用机械通风。矿井通风方法是指主要通风机对矿井供风的工作方法。按主要通风机的安装位置不同分为抽出式、压入式及混合式三种。

1. 抽出式通风

抽出式通风是将矿井主要通风机安设在出风井一侧的地面上,新风经进风井流到井下各用风地点后,污风再通过风机排出地表的一种矿井通风方法(图 3-2)。目前我国大部分矿井一般多采用抽出式通风。

2. 压入式通风

压入式通风是将矿井主要通风机安设在进风井一侧的地面上,新风经主要通风机加压后送入井下各用风地点,污风再经过回风井排出地表的一种矿井通风方法(图 3-3)。

3. 混合式通风

混合式通风是在进风井和回风井一侧都安设矿井主要通风机,新风经压入式主要通风机送入井下,污风经抽出式主要通风机排出井外的一种矿井通风方法。

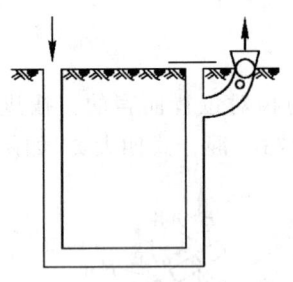
图 3-2　矿井抽出式通风

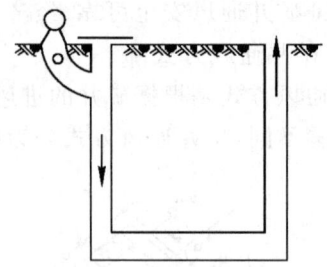
图 3-3　矿井压入式通风

(三) 矿井通风网络

矿井风流按照生产要求流经路线的结构形式,叫做矿井通风网络,简称通风网。矿井通风网络中井巷风流的基本连接形式有串联网络、并联网络和角联网络三种基本形式。仅有串联网络和并联网络组成的通风网称为简单通风网或串并联通风网,有角联通风网络时,则称为角联通风网或复杂通风网。

(四) 矿井通风设备

矿用通风机按其用途分为三种:用于全矿井或矿井某一翼的,称为主要通风机;用于矿井通风网路的某一分支风路,帮助主要通风机工作,以保证该分支所需风量的,称为辅助通风机;服务于独头巷道掘进的,称为局部通风机。矿用的主要通风机,除主机之外还有一些附属装置。主要通风机和附属装置总称为主要通风机装置。附属装置有风硐、扩散器(扩散塔)、防爆设施(防爆门或防爆井盖)和反风装置等。

(五) 矿井通风设施

为保证风流按设计路线流动,在通风系统中设置的控制风流的构筑物,叫做通风设施。通风设施按其作用可分为三类:引导风流的设施,如风桥、风硐等;隔断风流的设施,如风墙(密闭)、风门、防爆门等;调节控制风量的设施如,风窗、调节风门(窗)等。

(1) 风门。风门是巷道中既要通车和行人又要隔断风流或调节风量的设施,如图 3-4 所示。风门关闭时,切断风流;开启时行人行车;要设置两道风门,两道风门要闭锁,其间距要符合要求;风门要迎风开启。

(2) 风墙(密闭)。密闭是切断风流和封闭已采完的采区和盲巷的设施,如图 3-5 所示。按服务年限长短又分为临时密闭和永久密闭两种。临时密闭服务时间短,隔断风流快,砌筑方法简单,速度快。井下常见的临时密闭有帆布密闭、充气密闭、木板密闭等。永久密闭是服务年限两年以上,长期切断风流的密闭。

图 3-4　风门

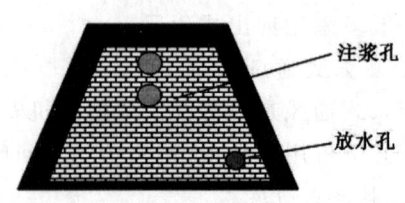
图 3-5　密闭

(3) 防爆门。在装有主要通风机的出风井口,必须安装防爆设施,在斜井口设防爆门(图3-6),在立井口设防爆井盖。其作用有两个:① 当井下一旦发生瓦斯或煤尘爆炸,受高压爆炸冲击波的作用,防爆门自动打开,保护主要通风机免受毁坏;② 爆炸冲击波过后能自动关闭,迅速恢复矿井通风。在正常情况下它是气密的,以防止风流短路。

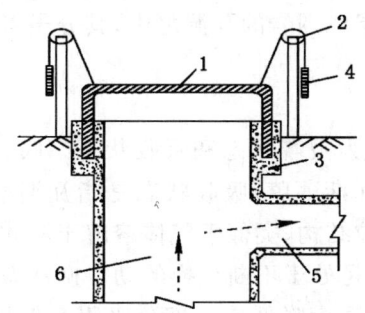

1—防爆门;2—滑轮;3—密封液槽;4—平衡锤;5—风硐;6—回风立井

图 3-6 防爆门

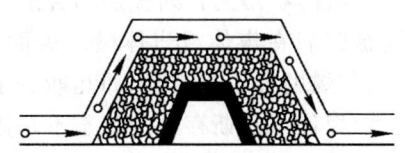

图 3-7 混凝土风桥

(4) 风桥。风桥是将平面交叉的进、回风流隔成立体交叉的一种通风设施。常用的有绕道式风桥、混凝土风桥(图3-7)、铁筒式风桥等。

(5) 风硐。风硐是连接主要通风机和风井的一段巷道。

第二节 矿井瓦斯灾害防治

一、矿井瓦斯的基础知识

瓦斯是指矿井中主要由煤层气构成的以甲烷为主的有害气体。有时单独指甲烷。

(一) 瓦斯的性质

(1) 瓦斯是一种无色、无味、无臭的气体。要检查空气中的瓦斯及其浓度,需要用专业的瓦斯检测仪进行检测。瓦斯比空气轻,相对密度为0.554,因此,瓦斯经常积聚在巷道顶部、上山掘进头、采煤工作面上隅角等处。

(2) 瓦斯有较强的扩散性。瓦斯可以在煤体孔隙和裂隙中流动,煤岩涌出的瓦斯可以很快扩散到巷道空间。

(3) 当井下空气中瓦斯浓度较高时,会使氧含量相对减少,从而造成人员窒息。为避免发生窒息事故,应禁止人员进入井下通风不好的区域。

(4) 瓦斯具有燃烧性和爆炸性。当瓦斯与空气混合达到一定浓度时,遇到火源能燃烧和爆炸,造成重大灾害事故。

(二) 瓦斯的危害

(1) 瓦斯燃烧。在瓦斯燃烧地点,空气中的氧气被大量消耗掉,可能引起火灾或瓦斯和煤尘爆炸事故。

(2) 瓦斯爆炸。瓦斯爆炸后产生高温、高压冲击波;引起煤尘爆炸;反向冲击造成更严重破坏;摧毁巷道与设备;产生大量有害气体,伤害井下人员。

(3) 瓦斯窒息。瓦斯虽无毒性,但不能供人呼吸。当空气中瓦斯浓度较高时,就会相应地降低空气中氧气含量,能使人因缺氧而窒息死亡。

(三) 瓦斯的存在状态

瓦斯在煤层及围岩中的赋存状态有两种,一种是游离状态,另一种是吸附状态。

1. 游离状态

游离状态的瓦斯以自由气体状态存在于煤层或围岩的孔洞之中,其分子可自由运动,处于承压状态,占瓦斯总量的10%~20%。

2. 吸附状态

吸附状态的瓦斯按照结合形式的不同,又分为吸着状态和吸收状态。吸着状态是指瓦斯被吸着在煤体或岩体微孔表面,在表面形成瓦斯薄膜;吸收状态是指瓦斯被溶解于煤体中,与煤的分子相结合,即瓦斯分子进入煤体胶粒结构,类似于气体溶解于液体的现象。

煤体中瓦斯存在的状态不是固定不变的,而是处于不断交换的动平衡状态,当条件发生变化时,这一平衡就会被打破。由于压力增高或温度降低使一部分吸附瓦斯转化为游离瓦斯的现象,叫做瓦斯解吸,占瓦斯总量的80%~90%。

(四) 矿井瓦斯涌出

生产过程中煤层岩层中的瓦斯不断向采掘工作面和井巷空间释放的现象称为瓦斯涌出。它的特点是时间长、涌出量大、范围大且一般不易察觉,是一种普通涌出。还有一种特殊形式的瓦斯涌出,即瓦斯喷出和煤与瓦斯突出。矿井瓦斯涌出与煤层瓦斯含量等因素密切相关。

1. 矿井瓦斯涌出量

矿井瓦斯涌出量是指在开采过程中,单位时间内或单位重量的煤中释放的瓦斯量。

(1) 绝对瓦斯涌出量:单位时间内涌入采掘空间的瓦斯数量,用 m^3/min 来表示。

(2) 相对瓦斯涌出量:在矿井正常生产条件下,月平均日产1吨煤所涌出的瓦斯数量,用 m^3/t 来表示。

2. 矿井瓦斯等级划分

根据《煤矿瓦斯等级鉴定暂行办法》(煤安监技装〔2018〕9号),矿井瓦斯等级应当依据实际测定的瓦斯涌出量、瓦斯涌出形式、实际发生的瓦斯动力现象、实测的突出危险性等参数确定。矿井瓦斯等级划分为:

(1) 低瓦斯矿井。矿井同时满足下列条件为低瓦斯矿井:

① 矿井相对瓦斯涌出量不大于10 m^3/t;

② 矿井绝对瓦斯涌出量不大于40 m^3/min;

③ 矿井任一掘进工作面绝对瓦斯涌出量不大于3 m^3/min;

④ 矿井任一采煤工作面绝对瓦斯涌出量不大于5 m^3/min。

(2) 高瓦斯矿井。矿井满足下列情形之一的为高瓦斯矿井:

① 矿井相对瓦斯涌出量大于10 m^3/t;

② 矿井绝对瓦斯涌出量大于40 m^3/min;

③ 矿井任一掘进工作面绝对瓦斯涌出量大于3 m^3/min;

④ 矿井任一采煤工作面绝对瓦斯涌出量大于5 m^3/min。

(3) 煤(岩)与瓦斯(二氧化碳)突出矿井(简称"突出矿井")。在矿井的开拓、生产范围内有突出煤(岩)层的矿井为突出矿井。有下列情形之一的煤(岩)层为突出煤(岩)层:

① 发生过煤(岩)与瓦斯(二氧化碳)突出的;
② 经鉴定或者认定具有煤(岩)与瓦斯(二氧化碳)突出危险的。

二、瓦斯爆炸及其防治

煤矿井下空气中的瓦斯含量达到一定浓度时,遇到高温火源,就会产生燃烧和爆炸,从而引起井下火灾,造成人员伤亡,严重破坏矿井的正常生产。

(一) 瓦斯爆炸的危害

矿井一旦发生瓦斯爆炸,就会造成一系列极其严重的危害,其危害主要表现在以下几方面:

(1) 爆炸产生高温。爆炸时产生的热量,使周围气体温度迅速升高,爆炸瞬间温度为1850~2650 ℃。这样的高温,会造成人员伤亡,并可能引起火灾、烧毁设备、设施,损坏巷道。

(2) 爆炸产生高压气体和强大冲击波。

(3) 爆炸产生大量的有毒、有害气体。

(二) 瓦斯爆炸的条件

瓦斯爆炸必须具备下面三个基本条件:一定浓度的瓦斯、高温火源和足够的氧气,缺少其中任何一个条件,瓦斯就不能发生爆炸。

1. 一定浓度的瓦斯(5%~16%)

瓦斯爆炸具有一定的浓度范围,只有在这个浓度范围内,瓦斯才能够爆炸。在新鲜空气中,瓦斯爆炸的界限一般认为是5%(爆炸下限)~16%(爆炸上限),5%~9.5%时,爆炸威力逐渐增强;在浓度为9.5%时,威力最强,因为空气中的全部瓦斯和氧气都能参与反应。

2. 高温火源(650~750 ℃)

煤矿井下的明火、煤炭自燃、电弧、电火花、炽热的金属表面以及撞击和摩擦火花,都能点燃瓦斯。

3. 足够的氧气(≥12%)

瓦斯爆炸实际上是一定浓度的瓦斯和氧气相混合时所进行的激烈氧化反应。没有足够的氧气,氧化不剧烈,就不会发生爆炸。瓦斯的爆炸界限随瓦斯和空气混合气体中氧含量的降低而缩小,当氧气浓度降到12%时,瓦斯混合气体就失去爆炸性,遇火也不会爆炸。

(三) 瓦斯爆炸的防治

预防瓦斯爆炸的措施主要有三个方面,即:防止瓦斯积聚、防止瓦斯引燃和防止瓦斯灾害事故扩大。

1. 防止瓦斯积聚

瓦斯爆炸的条件之一是瓦斯浓度达到爆炸界限范围。因此,防止瓦斯积聚到瓦斯爆炸下限浓度,就是最积极有效的措施。防止瓦斯积聚主要应做好以下工作:

(1) 加强通风。加强通风就是要有效、连续、稳定地向井下各用风地点供给适量的新鲜风流,用足够的新鲜空气把瓦斯稀释到《煤矿安全规程》允许的浓度。

(2) 加强检查。经常检查井下各地点的瓦斯浓度和通风情况,可以准确及时地掌握井下瓦斯涌出情况和风流中的瓦斯浓度,这是防止瓦斯爆炸的前提。

(3) 及时处理局部积聚的瓦斯。在矿井日常生产中,及时处理局部积聚的瓦斯是瓦斯管理工作的重要内容,也是防止瓦斯爆炸事故、保证安全生产的重要工作。生产中容易积聚瓦斯的地点主要有:采煤工作面的上隅角、停风的盲巷、顶板冒落形成的空硐内以及低风速巷道的顶板附近等。

《煤矿安全规程》要求,矿井必须从设计和采掘生产管理上采取措施,防止瓦斯积聚;当发生瓦斯积聚时,必须及时处理。当瓦斯超限达到断电浓度时,班组长、瓦斯检查工、矿调度员有权责令现场作业人员停止作业,停电撤人。

【案例3-1】 2018年12月24日,延安市华龙煤业有限公司发生一起较大瓦斯爆炸事故,造成5人死亡。事故直接原因:喷浆队5名工人在未采取检查和排放瓦斯的情况下,擅自打开栅栏进入盲巷作业,携带的非防爆手机引燃盲巷内积聚的瓦斯,引起瓦斯爆炸。事故也暴露出该矿安全管理混乱:安全生产规章制度及责任制不健全,安全管理人员未持证上岗。矿井通风管理混乱:501盘区东翼带式输送机运输巷临时停工,停止供风;停风区域设置栅栏、警标后,未对停工区内甲烷浓度进行检测;人员进入盲巷区域作业前未编制排放瓦斯的安全技术措施。

视频

2. 防止瓦斯引燃

采取一切措施杜绝井下高温热源的产生,可达到防止瓦斯引燃的目的。

(1)严格明火管理。严禁在井下使用明火和吸烟。下井人员要自觉接受井口安检人员检查,禁止携带烟草和点火工具下井;井下禁止使用电炉或灯泡取暖;井口房和通风机房附近20 m内,不得有烟火或者用火炉取暖;井下和井口房内不得进行电焊、气焊或喷灯焊,特殊情况必须烧焊时,必须制定安全措施,严格执行《煤矿安全规程》的有关规定。

(2)严格机电防爆管理。井下有瓦斯涌出的区域应选用矿用防爆型电气设备;对电气设备的防爆性能要经常检查维护,消灭电器失爆;井下电缆的选择和使用要严格执行《煤矿安全规程》的规定;井下禁止敲打和拆卸矿灯,禁止带电检修和移动电气设备;掘进工作面的电气设备和局部通风机必须装设风电闭锁装置。

(3)加强爆破管理。井下必须使用取得产品许可证的煤矿许用炸药和煤矿许用电雷管;爆破工必须经过专门培训,严格执行《煤矿安全规程》中对井下爆破工作的各项规定。

(4)严防产生撞击和摩擦火花。倾斜井巷运输必须按《煤矿安全规程》要求装设完善的保险装置,并经常检查维护,使其处于良好状态;在容易摩擦发热的机械部件上安设过热保护装置;对转动摩擦的机械部件加强检查维护,保持转动灵活、润滑良好;井下作业中,应采取措施防止铁器撞击。

(5)加强火区管理。按规定经常检查密闭墙,测定火区温度与瓦斯浓度。

3. 防止瓦斯爆炸事故扩大

井下一旦发生瓦斯爆炸事故,就要尽量防止灾害的扩大,限制事故范围,为此应采取以下措施:

(1)矿井通风系统应力求简单,无用的巷道和采空区及时密闭。在相通的进、回风巷间安设正反两道风门,以防瓦斯爆炸时风流短路。

(2)实行分区通风。各水平、各采区和各工作面都应有独立的进、回风系统。

(3)主要通风机必须安装反风装置,井下主要风门要安设反风设施,定期进行反风试验,发现问题及时解决,保证在处理灾害事故需要反风时能灵活使用。

(4)装有主要通风机和分区通风机的出风井口,必须安设防爆门,防止发生爆炸时通风机遭到破坏。

（5）在矿井两翼、相邻的采区、相邻的煤层之间设置水棚或岩粉棚，防止爆炸事故范围扩大。

（6）下井人员必须佩戴自救器，以便发生事故时进行自救、互救。

（7）编制周密的矿井灾害预防和处理计划，并贯彻到每个职工中去，常备不懈，一旦发生事故，即可进行处理，以防灾害的发展与扩大。

三、煤与瓦斯突出及防治

在井下采掘过程中，在很短的时间内，大量瓦斯与碎煤（或岩石）从煤体中突然抛向采掘空间，并伴有巨大的响声和强大的冲击力，这种复杂的动力现象称为煤与瓦斯突出，简称突出。

（一）煤与瓦斯突出的预兆

（1）有声预兆。煤层在变形过程中发出劈裂声、爆竹声、闷雷声，间隔时间不一，在突出瞬间常伴有巨雷般的响声；支架受力发出"嘎嘎"声音甚至折裂声音。

（2）无声预兆。其主要表现是：

① 煤层结构变化、层理紊乱，煤层由硬变软、由薄变厚、倾角由小变大，煤由湿变干、暗淡无光泽，煤层顶底板出现断裂，煤岩严重破坏等。

② 瓦斯涌出异常（忽大忽小）、煤尘增大、气温异常、气味异常，打钻喷瓦斯、喷煤粉并伴有哨声、蜂鸣声等。

③ 地压显现、煤岩开裂掉渣、底鼓、煤岩自行剥落、煤壁颤动、钻孔变形等。

上述预兆并非每次突出都同时出现，而是出现一种或几种。《煤矿安全规程》要求，突出煤层工作面的作业人员、瓦斯检查工、班组长应当掌握突出预兆。发现突出预兆时，必须立即停止作业，按避灾路线撤出，并报告矿调度室。班组长、瓦斯检查工、矿调度员有权责令相关现场作业人员停止作业，停电撤人。

（二）煤矿防突工作的原则和流程

1. 煤矿防突工作的原则

防突工作必须坚持"区域综合防突措施先行、局部综合防突措施补充"的原则，按照"一矿一策、一面一策"的要求，实现"先抽后建、先抽后掘、先抽后采、预抽达标"。突出煤层必须采取两个"四位一体"综合防突措施，做到多措并举、可保必保、应抽尽抽、效果达标，否则严禁采掘活动。在采掘生产和综合防突措施实施过程中，发现有喷孔、顶钻等明显突出预兆或者发生突出的区域，必须采取或者继续执行区域防突措施。

2. 两个"四位一体"综合防突措施及其工作流程

有突出矿井的煤矿企业、突出矿井应当依据《防治煤与瓦斯突出细则》，结合矿井开采条件，制定、实施区域和局部综合防突措施。区域综合防突措施包括下列内容：

（1）区域突出危险性预测；

（2）区域防突措施；

（3）区域防突措施效果检验；

（4）区域验证。

局部综合防突措施包括下列内容：

（1）工作面突出危险性预测；

（2）工作面防突措施；

(3) 工作面防突措施效果检验;

(4) 安全防护措施。

突出矿井应当加强区域和局部(两个"四位一体")综合防突措施实施过程的安全管理和质量管控,确保质量可靠、过程可溯。

(三) 区域综合防突措施

突出矿井应当对开采的突出煤层进行区域突出危险性预测,经区域预测为突出危险区的煤层,必须采取区域防突措施并进行区域防突措施效果检验。经效果检验仍为突出危险区的,必须继续进行或者补充实施区域防突措施。经区域预测或者区域防突措施效果检验为无突出危险区的煤层进行揭煤和采掘作业时,必须采用工作面预测方法进行区域验证。

1. 区域预测

区域预测一般根据煤层瓦斯参数结合瓦斯地质分析的方法进行,也可以采用其他经试验证实有效的方法。区域预测,把煤层划分为突出煤层和非突出煤层。

2. 区域防突措施

区域防突措施主要包括开采保护层和预抽煤层瓦斯两类。开采保护层时,具有抽采瓦斯系统的矿井,应同时抽采被保护层的瓦斯,以防被保护层瓦斯大量涌入保护层引起瓦斯超限。

(1) 开采保护层分为上保护层和下保护层两种方式。具备开采保护层条件的突出危险区,必须开采保护层。开采保护层时,采空区内不得留设煤(岩)柱。

开采保护层后,被保护层中对应区域内的煤体被充分卸压,导致煤层和围岩中积蓄的弹性能被释放,减弱了发出突出的主要动力;煤体卸压后产生大量裂隙,使煤层的透气性增加,造成瓦斯潜能的释放,减弱了完成突出过程的主要动力;高压瓦斯的大量释放,使煤层瓦斯含量降低,导致煤体强度增加,煤的坚固性系数提高,增大了突出的反作用力。所以,当开采保护层后,就使得在卸压区范围内开采被保护层时,一般不会再发生煤与瓦斯突出。

(2) 预抽煤层瓦斯。煤层抽放瓦斯后,大量高瓦斯的排出导致瓦斯潜能的释放,减弱了完成突出过程的主要动力;大量瓦斯的排出直接导致煤体强度增大,增加了突出的反作用;大量瓦斯的排出,释放了积蓄在煤体和围岩中的弹性能,减弱了发动突出的主要动力。这些因素综合作用,从而消除了突出的危险。

预抽煤层瓦斯区域防突措施有:地面井预抽煤层瓦斯、井下穿层钻孔或者顺层钻孔预抽区段煤层瓦斯、顺层钻孔或者穿层钻孔预抽回采煤层瓦斯、穿层钻孔预抽井巷(含立井、斜井、石门等)揭煤区域煤层瓦斯、穿层钻孔预抽煤巷条带煤层瓦斯、顺层钻孔预抽煤巷条带煤层瓦斯、定向长钻孔预抽煤巷条带煤层瓦斯等。

煤矿应当根据生产和地质条件合理选取区域防突措施。突出煤层突出危险区必须采取区域防突措施,严禁在区域防突措施效果未达到要求的区域进行采掘作业。

3. 区域防突措施效果检验

开采保护层的保护效果检验主要采用残余瓦斯压力、残余瓦斯含量及其他经试验证实有效的指标和方法。采用预抽煤层瓦斯区域防突措施的,必须对区域防突措施效果进行检验,检验指标优先采用残余瓦斯含量指标,根据现场条件也可采用残余瓦斯压力或者其他经试验证实有效的指标和方法进行检验。

4. 区域验证

区域预测为无突出危险区或者区域措施效果检验有效时，采掘过程中还应当对无突出危险区进行区域验证，并保留完整的工程设计、施工和验证的原始资料。

【案例3-2】 2022年3月15日，云南省曲靖市富源县平庆煤业有限公司平庆煤矿发生煤与瓦斯突出事故，造成1人死亡，97人涉险，直接经济损失282.7万元。事故直接原因：平庆煤矿117805掘进工作面处于构造带（煤层变厚、煤体松软），且位于上覆已开采的煤层留设煤柱的应力叠加区和本煤层瓦斯富集区，采取的局部防突措施未能消除煤层的突出危险，掘进机割煤扰动诱发煤与瓦斯突出。事故暴露出该矿技术管理薄弱，未查明117805机巷掘进工作面地质构造情况，未建立以总工程师为首的瓦斯治理技术管理体系，未认真落实瓦斯抽采达标评判、通风瓦斯日分析制度等措施。该矿安全管理混乱，未认真落实县煤炭管理部门对C7+8煤层按突出煤层进行管理的要求，对117805机巷掘进工作面顶板破碎、煤层变厚、煤体松软、瓦斯异常涌出、片帮频繁等突出征兆不重视，仍组织作业。

（四）局部综合防突措施

1. 工作面的突出危险性预测

井巷揭煤工作面的突出危险性预测应当选用钻屑瓦斯解吸指标法或者其他经试验证实有效的方法进行。可采用下列方法预测煤巷掘进工作面的突出危险性：钻屑指标法、复合指标法、R值指标法、其他经试验证实有效的方法。

2. 工作面防突措施

井巷揭煤工作面的防突措施包括超前钻孔预抽瓦斯、超前钻孔排放瓦斯、金属骨架、煤体固化、水力冲孔或者其他经试验证明有效的措施。立井揭煤工作面可以选用上述除水力冲孔以外的各项措施。金属骨架、煤体固化措施，应当在采用了其他防突措施并检验有效后方可在揭开煤层前实施。对所实施的防突措施都必须进行实际考察，得出符合本矿井实际条件的有关参数。

3. 工作面防突措施效果检验

工作面执行防突措施后，必须对防突措施效果进行检验。工作面防突措施效果检验必须包括以下两部分内容：

（1）检查所实施的工作面防突措施是否达到了设计要求和满足有关规章、标准等规定，并了解、收集工作面及实施措施的相关情况、突出预兆等（包括喷孔、顶钻等），作为措施效果检验报告的内容之一，用于综合分析、判断。

（2）各检验指标的测定情况及主要数据。

4. 安全防护措施

井巷揭穿突出煤层和在突出煤层中进行采掘作业时，必须采取避难硐室、反向风门、压风自救装置、隔离式自救器、远距离爆破等安全防护措施。

四、便携式甲烷检测报警仪

便携式甲烷检测报警仪是一种可连续检测甲烷浓度的本质安全型设备，具有操作方便、读取直观、工作可靠、体积小、质量轻、维修方便等特点。《煤矿安全规程》规定，矿长、矿总工程师、爆破工、采掘区队长、通风区队长、工程技术人员、班长、流动电钳工等下井时，必须携带便携式甲烷检测报警仪。

(一) 便携式瓦斯检测仪特点与种类

便携式瓦斯检测仪种类很多,按检测原理可分为3类:热催化(热敏)式、热导式和半导体气敏元件式。热催化式便携式瓦斯检测仪的测量范围在 $0\sim4.0\%CH_4$ 或 $0\sim5.0\%CH_4$,用于低浓度瓦斯的测定。热导式瓦斯检测仪元件寿命长,不存在催化剂中毒现象,其测量范围在 $0\sim100\%$。

(二) 便携式瓦斯检测仪构造与工作原理

1. 热催化式

热催化式(热敏式)瓦斯检测仪是由传感器、电源、放大电路、报警电路、显示电路等组成。其中传感器(也叫元件)是其主要部分,可直接与环境中的瓦斯接触并反应,把瓦斯浓度值变成电量,由放大电路放大后送给显示和报警电路。

热催化元件是用铂丝按一定的几何参数绕制的螺旋圈,外部涂着氧化铝浆并经煅烧而成的一定形状的耐温多孔载体。其表面上浸渍有一层铂、钯催化剂,因其表面呈黑色,又叫黑元件。在仪器瓦斯检测室中有一个与黑元件构造相同,但表面没有涂催化剂的补偿元件叫白元件。黑、白两个元件分别接在一个电桥的两个相邻桥臂上,而电桥的另外两个桥臂分别接入适当的电阻,它们共同组成的测量电桥。

当一定的工作电流通过检测元件(黑元件)时,其表面加热到一定的温度,而这时含有瓦斯的空气接触到检测元件表面时,便被催化燃烧放热,放出的热又反过来进一步使元件温度升高,使铂丝的电阻值明显增加,于是电桥失去平衡,输出一定的电压。在瓦斯浓度低于 4% 时,电压与瓦斯浓度呈正比关系,因此可以根据电压高低来测算出瓦斯浓度。但当瓦斯浓度高于 4% 时,输出的电压不再与瓦斯浓度呈正比关系,所以这种原理只能测低于 4% 的瓦斯浓度。

2. 热导式

热导式与热催化式构造基本相同,也是由传感器、电源、放大电路、报警电路、显示电路等组成,区别在于两种仪器传感器的构造和原理不同。

热导式传感器是根据矿井空气的导热系数随瓦斯浓度的不同而不同的特性,通过测量这个变化来达到测量瓦斯浓度的目的。仪器是通过热敏元件将因气体浓度变化而引起的导热系数变化转化成为电阻值的变化,再通过平衡电桥来测定这一变化的。

(三) 便携式瓦斯检测仪的使用

便携式瓦斯检测仪在每次使用前都必须充电,以保证可靠工作。

使用时,首先在新鲜空气中打开电源,预热 15 min,观察指示是否为零,如有偏差,则要调整电位器使其归零。

1. 使用的方法和步骤

测量时,用手将仪器的传感器部位举至或悬挂在待测处,经十几秒钟的自然扩散,即可读取瓦斯浓度值,也可由工作人员随身携带,在瓦斯超限时发出声、光报警时,重点监测环境瓦斯,或采取相应措施。

2. 使用时的注意事项

(1) 要保护好仪器,在携带和使用中严禁摔打、碰撞,严禁被水淋或被水浸泡。

(2) 当使用过程中发现电压不足时,应立即停止使用,否则将影响仪器的正常工作并缩短电池使用寿命。

(3) 对仪器的零点测试精度及报警点应定期(一般为一周或一旬)进行校验。

(4) 当瓦斯浓度和硫化氢浓度超过规定值后,仪器应禁止使用,以免损坏元件。

(5) 检查过程中还应注意顶板支护及两帮情况,防止伤人事故发生。

(6) 当瓦斯浓度或氧气浓度超过规定限度应迅速退出并及时处理或汇报。

(7) 当闻到有其他特殊异杂气味时也要迅速退出,注意自身安全。

3. 常见故障与排除

(1) 当打开开关后无显示则可能是线路中断,也可能是电池损坏,应维修或换电池。

(2) 显示过程时隐时现则可能是电路接触不良,应修理开关或换电池。

(3) 如果显示不为零,且调零电位无法归零,则应找专职人员修理调校。

五、便携式瓦斯检测仪的日常维护

(1) 要爱护仪器,经常保持仪器的清洁。

(2) 及时进行校验,以保持其精度。

(3) 应在通风干燥处保存。

(4) 当发现电池无电时应及时充电,以防损坏电池。

第三节 矿井火灾防治

一、矿井火灾的基础知识

凡是发生在矿井地面或井下,威胁到井下安全生产,造成损失的非控制燃烧均称为矿井火灾。如地面井口房、通风机房失火或井下输送带着火、煤炭自燃等都是非控制燃烧,均属矿井火灾。

(一) 矿井火灾的分类

(1) 根据燃烧物不同,矿井火灾可分为煤炭自燃火灾、火药燃烧火灾、油料火灾、坑木火灾、瓦斯燃烧火灾和机电设备火灾等。

(2) 根据发火地点不同,矿井火灾分为地面火灾和井下火灾。发生在矿井工业广场范围内地面上的火灾称为地面火灾。地面火灾可能发生在办公楼、井口房、矸石山、储煤场等地点。井下火灾可能发生在井筒、巷道、采煤工作面、煤柱、采空区和硐室等地点。

(3) 根据引火热源不同,矿井火灾可分为外因火灾和内因火灾。外因火灾是指由外部火源,如明火、爆破、瓦斯煤尘爆炸、机械摩擦、电路短路等原因造成的火灾。内因火灾又叫自燃火灾,是指一些易燃物(主要指煤炭)在一定条件下和环境中(破碎堆积并有空气供给)自身发生物理化学变化(氧化、发热)聚积热量而导致着火形成的火灾。

(二) 矿井火灾危害

矿井火灾对煤矿生产及职工安全的危害主要有以下几个方面:

(1) 产生大量的有毒有害气体。

(2) 引发瓦斯、煤尘爆炸。

(3) 毁坏设备设施。

(4) 引起矿井风流状态紊乱。

(5) 烧毁资源、影响生产、造成重大经济损失。

(三) 矿井火灾三要素

发生矿井火灾的原因很多,但引起火灾的基本要素有三点:

(1) 可燃物。煤矿中的煤是大量而普遍存在的可燃物。另外,坑木、各类机电设备、各种油料、炸药等都具有可燃性。可燃物的存在是火灾发生的基础。

(2) 热源。具有一定温度和足够热量的热源才能引起火灾。煤矿井下热源有:煤炭自燃、瓦斯煤尘爆炸、爆破、机械摩擦、电流短路、烧焊以及其他明火。

(3) 氧气。缺氧就不能维持燃烧。

火灾的发生,必须同时满足以上三个条件。因此,对矿井火灾的防治与扑灭都应从这三个方面考虑。

二、矿井外因火灾及其预防

外因火灾大多容易发生在井底车场、机电硐室、运输及回采巷道等机械、电气设备比较集中,而且风流比较畅通的地点。这类火灾一般发生的比较突然,发展速度也快。一个小火源,稍有疏忽,火势就可能蔓延扩大到很大的范围。如果发现不及时,处理方法不当,或是行动措施不果断,会给矿井带来严重损失以至发生惨痛的人身伤亡事故。

(一) 外因火灾预防的对策

外因火灾的预防主要从两个方面进行:一是防止失控的高温热源;二是尽量采用不燃或阻燃材料支护和不燃或难燃制品,同时防止可燃物大量积存。

煤矿井下失控的高温热源较多,如电气设备过负荷短路产生的电弧、电火花,不正确的爆破作业产生的爆炸火焰,机械设备运转不佳造成的摩擦火花,物品碰撞引起的冲击火花,违章吸烟,使用电炉、灯泡取暖,烧焊以及瓦斯、煤尘爆炸等都能形成外因火灾。

(二) 及时发现外因火灾的方法

及时发现外因火灾是防止其发展和控制其危害的一个重要措施。随着科学技术的发展,及时发现外因火灾的方法逐渐增多,主要介绍以下几种:

(1) 标志气体。一般情况下,采用 CO 和 CO_2 等气体作为发生火灾的标志气体。通过对标志气体的监测,确定火灾是否发生。

(2) 温升变色涂料。温升变色涂料是早期发现发热的指示剂,当涂料覆盖物温度升高超出其额定值时即会变色;当温度下降到正常值时,则又恢复原色。因此,人们利用温升变色涂料的特性,将其涂敷在电机或机械设备的外壳上和容易发热的部位。根据颜色的变化,及时发现外因火灾初期的现象,采取有效措施,预防外因火灾的发生。

(3) 火灾检测器。根据外因火灾初期产生的温升、烟雾、烟尘、气体等特性,运用现代科学技术,研制了感温、感烟等火灾检测器。这些检测器可以及时发现初期火灾,进行报警,同时启动灭火装置,将火灾扑灭。

【案例 3-3】 2020 年 9 月 27 日,重庆能投渝新能源有限公司松藻煤矿井下二号大倾角胶带运煤上山发生重大火灾事故,造成 16 人死亡、42 人受伤,直接经济损失 2501 万元。事故直接原因:松藻煤矿二号大倾角运煤上山带式输送机下方煤矸堆积,起火点-63.3 m 标高处回程托辊被卡死、磨穿形成破口,内部沉积粉煤;磨损严重的输送带与起火点回程托辊滑动摩擦产生高温和火星,点燃回程托辊破口内积存粉煤;带式输送机运转监护工发现输送带异常情况,电话通知地面集控中心停止

视频

带式输送机运行,紧急停机后静止的输送带被引燃,输送带阻燃性能不合格、巷道倾角大、上行通风,火势增强,引起输送带和煤混合燃烧;火灾烧毁设备,破坏通风设施,产生的有毒有害高温烟气快速蔓延至2324-1采煤工作面,造成重大人员伤亡。

三、矿井内因火灾及其预防

(一) 内因火灾发火原因

1. 煤炭自燃条件

煤炭自燃的充分必要条件是:

(1) 有自燃倾向性的煤被开采后呈破碎状态,堆积厚度一般要大于 0.4 m。

(2) 有较好的蓄热条件。

(3) 有适量的通风供氧。通风是维持较高氧浓度的必要条件,是保证氧化反应自动加速的前提。实验表明,氧浓度大于 15% 时,煤炭氧化方可较快进行。

(4) 上述三个条件共存的时间大于煤的自然发火期。

上述四个条件缺一不可,前三个条件是煤炭自燃的必要条件,最后一个条件是充分条件。

2. 煤的自燃倾向性

煤的自燃倾向性是描述煤的氧化能力的内因属性,是煤的固有特性。煤的自燃倾向性分为 3 类:容易自燃、自燃和不易自燃。煤的自燃倾向性划分是煤矿采取防治技术和管理措施的主要依据。

3. 煤的自然发火期

自然发火期是指在开采过程中暴露的煤炭,从接触空气到发生自燃的一段时间。煤的自然发火期越短的煤层自然发火的危险程度越大。

煤的自然发火期反映了煤的氧化特性(内因)与外在环境、治理措施、开采条件与工艺等外因属性的综合影响。所有开采煤层应当通过统计法、类比法或者实验测定等方法确定煤层最短自然发火期。

(二) 内因火灾的防治措施

自燃火灾多发生在风流不畅通的地点,如采空区、压碎的煤柱、巷道顶煤、断层附近、浮煤堆积处等。防治自燃火灾的措施主要有:开采技术措施、均压防灭火、预防性灌浆、阻化剂灭火、惰性气体防灭火、凝胶防灭火、泡沫防灭火等。

1. 开采技术措施

矿井的开拓方式、采区巷道布置、回采方法和回采工艺、通风系统选择以及技术管理水平等因素,对煤层的自燃影响很大。提高回采率,减少煤柱和采空区遗煤,破坏自燃的物质基础;提高回采速度,回采后及时封闭采空区,缩短煤炭与空气接触的时间,减少漏风,消除自燃的供氧条件,破坏煤炭自燃的过程,从而达到防止自燃的目的。

2. 预防性灌浆

预防性灌浆就是利用不燃性材料和水按一定比例配成浆液,利用高度差产生的静压或水泵产生的动压,经输浆管路输送至可能发生自燃的采空区。浆液中的固体物沉降下来,水则经巷道排出。这种预防采空区遗留煤炭自燃的措施,叫做预防性灌浆。这是我国目前广泛采取的一种预防煤炭自燃的措施。

3. 阻化剂防火

阻化剂是抑制煤氧结合、阻止煤氧化的化学药剂。所谓阻化剂防火就是将阻化剂喷洒于煤壁、采空区或压注入煤体之内,以抑制或延缓煤炭的氧化,达到防止自燃的目的。阻化剂防火可采用喷洒阻化剂、压注阻化剂和气雾阻化剂等工艺。

4. 凝胶防灭火

凝胶防灭火就是将基料和促凝剂按一定比例混合配成水溶液后,发生化学反应生成凝胶,从而破坏煤炭着火的一个或几个条件,以达到防灭火的目的。

5. 均压防灭火

均压防灭火技术就是利用风窗、风机、调压气室等降低采空区区域两侧风压差,从而减少向采空区漏风供氧,达到抑制和窒息煤炭自燃的方法。均压防灭火技术具有以下特点:可以在不影响工作面生产的前提下实施及采用;均压通风加强了密闭区的气密性,减少了采空区的漏风,从而加速了密闭区(或采空区)里的空气惰化;工程量小、投资少、见效快。

6. 氮气防灭火

氮气防灭火是将氮气注入到预定的区域,使该区域内的空气惰化,使氧气的浓度小于煤炭自燃的临界氧气浓度,从而防止煤炭氧化自燃,也可以使已经形成的火区因缺氧而逐渐熄灭。采用惰性气体防灭火时,根据矿井实际条件,注入惰性气体方式可采用连续或者间断注入,注入惰性气体方法可采用埋管注入、拖管注入、钻孔注入或密闭墙插管注入等。

四、矿井火灾处理与控制

矿井灭火方法可分为直接灭火法、隔绝灭火法和综合灭火法。

(一)直接灭火法

1. 用水灭火

水是最经济、最有效、来源最广的灭火材料。一般采用水射流和水幕两种方式来灭火。

1)用水灭火的注意事项

(1)灭火人员应站在火源的上风侧,并要保持有畅通的排烟路线,及时将高温气体和水蒸气排出。如果人员站在下风侧会受到高温和火烟的侵害,并易受到冒顶和高温水蒸气的伤害。

(2)要有足够的水量。少量的水或微弱的水流,不但灭不了火,而且在高温下与煤生成H_2和CO(水煤气),形成爆炸性混合气体。

(3)扑灭火势猛烈的火灾时,不要把水射流直接喷射到火源中心。应先从火源外围开始喷水,随着火势的减小再逐渐逼近火源中心,以免产生大量水蒸气,或导致燃烧的煤块、炽热的煤渣突然喷出而烫伤人员。

(4)不能用水扑灭带电的电气火灾。

(5)油类火灾若用水灭火时,只能使用雾状的细水,这样才能产生一层水蒸气笼罩在燃烧物的表面上,使燃烧物与空气隔离。若用水射流灭火会使燃烧的液体飞溅,又因油比水轻,可漂浮在水面上,易扩大火灾的面积。

(6)要保证正常风流,以便火烟和水蒸气能顺利地排到回风流。

(7)经常检查火区附近的瓦斯和风流变化情况。

2)用水灭火的适用条件

用水灭火费用低、效果好、速度快,但用水灭火也有其局限性:电气火灾和油类火灾不宜用水来扑灭;井巷顶板受高温作用后易破坏,被冷水冷却后易冒顶垮落;要铺设供水管路,并在地面要建造蓄水池。

一般用水灭火的适用条件为:

(1) 发火地点明确,人能够接近火源。

(2) 发火初期阶段,火势不大,范围较小,对其他区域无影响。

(3) 有充足的水源,供水系统完善。

(4) 火源地点通风系统正常,风路畅通无阻,瓦斯浓度低于2%。

(5) 灭火地点顶板完好,能在支护掩护下进行灭火作业。

经验证明,在井筒和主要巷道尤其是在带式输送机巷道中装设水幕,当火灾发生时立即启动,能很快限制火灾的蔓延扩展。在火势无法控制,又无其他有效的灭火措施时,也可用水淹没火区。但在恢复生产时需付出大量的财力和人力。

2. 用砂子或岩粉灭火

把砂子或岩粉直接撒盖在燃烧物体上将空气隔绝,使火熄灭。砂子或岩粉不导电并有吸收液体的作用,故适用于扑灭包括电气和油类火灾在内的各类初起火灾。砂子或岩粉成本低廉,易于长期保存,灭火时操作简单,所以在机电硐室、材料仓库、炸药库、绞车房、通风机房等地点,都应备有防火砂箱。

3. 用化学灭火器灭火

目前煤矿上使用的化学灭火器有两类:一类是泡沫灭火器,另一类是干粉灭火器。泡沫灭火器是一种简易的泡沫发生装置,发泡量较少,主要用于小范围的火灾。如果扑灭大范围的火灾,可用高倍数泡沫发生装置灭火。

4. 高倍数泡沫灭火

高倍数泡沫灭火,就是采用高倍数泡沫发生装置将高倍数泡沫起泡剂和压力水混合,在通风机的风流推动下产生气液两相物质(高倍数泡沫),在泡沫充满巷道进入火区时,泡沫液膜上的水分蒸发吸收大量热量,起到冷区降温作用。高倍数泡沫灭火成本低、水量损失小、速度快、效果明显,可在远离火区的安全地点进行灭火。

5. 燃油惰气灭火

燃油惰气灭火就是用惰气发生装置产生惰气,注入火区灭火。用惰气扑灭矿井火灾,一般是在不能接近火源,以及用其他方法直接灭火具有很大危险或不能获得应有效果时采用。它的主要优点是:惰化火区空气,既能灭火,又能抑制瓦斯爆炸;能使火区造成正压,减少向火区漏风;惰气容易进入冒落区的小孔、裂缝,起到灭火作用;灭火后的恢复工作比较安全、迅速、经济,设备损害率低。

6. 挖除火源

挖除火源灭火,就是把着火带及附近已经发热或正在燃烧的可燃物挖除并运出井外。这是一种扑灭火灾最简单、最彻底的方法,一般适用于火灾初始阶段,燃烧物较少,火势和火灾范围都不大的情况下,特别适用于煤炭自燃火灾。但前提条件是火源位于人员可直接到达的地点。

【案例3-4】 2020年12月4日,重庆市永川区吊水洞煤矿井下发生重大火灾事故,造成23人死亡、1人重伤,直接经济损失2632万元。事故直接原因:重庆市胜杰再生资源回收有限公司在吊水洞煤矿井下回撤设备时,回撤人员在

—85 m水泵房内违规使用氧气/液化石油气切割水泵吸水管,掉落的高温熔渣引燃了水仓吸水井内沉积的油垢,油垢和岩层渗出油燃烧产生大量有毒有害烟气,在火风压作用下蔓延至进风巷,造成人员伤亡。

(二)隔绝灭火法

隔绝灭火就是建造密闭墙切断通往火区的空气,进而使氧含量降低,达到灭火的目的。这类灭火方法是在采用直接灭火法达不到预期效果,或人员不能接近火区时使用。

(三)综合灭火法

综合灭火就是隔绝灭火与其他灭火的综合应用,如直接灭火无效时,在封闭火区的基础上,再采取灌浆、注入惰性气体或喷阻化剂等措施。综合灭火法既可以用于扑灭矿井火灾,还可以有针对性地用在采空区等有自然发火危险和受火区威胁的地段。

第四节 矿尘防治

矿尘是指在矿山生产过程中产生的并能长时间悬浮于空气中的煤炭或岩石的细微颗粒,也称粉尘。煤矿生产过程中,凿岩、割煤、爆破、装运、破碎等作业都会产生大量的矿尘。

一、矿井粉尘的危害

矿尘具有很大的危害性,主要表现在以下几个方面。

(1)污染作业环境。当煤尘浓度达到一定程度时会影响作业人员的视线,甚至会引起伤亡事故,影响劳动生产效率。作业场所空气中粉尘浓度不符合要求时,应当采取有效措施。

(2)煤尘爆炸。煤尘爆炸产生的冲击波可以扬起巷道中沉积的煤尘,发生连续爆炸,甚至波及全矿井,强大的冲击波会造成人员的伤害和设备的破坏,同时还可能有高温和有毒有害气体产生。

(3)损害机械。空气中的粉尘落到机器的转动部件上,会加速转动部件的磨损,降低机器的精度和寿命。

(4)职业病。尘肺病是工人长期吸入大量微细矿尘而引起的以纤维组织增生为主要特征的肺部疾病。工人一旦患上尘肺病,很难治愈,当前我国煤矿由尘肺病引发的矿工致残和死亡人数远高于各类工伤事故的总和。

二、矿井粉尘的产生

矿井的主要尘源在采煤工作面,掘进工作面,煤(岩)装运、转载点,锚喷作业点,其他产生大量粉尘的工作场所。据统计,采煤工作面产尘量占45%~80%,掘进工作面产尘量占20%~38%,锚喷作业点产尘量占10%~15%,运输通风巷道产尘量占5%~10%,其他作业点产尘量占2%~5%。

三、煤尘爆炸事故的特征

(一)煤尘爆炸事故的类型

煤尘爆炸事故可分为两类:单一的煤尘爆炸事故和瓦斯煤尘混合爆炸事故。煤尘爆炸事故主要指前者。

(二)煤尘爆炸的条件

煤尘爆炸必须同时具备4个条件,缺一不可。

(1) 煤尘具有爆炸性。并不是所有的煤尘都具有爆炸性,煤尘具有爆炸性是煤尘爆炸的必要条件。煤尘有无爆炸性,要通过煤尘爆炸性鉴定才能确定。

(2) 煤尘的爆炸浓度。具有爆炸性的煤尘只有在空气中呈浮游状态并具有一定的浓度时才能发生爆炸。煤尘的爆炸浓度受很多因素的影响,瓦斯的存在将使煤尘爆炸浓度下限降低,从而增加了煤尘爆炸的危险性。随着瓦斯浓度的升高,煤尘爆炸浓度下限急剧下降。

(3) 高温热源。能够引燃煤尘爆炸的热源温度的变化范围比较大,它与煤尘中挥发分含量有关。煤矿井下能点燃煤尘的高温火源主要为爆破时出现的火焰、电气火花、冲击火花、摩擦高温、井下火灾和瓦斯爆炸等。

(4) 足够的氧气含量。空气中氧气含量不低于18%。

四、预防煤尘爆炸的技术措施

煤尘爆炸后产生的冲击波毁坏巷道、损伤人员,产生大量CO对人员伤害很大,煤尘爆炸还会造成矿井火灾、巷道冒落等二次灾害。预防煤尘爆炸的技术措施主要包括减、降尘措施,防止煤尘引燃措施及隔绝煤尘爆炸措施等。

1. 减、降尘措施

减、降尘措施是指在煤矿井下生产过程中,通过减少煤尘产生量或空气中悬浮煤尘含量,以达到从根本上杜绝煤尘爆炸的可能性。主要方法有煤层注水、水炮泥、喷雾降尘等。

2. 防止煤尘引燃的措施

防止煤尘引燃的措施与防止瓦斯引燃的措施大致相同。特别要注意的是,瓦斯爆炸往往会引起煤尘爆炸。此外,煤尘在特别干燥的条件下可产生静电,放电时产生的火花也能将自身引爆。

【案例3-5】 2019年1月12日,陕西省神木市百吉煤矿发生一起重大煤尘爆炸事故,造成21人死亡,直接经济损失3788万元。事故直接原因:506连采工作面和开采保安煤柱工作面采空区及与之连通的老空区顶板大面积垮落,老空区气体压入与老空区连通的巷道内,扬起巷道内沉积的煤尘,弥漫在506连采面,并达到爆炸浓度,在三支巷中部处于急速状态下的无MA标志非防爆C17运煤车产生火花,点燃煤尘,发生爆炸,造成人员伤亡。

视频

3. 隔绝煤尘爆炸的措施

开采有煤尘爆炸危险煤层的矿井,必须有预防和隔绝煤尘爆炸的措施。

(1) 清除落尘。定期清除落尘,防止沉积煤尘参与爆炸,可有效降低爆炸威力,使爆炸由于得不到煤尘补充而逐渐熄灭。

(2) 撒布岩粉。定期在井下某些巷道中撒布惰性岩粉,增加沉积煤尘的灰分,抑制煤尘爆炸的传播。

(3) 设置水棚。隔爆水棚按隔绝煤尘爆炸作用的保护范围,分为主要隔爆棚和辅助隔爆棚。主要隔爆棚应设置的地点如下:

① 矿井两翼与井筒相连通的主要运输大巷和回风大巷;
② 相邻采区之间的集中运输巷道和回风巷道;
③ 相邻煤层之间的运输石门和回风石门。

辅助隔爆棚应设置的地点如下:

① 采、掘工作面进、回风巷;

② 采区内的煤层掘进巷道；
③ 采用独立通风并有煤尘爆炸危险的其他巷道。

（4）设置岩粉棚。岩粉棚是由安装在巷道中靠近顶板处的若干块岩粉台板组成，台板的间距稍大于板宽，每块台板上放置一定数量的惰性岩粉，当发生煤尘爆炸事故时，火焰前的冲击波将台板震倒，岩粉即弥漫于巷道中，火焰到达时，岩粉从燃烧的煤尘中吸收热量，使火焰传播速度迅速下降，直至熄灭。

（5）设置自动隔爆棚。自动隔爆棚是利用各种传感器，将瞬间测量的煤尘爆炸时的各种物理参量迅速转换成电信号，指令机构的演算器根据这些信号准确计算出火焰传播速度后选择恰当时机发出动作信号，让抑制装置强制喷撒固体或液体等消火剂，从而可靠地扑灭爆炸火焰，阻止煤尘爆炸蔓延。

五、矿井综合防尘技术

矿井综合防尘是指采用各种技术手段减少矿山粉尘的产生量，降低空气中的粉尘含量。矿井应当每年制定综合防尘措施、预防和隔绝煤尘爆炸措施及管理制度，并组织实施。

（一）通风防尘

通风防尘就是利用矿井通风手段，排出或稀释含尘空气，引进新鲜风流。通风除尘是目前应用最广、效果最好的一项防尘技术措施。通风除尘必须具备一定的风速，《煤矿安全规程》规定的最低排尘风速是：掘进中的岩巷不应小于 0.15 m/s；采面、掘进中的煤巷、半煤巷不应小于 0.25 m/s。在巷道中，风速过高会造成已落矿尘重新飞扬。《煤矿安全规程》规定井巷最高风速是：采矿场和采准巷道不得超过 4 m/s；运输巷道和采区进风道不得超过 6 m/s；提升人员和物料的井筒、主要进风道和回风道、修理中的井筒不得超过 8 m/s。

（二）湿式作业

湿式作业是利用水或其他液体，使之与尘粒相接触而捕集粉尘的方法，它包括湿式凿岩、水封爆破、喷雾洒水、刷洗井巷周壁、喷雾净化风流等。

（1）井工煤矿在煤、岩层中钻孔作业时，应当采取湿式降尘等措施。在冻结法凿井和在遇水膨胀的岩层中不能采用湿式钻眼（孔）、突出煤层或者松软煤层中施工瓦斯抽采钻孔难以采取湿式钻孔作业时，可以采取干式钻孔（眼），并采取除尘器除尘等措施。

（2）采煤机必须安装内、外喷雾装置。割煤时必须喷雾降尘，内喷雾工作压力不得小于 2 MPa，外喷雾工作压力不得小于 4 MPa，喷雾流量应当与机型相匹配。无水或者喷雾装置不能正常使用时必须停机；液压支架和放顶煤工作面的放煤口，必须安装喷雾装置，降柱、移架或者放煤时同步喷雾。破碎机必须安装防尘罩和喷雾装置或者除尘器。

（3）井工煤矿掘进井巷和硐室时，必须采取湿式钻眼、冲洗井壁巷帮、水炮泥、爆破喷雾、装岩（煤）洒水和净化风流等综合防尘措施。

（4）井工煤矿掘进机作业时，应当采用内、外喷雾及通风除尘等综合措施。掘进机无水或者喷雾装置不能正常使用时，必须停机。

（5）井下煤仓（溜煤眼）放煤口、输送机转载点和卸载点，以及地面筛分厂、破碎车间、带式输送机走廊、转载点等地点，必须安设喷雾装置或者除尘器，作业时进行喷雾降尘或者用除尘器除尘。

（6）喷射混凝土时，应当采用潮喷或者湿喷工艺，并配备除尘装置对上料口、余气口除尘。

(三) 净化风流

净化风流就是使井巷中含尘的空气通过一定的设施或设备将矿尘捕获的技术措施。目前使用较多的是水幕和湿式除尘装置。

(1) 水幕净化风流。水幕由敷设在巷道顶部或两帮的水管间隔地安上数个喷雾器喷雾形成。喷雾器的布置应以水幕布满整个巷道断面为准，并尽可能靠近尘源，缩小含尘空气的弥散范围。一个产尘点可间隔一定距离安装多道水幕。井工煤矿采煤工作面回风巷应当安设风流净化水幕。喷射混凝土时，距离喷浆作业点下风流100 m内，应当设置风流净化水幕。

(2) 湿式除尘。除尘装置把气流或空气中含有的粉尘颗粒分离并捕集起来，又称为集尘器或捕尘器。煤矿多用湿式除尘装置，利用尘粒与液滴的碰撞进行除尘。

(四) 煤层注水

煤层注水是在采煤工作面回采前预先在煤层中打若干钻孔，通过钻孔注入压力水来润湿煤体，增加煤的水分和尘粒间的黏着力，增加煤的塑性，减少采煤时煤尘的产生和煤尘的飞扬。我国煤层注水的方式主要有长钻孔注水和短钻孔注水两种。井工煤矿采煤工作面应当采取煤层注水防尘措施，有下列情况之一的除外：

(1) 围岩有严重吸水膨胀性质，注水后易造成顶板垮塌或者底板变形；地质情况复杂、顶板破坏严重，注水后影响采煤安全的煤层。

(2) 注水后会影响采煤安全或者造成劳动条件恶化的薄煤层。

(3) 原有自然水分或者防灭火灌浆后水分大于4%的煤层。

(4) 孔隙率小于4%的煤层。

(5) 煤层松软、破碎，打钻孔时易塌孔、难成孔的煤层。

(6) 采用下行垮落法开采近距离煤层群或者分层开采厚煤层，上层或者上分层的采空区采取灌水防尘措施时的下一层或者下一分层。

采用煤层注水措施时，应当根据煤层条件，确定合理的注水参数，并检验注水效果。煤层注水的设计应符合《煤矿井下粉尘防治技术规范》(AQ1020)的要求。

【案例3-6】 2020年8月20日，山东能源肥城矿业集团梁宝寺煤矿发生煤尘爆炸事故，造成7人死亡、9人受伤。该矿为国有重点煤矿，核定生产能力330万t/a，主采3煤层，煤尘具有爆炸性。事故的直接原因：该矿综放工作面采煤机截割过程中，滚筒截齿与中间巷(工作面内与运输巷、回风巷平行的煤巷)金属支护材料机械摩擦产生火花，引燃截割中间巷松软煤体扬起的煤尘(悬浮尘)，导致煤尘爆炸。事故暴露出如下问题：该矿防尘管理不到位；未严格按设计进行煤层注水；未对中间巷沉积煤尘进行清扫、冲洗；推采过程中支架间喷雾、放顶煤喷雾使用不正常。

(五) 密闭尘源

通常产尘强度高的产尘点，往往会使矿尘向外围扩散，不易控制。如果在不影响正常作业的前提下，将产尘地点密闭起来，并使密闭空间内保持一定的负压，矿尘就不会扩散。

(六) 个体防护

在采取各种通风防尘措施之后，矿内空气仍会有一些微细矿尘，通过佩戴各种防护面具来减少矿尘吸入人体的措施就是个体防护。目前个体防护的工具主要是防尘口罩、防尘帽、防尘呼吸器等。对防尘口罩性能的要求是，对呼吸性粉尘的阻尘率应不低于96%，并且呼吸阻力小，佩戴方便，不影响视野。

第五节 矿井水灾防治

一、煤矿防治水的原则和措施

（一）煤矿防治水十六字基本原则

煤矿防治水工作应当坚持"预测预报、有疑必探、先探后掘、先治后采"的原则。"预测预报"是水害防治的基础，是指在勘探查清矿井充水水文地质条件基础上，运用先进的水害评价预测理论和方法，分析与诊断矿井突（透）水水情，对矿井水害风险做出评价和预测分区。"有疑必探"是指根据矿井水害评价结论和具体预测分区，针对矿井具体的采掘工程规划方案，对可能存在水害威胁的具体采掘工作面，采用物探、化探和钻探等综合超前探放水技术手段，查明或排除水害威胁。"先探后掘"是指先综合超前探查，确定巷道掘进没有水害威胁后，方可掘进施工。"先治后采"是指根据查明的水害情况，采取有针对性的治理措施并排除水害隐患后，方可安排采掘工程。如井下采掘工程穿越导水断层时，必须预先注浆封堵加固后方可施工，防止突（透）水造成灾害。

（二）煤矿防治水七项措施

根据不同水文地质条件，采取探、防、堵、疏、排、截、监等综合防治措施。

"探"主要是指采用超前勘探方法，查明采掘工作面周围水体的具体位置和贮存状态等情况，为有效地防治矿井水害做好必要的准备，其在水害防治措施中居核心地位、起先导作用。

"防"主要指合理留设各类防隔水煤（岩）柱和修建各类防水闸门或防水闸墙等，防隔水煤（岩）柱一旦确定后，不得随意开采破坏。

"堵"主要指注浆封堵具有突水威胁的含水层或导水断层、裂隙和陷落柱等导水通道。

"疏"主要指探放老空水和对承压含水层进行疏水降压。

"排"主要指完善矿井排水系统，排水管路、水泵、水仓和供电系统等必须配套。

"截"主要指加强地表水（河流、水库、洪水等）的截流治理。

"监"主要指建立矿井地下水动态监测系统，必要时建立突水监测预警系统，及时掌握地下水的动态变化。

防治水工作的七项综合治理措施是水害防治的基本技术方法。

二、地面防治水

地面防治水是煤矿防治水的第一道防线，各级领导应该重视地面防治水工作。

《煤矿安全规程》规定：煤矿应当查清井田及周边地面水系和有关水利工程的汇水、疏水、渗漏情况；了解当地水库、水电站大坝、江河大堤、河道、河道中障碍物等情况；掌握当地历年降水量和最高洪水位资料，建立疏水、防水和排水系统。煤矿应当建立灾害性天气预警和预防机制，加强与周边相邻矿井的信息沟通，发现矿井水害可能影响相邻矿井时，立即向周边相邻矿井发出预警。

（1）严格按《煤矿安全规程》规定选择井筒及工业广场。矿井井口和工业广场内建筑物的地面标高必须高于当地历年最高洪水位；在山区还必须避开可能发生泥石流、滑坡等地质灾害危险的地段。矿井井口及工业场地内主要建筑物的地面标高低于当地历年最高洪水位的，应当修筑堤坝、沟渠或者采取其他可靠防御洪水的措施。不能采取可靠安全措施的，应当封闭填实该井口。

(2) 防范地表水体或积水。当矿井井口附近或者开采塌陷波及区域的地表有水体或者积水时，必须采取安全防范措施，并遵守下列规定：

① 当地表出现威胁矿井生产安全的积水区时，应当修筑泄水沟渠或者排水设施，防止积水渗入井下。

② 当矿井受到河流、山洪威胁时，应当修筑堤坝和泄洪渠，防止洪水侵入。

③ 对于排到地面的矿井水，应当妥善疏导，避免渗入井下。

④ 对于漏水的沟渠和河床，应当及时堵漏或者改道；地面裂缝和塌陷地点应当及时填塞，填塞工作必须有安全措施。

(3) 防范强降雨致灾。降暴雨时和降雨后，应当有专业人员观测地面积水与洪水情况、井下涌水量等有关水文变化情况和井田范围及附近地面有无裂缝、采空塌陷、井上下连通的钻孔和岩溶塌陷等现象，及时向矿调度室及有关负责人报告，并将上述情况记录在案，存档备查。情况危急时，矿调度室及有关负责人应当立即组织井下撤人。

(4) 防范滑坡或泥石流等地质灾害。当矿井井口附近或者开采塌陷波及区域的地表出现滑坡或者泥石流等地质灾害威胁矿井安全时，应当及时撤出受威胁区域的人员，并采取防治措施。

(5) 防范河道和沟渠淤塞。严禁将矸石、杂物、垃圾堆放在山洪、河流可能冲刷到的地段，防止淤塞河道和沟渠等。发现与矿井防治水有关系的河道中存在障碍物或者堤坝破损时，应当及时报告当地人民政府，清理障碍物或者修复堤坝，防止地表水进入井下。

(6) 加强雨季前的检查。煤矿每年雨季前必须对防治水工作进行全面检查。受雨季降水威胁的矿井，应当制定雨季防治水措施，建立雨季巡视制度并组织抢险队伍，储备足够的防洪抢险物资。当暴雨威胁矿井安全时，必须立即停产撤出井下全部人员，只有在确认暴雨洪水隐患消除后方可恢复生产。

三、井下防治水

(一) 矿井突水预兆

从开拓工作面开始发展到突水，在工作面及其附近显示出的某些异常现象，统称突水预兆。识别和掌握这些预兆，可以及时采取应急措施，撤离危险区人员，防止人员伤亡事故。突水前预兆有以下几种：

(1) 挂红。因地下水中含有铁的氧化物，在水压作用下，通过煤（岩）裂隙时，附着在裂隙表面，出现暗红色铁锈。

(2) 挂汗。当采掘工作面接近积水区时，水在压力作用下，通过煤岩裂隙而在煤岩壁上凝结成许多水珠，但有时空气中的水分遇到低温煤岩壁也可凝结为水珠。因此，遇到挂汗现象，首先辨别真伪，辨别方法是剥去表面层，观察新暴露面是否也有潮气，如果煤岩潮湿则是透水征兆。

(3) 空气变冷。采掘工作面接近大量积水时，气温骤然降低，煤壁发凉，人一进去就有凉爽感，时间越长越感阴凉。

(4) 出现雾气。当巷道内温度较高时，积水渗到煤壁后引起蒸发而迅速形成雾气。

(5) 水叫。井下高压积水,向煤岩裂隙强烈挤压与两壁摩擦而发出嘶嘶叫声,说明采掘工作面距积水区已很近。

(6) 顶板淋水加大。原有裂隙淋水突然增大,应视作透水前兆。

(7) 顶板来压、底板鼓起。在地下水压作用下,顶、底板弯曲变形,有时伴有潮湿、渗水现象。

(8) 水色发浑、有臭味。老空水一般发红,味涩;断层水一般发黄、味甜;溶洞水常有臭味。

(9) 有害气体增加。积水区向外散发瓦斯、二氧化碳和硫化氢等有害气体。

(10) 裂隙出现渗水。水清即离积水区尚远,水浊则离积水区已近。

以上征兆不一定都同时出现,有时可能出现其中一个,有时可能出现多个,但有时透水征兆不明显甚至不出现,因此,要认真辨别。

根据《煤矿安全规程》的规定,当出现透水征兆时,应当立即停止作业,撤出所有受水患威胁地点的人员,报告矿调度室,并发出警报。在原因未查清、隐患未排除之前,不得进行任何采掘活动。

【案例3-7】 2021年8月14日,青海省海北州柴达尔煤矿发生重大溃砂溃泥事故,造成20人死亡,直接经济损失5391.02万元。事故直接原因:该矿+3690 m综放工作面顶部疏防水不彻底,工作面出现异常淋水、多次发生局部片帮冒顶、液压支架被"压死"、工作面被封堵,但该矿未采取有效措施进行治理,违章冒险继续进行清淤,强行挑顶提架作业导致顶煤抽冒,大量顶煤、渣石及水混合物呈泥石流状迅速溃入工作面及运输巷,造成事故发生。事故也暴露出该矿安全管理混乱,在+3690 m综放工作面淋水增大、煤泥溃入、多次冒顶片帮等征兆明显情况下,不过问不监督,放任安全风险失控加剧形成重大隐患。组织开展的安全大检查工作流于形式,未跟踪督促矿井整改存在的隐患。

(二) 矿井井下防治水措施

根据不同水文地质条件,矿井井下主要采取探、防、堵、疏、排、监等综合防治措施。

1. 矿井探放水技术

探水是指采矿过程中用超前勘探方法,查明采掘工作面顶底板、侧帮和前方的含水构造(包括陷落柱)、含水层、积水老窑等水体的具体位置、产状等,其目的是为有效防治矿井水害做好必要的准备。

采掘工作必须执行"预测预报、有疑必探,先探后掘、先治后采"的原则。在地面无法查明水文地质条件时,应当在采掘前采用物探、钻探或者化探等方法查清采掘工作面及其周围的水文地质条件。采掘工作面遇有下列情况之一的,必须进行探放水:

(1) 接近水淹或者可能积水的井巷、老空或者相邻煤矿时;

(2) 接近含水层、导水断层、溶洞或者导水陷落柱时;

(3) 打开隔离煤柱放水时;

(4) 接近可能与河流、湖泊、水库、蓄水池、水井等相通的导水通道时;

(5) 接近有出水可能的钻孔时;

(6) 接近水文地质条件不清的区域时;

(7) 接近有积水的灌浆区时;

(8) 接近其他可能突水的地区时。

井下探放水应严格执行"三专"要求。由专业技术人员编制探放水设计,采用专用钻机进行探放水,由专职探放水队伍施工。严禁使用非专用钻机探放水。严格执行井下探放水"两探"要求。采掘工作面超前探放水应当同时采用钻探、物探两种方法,做到相互验证,查清采掘工作面及周边老空水、含水层富水性以及地质构造等情况。有条件的矿井,钻探可采用定向钻机,开展长距离、大规模探放水。

工作面回采前,应当查清采煤工作面及周边老空水、含水层富水性和断层、陷落柱含(导)水性等情况。地测部门应当提出专门水文地质情况评价报告和水害隐患治理情况分析报告,经煤矿总工程师组织生产、安检、地测等有关单位审批后,方可回采。发现断层、裂隙或者陷落柱等构造充水的,应当采取注浆加固或者留设防隔水煤(岩)柱等安全措施;否则,不得回采。

【案例3-8】 2022年5月9日,云南省富源县大山脚煤矿发生一起水害事故,造成4人死亡,直接经济损失976万元。事故直接原因:被大山脚煤矿整合关闭的联兴煤矿C3煤层110303机运巷"两端高、中间低",低凹处形成老空积水。大山脚煤矿组织一组煤轨道大巷反掘(上段)工作面掘进作业时,掘通被整合关闭的联兴煤矿C3煤层110303机运巷积水老巷导致发生透水事故。事故暴露出该矿技术管理薄弱、安全管理混乱:未认真分析运用隐蔽致灾因素普查报告和物探成果,在掘进前未针对物探发现的异常区域进行钻探验证;未对可能存在老空水影响的煤层编制分区管理设计;技术人员责任心不强,主观认为老空积水已疏排干净,在未查清工作面前方老巷积水的情况下冒险组织掘进作业。

2. 防水煤(岩)柱与防水闸门

1) 防水煤(岩)柱

在煤体与含水层(带)接触地段,为防止井巷或采空空间突水危害,留设一定宽度(或高度)的煤岩体不采,以堵截水源流入矿井,这部分煤岩体称为防水煤岩柱。相邻矿井的分界处,应当留设防隔水煤(岩)柱。矿井以断层分界的,应当在断层两侧留设防隔水煤(岩)柱。煤矿开采中有下列情况之一的,应当留设防隔水煤(岩)柱:

(1) 煤层露头风化带;

(2) 在地表水体、含水冲积层下或者水淹区域邻近地带;

(3) 与富水性强的含水层间存在水力联系的断层、裂隙带或者强导水断层接触的煤层;

(4) 有大量积水的老空;

(5) 导水、充水的陷落柱、岩溶洞穴或者地下暗河;

(6) 分区隔离开采边界;

(7) 受保护的观测孔、注浆孔和电缆孔等。

矿井防隔水煤(岩)柱一经确定,不得随意变动,并通报相邻矿井。严禁在设计确定的各类防隔水煤(岩)柱中进行采掘活动。

2) 防水闸门和防水闸墙

防水闸门和防水闸墙为井下防水的主要安全设施,水文地质条件复杂、极复杂或者有突水淹井危险的矿井,应当在井底车场周围设置防水闸门或者在正常排水系统基础上另外安设由地面直接供电控制,且排水能力不小于最大涌水量的潜水泵。在其他有突水危险的采掘区域,应当在其附近设置防水闸门;不具备设置防水闸门条件的,应当制定防突(透)水措施,报企业主要负责人审批。当井下发生突然涌水或出现突水征兆危及矿井安全时,必须立即做好关闭防水闸门的准备工作,同时请示抢险救灾指挥部,批准后方可关闭防水闸门。

3) 注浆堵水

注浆堵水是指将注浆材料(水泥、水玻璃、化学材料以及黏土、砂、砾石等)制成浆液,压入地下预定位置,使其扩张固结、硬化,起到堵水截流、加固岩层和消除水患的作用。

4) 疏干开采和疏水降压

疏干开采是指对煤层顶板或煤层含水层的疏干。矿井疏干的目的是预防地下水突然涌入矿井,避免灾害事故,改善劳动条件,提高劳动生产率,消除地下水静水压力造成的破坏作用等,是煤矿防治水的一种主要措施。对于大水矿区,为了减少矿井涌水量,应采取截流、浅排和排、供、生态环保"三位一体"结合等辅助措施,与疏干工作统筹考虑,进行综合防治。

疏水降压,是指受水害威胁和有突水危险的矿井或采区借助于专门的疏水工程(疏水石门、疏水巷道、放水钻孔、吸水钻孔等),有计划有步骤地将煤层上覆或下伏强含水层中的地下水进行疏放,使其水位(压)值降至某个安全水位(压)值以下的过程。其目的是预防地下水突然涌入矿井,避免灾害事故,改善劳动条件,提高劳动生产率,它是煤矿防治水的一种重要措施。

5) 井下排水

为了防止水灾的发生,矿井必须建立有效排水系统,排水系统必须符合《煤矿安全规程》的规定,保证日常排水和抗灾抢险排水的能力。

矿井应当配备与矿井涌水量相匹配的水泵、排水管路、配电设备和水仓等,并满足矿井排水的需要。除正在检修的水泵外,应当有工作水泵和备用水泵。工作水泵的能力,应当能在 20 h 内排出矿井 24 h 的正常涌水量(包括充填水及其他用水)。备用水泵的能力,应当不小于工作水泵能力的 70%。检修水泵的能力,应当不小于工作水泵能力的 25%。工作和备用水泵的总能力,应当能在 20 h 内排出矿井 24 h 的最大涌水量。

排水管路应当有工作和备用水管。工作排水管路的能力,应当能配合工作水泵在 20 h 内排出矿井 24 h 的正常涌水量。工作和备用排水管路的总能力,应当能配合工作和备用水泵在 20 h 内排出矿井 24 h 的最大涌水量。

采区水仓的有效容量应当能容纳 4 h 的采区正常涌水量。水仓进口处应当设置箅子。对水砂充填和其他涌水中带有大量杂质的矿井,还应当设置沉淀池。水仓的空仓容量应当经常保持在总容量的 50% 以上。

水泵、水管、闸阀、配电设备和线路,必须经常检查和维护。在每年雨季之前,必须全面检修 1 次,并对全部工作水泵和备用水泵进行 1 次联合排水试验,提交联合排水试验报告。水仓、沉淀池和水沟中的淤泥,应当及时清理,每年雨季前必须清理 1 次。

6) 矿井地下水动态监测

矿井应当建立地下水动态监测系统,对井田范围内主要充水含水层的水位、水温、水质等进行长期动态观测,对矿井涌水量进行动态监测。受底板承压水威胁的水文地质类型复杂、极复杂矿井,应当采用微震、微震与电法耦合等科学有效的监测技术,建立突水监测预警系统,探测水体及导水通道,评估注浆等工程治理效果,监测导水通道受采动影响变化情况。

第六节 矿井顶板灾害防治

一、采煤工作面顶板事故防治

顶板事故是指在井下生产过程中,顶板意外冒落造成的人员伤亡、设备损坏、生产中止等事故。按冒顶范围的不同,顶板事故分为局部冒顶和大型冒顶两类。按发生冒顶事故的力学原因不同,顶板事故分为压垮型冒顶、漏垮型冒顶和推垮型冒顶三类。

(1) 局部冒顶:范围不大,有时仅在3~5个支架范围内,伤亡人数不多(1~2人)的冒顶,常发生在煤壁附近、采煤工作面两端以及放顶线附近。在实际煤矿生产过程中,局部冒顶事故的次数远远多于大型冒顶事故,约占采煤工作面冒顶事故的70%,总的危害比较大。从开采工序与煤层顶板事故发生的地点来看,局部冒顶可分为靠近煤壁附近的局部冒顶,采煤工作面两端的局部冒顶,放顶线附近的局部冒顶,地质破坏带附近的局部冒顶。

(2) 大型冒顶:范围较大,伤亡人数较多(每次死亡3人以上)的冒顶。它包括基本顶来压时的压垮型冒顶、厚层难冒顶板大面积冒顶、直接顶导致的压垮型冒顶、大面积漏垮型冒顶、复合顶板推垮型冒顶、金属网下推垮型冒顶、大块游离顶板旋转推垮型冒顶、采空区冒矸冲入采煤工作面的推垮型冒顶及冲击推垮型冒顶等。

(一) 局部冒顶事故防治

采掘工作空间或井下其他地点局部范围内顶板岩石坠落造成的顶板事故称为局部冒顶。工作面发生局部冒顶的原因主要有两个:直接顶被破坏后,由于失去有效的支护而造成局部冒顶;基本顶下沉压迫直接顶破坏工作面支架造成局部冒顶。

1. 局部冒顶的征兆

(1) 顶板发出响声,岩层下沉断裂。顶板压力急剧加大时,木支架会发出劈裂声,紧接着出现折梁断柱现象,金属支柱的活柱急速下缩,也发出很大响声;铰接顶梁的楔子被弹出或挤出;底板软时支柱发生钻底现象,有时也能听到采空区内顶板发生断裂的闷雷声。

(2) 顶板掉碴。顶板破裂严重时,折梁断柱就要增加,并出现顶板掉碴,掉碴越多,说明顶板压力越大。

(3) 煤质变酥,煤壁片帮增多,范围增大,工作面钻眼省力,采煤机割煤时负荷减小。

(4) 顶板出现裂缝,裂缝张开,裂缝增多。

(5) 顶板出现离层。"敲帮问顶"时,顶板发出"空空"的响声,说明上下岩层之间已经离层。

(6) 顶板发生漏顶。破碎的伪顶或直接顶有时会因背顶不严和支架不牢出现漏顶现象,造成棚顶托空,支架松动造成冒顶。

(7) 瓦斯涌出异常。在含瓦斯煤层中,瓦斯涌出量突然增大。

(8) 顶板淋水增大。

2. 工作面局部冒顶的综合预防措施

(1) 工作面支架方式要与顶板岩性相适应。较坚硬的顶板可采用点柱;松软破碎的顶板要用棚子加背板。

(2) 采取措施预防爆破造成冒顶。根据顶板条件选择炮眼布置、角度、装药量、一次爆破量,防止爆破崩倒支架,形成过大的空顶面积和控顶距。

(3) 工作面落煤后要及时支护。落煤后,受到输送机弯曲段的限制,在一定范围内不能及时打基本柱,顶板悬露面积大,时间长,因此,应采取超前挂梁或打临时支柱的方法,防止局部冒顶。

(4) 在推移输送机时,有较大面积的顶板不能用支柱支撑,对容易冒顶的破碎顶板,必须采取相应措施。

(5) 工作面上下出口要有特种支架。

(6) 采取正确的回柱方法,防止顶板压力集中在局部支柱上,造成局部顶板破碎及回柱困难。严格执行作业规程,不得违章作业。

(7) 严格执行各项顶板管理制度。如"敲帮问顶"制度、验收支架制度、岗位责任制度、金属支柱检查制度、顶板分析制度和交接班制度。

(8) 保证工作面正规循环作业,加快推进速度。

(二) 大型冒顶事故的防治

大型冒顶事故是指冒顶范围大、伤亡人数多的冒顶。引起原因主要有两种:① 大面积悬露的难冒顶板积累了很大的矿山压力,最后压垮顶板破坏工作面支架造成冒顶;② 各种原因造成的工作面支架的支撑强度不足,最后支架被压垮引起冒顶。

1. 大型冒顶发生的征兆

(1) 顶板的预兆。顶板连续发出断裂声,声音的频率和音响增大,这是由于直接顶和基本顶发生离层,或顶板切断而发出的声音;有时采空区内顶板发出像闷雷的声音,这是基本顶和上方岩层产生离层或断裂的声音;顶板岩层破碎掉碴,而且掉碴逐渐增多,顶板的裂缝增加或裂隙张开,并产生大量的下沉,下沉速度增大;底板出现底鼓或裂缝。

(2) 煤帮的预兆。由于冒顶前压力增大,煤壁出现明显的受压和片帮现象;煤壁受压后,煤质变酥,片帮增多;使用电钻打眼时,钻眼省力。

(3) 支架的预兆。使用木支架时,支架被大量地压坏或折断,并发出响声;使用金属支柱时,耳朵贴在柱体上,可听见支柱受压后发出的声音;当顶板压力继续增加时,活柱迅速下缩,连续发出"咯咯"的声音;工作面使用铰接顶梁时,在顶板冲击压力的作用下,楔子有时被弹出或挤出。

(4) 其他预兆。瓦斯涌出量突然增加;有淋水的顶板,淋水量增加。

2. 工作面大型冒顶的综合预防措施

预防采煤工作面大型冒顶,除采取预防局部冒顶时提到的预防措施外,还应按以下情况采取措施。

(1) 了解顶板活动规律,有条件时对工作面顶板应进行矿压观测,对顶板来压进行预测预报。

(2) 对于坚硬顶板大面积悬顶,有大型冒顶危险时,要采取顶板高压注水措施。

(3) 坚硬顶板要进行强制放顶。

(4) 提高单体支柱的初撑力和刚度。

(5) 提高支架的稳定性。

(6) 严格控制工作面采高。

(7) 工作面在开切眼初采时不要反向开采。

(8) 掘进上下顺槽时不得破坏复合顶板。

(9) 重视初次放顶,加强有效的安全措施。

(10) 对于直接顶破碎的大倾角工作面,为防止出现大面积漏垮型冒顶,应采取的措施是:合理选用支架,保证支柱有足够的支撑力和可缩量,顶板背严接实,严禁爆破崩倒支架,移溜推倒支架。

【案例3-9】 2022年2月25日,贵州省黔西南州三河顺勖煤矿发生一起重大顶板事故,造成14人死亡,直接经济损失2288.47万元。事故直接原因:超出矿界范围布置的隐蔽采面支护强度不足,导致复合顶板离层、断裂,支柱稳定性不够造成推垮型冒顶,酿成事故。事故暴露出该矿顶板管理不到位:未编制采面作业规程,未进行支护强度验算,未对单体液压支柱进行压力测试;现场单体液压支柱打设混乱,柱梁数量不足;采面停止回采时未对采面支护进行维护,在采面出现煤壁切顶现象后仍未采取加强支护措施。

二、巷道顶板事故防治

80%以上的巷道顶板死亡事故发生在掘进工作面及巷道交岔口。

(一) 掘进工作面冒顶事故的原因及预防措施

1. 掘进工作面冒顶事故的原因

(1) 掘进破岩后,顶部存在将与岩体失去联系的岩块,如果支护不及时,该岩块可能与岩体失去联系而冒落。

(2) 掘进工作面附近已支护部分的顶部存在与岩体完全失去联系的岩块,一旦支护失效,就会冒落造成事故。

2. 预防掘进工作面冒顶事故的措施

(1) 根据掘进工作面岩石性质,严格控制空顶距。当掘进工作面遇到断层褶曲等地质构造破坏带或层理裂隙发育的岩层时,棚子支护时应紧靠掘进工作面,并缩小棚距,在掘进工作面附近应采用拉条等把棚子连成一体,防止棚子被推垮,必要时还要打中柱;锚杆支护时应有特殊措施。

(2) 严格执行"敲帮问顶"制度,危石必须挑下,无法挑下时应采取临时支撑措施,严禁空顶作业。

(3) 掘进工作面冒顶区及破碎带必须背严接实,必要时要挂金属网防止漏空。

(4) 掘进工作面炮眼布置及装药量必须与岩石性质、支架和掘进工作面距离相适应,以防止因爆破而崩倒棚子。

(5) 采用前探掩护式支架,使工人在煤层顶板有防护的条件下出碴、支棚腿,以防止冒顶伤人。

(二) 巷道交岔处冒顶事故的原因及预防措施

1. 巷道交岔处冒顶事故的原因

巷道交岔处冒顶事故往往发生在巷道开岔的时候,因为开岔口需要架设抬棚替换原巷道的棚子的棚腿,如果开岔处巷道顶部存在与岩体失去联系的岩块,并且围岩正向巷道挤压,而新支设抬棚的强度不够或稳定性不够就可能造成冒顶事故。

(1) 抬棚架设一段时间后才能稳定,过早拆除原巷道棚腿容易造成抬棚不稳。

(2) 开口处围岩尖角如果被压碎,抬棚腿失去依靠也会失稳。至于抬棚的强度,则与选用的支护材料及其强度有关。

2. 预防巷道交岔处冒顶事故的措施

(1) 交岔口应避开原来巷道冒顶的范围。

(2) 必须在开口抬棚支设稳定后再拆除原巷道棚腿,不得过早拆除,切忌先拆棚腿后支护抬棚。

(3) 注意选用抬棚材料的质量与规格,保证抬棚有足够的强度。

(4) 当开口处围岩尖角被挤压坏时,应及时采取加强抬棚稳定性的措施。

【案例3-10】 2021年5月26日,枣庄矿业集团新安煤业有限公司3上104运输巷外段掘进工作面发生一起较大顶板事故,死亡3人,轻伤1人,直接经济损失928万元。事故直接原因:事故地点位于区域性断层和伴生断层叠加区,巷道顶板受断层切割形成不完整岩石块体,调向开门施工交岔点跨度不断扩大,支护强度不够,顶部岩石块体失稳滑落,引发顶板大面积垮落。事故也暴露出事故巷道段支护参数和支护方式不合理。在交岔点施工跨度不断扩大的情况下,没有针对性地调整支护参数、支护方式,只选用了"锚(杆)索梁网"支护、加密了锚(杆)索密度,未采取联合支护等强化措施,未调整锚(杆)索长度,致使锚(杆)索未锚固到稳定岩层中,锚固作用降低,支护强度不够。

(三) 支架支护巷道冒顶事故的原因及预防措施

1. 支架支护巷道冒顶事故的原因

(1) 压垮型冒顶是因巷道顶板或围岩施加给支架的压力过大,损坏了支架,从而导致巷道顶部已破碎的岩块冒落。

(2) 漏垮型冒顶是因无支护巷道或支护失效(非压坏),巷道顶部存在的游离岩块在重力作用下冒落,造成事故的发生。

(3) 推垮型冒顶是因巷道顶帮破碎岩石,在其运动过程中存在平行巷道轴线的分力,如果这部分巷道支架的稳定性不够,可能被推倒而发生冒顶。

2. 支架支护巷道冒顶事故的预防措施

(1) 在可能的情况下,巷道应布置在稳定的岩体中,并尽量避免采动的不利影响。

(2) 巷道支架应有足够的支护强度以抗衡围岩压力。

(3) 巷道支架所能承受的变形量,应与巷道使用期间围岩可能的变形量相适应。

(4) 尽可能做到支架与围岩共同承载。支架选型时,尽可能采用有初撑力的支架;支架施工时要严格按工序质量要求进行,并特别注意顶与帮的背严背实问题,杜绝支架与围岩间的空顶与空帮现象。

(5) 凡因支护失效而空顶的地点,重新支护时应先护顶,再施工。

(6) 巷道替换支架时,必须先支新支架,再拆旧支架。

(7) 在易发生推垮型冒顶的巷道中要提高巷道支架的稳定性,可以在巷道的架棚之间严格地用拉撑件连接固定,增加架棚的稳定性,以防推倒。倾斜巷道中架棚被推倒的可能性更大,其架棚间拉撑件的强度、密度要适当加大。

此外,在掘进工作面10 m内、断层破碎带附近10 m内、巷道交岔点附近10 m内、冒顶处附近10 m内,都是容易发生煤层顶板事故的地点,巷道支护必须适当加强。

第七节　冲击地压灾害防治

冲击地压是指煤矿井巷或工作面周围煤（岩）体由于弹性变形能的瞬时释放而产生的突然、剧烈破坏的动力现象，常伴有煤（岩）体瞬间位移、抛出、巨响及气浪等。

一、冲击地压的特征

(1) 突然爆发。冲击地压发生前，预兆不明显。

(2) 巨大声响。冲击地压爆发的瞬间伴有雷鸣般的响声。

(3) 冲击波强。煤体内积聚的弹性能突然释放，产生强大的冲击波。它能冲倒几十米至几百米内的风门、风墙等设施。

(4) 弹性震动。冲击地压发生时在围岩内引起弹性震动，人员被弹起摔倒，甚至输送机、轨道等重型设备可能被震动和推移，连地面人员有时都能感到这种震动。

(5) 煤体移动。据现场观测，发生浅部冲击地压时煤体发生移动，煤体移动时在顶板接触面上留有明显的棕褐色擦痕。

(6) 顶板下沉或底板鼓裂。冲击地压发生时，常导致顶板下沉或底鼓。

(7) 煤帮抛射性塌落。塌落多发生在煤帮上部到顶板的一段，越靠近顶板塌落越深，强烈冲击时，塌落深度可达 1.5～2.0 m。

二、冲击地压的分类

冲击地压可按照煤（岩）体弹性能释放的主体、载荷类型等进行分类，对不同的冲击地压类型采取针对性的防治措施，实现分类防治。根据煤（岩）体弹性能释放的主体冲击地压可分为煤体压缩型冲击地压、顶板断裂型冲击地压和断层错动型冲击地压 3 种基本类型。

(1) 煤体压缩型冲击地压是由于煤体压缩失稳而产生的，包括重力引起的和水平构造应力引起的，多发生在厚煤层开采的采煤工作面和回采巷道中。

(2) 顶板断裂型冲击地压是由顶板岩层拉伸失稳而产生的，多发生在工作面顶板为坚硬、致密、完整且厚，煤层开采后形成采空区大面积空顶的条件下。

(3) 断层错动型冲击地压是由断层围岩体剪切失稳而产生的，多发生在采掘活动接近断层时，受采矿活动影响而使断层突然破裂错动。

三、冲击地压的防治原则

冲击地压防治应当坚持"区域先行、局部跟进、分区管理、分类防治"的原则。

(1) 区域先行。冲击地压防治措施可分为区域防冲措施和局部防冲措施两大类。区域防冲就是要优化矿井开采设计理念，根据煤岩层冲击危险性评价结果，确定合理的采煤方法，采取调整煤层开采顺序、优化巷道布置方式、煤柱尺寸选择、开采保护层等方法防止高应力集中。实施区域防冲措施，可以从根本上控制冲击地压，因此必须坚持区域先行的原则。

(2) 局部跟进。实施区域防冲措施不可能完全消除冲击地压。在具有冲击地压危险的区域，应该根据实际地质和开采条件、冲击地压监测信息、冲击地压防治效果和新揭露的地质条件等动态信息，采取煤层注水、钻孔卸压、卸压爆破、底板卸压、顶板预裂、水力压裂等局部防冲措施，实现应力的释放或转移，避免冲击地压发生。因而，必须在实施区域防冲措施之后，及时跟进局部防冲措施。

(3) 分区管理。冲击地压矿井同一煤层不同区域，由于其地质条件和开采条件不同，冲击地压危险程度也不同。如果采取同样的管理措施，极有可能导致某些区域管理过度，某些区域管理不足。因而，应该根据冲击危险性评价结果，对强冲击危险区、中等冲击危险区、弱冲击危险性和无冲击危险区实施不同的管理措施，坚持分区管理原则。

(4) 分类防治。不同的矿井，诱发冲击地压的因素是不一样的，上覆岩层自重应力、区域构造应力、坚硬顶板垮落来压、断层错动、煤柱集中应力都可能诱发冲击地压。诱发冲击地压的因素不同，其防冲措施也不同。因而，冲击地压矿井应根据诱发因素的差异进行分类，实施分类防治。

四、冲击地压的预测、监测和效果检验

为了对有冲击危险的煤层及时采取防治措施，必须进行预测。冲击地压虽是瞬时发生，但发生之前有预兆，进行预测是可能的。

1. 顶板动态法

冲击地压发生之前的预兆表现为：煤岩层向已采空间运动加剧，顶板岩层断裂声加剧，有板炮声，采空区有雷声，顶板下沉，煤壁片帮；打煤层眼时，钻杆卡住不易拔出，支柱折断，柱帽压缩等；采煤工作面和巷道压力有明显的增大现象。只要认真观察分析，掌握其规律，就能及时进行预报。

2. 钻屑法

钻屑法又称钻粉率指数法或钻孔检验法。此法是通过在煤层中打直径为 $42\sim50$ mm 的钻孔，根据排出的煤粉量及其变化规律和有关的动力效应，鉴别冲击危险的一种方法。

3. 微震法或地音监测法

岩石在压力作用下发生变形、破坏的过程中，必然产生声响和震动，以脉冲形式向周围岩体传播，产生应力波或声发射现象。这种声发射也称地音。因此，用微震仪或地音仪记录这一系列地震波，根据地震波的强弱变化规律和正常地震波相比可以判断煤层或岩体发生冲击的倾向程度。

此外，还有电磁辐射法、能量法、综合指数法及综合预测法等。

五、冲击地压的防治

根据发生冲击地压的成因和机理，冲击地压的主要防治措施应是避免产生应力集中。因此，对已产生应力的区域、因地质构造等因素存在高应力区的区域，应采取改变煤岩体物理力学性质，降低或释放煤岩体积聚的弹性能等措施。

1. 选择合理的开采方法

(1) 开采保护层。开采煤层时，为了降低潜在危险层的应力，可先开采保护层。当所有煤层都有冲击地压危险时，应先开采冲击地压危险性最小的煤层。当有冲击地压危险的煤层的顶底板都赋存有保护层时，应先开采顶板保护层。

(2) 避免形成孤立煤柱。划分井田和采区时，应保证有计划地合理开采，避免形成应力集中的孤立煤柱，不允许在采空区内留煤柱，巷道上方不留煤柱，有条件的采区上山、采区边界及区段巷道采用无煤柱开采技术，以避免应力集中。

(3) 选择合理的采煤方法。开采有冲击地压危险的煤层时，应尽量采用长壁采煤法、全部垮落法管理顶板。煤柱支撑法、房柱式及其他留煤柱的开采方法，将使冲击地压发生频繁。

（4）选择合理的巷道布置方式。开采有冲击地压危险的煤层时，应尽量将主要巷道和硐室布置在底板岩石中。

（5）合理安排开采程序。要合理安排开采程序，防止采煤工作面三面被采空区包围，形成"半岛"。采煤工作面应采用后退式开采，避免相向采煤。

2. 煤层预注水

煤层预注水的目的主要是降低煤体的弹性和强度。采用向煤层注水的方法，使相邻巷道、采煤工作面的煤岩层边缘区减少内部黏结力，降低其弹性，减少其潜能。

大量的研究表明，煤岩层的单向抗压强度随着其含水量的增加而降低，同样，煤的强度与冲击倾向指数也随煤的湿度的增加而降低。

3. 钻孔卸压法

钻孔卸压法是利用钻孔降低积聚在煤层中的弹性能，是释放弹性能的一种方法。一般利用直径大约 100 mm 的钻头钻孔，现已有直径为 300 mm 的钻头。钻孔后，周围的煤体受力状态发生了变化，约束条件减弱，使煤体卸载，支承压力的分布发生了变化，峰值向煤体深部转移。当支承压力不超过煤层孔壁稳定范围时，孔壁不破坏，钻孔不变形，排出的煤粉量为正常值，煤层没有卸压。当支承压力超过煤层孔壁稳定范围时，钻孔被破坏。支承压力愈高，钻孔破坏范围愈大。因此，煤层积聚的应力愈高，利用钻孔卸压愈有效。

【案例3-11】 2023年1月1日，兖矿新疆矿业有限公司硫磺沟煤矿（4-5煤层）06W带式输送机运输巷掘进工作面发生一起冲击地压事故，造成1人死亡、1人受伤。事故直接原因：事故区域4-5煤层具有弱冲击倾向性，事故区域存在隐伏构造，局部构造应力高度集中，造成大量弹性能聚积。受综掘机割煤扰动导致围岩应力调整，诱发大量弹性能释放，造成冲击地压事故的发生。事故暴露出：该矿事故隐患排查治理不到位，自2022年12月26日以来，（4-5煤层）06W带式输送机运输巷掘进工作面迎头后方30 m范围内顶板下沉明显，迎头压力大，煤爆频繁，有锚杆折断现象，煤矿未认真分析研究，在未排查出导致矿压显现真正原因的情况下，只是采取了加强支护的措施后，继续组织掘进作业，隐患排查治理不到位。

4. 震动爆破法

震动爆破法是在安全条件下，用爆破方法释放煤层积聚的能量，使煤层裂隙松动。这也是预防冲击地压的有效方法，一般有卸载爆破和诱发爆破两种方式。

卸载爆破就是在高应力区附近打钻，在钻孔中装药进行爆破，其主要目的是改变支承压力带的形状和减小峰值，炮眼布置尽量接近于支承压力带峰值位置。

诱发爆破就是在具有冲击地压危险的区域进行大药量的爆破，人为地在工作人员撤出后诱发冲击地压。

第八节　矿井热害防治

矿内高温、高湿环境严重影响井下作业人员的身体健康和生产效率，严重时会形成热害。热害已逐渐成为与瓦斯、煤尘、顶板、火、水一样需要认真处理的煤矿井下自然灾害之一。

一、矿井热害的致因

造成矿井热害的热源主要有以下几种：

（1）地热。地热是造成矿井热害的主要原因。矿井地热主要是由于地质构造中的岩浆活动、岩层的导热和地下水的流动相互作用形成的，随着矿井开采深度的增加，地热往往影响就比较大。有的矿井有高温水涌出，也是地热释放的一种形式。

（2）机电设备散热。机电设备所消耗的能量除了部分用以做有用功外，其余全部转换为热能并散发到周围的介质中去。回采机械的放热对工作面温度升高影响较大，可以使风流温度上升 5～6 ℃。

（3）运输中煤炭及矸石的散热。

（4）矿井风流的压缩放热。矿井风流沿井巷向下流动时，空气的压力值增大，空气压缩会放热，从而使风流温度升高。

（5）矿井围岩散热。井下围岩温度较高时，会向风流中散热，煤炭氧化也会散热。

（6）井下工作人员能量代谢产生的热量。井下人员产生热量的多少与从事工作的繁重程度以及持续工作的时间有关。

二、矿井热害防治技术措施

（一）通风降温

1. 合理的通风系统

按照矿井地质条件、开拓方式等选择进风风路最短的通风系统，可以减少风流沿途吸热，降低风流温升。一般情况下，对角式通风系统的降温效果要比中央式好。

2. 改善通风条件

增加风量，提高风速，可以使巷道壁对空气的对流散热量增加，风流带走的热量随之增加，而单位体积的空气吸收的热量随之减少，使气温下降。与此同时，巷道围岩的冷却圈形成的速度又得到加快，有利于气温缓慢升高。适当加大工作面的风速，还有利于人体对流散热。

在可能的条件下，可以采用采煤工作面下行风流，使工作面运煤方向和风流方向相同和缩短工作面的进风路线等措施。实践证明，采用这些措施，有利于降低工作面的气温。

采煤工作面的通风方式也影响气温。在相同的地质条件下，由于 W 型通风方式比 U 型和 Y 型能增加工作面的风量，所以降温效果较好。

3. 调热巷道通风

利用调热巷道通风一般有两种方式：一种是将空气先通入专用进风道，调温后再进入正式进风系统；另外一种是利用开在恒温带里的浅风巷作调温巷道。专用风道中应尽量使巷道围岩形成强冷却圈，若断面许可还可洒水结冰，储存冷量。当风温向零度回升时，即予关闭，待到夏季再启用。淮南矿业集团九龙岗矿曾利用 −240 m 水平的旧巷作为调热巷道，冬季储冷，春季封闭，夏季使用，总进风量的一部分被冷却，使 −540 m 水平井底车场降温 2 ℃。

4. 其他通风降温措施

下行通风可以有效降低采煤工作面的气温。对于发热量较大的机电硐室，应有独立的回风路线，以便把机电设备所产生热量直接导入采区的回风流中。向风流中喷洒冷水也可降低气温，且水温越低效果越好。

（二）矿内冰冷降温

矿井降温系统一般分为冰冷降温系统和空调制冷降温系统，其中，空调制冷降温系统为水冷却系统。冰冷降温系统，是在地面制冰厂制作粒状冰或泥状冰，通过风力或水力输送至井下的融冰装置，在融冰装置内冰与井下空调回水直接换热，使空调回水的温度降低。

（三）矿内空调降温

矿井集中空调系统是由制冷、输冷、传冷和排热四个环节所组成，按制冷站所处的位置不同，可以分为以下三种基本类型：

（1）地面集中式空调系统。地面集中式空调系统将制冷站设置在地面，冷凝热也在地面排放，而在井下设置高低压换热器将一次高压冷冻水转换成二次低压冷冻水，最后在用风地点上用空冷器冷却风流。

（2）井下集中式空调系统。井下集中式空调系统按冷凝热排放地点可分为以下两种不同的布置形式：制冷站设置在井下，并利用井下回风流排热；制冷站设在井下，冷凝热在地面排放。井下集中式空调系统的优点是：供冷管道短、冷损少；无高压冷水系统；可利用矿井水或回风流排热；供冷系统简单，冷量调节方便。

（3）井上、下联合式空调系统。这种布置形式是在地面和井下同时设置制冷站，冷凝热在地面集中排放。它实际上相当于两级制冷，井下制冷机的冷凝热借助于地面制冷机冷水系统冷却。

矿井应该根据自身条件，结合三种空调系统的优缺点，选取合理的空调系统。对不具备建立集中式空调系统条件的矿井，在个别热害严重的地点也可采用局部移动式空调机组。我国安徽淮南、浙江长广、江苏徐州、山东新汶等矿区都先后在掘进工作面使用过局部空调机组。

【案例3-12】 新郑煤电公司位于新郑市辛店镇境内，设计生产能力300万t/a，服务年限53.3 a。该矿区气候为大陆性气候，7月气温最高，平均温度27.3 ℃，尤以7、8、9月气候潮湿和炎热。11206首采区形成之后，2010年8月该工作面的实测温度，最高达31.4 ℃，已远远超出《煤矿安全规程》规定。

为此，该矿采取了以下措施：① 增加风量；② 因11206工作面回采期间地温较高，将上行通风改为下行通风；③ 在继续增大风量降温效果不明显后，采用井下制冷设备对11206工作面进行局部降温。

降温效果：工作面温度降低到25 ℃左右，平均24.6 ℃；运输巷温度依然较高，平均在26～29 ℃，但整个风流路线温度均降到了30 ℃以下。

三、煤矿热害的防护措施

对于有热害的矿井，除了采取热害防治措施降低井下温度外，还应采取必要的防护措施，主要有以下方面：

1. 健康监测

对在高温条件下作业的人员进行就业体检，凡有心血管系统疾病、溃疡病、肺气肿、肝病、肾病等疾病，不宜从事高温作业的人员不安排其从事高温作业或调离高温作业岗位。

2. 个体防护

给在高温条件下作业的工作人员提供结实、耐热、宽大、便于操作的工作服及相应的防护用具。

3. 保健防护

高温作业条件下,排汗需水较多,要及时补充水分和盐分,供给含盐饮料、绿豆汤、冷饮等。在高温环境下作业,人体能量和蛋白质消耗快,应增加蛋白质、热量、维生素等的摄入,以减轻疲劳,提高工作效率。充足的睡眠和休息也是预防高温中暑的有效方法。

更多新的煤矿灾害事故案例,请扫描下面的二维码观看。每年更新,请购买正版图书,以免影响观看。

第四章　煤矿事故自救互救与创伤急救

本章培训与考核要点
- 熟练掌握矿工自救与互救的原则；
- 掌握自救器的分类、用途及使用时应注意的问题；
- 掌握井下各类灾害发生时的自救与互救措施及避灾方法；
- 熟练掌握创伤急救操作技术。

第一节　煤矿事故应急预案

一、煤矿事故应急预案的内容和实施要求

生产安全事故应急预案是针对可能发生的事故，为降低其严重后果而预先制定的应急救援方案，是应急救援活动的指导性文件。煤矿事故应急预案包括综合应急预案、专项应急预案和现场处置方案等内容。

综合应急预案，是指煤矿企业为应对各种生产安全事故而制定的综合性工作方案，是本单位应对生产安全事故的总体工作程序、措施和应急预案体系的总纲。

专项应急预案，是指煤矿企业为应对某一种或者多种类型生产安全事故，或者针对重要生产设施、重大危险源、重大活动防止生产安全事故而制定的专项性工作方案。

现场处置方案，是指煤矿企业根据不同生产安全事故类型，针对具体场所、装置或者设施所制定的应急处置措施。

煤矿特种作业人员应当了解本矿的应急预案，具备自救互救和应急避险的技能。煤矿至少每半年组织1次生产安全事故应急救援预案演练，演练结束后，对应急预案的修订部分组织从业人员进行宣贯学习。

按照应急救援预案和灾害预防与处理计划的相关内容，针对重点工作场所、重点岗位的风险特点制定应急处置卡，现场作业人员随身携带，一旦发生紧急情况，按照应急处置卡的方法应急避险。

二、事故报告

事故发生后，现场人员应尽量了解和判断事故的性质、地点和灾害程度，在认真积极地消灭或控制事故的同时，及时向矿调度室报告灾情，并迅速向可能受灾的人员发出警报。

（1）报告形式。就近用电话报告。

（2）报告对象。首先应向矿调度室报告，矿调度室值班领导可根据灾情及时向上级汇报或组织人员抢救。若首先向本区队领导报告，往往会延误抢救时机。

(3) 报告内容。报告内容包括事故性质、发生地点、影响范围、人员伤亡以及现场抢救、撤离情况等。

(4) 报告方法。沉着冷静地把话说清楚，要如实报告灾情，不能含糊不清。若不清楚就说"不清楚"，弄清楚后再次汇报。

三、避灾行动原则

（一）积极抢救

根据灾情和现场条件，在保证自身安全的前提下，采取积极的方法和措施，及时进行现场抢救，将事故消灭在初始阶段或控制在最小范围。

（二）安全撤离

当受灾现场不具备事故抢救的条件，或抢救事故可能危及自身安全时，应按规定的避灾路线和当时的实际情况，尽量选择安全条件最好且距离最短的路线，迅速撤离危险区域。

（三）及时报告

发生灾情后，事故地点附近的人员应尽量了解和判断事故的性质、地点和灾害程度，利用最近处的电话或其他方式迅速地向矿调度室汇报，并向事故可能波及的区域发出警报，使其他工作人员尽快知道灾情。

（四）妥善避灾

在灾变现场无法撤退时，如矿井冒顶堵塞、火焰或有害气体浓度过高无法通过以及在自救器有效工作时间内不能到达安全地点时，应迅速进入预先筑好的或就近快速建造的临时避难硐室，妥善避灾，等待矿山救护队的救援。在避灾时要注意给外面的救援人员留有信号标记。

四、避灾路线

在制定年度《矿井灾害预防和处理计划》时，已预计到矿井存在的自然灾害因素及可能发生各种事故的地点、情况，从而规定一旦发生某种事故后人员的撤退路线，这个撤退路线就是避灾路线。避灾路线应设置明显的路标，方向要标明，并使全矿人员熟悉掌握，使大家都知道何地发生何种事故后，人员从哪条路线上撤退是最安全的。

第二节　矿井自救设施与设备

一、自救器

自救器是入井人员在井下发生火灾、瓦斯煤尘爆炸、煤与瓦斯突出时防止有害气体中毒或缺氧窒息的一种随身携带的呼吸保护器具。《煤矿安全规程》规定：入井人员必须随身携带自救器。自救器有过滤式和隔离式两类。过滤式自救器仅能防护一氧化碳一种气体，对其他有毒气体不起防护作用，而且不能提供人呼吸的氧气。目前我国煤矿禁止使用过滤式自救器，而采用隔离式自救器。

隔离式自救器能提供人呼吸所需的氧气，人的呼吸在人体与自救器之间循环进行，与外界空气成分无关，所以它能防护各种毒气。根据隔离式自救器中氧气的来源不同又分为化学氧隔离式自救器和压缩氧隔离式自救器两种。

（一）化学氧自救器

化学氧自救器是指利用化学生氧物质产生氧气的隔离式呼吸保护器。它用于灾区环境大气中缺氧或存在有毒有害气体的环境，供一般入井人员使用，只能使用一次。

1. 使用方法

（1）佩戴位置。将专用腰带穿入自救器腰带环内，固定在背部一侧腰间（图4-1a）。

（2）开启扳手。使用时先将自救器沿腰带转到右侧腹前，左手托底，右手拉护罩胶片，使护罩挂钩脱离壳体，再用右手掰锁口带扳手至封印条断开后，丢开锁口带（图4-1b）。

视频

（3）去掉上外壳。左手抓住下外壳，右手将上外壳用力拔下、扔掉（图4-1c）。

（4）套上挎带。将挎带套在脖子上（图4-1d）。

（5）戴好口具。提起口具并立即拔出启动针，使气囊逐渐鼓起，立即拔掉口具塞并同时将口具塞入口中，口具片置于唇齿之间，牙齿紧紧咬住牙垫，紧闭嘴唇（图4-1e）。

（6）夹好鼻夹。两手同时抓住两个鼻夹垫的圆柱形把柄，将弹簧拉开，憋住一口气，使鼻夹垫准确地夹住鼻子。

（7）调整挎带。如果挎带过长，抬不起头，可以拉动挎带上的大圆环，使挎带缩短，长度适宜后，系在小圆环上（图4-1f）。

（8）退出灾区。上述操作完成后，开始撤离灾区。途中感到吸气不足时不要惊慌，应放慢脚步，做深呼吸，待气量充足后再快步行走。

2. 使用注意事项

（1）每班携带自救器前，应检查自救器外壳有无损伤或松动，如发现不正常现象应及时将自救器送到发放室检查校验。

（2）携带自救器时，应避免碰撞、跌落，禁止将自救器当坐垫用；禁止用尖锐的器具猛砸外壳或药罐；禁止自救器接触带电体或浸泡在水中。

（3）携带自救器时，任何场所不准随意打开自救器上外壳；如果自救器上外壳已意外开启，应立即停止携带，做报废处理。

（4）在井下工作时，一旦发现事故征兆，应立即佩戴自救器并迅速撤离。佩戴自救器要求操作准确、迅速。

（5）佩戴自救器撤离火区时，要冷静、沉着，最好匀速行走。

（6）在整个逃生过程中，要注意把口具、鼻夹戴好，保证不漏气，严禁从嘴中取下口具说话。

（7）吸气时，比平时正常吸气干、热一些，表明自救器在正常工作，对人体无害，此时千万不可取下自救器。

（8）当发现呼气时气囊瘪而不鼓，并渐渐缩小时，表明自救器的使用时间已接近终点，要做好应急准备。

【案例4-1】 2022年11月22日，中煤平朔集团井工三矿井下发生一起较大事故，造成4人死亡。该矿核定生产能力1000万t/a，属正常生产矿井。经初步调查，事故发生在该矿34204综采工作面，工作面遇断层构造群无法正常推进，矿方跳过该构造群重新布置开切眼，新开切眼的支架及相关设备已安装完毕，在辅运巷道端头向内5 m处施工密闭墙时（未

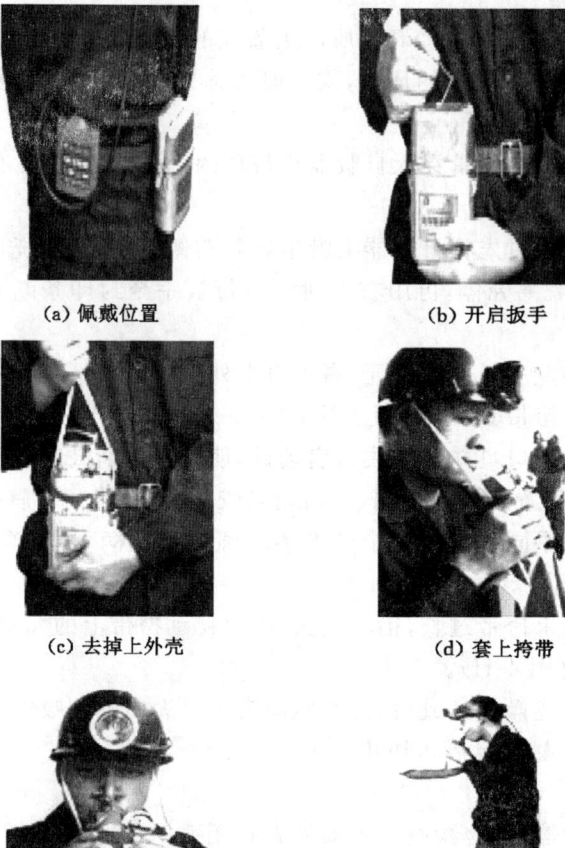

图 4-1 化学氧自救器使用方法

完工),1 名工人擅自进入密闭墙内晕倒,在附近作业的 3 名工人在未使用自救器的情况下盲目组织施救,进入密闭墙内后随即晕倒。在附近作业的相关人员佩戴自救器进入密闭墙内将 4 人救出,随即送往医院,经抢救无效死亡。

(二) 压缩氧自救器

视频

压缩氧自救器是指利用压缩氧气供氧的隔离式呼吸保护器。它用于灾区环境大气中缺氧或存在有毒有害气体的情况,是一种可反复多次使用的自救器,每次使用后只需要更换吸收二氧化碳的吸收剂并重新充装氧气即可重复使用。

1. 使用方法

(1) 携带时,挎在肩膀上。

(2) 使用时,先打开外壳封口带手把。

(3) 打开上盖,然后左手抓住氧气瓶,右手用力向上提上盖,此时氧气瓶开关即可自动打开，随后将主机从下壳中拽出。

(4) 摘下安全帽，挎上挎带，戴好安全帽。

(5) 拔开口具塞，将口具放入口腔里，牙齿咬住牙垫。

(6) 将鼻夹夹在鼻子上，开始呼吸。

(7) 在呼吸的同时，按动补给按钮 1~2 s，气囊充满后立即停止（在使用过程中发现气囊供气不足时，按上述方法操作）。

(8) 挂上腰钩。

2. 使用注意事项

(1) 压缩氧自救器储装有高压氧气，在携带过程中要防止碰撞自救器，严禁将自救器当坐垫使用。

(2) 携带过程中严禁开启扳把。

(3) 佩戴压缩氧自救器行走时要匀速行走，应保持呼吸均匀，禁止狂奔和取下鼻夹、口具或通过口具讲话。

(4) 自救器不能使用或失效时，应用湿毛巾捂住口鼻，匍匐前行至安全地点。

二、煤矿安全避险"六大系统"

煤矿安全避险"六大系统"是预防事故以及事故发生时开展自救互救、紧急避险而达到减少伤亡目的的重要技术保障。煤矿安全避险"六大系统"是指监测监控系统、人员定位系统、紧急避险系统、压风自救系统、供水施救系统和通信联络系统。煤矿应建立应急演练制度，科学确定避灾路线，编制应急预案，每年开展一次"六大系统"联合应急演练。加强入井人员培训，使其熟悉各种灾害情况的避灾路线，并能正确使用安全避险设施。

(一) 矿井监测监控系统

矿井监测监控系统是指可以实现对煤矿井下瓦斯、一氧化碳浓度、温度、风速等动态监控的自动化系统。矿井监测监控系统中心站实行 24 h 值班制度，当系统发出报警、断电、馈电异常信息时，能够迅速采取断电、撤人、停工等应急处置措施，充分发挥其安全避险的预警作用。

(二) 井下人员定位系统

井下人员定位系统是指通过入井人员携带识别卡，确保能够实时掌握所有井下各个作业区域人员的动态分布及变化情况的系统。当发生紧急情况时，可以准确掌握井下作业人员的位置，为事故应急救援提供依据。

(三) 井下紧急避险系统

井下紧急避险系统是指在灾害事故发生时，为不能撤到安全区域的人员建立的避险场所和设施。井下紧急避险系统包括临时避难硐室、永久避难硐室等。煤与瓦斯突出矿井应建设采区避难硐室；突出煤层的掘进巷道长度及采煤工作面走向长度超过 500 m 时，必须在距离工作面 500 m 范围内建设避难硐室等。煤与瓦斯突出矿井以外的其他矿井，从采掘工作面步行，凡在自救器所能提供的额定防护时间内不能安全撤到地面的，必须在距离采掘工作面 1000 m 范围内建设避难硐室等。紧急避险设施应具备安全防护、氧气供给保障、有害气体去除、环境监测、通信、照明、动力供应、人员生存保障等基本功能，在无任何外界支持的条件下其额定防护时间不低于 96 h。

(四) 矿井压风自救系统

矿井压风自救系统是指为了实现所有采掘作业地点在灾变期间能够提供压风供气,为事故现场人员提供氧气的系统。空气压缩机一般设置在地面,而在深部多水平开采的矿井,空气压缩机安装在地面难以保证对井下作业地点有效供风时,可安装在其供风水平以上 2 个水平的进风井井底车场安全可靠的位置。突出矿井的采掘工作面要设置压风自救装置。其他矿井的掘进工作面要安设压风管路,并设置供气阀门。

(五) 矿井供水施救系统

矿井供水施救系统是指为了保证发生火灾、爆炸等事故现场人员用水的需要而事先配装的实时供水系统。《煤矿安全规程》要求建设完善的防尘供水系统,除设置三通及阀门外,还要在所有采掘工作面和其他人员较集中的地点设置供水阀门,以保证各采掘作业地点在灾变期间能够实现提供应急供水的要求。

(六) 矿井通信联络系统

矿井通信联络系统是指一旦事故发生实施救援时保证畅通、有效地传递重要信息的系统。按照在灾变期间能够及时通知人员撤离和实现与避险人员通话的要求,建设完善的通信联络系统。在主副井绞车房、井底车场、运输调度室、采区变电所、水泵房等主要机电设备硐室和采掘工作面以及采区、水平最高点处安设电话。井下避难硐室、井下主要水泵房、井下中央变电所和突出煤层采掘工作面、爆破时撤离人员集中地点等,设有直通矿调度室的电话。要积极推广使用井下无线通信系统、井下广播系统,以确保发生险情时,可及时通知井下人员撤离。

三、避难硐室

避难硐室是矿井的重要安全设施,是发生事故后人员无法撤出灾区时的避难场所。如撤退路线被堵塞无法通过或在自救器有效工作时间内不能到达安全地点时,均应进入避难硐室避难。避难硐室可分为永久避难硐室和临时避难硐室两种。

(一) 永久避难硐室

永久避难硐室预先设在井底车场附近或采区工作地点安全出口的路线上,距工作地点不能太远(即不能超过自救器的有效工作时间)。避难硐室的容积原则上应能容纳采区的全体人员。硐室内应备有供避灾人员呼吸用的供气装置(如压风自救装置)、通信设备、自救器、药品、食物等。需要注意两个问题:一是硐室内的供气装置要有保障,即空气气源能长时间供气,遇险人员使用的呼吸装置要佩戴方便、迅速,呼吸自如舒畅。二是硐室内要存放一定数量的自救器,其防护时间要长一些(如 30 min 以上的化学氧和压缩氧自救器),确保遇险人员在条件允许时,佩戴自救器从避难硐室撤到安全地点或井上。

(二) 临时避难硐室

临时避难硐室,是利用工作地点的独头巷道、硐室或两道风门之间的巷道,在事故发生后临时修建的。为此,应事先在上述地点准备所需的木板、木柱、黏土、沙子或砖等材料,在有压气条件下,还应装有带阀门的压气管。临时避难硐室修筑方便,正确地利用它,能对遇险人员发挥很好的救护作用。

(三) 避难硐室内避难时的注意事项

(1) 进入避难硐室前,应在硐室外留有衣物、矿灯等明显标志,以便救护队发现。

(2) 待避时应保持安静,不急躁,尽量俯卧于巷道底部,以保持体力、减少氧气消耗,并避免吸入更多的有毒气体。

(3) 硐室内只留一盏矿灯照明,其余矿灯全部关闭,以备再次撤退时使用。

(4) 间断敲打铁器或岩石等以发出呼救信号。

(5) 全体避灾人员要团结互助、坚定信心。

(6) 被水堵在上山时,不要向下跑出探望。水被排走露出棚顶时,也不要急于出来以防SO_2、H_2S等气体中毒。

(7) 看到救护人员后,不要过分激动,以防血管破裂。

(8) 待避时间过长遇救后,不要过分饮用食品和见到强光,以防损伤消化系统和眼睛。

第三节 煤矿灾害应急处置

一、现场紧急处置的原则

事故发生后,灾区内或受威胁区的人员,要迅速判断事故性质,利用现场条件,在保证安全的前提下采取措施,将事故消灭在初始阶段或最大限度地降低事故的危害程度。

(1) 在消除事故灾害时,要保持统一指挥和组织,严禁冒险蛮干和单独行动。

(2) 在抢救过程中,必须保证自身安全。

(3) 在抢救伤员时,必须坚持"三先三后"的原则,即先救生还者,后救已死亡者;先救受伤较重者,后救受伤较轻者;对于窒息、心跳、呼吸停止、出血、骨折的伤员,先复苏、止血、固定,然后再搬运。

(4) 采取各种措施,消除初始灾害,防止灾区情况恶化。

二、煤矿灾害情况发生重大变化的处置规定

2023年3月23日,国家矿山安全监察局下发了《国家矿山安全监察局关于做好煤矿灾害情况发生重大变化及时报告和出现事故征兆等紧急情况及时撤人工作的通知》,要求全国煤矿建立灾害情况发生重大变化及时报告制度和出现事故征兆等紧急情况及时撤人制度,落实相关工作责任。

(一) 煤矿灾害情况发生重大变化及时报告制度

煤矿出现下列情形之一的,现场作业人员应当及时向煤矿分管负责人或带班值班矿领导报告;情况严重的,及时向煤矿主要负责人报告:

(1) 井下甲烷浓度达到0.75%以上,或者变化浓度超过0.2个百分点的。

(2) 高瓦斯矿井、突出矿井煤层急剧变薄、增厚的。

(3) 矿井涌水量(不包括探放水时的可控出水量)、长观孔水位变化幅度达到20%以上的。

(4) 井下出现突水点。

(5) 矿井一氧化碳浓度达到24 ppm,或者变化浓度超过5 ppm的,或者有带式输送机的进风巷发现一氧化碳的。

(6) 冲击地压监测单个微震事件能量达到10^4J以上的。

(7) 采掘工作面遇有预测外或者变化较大地质构造的。

(8) 顶板离层、锚杆(索)应力、支架压力等监测数据突然增大,或者锚杆(索)断裂、棚梁

棚腿弯曲严重的。

(9) 露天煤矿台阶有滑动迹象,工作面有伞檐或者有塌陷危险的老空区,发现拒爆、熄爆的。

(10) 出现其他重大变化应当报告的。

(二) 煤矿出现事故征兆等紧急情况及时撤人制度

煤矿有下列情形之一的,必须及时撤出危险区域作业人员:

(1) 井下所有作业场所回风流中甲烷浓度超过1.0%的。

(2) 井下发生明显响煤炮声、喷孔、顶钻、煤壁外鼓、掉渣,瓦斯涌出持续增大或者忽大忽小,煤尘增大等突出征兆的。

(3) 井下出现煤层变湿、挂红、底鼓、淋水加大(含砂)等透水、突水、溃水征兆的。

(4) 井田及周边地面积水坑水位突然下降并溃入井下的。

(5) 当暴雨、洪水等自然灾害预警等级为红色(一级)、橙色(二级)的。

(6) 发现明火且不能立即扑灭的。

(7) 井下采掘作业地点出现强烈震动、巨响、瞬间底(帮)鼓、煤岩弹射等动力现象的。

(8) 全矿井计划外停电且不能立即有效恢复的。

(9) 露天煤矿遇到暴雨、8级及以上大风等特殊天气,以及边坡出现明显沉降、变形加速、裂缝增大或贯通、大面积滚石滑落等滑坡征兆的。

(10) 其他事故征兆等紧急情况应当停产撤人的。

(三) 相关工作责任的落实

(1) 所有现场作业人员、带班值班人员具有出现事故征兆等紧急情况及时撤人的权力。出现事故征兆等紧急情况时,所有现场作业人员、带班值班人员无需请示,有权第一时间撤人,并在确保安全的前提下向矿调度室汇报。

(2) 煤矿要建立灾害情况发生重大变化及时报告和出现事故征兆等紧急情况及时撤人奖惩机制,加强从业人员培训和演练,保证从业人员熟练掌握各类报告和撤人情形,对及时报告灾害情况重大变化或出现事故征兆等紧急情况及时撤人、避免发生事故的,应当给予重奖。

三、矿井灾害事故的自救与互救

煤矿特种作业人员对有害气体、烟雾、温度、非常规响声和风流变化应时刻保持高度警惕;应熟记压风自救地点、避难硐室、自救器更换地点、最佳撤离路线;具备熟练佩用自救器、处理故障的能力;遇到突发情况,应保持头脑清醒、果断行动,积极进行自救互救。

(一) 瓦斯与煤尘爆炸事故的自救与互救

(1) 发生爆炸事故时,应背向空气颤动的方向,俯卧倒地,面部贴在地面,避开冲击波,屏住呼吸,用毛巾捂住口鼻,防止把火焰吸入肺部;用衣物盖住身体的暴露皮肤,以减少烧伤。

(2) 发生爆炸事故后,要立即佩用自救器,沿着避灾路线迅速撤退到安全地点,并向调度室报告事故性质、地点等灾害情况。

(3) 在班组长的带领下开展互救工作,帮助受伤人员佩戴自救器,进行简单包扎、止血和固定等处理后,快速撤离灾区。条件允许时,采取断电等措施,控制事故的危险源,防止事故进一步扩大。

(4) 如因爆炸破坏了避灾路线指示牌,应迎着风流方向撤退。

(5) 在撤退经过的巷道交岔口,应留下明显的标志,以引起救援人员的注意。

(6) 在撤退途中听到爆炸声或空气震动冲击波时,应立即背向声音和气浪传来的方向,脸向下,双手置于身体下面,闭上眼睛,迅速卧倒,头部要尽量低。

(7) 当唯一的出口被堵,无法撤退时,应采取灾区避险措施,等待救援。

(8) 当矿井发生瓦斯(煤尘)爆炸时,距离较远的事故波及区域的特种作业人员可能感觉不明显,只要发现风流速度加快、煤尘飞扬、空气颤动的现象,就应高度警惕,以便及时采取措施自救互救。

> 听到爆炸冲击声,头脑清醒要镇静。
> 切莫乱跑与乱冲,立即趴下闭眼睛。
> 面部捂上湿毛巾,背朝声响和气浪。
> 双手隐蔽在身下,身体盖严防烧伤。
> 最好趴在水沟旁,坚固物体做屏障。
> 迅速戴好自救器,爆炸过后就逃离。
> 尽快进入新风巷,避灾路线要牢记。
> 无法逃离进硐室,堵好硐口防毒气。
> 硐口设置标记物,敲打呼救发信息。

【案例4-2】 2013年7月23日,四川省煤炭产业集团芙蓉公司杉木树煤矿N3022风巷在排放瓦斯过程中,发生瓦斯爆炸事故,造成7人死亡。该矿为国有重点煤矿,设计生产能力150万t/a,核定生产能力130万t/a,属煤与瓦斯突出矿井,煤层具有Ⅰ级自然发火倾向,矿井水文地质复杂。事故原因是:供电网络出现故障造成N3022风巷局部通风机停止运行,导致N3022风巷瓦斯积聚,在恢复通风过程中发生瓦斯爆炸;在未查清爆炸原因的情况下,矿领导安排排放瓦斯,在排放瓦斯过程中再次发生爆炸,造成7名救护队员死亡。

(二) 煤与瓦斯突出事故的自救与互救

(1) 在采煤工作面发现突出预兆时,应迅速佩用自救器,以最快的速度通知人员迎着新鲜风流撤离。

(2) 按照突出事故的避灾路线,迅速撤出灾区,并立即向调度室报告。

(3) 对于小型煤与瓦斯突出事故,在保障安全的前提下,采取加强支护、清理堵塞物等措施,对被困人员施救。

(4) 如因突出破坏了避灾路线指示牌,应迎着风流方向撤退。

(5) 在撤退所经过的巷道交岔口,应留设指示行进方向的标志,提示救援人员注意。

(6) 撤退途中,听到爆炸声或感到空气震动冲击波时,应立即背向声音和气浪传来的方向,脸向下,双手置于身体下面,闭上眼睛,迅速卧倒,头部要尽量放低。

(7) 撤离时,超过自救器的保护时间,应进入以下地点进行自救:

① 最近的避难硐室或临时避险设施。

② 有压风自救装置和供水施救装置的地点。

③ 在有压风管、铁风筒的巷道或硐室,应打开供风阀门或接头形成正压通风,也可利用现场材料加固设置生存空间。

(8) 在避难地点外设置标识,有规律地敲击金属物、顶、帮岩石等,发出呼救信号,但禁用铁质工具敲击金属,避免产生火花而引起爆炸。

(9) 被困待救期间,所有人员要节约体能,轮流开启矿灯,保持镇定,互相鼓励,积极配合营救工作。

     瓦斯突出显预兆,赶快撤人并汇报。
     戴好隔离自救器,防护眼镜也戴牢。
     迎着新风向外撤,沉着迅速井口跑。
     无法撤离进硐室,隔离门要紧关闭。
     打开硐室压风管,戴好头盔好供气。
     节约用灯和食物,硐口明显做标记。
     敲打金属发响声,呼救人员来这里。

（三）矿井火灾事故的自救与互救

（1）火灾事故的初期,应利用巷道的供水管道和灭火器材进行直接灭火,控制火势的发展,为彻底扑灭火灾打下基础。灭火应注意以下几点：① 要有充足的水量,应先从火源外围逐渐向火源中心喷射水流；② 要保持正常通风,并要有畅通的回风通道,以便及时将高温气体和水蒸气排出；③ 发生电气设备火灾时,首先要切断电源；④ 不宜用水扑灭油类火灾；⑤ 灭火人员要站在火源上风侧,以免烟气或水蒸气伤人。

（2）应该了解火势的发展情况,明确火区波及范围、烟雾蔓延速度、有害气体含量、通风系统、风流速度和方向以及自己所处巷道位置,确定撤退路线和避灾自救的方法。

（3）撤退时,不要惊慌和狂奔乱跑,在现场负责人及有经验的老工人带领下有组织地撤退。

（4）位于火源回风侧的人员或撤退中遇到烟雾,应迅速佩用自救器,尽快撤到新鲜风流中；或在烟雾没有到达前,顺着风流尽快撤到安全地点。如果距火源较近且火势不大,可迅速穿过火区撤到进风侧。

（5）在自救器有效保护时间内不能撤出时,应到储存自救器的硐室内更换自救器后再进行撤退；条件不具备时,应到有压风管路系统的地点,佩用压缩空气装置。

（6）撤退行动要迅速果断,快速有序。撤退中应靠巷道有连通出口的一侧行进,避免错过脱离危险区的机会,随时注意观察巷道和风流的变化情况,谨防火风压可能造成的风流逆转。人员之间要互相照应,互相帮助,团结互爱。

（7）如果巷道充满了烟雾,造成视线不清,应尽量贴着巷道底板,辨认风流方向,俯身摸着铁道或铁管有秩序地外撤。

（8）如果逆风或顺风都无法撤出时,应迅速进入避难硐室。没有避难硐室的巷道可在烟雾到来之前,选择合适的地点,利用现场条件构筑临时避难硐室。

（9）逆烟流撤退具有很大的危险性,一般情况下不采用这种方法。除非在附近有脱离危险区的通道出口,又有脱离危险区的把握时,才可以采取这种自救的方法。

（10）撤退过程中,发现有爆炸的预兆,应立即避开爆炸的正面巷道,进入旁侧巷道或躲避硐室；如果情况紧急,应迅速背向爆源,靠巷道的一侧就地顺着巷道趴卧,面部朝下紧贴巷道底板,用双臂护住头面部并尽量减少皮肤的外露部分；如果巷道内有水坑或水沟,则应顺势爬入水中。在爆炸发生的瞬间,要尽力屏住呼吸或是闭气将头面浸入水中,防止吸入爆炸火焰及有害气体。

     井下火灾一发现,迅速扑灭莫迟延。
     火势猛烈难扑灭,赶快汇报求支援。

火区人员守纪律,服从命令听指挥。
辨明方向逆风走,立即戴好自救器。
避灾路线要记清,尽快撤离危险区。
烟雾弥漫道路堵,无法撤离莫踌躇。
躲进硐室风门间,堵严硐口防雾烟。
节约用灯和食物,敲打金属来呼救。

(四) 矿井透水事故的自救与互救

(1) 透水后,应观察和判断透水的地点、水源、涌水量、发生原因、危害程度等情况,撤退到透水地点以上的水平,不能进入透水点附近及下方的独头巷道。

(2) 在撤退过程中,应靠近巷道一侧,抓牢支架或其他固定物体,尽量避开压力水头和泄水流,并注意防止被水中滚动的矸石和木料撞伤。

(3) 如透水破坏了巷道中的照明和路标,迷失行进方向时,应朝着有风流通过的上山巷道方向撤退。

(4) 在撤退沿途和所经过的巷道交岔口,应留设明显标志,以提示救援人员注意。

(5) 人员撤退到竖井,需从梯子间上去时,应遵守秩序,禁止慌乱和争抢。行动中手要抓牢,脚要蹬稳,切实注意自己和他人的安全。

(6) 如果唯一的出口被水封堵无法撤退时,应有组织的在独头工作面躲避,等待救援人员的营救。严禁盲目潜水逃生。

(7) 当被涌水围困无法退出时,应迅速进入预先筑好的避难硐室中。水位不断上升又没有通路时,可爬上巷道中高部冒落的空间。如发生老空透水,应在避难硐室处建临时挡墙或风帘,防止涌出有毒有害气体的伤害。进入避难硐室前,应设置明显标志。

(8) 在避灾期间,要做好长时间避灾的准备,人员应轮流担任岗哨观察水情,用敲击和呼喊的方法,有规律地发出呼救信号,其余人员均应静(卧)坐,减少体力和空气消耗。

(9) 被困期间断绝食物后,应努力克制自己,不要嚼食杂物充饥。需要饮水时,应选择适宜的水源,并用纱布或衣服进行过滤。

(10) 被困时间过长,发现救援人员时,不要过度兴奋和慌乱,以防发生意外。升井时,要用毛巾蒙住双眼,避免强光照射;升井后的一段时间内,以流食为主,切忌暴饮暴食。

透水征兆要记牢,发现征兆就汇报。
采取措施抗灾害,防止淹井把矿保。
人员撤退要迅速,低处要向高处跑。
透水下方有人员,屏住呼吸手抓牢。
防止呛水和溺水,闯过水头最重要。
老空老窑来臭水,赶快戴好自救器。
最后一人关闸门,水泵司机听指挥。
道路隔断无法逃,上山独头地势高。
节约用灯和食物,自身防护要做好。
敲打金属发信号,等待救援莫急躁。

(五) 冒顶事故的自救与互救

(1) 当发现工作地点有发生冒顶的征兆,应迅速离开危险区,撤退到安全地点。

(2) 没有及时撤出时,要靠煤帮贴身站立或到木垛处避灾。

(3) 如被冒落物覆盖后,要立即发出呼救信号。以便救援人员准确判断出被困地点和距离,制定最佳的抢救方案,缩短救灾时间,提高抢救的成功率。

(4) 如冒落范围小,有利于抢救遇险人员时,可用工具把大块岩石移开或支起,将人员救出。

(5) 清理堵塞物时,要防止伤害遇险人员。严禁用爆破、镐刨、锤砸等方法。对抢救出的人员,首先要清理口鼻腔堵塞物,保证呼吸道畅通,并根据情况对受伤人员进行止血、包扎和固定。

(6) 被困人员要积极配合外部的营救工作。

(7) 要根据现场情况进行针对性处置,如无第二次大面积顶板动力现象,立即组织人员营救被困人员,防止事故扩大。抢救时,要加强顶板管理、巷道支护,设专人观察顶板变化和检查气体的含量。

> 垮面冒顶有征兆,速向调度室汇报。
> 情况严重别冒险,人员撤离工作面。
> 如果有人被埋压,抢救过程重安全。
> 如果巷道堵人员,搞好自救莫迟延。
> 安全地点来静坐,节灯节食延时间。
> 随时戴上自救器,严防瓦斯会超限。
> 轮流扒戳找出口,敲打金属求救援。
> 上级派人来抢救,一定救你脱危险。

第四节 创伤急救

在煤矿井下,如果矿工发生急性病症或意外伤害,就需要周围人员的救助。如果施救者抢救科学得法,就可以挽救生命,减少伤残;如果施救者不懂急救知识,可能适得其反。

一、井下创伤急救的基本原则

煤矿井下离地面的医院比较远,在施行现场急救时应遵循"三先三后"原则。

(1) 对心跳、呼吸骤停的伤员,应先复苏后搬运。

(2) 对出血的伤员,应先止血后搬运。

(3) 对骨折的伤员,必须先固定后搬运。

二、创伤急救的关键

现场创伤急救的关键在于及时。对于心跳呼吸骤停的伤病员在 2 min 内进行急救的成功率可达 70%,4~5 min 内进行急救的成功率可达 43%,15 min 以后进行急救的成功率则较低。据统计,现场创伤急救搞得好可减少 20% 的伤员死亡。

三、现场急救的方法

(一) 人工呼吸

1. 人工呼吸前的准备工作

(1) 伤员的呼吸道要保持通畅无阻,以使气体容易进出。要检查口、鼻内有无泥草、痰涕或其他分泌物,如有应予以清除。

(2) 松开伤员的衣领、内衣、裤带,使外界没有阻碍胸廓的影响,让肺脏伸缩自如。

(3) 如有活动的假牙应立即取出,以免坠入气管。

(4) 要求在操作方法上,原则上不加重或无害于身体已有的损伤。

2. 口对口或(鼻)吹气法

口对口吹气法是效果最好、操作最简单的一种方法。

(1) 操作前使伤员仰卧,即腹胸朝上。

(2) 救护者在伤员头部的一侧,一只手托起伤员下颌,并尽量使其头部后仰;另一只手将其鼻孔捏住,以免吹气时从鼻孔漏气。

视频

(3) 救援人员自己深吸一口气,对紧伤员的口将气吹入,使伤员吸气。

(4) 松开捏住鼻子的手,并用手压其胸部以帮助伤员呼气。

(5) 如此有节律地、均匀地反复进行,每分钟吹气 14~16 次。

(6) 注意吹气时切勿过猛、过短,也不宜过长,以占一次呼吸周期的 1/3 为宜。其具体操作方法如图 4-2 所示。

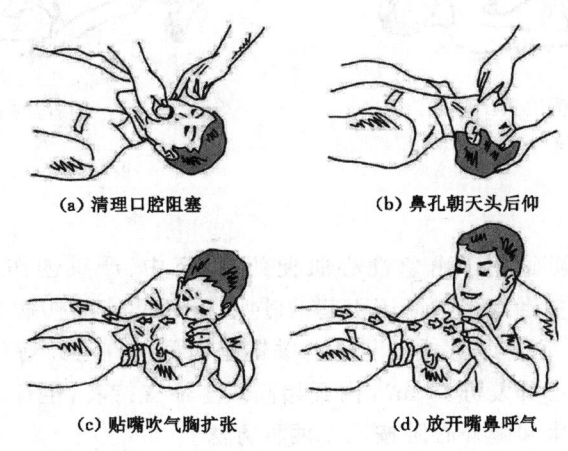

图 4-2　口对口吹气法

3. 仰卧压胸法

此法便于观察病人的表情,而且气体交换量也接近于正常人的呼吸量;最大的缺点是,伤员的舌头由于仰卧而后坠,容易阻碍空气的出入;所以采用本法时要将病人的舌头按出。这种姿势,对于淹溺及胸部创伤、肋骨骨折的伤员不宜使用。操作方法(图 4-3)如下:

(1) 病人取仰卧位,背部可稍加垫,使胸部凸起。

(2) 救护人屈膝跪地于病人大腿两侧,把双手分别放于乳房下面(相当于第六、七对肋骨处),大拇指向内,靠近胸骨下端,其余四指向外,放于胸廓肋骨之上。

(3) 向下同时稍向前压,其方向、力量、操作要领等与俯卧压背法相同。

(4) 按上述动作,反复有节律地进行,每分钟进行 16~20 次。

4. 俯卧压背法

此法应用较普遍,是一种较古老的方法。由于病人取俯卧位,舌头能略向外坠出,不会堵塞呼吸道,救护人不必专门来处理病人的舌头,节省了时间,能及时进行人工呼吸。具体操作方法(图4-4)如下：

(1) 伤病人取俯卧位，即胸腹贴地，腹部可微微垫高，头偏向一侧，两臂伸过头，一臂枕于头下，另一臂向外伸开，以使胸廓扩张。

(2) 救护人面向其头，两腿屈膝跪地于伤病人大腿两旁，把两手平放在其背部肩胛骨下角(大约相当于第七对肋骨处)、脊柱骨左右，大拇指靠近脊柱骨，其余四指稍微张开并弯曲。

(3) 救护人俯身向前，慢慢用力向下压缩，用力的方向是向下、稍向前推压；当救护人的肩膀与病人的肩膀将成一直线时，不再用力；在这个向下、向前推压的过程中，即将肺内的空气压出，形成呼气；然后慢慢放松回身，使外界空气进入肺内，形成吸气。

(4) 按上述步骤，反复有规律地进行，每分钟进行14～16次。

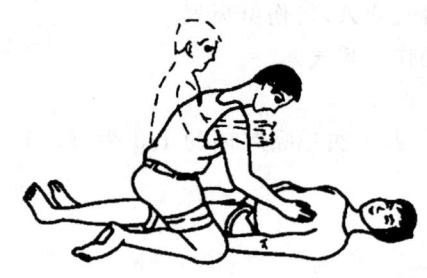

图4-3　仰卧压胸法人工呼吸

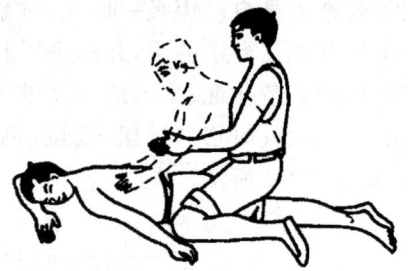

图4-4　俯卧压背法人工呼吸

(二) 心肺复苏

1. 心肺复苏概述

视频

心肺复苏适用于由急性心肌梗死、脑卒中、严重创伤、电击伤、溺水、挤压伤、踩踏伤、中毒等多种原因引起的呼吸、心跳骤停的伤病员。对于心跳呼吸骤停的伤病员，心肺复苏成功与否的关键是时间。在心跳呼吸骤停后4 min之内开始正确的心肺复苏，8 min内开始高级生命支持者，生存希望较大。心肺复苏操作主要有心前区叩击术和胸外心脏按压术两种方法。

2. 心肺复苏操作程序

(1) 安全确认。

(2) 判断意识。

(3) 高声呼救。

(4) 将伤病员翻转成仰卧姿势，放在坚硬的平面上。

(5) 判断颈动脉搏动与呼吸。看胸部有无起伏；听有无呼吸声；感觉有无呼出气流拂面。

(6) 胸外心脏按压。

(7) 打开气道。

(8) 口对口人工呼吸。

(9) 重复做5个循环，判断意识，若无意识，从第6步重新开始下个五循环。

(10) 复原(侧卧)位。心肺复苏成功后或无意识但恢复呼吸及心跳的伤病员，将其翻转为复原(侧卧)位。

3. 心前区叩击术

心前区叩击术是指伤员心脏骤停后救护者立即叩击心前区,叩击力应中等,一般可连续叩击3~5次(图4-5),并观察伤员脉搏、心跳。若心脏恢复则表示复苏成功;反之,应立即改用胸外心脏按压术。操作时,应使伤员头低脚高,施术者将左手掌置其心前区,右手握拳,从距患者胸部上方40~50 cm处,向左手背上叩击。

4. 胸外心脏按压术

胸外心脏按压术适用于各种原因造成的心跳骤停者。在进行胸外心脏按压前,应先用心前区叩击术,如果叩击无效,应及时正确地进行胸外心脏按压。

视频

(1) 判断有无意识:轻拍患者双肩、在双耳边呼唤。如果病人清醒,要继续观察,如果没有反应则为昏迷,进行下一个流程。

(2) 高声呼救,并立即进行心肺复苏术。

(3) 检查及畅通呼吸道:取出口内异物,清除分泌物。用一只手推前额使头部尽量后仰,同时另一只手将下颌向上方抬起。

(4) 人工呼吸:判断是否有呼吸:一看二听三感觉(维持呼吸道打开的姿势,将耳部放在病人口鼻处),一看:患者胸部有无起伏;二听:有无呼吸声音;三感觉:用脸颊接近患者口鼻,感觉有无呼出气流。如果无呼吸,应立即给予人工呼吸3次,保持压额抬颌手法,用压住额头的手以拇指食指捏住患者鼻孔,张口罩紧患者口唇吹气,同时用眼角注视患者的胸廓,胸廓膨起为有效。待胸廓下降,吹第二口气。

(5) 胸外心脏按压术(图4-6)。其操作方法是:

图4-5 心前区叩击术

图4-6 胸外心脏按压术

① 首先将伤员仰卧于木板上或地上,解开其上衣和腰带,脱掉胶鞋。

② 救护者位于伤员左侧,手掌面与前臂垂直,将另一手掌压于其上,使双手重叠,置于伤员胸骨中下1/3处(其下方为心脏),以双肘和臂肩之力,有节奏、冲击式地向脊柱方向用力按压,使成人胸骨下陷至少5 cm。

③ 按压后,迅速抬手使胸骨复位,以利于心脏舒张。按压次数以每分钟80~100次为宜。按压过快,心脏舒张不够充分,心室内血液不能完全充盈;按压过慢,动脉压力低,效果也不好。

使用胸外心脏按压术时的注意事项:

① 按压力量应因人而异。对身强力壮的伤员,按压力量可大些;对年老体弱的伤员,力量宜小些。按压时要稳健有力、均匀规则,重力应放在手掌根部,着力仅在胸骨处,切勿在心尖部按压,同时注意用力不能过猛;否则可致肋骨骨折、心包积血或引起气胸等。

② 胸外心脏按压与口对口吹气法最好同时施行，无论单人心肺复苏还是双人心肺复苏，均为每按压心脏 30 次，做口对口人工呼吸 2 次。

③ 按压显效时，可摸到伤员颈总动脉、股动脉开始搏动，散大的瞳孔开始缩小，口唇、皮肤转为红润。

(三) 止血术

成年人血量约为 4500～5000 mL，为体重的 8% 左右，人体若失血超过 1000 mL 便会有生命危险。因此，止血术对于抢救伤员是非常重要的。出血分动脉出血、静脉出血和毛细血管出血 3 种。对于毛细血管出血，一般用干净布条包扎伤口即可；对于静脉出血，可用加压包扎法止血；而对于动脉出血，由于喷流太快，抓紧止血是救人生命的关键。

1. 指压止血法

在伤口附近靠近心脏一端的动脉处，用拇指压住出血的血管，以阻断血流。此法可作为四肢大出血的暂时性止血措施。在指压止血的同时，应立即寻找材料，准备换用其他止血方法。各部位的止血点及其止血区域如图 4-7 所示。

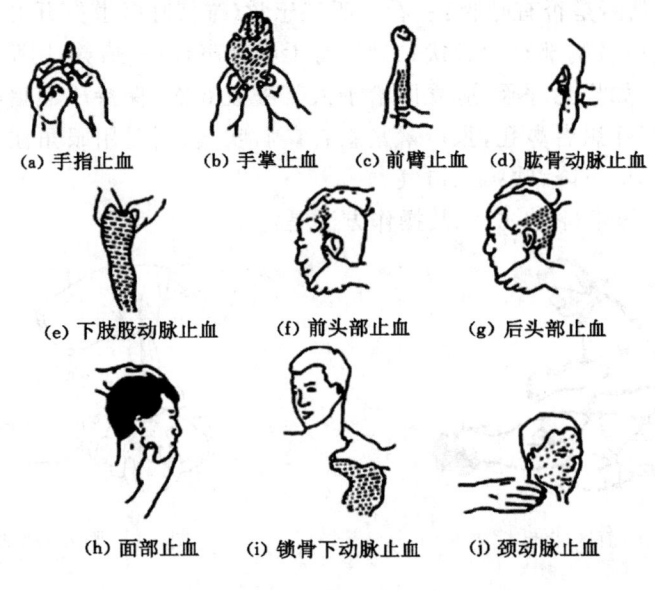

图 4-7　指压止血法

2. 止血带止血法

当上肢或下肢大出血时，可在井下就地取材，使用胶管或止血带等材料采用止血带止血法压迫出血伤口的近心端进行止血。

(1) 止血带的使用方法：① 在伤口近心端上方加垫；② 急救者左手拿止血带，上端留 13～17cm，紧贴加垫处；③ 右手拿止血带长端，拉紧环绕伤肢伤口近心端上方 2 周，然后将止血带交左手中、食指夹紧；④ 左手中、食指夹止血带，顺着肢体下拉成环；⑤ 将上端一头插入环中拉紧固定；⑥ 在上肢应扎在上臂的上 1/3 处，在下肢应扎在大腿的中下 1/3 处。其具体操作方法如图 4-8 所示。

(2) 止血带使用注意事项：① 扎止血带前，应先将伤肢抬高，防止肢体远端因瘀血而增加失血量；② 扎止血带时要有衬垫，不能直接扎在皮肤上，以免损伤皮下神经；③ 前臂和小腿不适于扎止血带,因其均有2根平行的骨骼,骨间可通血流,所以止血效果差。但在肢体离断后的残端可使用止血带,应尽量扎在靠近残端处;④禁止扎在上臂的中段,以免压伤桡神经,引起腕下垂;⑤止血带的压力要适中,以既达到阻断血流又不损伤周围组织为度;⑥止血带止血持续时间一般不应超过1 h,时间太长可导致肢体坏死;太短会使出血、休克进一步恶化。因此,使用止血带的伤员必须配有明显标志,并准确记录开始扎止血带的时间,每0.5~1 h缓慢放松1次止血带,放松时间为1~3 min,此时可抬高伤肢压迫局部止血;再扎止血带时应在稍高的平面上绑扎,不可在同一部位反复绑扎。使用止血带以不超过2 h为宜,应尽快将伤员送到医院救治。

3. 加垫屈肢止血法

当前臂和小腿动脉出血不能制止时,如果没有骨折和关节脱位,这时可采用加垫屈肢止血法止血。在肘窝处或膝窝处放入叠好的毛巾或布卷,然后屈肘关节或屈膝关节,再用绷带或宽布条等将前臂与上臂或小腿与大腿固定。其具体操作方法如图4-9所示。

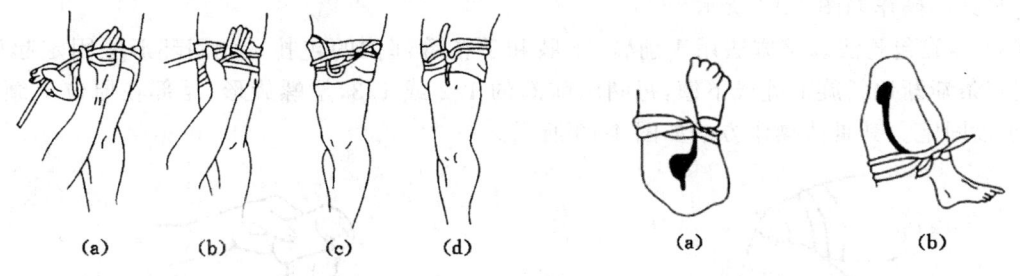

图4-8 止血带止血法　　　　　图4-9 加垫屈肢止血法

4. 加压包扎止血法

加压包扎止血法主要适用于静脉出血的止血。其做法是:首先将干净的纱布、毛巾或布料等盖在伤口处,然后用绷带或布条适当加压包扎,即可止血。压力的松紧度以能达到止血而不影响伤肢血液循环为宜。其具体操作方法如图4-10所示。

图4-10 加压包扎止血法

5. 绞紧止血法

在找不到止血带的情况下,可用毛巾、三角巾、绷带、衣片等折叠成带状,在伤口上先加垫,然后用带子绕衬垫一周打结,用小木棒插入其中,先提起,适当绞紧至不出血,而后固定,如图4-11所示。

(四) 创伤包扎

包扎的目的是保护伤口和创面,减少感染,减轻痛苦。加压包扎有止血作用。用夹板固定骨折的肢体时,需要包扎,以减少继发性损伤,也便于将伤员运送到医院。

图 4-11　绞紧止血法

1. 布条包扎法

(1) 环形包扎法。该方法适用于头部、颈部、腕部、胸部、腹部等处的包扎。将布条做环行重叠缠绕肢体数圈后即成。

(2) "8"字包扎法。该方法多用于关节处的包扎。先在关节中部环形包扎 2 圈，然后以关节为中心，从中心向两边缠，一圈向上，一圈向下，2 圈在关节屈侧交叉，并压住前圈的 1/2。其具体操作如图 4-12 所示。

(3) 螺旋包扎法。该方法用于前臂、下肢和手指等部位的包扎。先用环形法固定起始端，把布条渐渐地斜旋上缠或下缠，每圈压前圈的 1/2 或 1/3，呈螺旋形，尾部在原位上缠 2 圈后予以固定。其具体操作方法如图 4-13 所示。

　　　　　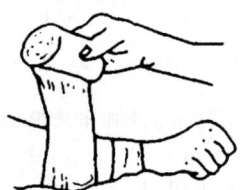

图 4-12　"8"字包扎法　　　　　图 4-13　螺旋包扎法

(4) 螺旋反折包扎法。该方法多用于粗细不等的四肢包扎。开始先做螺旋形包扎，待到渐粗的地方，以一只手拇指按住布条上面，另一只手将布条自该点反折向下并遮盖前圈的 1/2 或 1/3。各圈反折须排列整齐，反折头不宜在伤口和骨头突出部分。其具体操作方法如图 4-14 所示。

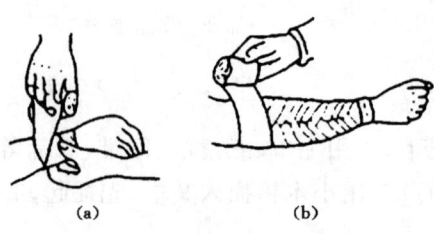

图 4-14　螺旋反折包扎法

2. 毛巾包扎法

(1) 头顶部包扎法。将毛巾横盖于头顶部,包住前额,两前角拉向头后打结,两后角拉向下颌打结。其具体操作如图 4-15a 所示。或者将毛巾横盖于头顶部,包住前额,两前角拉向头后打结,然后两后角向前折叠,左右交叉绕到前额打结,如果毛巾太短可接带子。其具体操作方法如图 4-15b 所示。

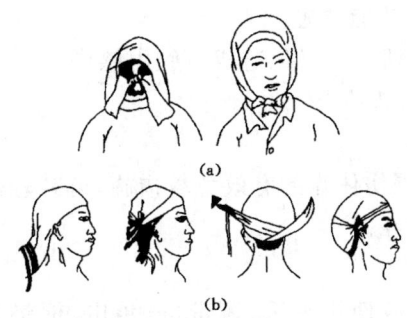

图 4-15　头顶部包扎法

(2) 面部包扎法。将毛巾横置,盖住面部,向后拉紧毛巾的两端,在耳后将两端的上下角交叉后分别打结,在眼、鼻、嘴处剪洞。其具体操作方法如图 4-16 所示。

(3) 下颌包扎法。将毛巾纵向折叠成四指宽的条状,在一端扎一小带,毛巾中间部分包住下颌,两端上提,小带经头顶部在另一侧耳前与毛巾交叉,然后小带绕前额及枕部与毛巾另一端打结。

(4) 肩部包扎法。单肩包扎时将毛巾斜折放在伤侧肩部,腰边穿带子在上臂固定,叠角向上折,一角盖住肩的前部,从胸前拉向对侧腋下,另一角向上包住肩部,从后背拉向对侧腋下打结。

(5) 胸部包扎法。全胸包扎时将毛巾对折,腰边中间穿带子,由胸部围绕到背后打结固定。胸前的两片毛巾折成三角形,分别将角上提至肩部,包住双侧胸,两角各加带过肩到背后与横带相遇打结。其具体操作方法如图 4-17 所示。

图 4-16　面部包扎法

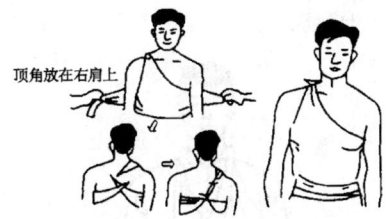

图 4-17　胸部包扎法

(6) 背部包扎法。该方法与胸部包扎法相同。

(7) 腹部包扎法。将毛巾斜对折,中间穿小带,小带的两头拉向后方,在腰部打结,使毛巾盖住腹部。将上、下两片毛巾的前角各扎一小带,分别绕过大腿根部与毛巾后角在大腿外侧打结。

(8) 臀部包扎法。该方法与腹部包扎法相同。

3. 包扎注意事项

(1) 在包扎时,应做到动作迅速敏捷,不触碰伤口,以免引起出血、疼痛和感染。

(2) 不能用井下的污水冲洗伤口。伤口表面的异物(如煤块、矸石等)应去除,但伤口深部异物须由医院处理,防止重复感染。

(3) 包扎动作要轻柔,松紧度要适宜,不可过松或过紧,结头不要打在伤口上,应使伤员体位舒适,绷扎部位应维持在功能位置。

(4) 脱出的内脏不可拿回腔内,以免造成体腔内感染。

(5) 包扎范围应超出伤口边缘 5~10 cm。

(五) 骨折临时固定

骨折临时固定也是防止创伤休克的有效急救措施,可减轻伤员的疼痛,防止因骨折端移位而刺伤邻近组织、血管和神经。

1. 操作要点

(1) 在进行骨折固定时,应使用夹板、绷带、三角巾、棉垫等物品。手边没有上述物品时,可就地取材,如使用树枝、木板、木棍、硬纸板、塑料板、衣物、毛巾等代替。必要时也可将受伤肢体固定于伤员健侧肢体上,如下肢骨折可与健侧绑在一起,伤指可与邻指固定在一起。如果骨折断端错位,救护时暂不要复位,即使断端已穿破皮肤露在外面,也不可进行复位,而应按受伤原状包扎固定。

(2) 骨折固定应包括上、下两个关节,在肩、肘、腕、股、膝、踝等关节处应垫棉花或衣物,以免压破关节处皮肤。固定应以伤肢不能活动为度,不可过松或过紧。

(3) 搬运伤员时要做到轻、快、稳。

2. 固定方法

视频

(1) 上臂骨折。在患侧腋窝内垫以棉垫或毛巾,在上臂外侧安放垫衬好的夹板或其他代用物后开始绑扎。绑扎后,使肘关节屈曲 90°,将患肢捆于胸前,再用毛巾或布条将其悬吊于胸前。其具体操作如图 4-18 所示。

(2) 前臂及手部骨折。用衬好的两块夹板或代用物,分别置放在患侧前臂及手的掌侧及背侧,以布带绑好,再以毛巾或布条将前臂吊于胸前。其具体操作如图 4-19 所示。

图 4-18 上臂骨折固定包扎法　　图 4-19 前臂及手部骨折固定包扎法

(3) 大腿骨折。用长木板放在患肢及躯干外侧,将髋关节、大腿中段、膝关节、小腿中段、踝关节同时固定。

(4) 小腿骨折。用长、宽合适的木夹板两块,自大腿上段至踝关节分别在内外两侧捆绑固定。

(5) 骨盆骨折。用衣物将骨盆部包扎住,并将伤员两下肢互相捆绑在一起,膝、踝间加以软垫,屈髋、屈膝。要多人将伤员仰卧平托在木板担架上。有骨盆骨折者,应注意检查伤者有无内脏损伤及内出血。

(6) 锁骨骨折。以绷带做"∞"形固定,固定时双臂应向后伸。

(7) 脊柱骨折。确定伤员脊柱骨折后,应按伤员伤后的姿势固定,不能轻易搬动。固定方法是:用三块夹板组成"工"字形,其中一块长约 75 cm,另两块长约 60 cm;把长的一块顺着人体放在贴近脊柱处,在板和背部之间用毛巾或布垫好;把短的两块板横放在竖板的两端,分别放在两肩后和腰骶部,然后用绷带或三角巾固定在两肩和腰骶部,先固定上端的横板,再固定下端的横板(图 4-20a)。如无夹板时,可使用硬板担架固定搬运脊柱骨折伤员(图 4-20b)。

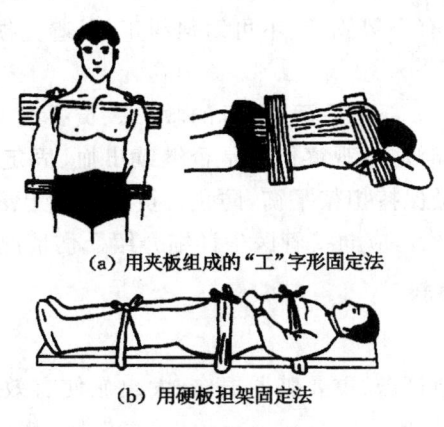

(a) 用夹板组成的"工"字形固定法

(b) 用硬板担架固定法

图 4-20 脊柱骨折固定法

(六) 伤员运送

井下条件复杂,转运伤员时要尽量做到轻、稳、快。没有经过初步固定、止血、包扎和抢救的伤员,一般不应转运。运送时应做到不增加伤员的痛苦,避免造成新的损伤及并发症。伤员运送时应注意以下事项:

(1) 呼吸、心搏骤停及休克昏迷的伤员应先及时复苏后再搬运。若现场没有懂得复苏技术的人员,则可为争取抢救时间而迅速向外搬运,去迎接救护人员进行及时抢救。

(2) 对昏迷或有窒息症状的伤员,要将其肩部稍垫高,使头部后仰,面部偏向一侧或采用侧卧位,以防胃内呕吐物或舌头后坠堵塞气管而造成窒息,注意随时都要确保呼吸道通畅。

(3) 一般伤员可用担架、木板、风筒、刮板输送机槽、绳网等物品运送,但脊柱损伤和骨盆骨折的伤员应用硬板担架运送。

(4) 对一般伤员均应先行止血、固定、包扎等初步救护后,再进行转运。

(5) 一般外伤的伤员,可平卧在担架上,抬高伤肢;胸部外伤的伤员可取半坐位;有开放性气胸者,须封闭包扎后才可转运。腹腔部内脏损伤的伤员,可平卧,用宽布带将腹腔部捆在担架上,以减轻痛苦及出血。骨盆骨折的伤员可仰卧在硬板担架上,屈髋、屈膝,膝下垫软枕或衣物,用布带将骨盆捆在担架上。

(6) 搬运胸、腰椎损伤的伤员时,先把硬板担架放在伤员旁边,由专人照顾患处,另有 2~3 人在旁帮其保持脊柱伸直位,同时用力轻轻将伤员推移到担架上,推动时用力大小、快慢要保持一致,要保证伤员脊柱不弯曲。伤员在硬板担架上取仰卧位,受伤部位垫上薄垫或衣物,使脊柱呈过伸位,严禁坐位或肩背式搬运。

(7) 对脊柱损伤的伤员,要严禁让其坐起、站立和行走,也不能用 1 人抬头、1 人抱腿或 1 人背的方法搬运,因为脊柱损伤后再弯曲活动时,有可能损伤脊髓而造成伤员截瘫甚至突然死亡,所以在搬运时要十分小心。在搬运颈椎损伤的伤员时,要专有 1 人抱持伤员的头部,轻轻地向水平方向牵引,并且固定在中立位,不使颈椎弯曲,严禁左右转动。搬运者多人双手分别托住颈肩部、胸腰部、臀部及两下肢,同时用力移上担架,取仰卧位。担架应用硬木板,肩下应垫软枕或衣物,使颈椎呈伸展样(颈下不可垫衣物),头部两侧用衣物固定,防止颈部扭转且忌抬头。若伤员的头和颈已处于曲歪位置,则须按其自然固有姿势固定,不可勉强纠正,以避免损伤脊髓而造成高位截瘫,甚至突然死亡。

(8) 转运时应让伤员的头部在后面,随行的救护人员要时刻注意伤员的面色、呼吸、脉搏,必要时要及时抢救。随时注意观察伤口是否继续出血、固定是否牢靠,出现问题要及时处理。走上、下山时,应尽量保持担架平衡,防止伤员从担架上滚落下来。

(9) 将伤员运送到井上后,应向接管医生详细介绍受伤情况及检查、抢救经过。

四、煤矿各种伤害的急救

(一) 创伤性休克

创伤性休克是由于剧烈打击、重要脏器损伤、大出血使有效循环血量锐减,以及剧烈疼痛、恐惧等多种因素综合形成的。

1. 判断早期休克

判断早期休克可采用"三看二摸"的方法。

(1) 看神志。休克早期,伤员兴奋、烦躁、焦虑或激动,随着病情发展,脑组织缺氧加重,伤员表现淡漠、意识模糊,至晚期则昏迷。

(2) 看面颊、口唇和皮肤色泽。休克早期,外周小血管收缩,色泽苍白;后期则因缺氧、瘀血,色泽青紫。

(3) 看表浅静脉。休克后颈及四肢浅表静脉萎缩。

(4) 摸脉搏。休克代偿期,周围血管收缩,心率增快。收缩压下降前可以摸到脉搏增快,这是早期诊断的重要依据。

(5) 摸肢端温度。肢端温度降低,四肢冰凉。

2. 对创伤性休克人员的现场急救

创伤性休克的现场救治是为了消除创伤的不利因素影响,弥补由于创伤所造成的机体代谢的紊乱,调整机体的反应,动员机体的潜在功能以对抗休克。

(1) 患者平卧,保持安静,避免过多搬动,注意保温和防暑。

(2) 对创口予以止血和简单清洁包扎,以防再次污染;对骨折要做初步固定。

(3) 保持呼吸道通畅,昏迷患者头应侧向,并将其舌牵出口外。

(4) 抓紧时间送医院抢救。

(二) 冒顶挤压伤害

发生冒顶挤压人员时，由于身体肌肉丰富的部位如大腿、臀部或腰背部受到重物的挤压，使受压部分组织坏死，随之引起肢体肿胀、休克和急性肾衰竭等症状，称为挤压综合征。

1. 挤压伤害的症状

（1）肢体肿胀。受压部位会出现压痕、变硬、皮下出血、水泡、肿胀、红斑等，呈暗褐色，甚至皮肤脱落。

（2）感觉异常。受压部位会出现感觉减退或麻木，伸展会引起疼痛，周围脉搏仍会存在。

2. 对挤压伤害人员的现场急救

（1）搬除重物。要搬除压在身上的重物，并及时清除口、鼻处异物，保持呼吸道通畅。

（2）立即制动。伤员取平卧位，对肿胀的肢体不移动或减少活动，将伤肢暴露在凉爽处或用凉水降低伤肢温度（冬季要注意防止冻伤），对伤肢不抬高、不按摩、不热敷。在骨折处做临时固定，对出血者做止血处理。

（3）及时止血。对开放性伤口和活动性出血者，应予止血，不加压包扎，更不上止血带（大血管断裂出血时除外）。

（4）抓紧时间送往医院。

(三) 有害气体中毒或窒息

对有害气体中毒或窒息人员应采取以下急救措施：

（1）立即将伤员从危险区抢运到新鲜空气中，并安置在顶板良好、无淋水的地点。

（2）立即将伤员口、鼻内的黏液、血块、泥土、碎煤等除去，并解开其上衣和腰带，脱掉胶鞋。

（3）用衣服覆盖在伤员身上用以保暖。

（4）根据心跳、呼吸、瞳孔等生命体征和伤员的神志情况，初步判断伤情的轻重。正常人每分钟心跳 60～80 次、呼吸 16～18 次，两眼瞳孔是等大等圆的，遇到光线能迅速收缩变小，而且神志清醒。休克伤员的两眼瞳孔不一样大，对光线反应迟钝或不收缩。对呼吸困难或停止呼吸者，应及时进行人工呼吸。当出现心跳停止的现象（心音、脉搏消失，瞳孔完全散大、固定，意志消失）时，除进行人工呼吸外，还应同时进行胸外心脏按压急救。

（5）对二氧化硫和二氧化氮的中毒者只能进行口对口的人工呼吸，不能进行压胸或压背法人工呼吸，否则会加重伤情。当伤员出现眼红肿、流泪、畏光、喉痛、咳嗽、胸闷现象时，说明是二氧化硫中毒所致。当出现眼红肿、流泪、喉痛及手指、头发呈黄褐色现象时，说明是二氧化氮中毒所致。

（6）人工呼吸持续的时间以恢复自主性呼吸或到伤员真正死亡时为止。当救护队来到现场后，应转由救护队用苏生器苏生。

(四) 触电

对触电人员应采取以下急救措施：

（1）立即切断电源或使触电者脱离电源。

（2）迅速观察伤员有无呼吸和心跳。如果发现已停止呼吸或心音微弱，应立即进行人工呼吸或胸外心脏按压。

（3）如果呼吸和心跳都已停止时，应同时进行人工呼吸和胸外心脏按压。

(4) 对遭受电击者,如果有其他损伤(如跌伤、出血等),应做相应的急救处理。

(五) 烧伤

煤矿作业人员烧伤的急救要点可概括为以下 5 个字:

(1) "灭",即扑灭伤员身上的火,使伤员尽快脱离热源,缩短烧伤时间。

(2) "查",即检查伤员呼吸、心跳情况,检查是否有其他外伤或有害气体中毒现象。对爆炸冲击烧伤伤员,应特别注意有无颅脑或内脏损伤和呼吸道烧伤。

(3) "防",即要防止休克、窒息、创面污染。伤员因疼痛和恐惧发生休克或发生急性喉头梗阻而窒息时,可进行人工呼吸等方法进行急救。为了减少创面的污染和损伤,在现场检查和搬运伤员时,伤员的衣服可以不脱、不剪开。

(4) "包",即用较干净的衣服把创面包裹起来,防止感染。在现场除化学烧伤可用大量流动的清水持续冲洗外,对创面一般不做处理,尽量不弄破水泡以保护表皮组织。

(5) "送",即把严重伤员迅速送往医院。

(六) 溺水

对溺水人员应迅速采取下列急救措施:

(1) 转送:把溺水者从水中救出以后,要立即送到比较温暖和空气流通的地方,并且松开腰带,脱掉湿衣服,盖上干衣服,以保持体温。

(2) 检查:以最快的速度检查溺水者的口、鼻,如果有异物堵塞,应迅速清除,擦洗干净,以保持其呼吸道通畅。

(3) 控水:使溺水者取俯卧位,用木料、衣服等垫在腹下;或救护者左腿跪下,把溺水者的腹部放在救护者的右侧大腿上,使溺水者头朝下,并压溺水者背部,迫使溺水者体内的水由气管、口腔流出。

(4) 人工呼吸:当上述方法控水效果不理想时,应立即做俯卧压背式人工呼吸,或口对口吹气,或胸外心脏按压。

第五章 煤矿职业病危害防治

本章培训与考核要点
- 了解职业健康相关法律法规；
- 掌握单位职业健康管理制度；
- 熟悉职业健康基础知识、劳动者职业卫生权利与义务；
- 掌握所在岗位职业病危害因素的识别、健康损害与控制；
- 掌握职业病防护设施与职业病防护用品的使用和维护；
- 掌握职业病危害事故应急处置知识和技能。

第一节 煤矿职业健康形势

一、煤矿职业病

职业病，是指企业、事业单位和个体经济组织（以下统称用人单位）的劳动者在职业活动中，因接触粉尘、放射性物质和其他有毒有害物质等因素而引起的疾病。要构成职业病，必须具备以下4个条件，缺一不可。

（1）患病主体是企业、事业单位或个体经济组织的劳动者。

（2）必须是在从事职业活动的过程中产生的。

（3）必须是因接触粉尘、放射性物质和其他有毒有害物质等职业病危害因素引起的。

（4）必须是国家公布的《职业病分类和目录》所列的职业病。

职业病的种类按2013年12月23日开始施行的《职业病分类和目录》进行划分，共10类132种。煤矿职业病主要有煤肺、硅肺、水泥肺等尘肺病，噪声引起的听力下降或耳聋，振动引起的疾患和高温引起的中暑等。煤矿井下发病人数最多、危害最大的职业病是尘肺病。目前，世界各国对尘肺病都没有特效治疗方法，唯一的办法就是预防。

二、煤矿职业病防治的现状

近年来，国有大中型煤炭企业的职业卫生条件有了较大改善，职业病高发势头得到一定遏制。但是，当前煤炭行业职业病防治形势依然严峻，突出问题是：

（1）职业病病人数量大。

（2）尘肺病、职业中毒等职业病发病率在各行业稳居高位。

注：本部分按照《国家卫生健康委办公厅关于进一步加强用人单位职业健康培训工作的通知》（国卫办职健函〔2022〕441号）和煤矿特种作业人员安全培训考核的要求编写。

(3) 职业病危害范围广,几乎所有的煤炭企业都存在职业病危害,特别是许多中小企业工作场所劳动条件恶劣,劳动者缺乏必要的职业病防护措施。

(4) 对劳动者健康损害严重,尘肺病等慢性职业病一旦发病往往难以治愈,伤残率高。

因此,煤矿特种作业人员应当带头遵守煤矿的职业健康管理制度和操作规程,学习职业病危害防治和职业健康管理知识,合理使用职业病危害防护设施和防护用品,提高职业病防范意识和预防能力。

三、职业健康相关法律、法规、规章及主要职业卫生标准

近年来,我国在职业病危害防治方面的法律不断修订和完善,形成了相对完整的职业健康防治法律法规和标准体系。

(1)《职业病防治法》(2018年修订)。

(2)《职业病诊断与鉴定管理办法》(2021年修订)。

(3)《煤矿安全规程》第五编煤矿职业危害防治。

(4)《职业病危害项目申报管理办法》。

(4)《用人单位职业病危害告知与警示标识管理办法》。

(5)《工作场所职业卫生监督管理规定》。

(6)《煤矿作业场所职业病危害防治规定》。

(7)《建设项目职业病防护设施"三同时"监督管理办法》。

第二节 煤矿主要职业危害及防治措施

劳动者在劳动过程中因接触职业危害因素而对劳动者健康和劳动能力的侵害,称为职业危害。煤矿职业危害因素主要有粉尘、有毒有害气体、噪声、振动、潮湿的环境、高温的环境、放射性物质等。职业病防治工作坚持预防为主、防治结合的方针,实行分类管理、综合治理。

一、粉尘

在煤矿生产和建设过程中所产生的各种岩矿微粒统称为煤矿粉尘,它是污染作业环境、损害劳动者健康的重要职业性有害因素。煤矿粉尘主要是岩尘和煤尘,它是在矿井生产(如钻眼、爆破、切割、装载、落煤及运输和提升)过程中,因煤岩被破碎而产生的。不同的矿井由于煤、岩地质条件和物理性质及采掘方法、作业方式、通风状况和机械化程度不同,粉尘的生成量有很大的差异。所有粉尘对身体都是有害的,不同特性特别是不同化学性质的生产性粉尘,可能引起机体的不同损害,其中以呼吸系统损害最为主要。

(一) 粉尘的主要危害

视频

粉尘对机体影响最大的是呼吸系统损害,包括尘肺、粉尘沉着症、呼吸系统炎症和呼吸系统肿瘤等疾病。粉尘的粒径越小,越容易通过人体的呼吸道而进入肺泡,并沉积于其中。接尘工龄越长,患尘肺的几率越大。消除尘肺病,预防是根本,综合防治是关键。含有可溶性有毒物质如铅、砷、锰的粉尘,可在呼吸道黏膜很快溶解吸收,导致中毒。

(二) 粉尘的主要防治措施

煤矿应当加强粉尘的监测和防治工作,制定职业危害防治措施。煤矿行业根据其粉尘的产生特点形成了各具特色的控制粉尘浓度的技术措施,主要体现在如下几个方面。

1. 粉尘防治的技术措施

(1) 改革工艺与设备。这是消除粉尘危害的主要途径,如用安全无害的工艺或原材料来代替有害的工艺或原材料;使用遥控操纵、计算机控制、隔室监控等措施避免工人接触粉尘;尽可能采用不含或含游离二氧化硅低的材料代替含游离二氧化硅高的材料;寻找石棉的替代品等。

(2) 湿式作业。这是一种非常经济实用的技术措施,如湿式凿岩、井下爆破后冲洗岩帮、高压注水采煤等。

(3) 密闭抽风除尘。对不能采取湿式作业的场所,可使用密闭抽风除尘的方法。如采用密闭尘源和局部抽风相结合,可防止粉尘外溢,抽出的空气经过除尘处理后排入大气。

2. 个体防护措施

个体防护是对技术防尘措施的必要补救,在作业现场,当工程控制无法将作业场所中职业危害因素的强度或者浓度降低到国家规定的职业卫生接触限值以下时,工人就必须使用合适的个体防护用品。工人防尘防护用品包括:防尘口罩、防尘眼镜、防尘安全帽、防尘服、防尘鞋等。个人防尘要求作业人员佩戴防尘口罩和防尘安全帽。

3. 卫生保健措施

职业健康监护共分为上岗前检查、在岗期间定期健康检查、离岗时健康检查、离岗后医学随访检查和应急检查。对从事接触职业危害作业的劳动者,煤矿企业应当按照《煤矿作业场所职业危害防治规定》的规定组织上岗前、在岗期间和离岗时的职业健康检查,并将检查结果书面告知从业人员。

二、职业毒害

煤矿生产中接触到的化学毒物主要有氮氧化物、碳氧化物和硫化氢等有毒有害气体。

(一) 氮氧化物的危害及防治

1. 氮氧化物的危害

煤矿中的氮氧化物以二氧化氮为主,二氧化氮为刺激性气体,比空气重,较难溶于水,可随呼吸进入到肺的深部,对肺组织产生强烈的刺激和腐蚀作用,可引起支气管炎和肺水肿等。其次是一氧化氮,在空气中和体内均容易被氧化为二氧化氮。吸入高浓度一氧化氮可产生毒性反应,使血红蛋白氧化成高铁血红蛋白,使组织缺氧,引起呼吸困难和窒息,导致中枢神经损害。可能接触氮氧化物的工种一般有岩巷爆破、煤巷爆破、爆破采煤等工种。

2. 氮氧化物的预防措施

氮氧化物危害的预防措施:

(1) 进行职业卫生知识培训,增强工人的安全意识和自我防护意识。

(2) 建立完善的应急救援措施,当事故发生后能使伤员及时得到现场救治,争取抢救时间。

(3) 建立健全职工健康档案,对作业者开展全面健康监护工作。从事氮氧化物作业应做上岗前体检,上岗后每1~2年体检一次。

（二）碳氧化物的危害及防治

1. 碳氧化物的危害

煤矿中碳氧化物主要有一氧化碳与二氧化碳。一氧化碳是无色、无味、无臭的气体，比空气轻，易燃易爆，一氧化碳进入人体之后会和血液中的血红蛋白结合，进而使血红蛋白不能与氧气结合，从而引起机体组织出现缺氧，导致人体窒息死亡。一氧化碳具有毒性，对心脏和大脑的影响最为显著。可能接触一氧化碳工种有：井下通风、岩巷爆破、煤巷爆破、采煤打眼、水力采煤、采煤支护、机械采煤各工种等。煤尘爆炸后要产生大量有害气体，CO 浓度一般为 2%～3%，最高可达 8%～10%，造成人员中毒。

二氧化碳密度大，比空气重，一般多积聚于巷道低处及通风不良的废巷中。高浓度时有显著毒性，主要是对呼吸中枢的毒性作用。在生产过程中，煤矿井下作业场所空气中二氧化碳的来源有煤、岩层涌出，煤自燃，爆破，人员呼吸等。抽放容易自燃和自燃煤层的采空区瓦斯时，必须经常检查一氧化碳浓度和气体温度等有关参数的变化，发现有自然发火征兆时，应立即采取措施。

2. 碳氧化物的预防措施

（1）加强通风。加强通风，将碳氧化物冲淡到《煤矿安全规程》规定的浓度以下。如果碳氧化物产生量较大，可采用抽放措施。

（2）加强检查。应用各种仪器或煤矿安全集中监测系统监视井下各种有害气体的动态，以便及时采取相应的措施。

（3）警示危险。需要进入闲置时间较长的巷道进行作业时，必须先通风、后作业。盲道或废弃巷道应及时予以密闭或用栅栏隔断，并设立警示牌。

（4）喷雾洒水。当工作面有二氧化碳放出时，可使用喷雾洒水的办法使其溶于水中。

（5）急救措施。若有人缺氧窒息时，应移至空气新鲜的地方进行急救。

（6）个人防护。进入高浓度一氧化碳的环境工作时，在通风的同时，要戴好特制的一氧化碳防毒面具，两人同时工作，以便监护和互助。二氧化碳的防护与一氧化碳类似，对于皮肤的防护，可佩戴保温手套，穿防护服，对于眼睛的防护，可佩戴安全护目镜或面罩。

（三）硫化氢的危害及防治

1. 硫化氢的危害

硫化氢为无色、带有臭鸡蛋气味的气体，且易燃易爆，爆炸浓度界限为 4.3%～46%。比空气重，易积聚于低洼处。易溶于水，扰动溶有硫化氢的积水即可逸出硫化氢气体。吸入后对人体有剧毒，主要作用于中枢神经系统。当接触浓度较高时，由于迷走神经反射，会立即发生昏迷或呼吸麻痹而呈"闪电式"的死亡，严重的会使人立即产生喉头痉挛、咽喉水肿而窒息。可能接触硫化氢的工种一般有：井下通风、爆破采煤、采煤支护、机械采煤、采煤运输、采煤装载、井下积水的老空区作业等各工种。

2. 硫化氢的预防措施

《煤矿安全规程》规定，矿井内硫化氢的含量不得超过 0.00066%。接触硫化氢的作业人员应佩戴防毒口罩、安全护目镜、防毒面具和空气呼吸器，佩戴硫化氢报警设施。同时，完善硫化氢检测系统。

三、物理因素

煤矿井下高温高湿的作业生产环境十分恶劣，噪声与振动又是煤矿生产中很常见的有害因素。为保障煤矿工人的安全,防止职业病的发生,煤矿企业必须做好井下噪声、高温及振动等职业性有害因素的防治。

(一) 噪声的危害及主要防治措施

1. 噪声对人体的危害

根据作用的系统不同可把噪声的危害分为听觉系统(特异性)危害和听觉外系统(非特异性)危害。

(1) 听觉系统危害。工人若长时间在 85 dB(A) 的强噪声下工作,会感到刺耳难受,长时间接触就会造成职业性耳聋。

在某些生产条件下,如进行爆破,由于防护不当或缺乏必要的防护设备,可因强烈爆炸所产生的振动波造成急性听觉系统的严重外伤,引起听力丧失,称为爆震性耳聋。根据损伤程度不同可出现鼓膜破裂,听骨破坏,内耳组织出血,甚至同时伴有脑震荡。

(2) 听觉外系统危害。噪声还可引起听觉外系统的损害。主要表现在神经系统、心血管系统等,如易疲劳、头痛、头晕、睡眠障碍、注意力不集中、记忆力减退等一系列神经症状。高频噪声可引起血管痉挛、心率加快、血压增高等心血管系统的变化。长期接触噪声还可引起食欲不振、胃液分泌减少、肠蠕动减慢等胃肠功能紊乱的症状。

2. 噪声的主要控制措施

(1) 消除、控制噪声源。消除、控制噪声源是噪声危害控制的根本措施。采用无噪声或低噪声设备代替高噪声设备,如无声液压机的应用;减低设备运行的负荷,减少设备部件的摩擦和撞击等。

(2) 控制噪声的传播。采用吸声、隔声、消声、减震的材料和装置以及阻尼与隔振技术,阻止噪声的传播。

(3) 个人防护。对生产现场的噪声控制不理想或特殊情况下高噪声作业,个人防护用品是保护听觉器官的有效措施,如佩戴防护耳塞、防护耳罩、头盔等。

(4) 健康监护。对上岗前的职工进行体格检查,是否存在职业禁忌证,如听觉系统疾患、中枢神经系统疾患、心血管系统疾患等。对在岗职工进行定期的体检,以早期发现听力损伤,及时采取有效的防护措施。

(5) 合理安排劳动和休息。噪声作业应避免加班或连续工作时间过长,否则容易加重听觉疲劳,故应适当安排工间休息,休息时应尽量离开噪声环境,使听觉疲劳得以恢复。

《煤矿安全规程》规定:作业人员每天连续接触噪声时间达到或者超过 8 h 的,噪声声级限值为 85 dB(A)。每天接触噪声时间不足 8 h 的,可以根据实际接触噪声的时间,按照接触噪声时间减半、噪声声级限值增加 3 dB(A)的原则确定其声级限值。

(二) 高温的危害及主要防治措施

1. 高温作业对人体的危害

高温作业时,人体会出现一系列生理功能改变,这些变化在一定程度内是适应性反应,但若超过一定的限度,则可能会对机体产生不良影响。

2. 高温的主要控制措施

(1) 作业管理措施。在作业过程中通过通风降温、洒水降温、井下空调等措施,降低作业区温度。

(2) 个体防护。高温场所作业,个人防护极为重要。企业应及时向作业人员发放符合国家标准的高温作业个人防护用品,包括工作服、工作帽、防护眼镜、面罩和手套等,并为职工提供保存防护用品的设施。

(3)加强医疗预防。企业做好高温职业危害健康管理,主要应注意职工高温危害的职业健康检查、危害档案管理和职业卫生教育。

《煤矿安全规程》规定:当采掘工作面空气温度超过26 ℃,机电设备硐室超过30 ℃时,必须缩短超温地点工作人员的工作时间,并给予高温保健待遇。当采掘工作面的空气温度超过30 ℃,机电设备硐室超过34 ℃时,必须停止作业。

(三)振动的危害及主要防治措施

1. 振动对人体的危害

生产过程中的一切振动统称为生产性振动。长期接触生产性振动可对机体产生不良影响。低强度振动主要引起组织和器官的位移、挤压,易引起不适感、疲劳、头晕、注意力分散等;高强振动易引起组织和器官的撞伤、压伤等机械性损伤,出现耳鸣、胸腹痛、注意力难集中等。

2. 振动的主要控制措施

(1)减少扰动。其主要指减少或消除振动源的影响,如改善机器的平衡,提高安装质量等。

(2)防止共振。防止共振是指防止或减少设备、结构对振动源的响应。如改变振动系统固有频率,改变振动系统扰动源频率。

(3)隔振措施。采取措施减小或隔离振动的传递,常在振源与需要防振的设备间安装弹性隔振装置,使振源的大部分振动被隔振装置吸收,减小振源对设备或场所的干扰。

(4)限制作业时间。当振动工具的振动强度控制暂时达不到标准时限值时,可适当缩短工人接触振动的时间,这是预防振动危害的重要措施。

(5)改善作业环境,加强个人防护。坚持就业前体检,凡患有就业禁忌证者,不能从事该种作业;定期对工作人员进行体检,尽早发现受振动损伤的作业人员,采取适当预防措施及时治疗振动病患者。

第三节 煤矿职业卫生管理制度和应急处置

一、职业卫生管理制度

煤矿应当制定职业病危害防治计划和实施方案,建立健全下列职业卫生管理制度和操作规程:

(1)职业病危害防治责任制度。

(2)职业病危害警示与告知制度。

(3)职业病危害项目申报制度。

(4)职业病防护设施管理制度。

(5)职业病个体防护用品管理制度。

(6)职业病危害日常监测及检测、评价管理制度。

(7)建设项目职业卫生"三同时"制度。

(8)劳动者职业健康监护及其档案管理制度。

(9) 职业病诊断、鉴定及报告制度。
(10) 职业病危害防治经费保障及使用管理制度。
(11) 职业病危害防治档案管理制度。
(12) 职业病危害事故应急管理制度。
(13) 法律、法规、规章规定的其他职业病危害防治制度。

煤矿安全生产管理人员应当了解上述制度，重点掌握职业病危害警示与告知制度、职业病防护设施管理制度、职业病个体防护用品管理制度和劳动者职业健康监护及其档案管理制度。

二、职业危害告知

煤矿与煤矿工人订立劳动合同（含聘用合同）时，应当将工作过程中可能产生的职业病危害及其后果、职业病防护措施和待遇等如实告知煤矿工人，并在劳动合同中写明，不得隐瞒或者欺骗。

煤矿工人在已订立劳动合同期间因工作岗位或者工作内容变更，从事与所订立劳动合同中未告知的存在职业病危害的作业时，煤矿应当向煤矿工人履行如实告知的义务，并协商变更原劳动合同相关条款。

煤矿应当在醒目位置设置公告栏，公布有关职业病防治的规章制度、操作规程、职业病危害事故应急救援措施和工作场所职业病危害因素检测结果。存在或者产生职业病危害的工作场所、作业岗位、设备、设施，应当按照《工作场所职业病危害警示标识》(GBZ 158)的规定，在醒目位置设置图形、警示线、警示语句等警示标识和中文警示说明。警示说明应当载明产生职业病危害的种类、后果、预防和应急处置措施等内容。存在或者产生高毒物品的作业岗位，应当按照《高毒物品作业岗位职业病危害告知规范》(GBZ/T 203)的规定，在醒目位置设置高毒物品告知卡，告知卡应当载明高毒物品的名称、理化特性、健康危害、防护措施及应急处理等告知内容与警示标识。

三、职业病危害防护设施与职业病个体防护用品

煤矿在有关职业健康的生产技术、工艺、材料和设备的管理上应优先考虑实现本质安全。在无法完全避免职业危害的情况下，应采用危害程度较低的生产技术、工艺设备、原材辅料，选用有效的职业病防护设施等，减少或降低职业病危害因素的危害，保护劳动者。在职业病危害防护设施设备不能完全保护劳动者的情况下，给劳动者发放防护用品进行防护。

职业病危害防护设施设备要纳入企业设备管理，建立台账、档案和检修计划，经常进行维修检查并有责任人进行维护，严格按照计划进行检修和大修，确保处于良好状态。

煤矿应当为劳动者提供符合国家职业卫生标准的职业病个体防护用品，并督促、指导煤矿工人按照使用规则正确佩戴、使用，不得发放钱物替代发放职业病个体防护用品。煤矿应当对职业病个体防护用品进行经常性的维护、保养，确保其有效，不得使用不符合国家职业卫生标准或者已经失效的职业病个体防护用品。煤矿工人应当认真学习职业病个体防护用品的使用方法，不使用个体防护用品的不得上岗作业。

四、职业病危害事故应急处置

发生或者可能发生急性职业病危害事故时，煤矿应当立即采取控制和应急救援措施，并及时报告所在地卫生行政部门和有关部门。卫生行政部门接到报告后，应当及时会同有关

部门组织调查处理;必要时,可以采取临时控制措施。卫生行政部门应当组织做好医疗救治工作。对遭受或者可能遭受急性职业病危害的煤矿劳动者,煤矿应当及时组织救治、进行健康检查和医学观察,所需费用由用人单位承担。

(1)作业地点发现有职业病危害事故预兆或已经发生职业危害事故时,现场人员应停止作业,撤出所有受威胁地点的人员,按指定的避灾路线撤离,并向矿调度中心汇报(内容要简明扼要,说明事故性质、地点、范围、主要原因和伤亡情况等)。撤离期间要尽可能通知沿途受灾害影响区域人员一同撤离到安全地点。

(2)矿调度中心接到井下职业病危害事故报告后,应立即启动应急预案,通过井下语音广播系统、无线通信系统、调度通信系统等,通知到井下所有可能受事故波及区域的人员撤离,接到通知的作业人员应立即撤离。

(3)发生中毒事故时,会有人相继出现胸闷、头痛、恶心等症状,应立即将中毒者移至新鲜空气处。在搬运途中,如仍受有害气体威胁,施救者一定要戴好自救器,对被救人员也要戴好自救器。将中毒者口中一切妨碍呼吸的东西(如假牙、黏液和泥土等)除去,将衣领及腰带松开,并使其保暖。

(4)如果是一氧化碳中毒,中毒者还没有停止呼吸或呼吸虽已停止但心脏还有跳动,要立即给中毒者解开衣服,搓摩他的皮肤,使他温暖以后,立即进行人工呼吸。如果心脏停止跳动,就要迅速进行心脏复苏,同时进行人工呼吸。

(5)如果是硫化氢中毒,在进行人工呼吸以前,要用湿棉花或手帕盖住他的口鼻。

(6)如果是二氧化碳窒息,情况也不太严重,只要把他抬到新鲜风流中稍作休息后,就会苏醒。假如窒息时间较长,就要进行人工呼吸。在进行人工呼吸前,先要搓擦他的皮肤。

(7)如果作业现场呼吸性粉尘浓度超过接触浓度管理限制,立即停止作业并向矿调度室汇报,调度室通知有关领导进行分析并处理。

(8)如果设备发生故障,出现异常噪声或噪声指标超过国家最高环保标准时,要立即停止设备运行,开启备用设备并通知矿调度室。

(9)当不能撤离时,要暂时避到安全地点,要沉着、冷静,尽量减少动作。并要在躲避地点巷道口悬挂矿灯、工具或定时间隔敲打管子、铁轨等,发出呼救信号,等待救援。

第四节 煤矿从业人员职业病预防的权利和义务

劳动者依法享有职业卫生保护的权利。用人单位应当为劳动者创造符合国家职业卫生标准和卫生要求的工作环境和条件,并采取措施保障劳动者获得职业卫生保护。工会组织依法对职业病防治工作进行监督,维护劳动者的合法权益。用人单位制定或者修改有关职业病防治的规章制度,应当听取工会组织的意见。

一、煤矿从业人员职业病预防的权利

煤矿从业人员享有下列职业病预防的权利:

(1)获得职业卫生教育、培训权利。劳动者上岗前应接受职业健康培训,上岗前培训不得少于8学时,之后每年接受一次在岗培训,在岗培训不得少于4学时。因变更工艺、技术、设备、材料,或者岗位调整导致劳动者接触的职业病危害因素发生变化的,用人单位应当重新对劳动者进行上岗前职业健康培训。

(2) 获得职业健康检查、职业病诊疗、康复等服务。

(3) 了解工作场所产生或者可能产生的职业病危害因素、危害后果和应当采取的职业病防护措施。

(4) 要求用人单位提供符合防治职业病要求的职业病防护设施和个人使用的职业病防护用品,改善工作条件。

(5) 对违反职业病防治法律、法规以及危及生命健康的行为提出批评、检举和控告。

(6) 拒绝违章指挥和进行没有职业病防护措施的作业。

(7) 参与用人单位职业卫生工作的民主管理,对职业病防治工作提出意见和建议。

(8) 索取本人职业健康监护档案复印件。煤矿从业人员离开煤矿企业时,有权索取本人职业健康监护档案复印件,煤矿企业应如实、无偿提供,并在所提供的复印件上签章。

二、煤矿从业人员职业病预防的义务

(1) 劳动者应当学习和掌握相关的职业卫生知识,增强职业病防范意识。

(2) 遵守职业病防治法律、法规、规章和操作规程。

(3) 正确使用、维护职业病防护设备和个人使用的职业病防护用品。

(4) 发现职业病危害事故隐患应当及时报告。劳动者不履行前款规定义务的,用人单位应当对其进行教育。

第五节 煤矿职业卫生健康监护基本要求

一、职业健康监护的主要内容

对从事接触职业病危害的作业的劳动者,用人单位应当按照国务院卫生行政部门的规定组织上岗前、在岗期间和离岗时的职业健康检查,并将检查结果书面告知劳动者。职业健康检查费用由用人单位承担。用人单位不得安排未经上岗前职业健康检查的劳动者从事接触职业病危害的作业;不得安排有职业禁忌的劳动者从事其所禁忌的作业;对在职业健康检查中发现有与所从事职业相关的健康损害的劳动者,应当调离原工作岗位,并妥善安置;对未进行离岗前职业健康检查的劳动者不得解除或者终止与其订立的劳动合同。

职业健康监护主要内容包括:一是职业健康检查,包括上岗前健康检查、在岗期间的健康检查、离岗时的健康检查和应急检查。二是职业健康监护档案,用人单位应建立职业健康档案,每人1份,并妥善保存。煤矿企业必须按照国家有关规定,对从业人员上岗前、在岗期间和离岗时进行职业健康检查,建立职业健康档案,并将检查结果告知从业人员。

二、职业健康检查

1. 上岗前检查

上岗前健康检查的主要目的是发现有无职业禁忌证,建立接触职业病危害因素人员的基础健康档案。上岗前健康检查均为强制性职业健康检查,应在开始从事有害作业前完成。拟从事接触职业病危害因素作业的新录用人员应进行上岗前健康检查,包括转岗到该种作业岗位的人员。

2. 在岗期间体检

根据年度体检计划组织安排职业危害因素作业人员到指定医疗机构参加在岗期间职业健康定期体检。对在体检期间因各种原因不能参加体检的,应在补检时间内组织安排体检。对检查出职业禁忌证的应通知所在部门将其调离原工作岗位并妥善安置。对检查出可疑职业病的应组织诊断资料报市疾控中心。确诊的职业病人纳入职业病管理,进行康复治疗。

3. 离岗时健康检查

劳动者在准备调离或脱离所从事的职业病危害的作业或岗位前,应进行离岗时健康检查;主要目的是确定其在停止接触职业病危害因素时的健康状况。如最后一次在岗期间的健康检查是在离岗前的 90 日内,可视为离岗时检查。

4. 离岗后医学随访检查

(1) 如接触的职业病危害因素具有慢性健康影响,或发病有较长的潜伏期,在脱离接触后仍有可能发生职业病,需进行医学随访检查。

(2) 尘肺病患者在离岗后需进行医学随访检查。

(3) 随访时间的长短应根据有害因素致病的流行病学及临床特点、劳动者从事该作业的时间长短、工作场所有害因素的浓度等因素综合考虑确定。

5. 应急情况下的检查

应向体检机构及时提出申请,组织对紧急接触人员进行相应项目的体检。如因事故接触某种毒物或放射线后,应立即组织有关人员到相关体检机构进行应急性体检。

三、职业健康监护档案

(1) 职业健康监护档案内容包括:① 劳动者职业史、既往史和职业病危害接触史;② 相应工作场所职业病危害因素监测结果;③ 职业健康检查结果及处理情况;④ 职业病诊疗等健康资料。

(2) 档案管理人员必须维护劳动者的职业健康隐私权、保密权。相关的卫生监督检查人员、劳动者或其近亲属、劳动者委托代理人有权查阅、复印劳动者的职业健康监护档案,其他人员不得私自查阅职业健康监护档案。

(3) 劳动者离开单位时,本人有权索取健康监护档案复印件,档案管理人员应如实、无偿提供,并在所提供的复印件上签章。

(4) 对已离职人员的职业健康监护档案,应在离职后 3 个月后进行封存,并保存 10 年以上,以备上级部门查阅。

(5) 档案管理人员应将职业健康监护档案妥善保管,防虫蛀、防霉、防丢失,保证档案安全。

(6) 所有档案应有专柜存放、加锁,定期清理,通风,防湿。

(7) 所有档案不得随意查阅、复印,不得置于公共场所。

第二篇　安全专业技术知识

第六章　煤矿安全检查作业人员的职业特殊性

本章培训与考核要点
- 了解煤矿安全检查作业人员在防治煤矿灾害中的重要作用；
- 掌握对煤矿安全检查作业人员的职业道德要求和安全职责要求。

第一节　煤矿安全检查作业人员在防治煤矿灾害中的重要作用

煤矿安全检查作业人员（俗称煤矿安全检查工），是从事煤矿安全监督检查，巡检生产作业场所的安全设施和安全生产状况，检查并督促处理相应事故隐患的作业人员。煤矿安全检查作业人员的文化素质、工作经验、职业道德、敬业精神和解决问题的能力，直接影响着矿井的安全与生产。因此，煤矿安全检查作业人员对煤矿安全生产起着重要的作用，在煤矿的安全生产活动中占有举足轻重的地位。

煤矿安全检查作业人员在防治煤矿灾害中的重要作用主要体现在以下几个方面：

一、煤矿安全检查作业人员是安全工作的监督检查者

《煤矿安全规程》第五条规定，煤矿企业必须设置专门机构负责煤矿安全生产与职业病危害防治管理工作，配备满足工作需要的人员及装备。煤矿安全检查作业人员是煤矿安全的监督检查者，其首要任务是通过现场检查，及时发现和纠正人的不安全行为、设备设施的不安全状态和环境的不安全因素，查找管理缺陷，发现潜在危险，监督各项安全管理制度落实，督促施工现场安全技术措施到位，有效避免或减少事故发生。因此，煤矿安全检查作业人员对安全生产的监督检查起着决定性的作用。

二、煤矿安全检查作业人员是安全生产法规的宣传者

煤矿安全检查作业人员的第二个重要作用，是宣传国家安全生产方针、政策、法律、法规，向职工宣讲安全生产知识，在安全检查中配合区队发现、总结和表彰安全生产的先进人物和先进事迹，推广先进经验，用典型事故案例和"三违"典型案例进行教育，使广大职工从正反两方面吸取经验和教训，增强安全意识，做到警钟长鸣。因此，煤矿安全检查作业人员

对矿山安全工作的宣传起着强有力的推动作用。

三、煤矿安全检查作业人员是煤矿作业人员生命安全和国家财产安全的保护者

由于煤炭行业的特殊性、工作环境的恶劣性、地质条件的复杂性以及自然灾害的伴生性等诸多不利因素,导致煤矿安全管理难度加大。煤矿安全检查作业人员的主要任务包括:

(1) 及时掌握安全生产动态,熟悉煤矿安全生产规律,协助企业制定有效的针对措施。

(2) 检查职工、特种作业人员持证上岗情况。

(3) 查找安全隐患及"三违"行为,采取措施,制止违章,消除隐患,减少事故发生。

因此,煤矿安全检查作业人员对煤矿作业人员生命安全和国家财产安全的保护具有举足轻重的作用。

第二节 煤矿安全检查作业人员的职业道德和安全职责

一、煤矿安全检查作业人员的职业道德

每个从业人员,不论是从事哪种职业,在职业活动中都要自觉遵守职业道德。职业道德的内容是多方面的,难以一概俱全。煤矿安全检查作业人员的职业道德主要体现在以下几个方面:

(1) 热爱矿山、热爱本职工作。

(2) 在本职工作中,发扬艰苦奋斗的精神,吃苦耐劳,干事创业,为煤矿企业发展作出应有的贡献。

(3) 自觉服从组织安排,听从指挥,遵守劳动纪律,认真履行岗位职责,勤奋工作,讲究工作效率,以求实、扎实、细致、认真的工作态度,努力完成工作任务目标。

(4) 自觉遵守国家法律、法规和煤矿企业的各种规章制度,佩戴好劳动防护用品,持证上岗,时刻保持安全生产的警惕性,保护好自身和他人的安全。

(5) 加强专业技术理论知识学习,钻研技术,不断提高自己的业务能力和专业技术水平,争当一名技术精湛、业务熟练的技术骨干和行家里手。

(6) 在工作中与同事密切配合、和谐相处,建立相互信任、相互尊重、相互支持、相互帮助的良好关系,交流经验,团结协作,齐心协力,共同做好本职工作。

(7) 牢固树立"工程质量第一"的意识,保证安全生产条件,并在确保质量的前提下,尽量为煤矿企业节约资金,提高社会效益和经济效益。

(8) 在工作中,爱护所使用设备,对设备正确、谨慎操作,并进行精心细致地检查、维护和保养,及时处理设备故障,使设备处于良好的运转状态。

(9) 在工作中,虚心向师傅、同事学习,学习他们的专业技术技能和道德品质,弥补自己的不足,积极进取,不断提高自身的综合素质。

二、煤矿安全检查作业人员的安全职责

(1) 依照国家矿山安全法律、法规和煤炭行业安全规程、规定、技术标准及安全生产规章制度,检查煤矿企业的安全生产状况。

(2) 检查煤矿企业安全生产责任制的落实情况和特种作业人员持证上岗情况。

(3) 参与定期的安全检查和专业检查,对查出的问题进行登记、上报,并督促落实整改。

(4)参与制定、修改安全管理规章制度和临时性危险作业的安全措施。

(5)协助区、科、班组组织安全例会,安全活动日,开展安全竞赛,总结、推广安全生产先进经验。

(6)制止"三违"(违章指挥、违章作业、违反劳动纪律)行为,对危及职工生命安全的紧急情况,采取临时处置措施。

(7)监督安全设备、设施、装置和仪器的使用运行情况,监督采掘、巷修工程质量、设备完好及运行质量、局部通风和风筒管理、瓦斯防治措施执行、防治水措施执行情况等。

(8)参与煤矿企业事故调查、分析、处理并提出防范措施。

(9)具有煤矿灾害防治及自救、互救与现场急救的相关知识,熟悉救灾路线,发生意外时能迅速采取紧急安全措施,保护好现场,同时上报。

(10)遵守劳动纪律,执行现场交接班,做好当班岗位记录。

(11)依法参加岗位安全培训,持证上岗。

(12)法律、法规规定的其他职责。

第七章 煤矿安全检查

本章培训与考核要点
- 了解煤矿安全检查的依据；
- 掌握煤矿安全检查的方式、方法；
- 掌握煤矿安全检查的内容。

第一节 煤矿安全检查的依据、方式和方法

一、煤矿安全检查的依据

煤矿安全生产系统检查作业时，必须依据法律法规进行。煤矿井下采煤、掘进、机电、运输和提升以及"一通三防"等各个生产环节专业性很强，应遵守的安全法律、法规较多，主要包括：

（1）全国人大颁布的法律，包括《中华人民共和国煤炭法》《中华人民共和国矿山安全法》《中华人民共和国矿产资源法》《中华人民共和国劳动法》《中华人民共和国职业病防治法》《中华人民共和国安全生产法》等。

（2）国务院颁布的法规，包括《中华人民共和国矿山安全法实施条例》《民用爆炸物品安全管理条例》《国务院关于特大安全事故行政责任追究的规定》《生产安全事故报告和调查处理条例》《煤矿安全监察条例》等。

（3）国家安全生产监督管理部门发布的各项规定，包括《煤矿安全规程》《煤矿建设项目安全设施竣工验收监督核查暂行办法》《煤矿矿用产品安全标志管理暂行办法》《煤矿防治水细则》《煤矿领导带班下井及安全监督检查规定》《职业安全健康管理体系审核规范实施指南》等。

（4）省（自治区、直辖市）级人民政府颁布的关于安全生产的地方性法规和规章等。

就煤矿各生产系统来讲，安全检查的依据主要是《煤矿安全规程》《操作规程》《作业规程》和《煤矿安全生产标准化管理体系基本要求及评分方法（试行）》等。

二、煤矿安全检查的方式

煤矿安全检查通常采用以下几种方式：

1. 日常检查

日常检查，是指由各基层班（组）长或安全检查作业人员，督促本班（组）人员做好班前准备工作和检查交班前的交接验收工作。督促本班（组）人员认真执行安全规章制度和岗位责任制度的安全检查。安全检查作业人员应在各自业务范围内，经常深入现场，进行安全检

查,发现问题,及时督促有关部门加以整改。这种检查方式也是职工结合生产实际接受安全教育的好机会。

2. 定期检查

定期检查,是指每隔一段时间进行的安全检查。一般包括周检查、旬检查、月检查、季度检查、年度检查和节日前检查。

3. 专业性检查

专业性检查,是指按专业系统,针对一个时期安全生产实际情况或上级指示精神,开展的专业系统检查。如采掘、机电、运输和"一通三防"等专业对口检查。专业性检查以安全人员为主,组织与检查内容有关的技术人员和管理人员参加。

4. 不定期检查

不定期检查,是指不定时、不定点、不通知或临时通知的抽查。不定期检查一般由上级部门组织进行,带有突击性,从中可以看到安全生产的真实面貌,以便采取针对性措施,确保安全生产。

5. 连续性检查

连续性检查,是指主要对新设备、新工艺的使用,新工作面投产,火区启封,新建或改建工程等,可能会引发新的不安全因素的不间断检查,也包括对事故多发区域或工种进行蹲点检查。连续性检查的目的,是做到随时发现问题,随时解决问题。

三、煤矿安全检查的方法

煤矿安全检查的方法有很多种,常用的方法有以下几种:

(1) 实地观察。深入现场,靠直感、凭经验进行实地观察。如看、听、嗅、摸、查的方法,看一看外观变化,听一听设备运转是否有异常,嗅一嗅有无泄漏和有毒气体放出,摸一摸设备温度有无升高,查一查危害因素。

(2) 汇报会。上级检查下级,往往在检查前先听取下级自检情况的汇报,提出问题,安排解决。或者对一个单位检查完再开一个通报会,要求被检查单位对检查出来的问题限期解决。

(3) 座谈会。在进行内容单一的小型安全检查时,往往以开座谈会的方法,同有关人员座谈讨论某项工作或工程的经验和教训。

(4) 调查会。在进行安全动态调查和事故调查时,往往把有关人员和知情者召集到一起,逐项调查分析,提出措施对策。

(5) 个别访问。在调查或检查某个系统的隐患时,为了便于技术分析和找出规律,了解以往的生产运行情况,需要访问有经验的实际操作人员,便采取走访方式,了解真实情况及得到正确结论。

(6) 查阅资料。检查工作要做深、做细,为便于对比、考查、统计、分析,在检查中必须查阅有关资料,表扬好的,批评差的,实施检查职能。

(7) 抽查考试和提问。为了检查企业的安全工作、职工素质、管理水平,可采取对职工个别提问、部分抽查和全面考试等形式,检验其真实情况和水平。

四、煤矿安全检查的程序

煤矿安全检查一般遵循五个程序:

1. 检查准备

(1) 确定检查对象,明确检查目的、任务。

(2) 查阅、掌握有关法律法规、标准。

(3) 了解检查对象工艺流程、生产和安全设施等情况。

(4) 制定检查计划,安排检查内容、步骤和方法。

(5) 准备必要的检测工具、仪器、检查表格等。

2. 检查实施

(1) 安全检查作业人员下井后,必须对沿途的隐患进行全面的检查、识别、评价。

(2) 对发现的"三违"要立即制止并按有关规定处罚。

(3) 对查出的、可对现场施工人员构成直接威胁的隐患,能现场处理的,必须立即采取措施组织现场人员处理解决,并明确处理负责人;不能现场处理而又不能保证现场施工安全的,必须立即责令其停止作业并汇报调度室,由调度员及时汇报单位分管领导采取措施组织处理。在隐患没有得到解决之前,不准进入作业;不能现场解决,暂时又不会对现场人员造成危害的,要提出整改意见并做好准确记录,由现场负责人签字,上井后按要求到安监处(科、部)填写信息卡,限期解决。

(4) 安全检查作业人员每次下井必须按照要求填写《下井检查记录簿》。要详细填写:① 被检查人的单位、姓名、同行人、年、月、日、班次、详细经过路线。② 所查隐患的单位、地点或工种名称、隐患的具体内容、整改意见、是否整改、现场安排何人整改等。

3. 隐患处理

安监处(科、部)对《下井检查记录簿》要进行认真筛选处理。

(1) 检查鉴定《下井检查记录簿》填写是否合格,对填写字迹潦草、内容不清的进行处罚并通知其本人重填。

(2) 安监处(科、部)工作人员对当班收集的各类隐患信息进行整理、筛选、分类;对各类隐患及时下达"隐患整改通知单","隐患整改通知单"由隐患整改责任单位行政一把手或当日值班人(值班人员必须立即向单位行政一把手汇报)签字并落实整改;隐患整改通知单一式三联,第一联安监处(科、部)留存,第二联隐患整改责任单位留存,第三联隐患整改责任单位按整改期限向安监处(科、部)反馈整改结果。

(3) 对其中的重大隐患同时向公司董事长,总经理,分管生产、安全的副总经理及当日公司总值班汇报;安监处(科、部)对各类隐患信息的上传下达要注重准确性、时效性;对重大隐患,安监处(科、部)必须立即去隐患整改责任单位当面联系整改。

4. 隐患的整改和反馈

(1) 责任单位值班人员接到隐患整改通知后,要根据隐患整改内容立即定人、定时、定措施进行整改,并把整改情况在整改期限内反馈给安监处(科、部);对于逾期未整改的问题,要酌情处罚隐患整改责任单位行政一把手;因整改不及时,造成事故的要从严追究责任单位党政一把手的责任。

(2) 对确因客观原因不能在限期内整改完的,要在反馈单上详细说明原因,并应有公司分管领导签字认可。

(3) 公司副总工程师以上分管领导对分管范围内隐患的整改情况负责监督检查;安监处(科、部)对重大隐患的整改全程跟踪,并随时将整改情况向公司有关领导汇报,直至隐患消除。

5．隐患的复查

安监处(科、部)当日值班人员必须安排安全检查作业人员对当日"隐患统计"反馈信息的整改情况及时进行复查；对一般质量问题，实行整改责任单位和安全检查作业人员两闭合；对隐患，实行整改责任单位、安全检查作业人员及安监处(科、部)管理人员三闭合，使安全质量问题真正得到落实整改，并将复查情况及时反馈给安监处(科、部)。反馈隐患整改落实的单位科(区)长必须在隐患整改通知单整改结果栏签字，验证隐患整改结果的有关人员必须在隐患整改通知单验证栏签字，反馈和验证必须实事求是，准确真实。

五、煤矿安全检查作业人员的安全检查重点

煤矿安全检查作业人员的安全检查重点是对生产现场的安全检查，应重点检查以下几个方面：

（1）查安全生产教育培训情况。煤矿企业应当对从业人员进行安全生产教育、培训，未经安全生产教育培训并考核合格的，不得上岗作业；特种作业人员必须取得煤矿安全监察机关颁发的操作资格证书，未取得资格证书的，不得任职或者上岗作业。

（2）查《采掘作业规程》的落实情况。检查《采掘作业规程》是否认真贯彻，在作业中是否认真执行《采掘作业规程》。

（3）查《操作规程》执行情况。检查生产过程中有无违反操作规程、操作方法的行为；有无不按规定穿戴劳动防护用品；有无在禁烟区域吸烟现象；在施工中违反规定和禁令等。

（4）查管理。检查区队、班组安全目标管理是否落实，安全管理工作是否做到了制度化、规范化、标准化和常态化；安全管理制度是否落实，生产岗位上有无脱岗、串岗、打盹睡觉等现象。

（5）查隐患。检查作业环境、生产设备和相应的安全设施是否符合有关规定。如采掘工作面的支护情况，矿井"一通三防"情况，采掘工作面安全出口是否畅通，机电设备的防爆、防漏电是否符合要求，重点部位和重点设备，如主要通风机房、爆炸物品库、变配电所、压风机房、锅炉房、绞车房等是否符合要求。

（6）查薄弱环节、人物。即检查作业现场的薄弱地段、时间、工序，以及施工现场存在的薄弱人物，加强现场流程控制和薄弱人物的帮扶。

第二节　煤矿安全检查的内容

煤矿安全检查的内容一般包括以下几个方面：一是对企业各级领导干部贯彻"安全第一、预防为主、综合治理"方针情况的检查；二是对各级组织安全管理工作情况的检查，如法律、法规的执行情况，管理部门落实"三同时""四不放过"等制度的坚持情况；三是对生产现场的安全检查，作业规程及安全技术措施的落实情况，如检查生产场所及作业过程中是否存在操作人员的不安全行为、机械设备的不安全状态，以及不符合安全生产要求的作业环境等；四是检查隐患整改情况。

其中，煤矿安全检查作业人员针对"人的不安全行为、物的不安全状态、作业环境的调节和治理"等几个方面重点检查内容有：监督各项安全管理规章制度的落实，制止各种"三违"行为的发生，发现、查明并处理各种安全隐患。

一、煤矿安全检查的基本要求

(1) 安全大检查时,必须有被检查单位安全生产第一责任者在现场接受检查。检查要认真严格,不能讲情面、走过场、走形式。

(2) 每次检查要有准备、有重点、有针对性。

(3) 要坚持原则对照制度严格落实整改。首先对发现的重大隐患,要坚决停产处理,不消除重大隐患不生产。对查出的问题,要分析原因,追究责任,要批评教育,要坚持按制度规定办事,不徇私情,要严格依章办事,严肃处理;对一时解决不了的问题,要落实整改的项目、资金、时间、措施和责任者,即"五定"原则处理。对发现的隐患问题,要填写《安全监察人员意见书》(一式三份),送交被查单位和安全管理部门各一份,并按事故隐患排查制度认真整改和复查。有条件的矿井应通过工作助理信息平台OA办公系统和安全风险预控信息平台每天发布隐患信息、"三违"情况、隐患整改情况,各级安全管理人员通过查看信息,及时安排隐患整改工作,安检员做好隐患整改督查落实工作,防患于未然。

(4) 检查时要做好记录,检查结束后要写出书面总结报告和填写《安全大检查整改落实表》,交有关单位研究整改,并作为安全大检查后效果复查的依据。

二、安全管理规章制度的监督检查

安全管理规章制度的认真落实,是煤矿安全生产的关键,监督各项规章制度的落实,是安全检查作业人员的首要任务。应重点检查以下几个方面:

(1) 检查法律、法规、规程、规定、标准、制度的贯彻落实情况。依据国家矿山安全法律、法规和煤炭行业安全规程、规定、技术标准及安全生产规章制度,检查煤矿企业在安全生产中的贯彻落实是否到位。

(2) 检查安全生产责任制的落实情况。检查各级工种岗位人员安全生产责任制、职能部门业务保安责任制是否齐全,安全生产责任制的落实是否到位,是否按照岗位、职能、权利和责任相统一的原则,明确各级、各岗位人员承担的安全生产责任和义务,是否将全部安全生产责任逐项分解,逐级落实到各岗位和人员。

(3) 检查工人持证上岗情况。检查井下电气作业人员、井下爆破作业人员、瓦斯检查作业人员等特殊工种和其他从业人员持证上岗情况;检查新工人、转岗、轮岗人员上岗前培训情况;检查采用新工艺、新技术或使用新设备、新材料前从业人员的培训情况。

(4) 检查隐患排查制度的落实情况。排查并登记矿井在通风、防瓦斯、防煤尘、防火灾、顶板管理、机电运输、爆破、水害及其他方面存在的隐患,按照分级管理原则,应用隐患闭合管理方法,监督检查隐患整改是否到位。

(5) 检查《矿井主要灾害预防和处理计划》《矿井安全生产事故应急预案》的落实情况。检查《矿井主要灾害预防和处理计划》《矿井安全生产事故应急预案》是否全文传达贯彻到每一名下井职工,使每一名下井职工都学习了解计划内容,熟悉避灾路线和灾害处理方法;每年是否至少组织1次矿井救灾演习,对演习中发现的问题,是否采取措施进行整改完善;根据矿井开采自然条件和采掘工程的变化情况,是否在规定时间内对矿井灾害预防和处理计划进行修改和补充。

(6) 检查区科、班组安全教育学习情况。区科安全活动、班组交接班会以及规章制度学习的关键在落实。一要查区科、班组安全管理规章制度是否齐全;二要查是否能够认真执行安全管理规章制度；三要查区科、班组会是否有专题教育,是否有签到和记录,是否有负责人参加。

(7) 检查工业卫生与文明生产情况。① 所有巷道和作业场所都应干净整洁卫生,无积水,无悬浮和沉落的煤岩尘,无乱堆杂物,各种类型的材料应分门别类码放整齐,挂牌管理,不得影响通风、行人和行车安全。② 各种管线电缆都必须吊挂敷设整齐规范,不准悬挂拖地或弯曲悬空穿过巷道。③ 主要大巷要按期和按规定冲洗和刷白,照明齐全,光亮安全。各类巷道都要支护良好、安全,便于通行,否则应及时维修。

三、煤矿"三违"行为的安全检查

据统计,煤矿事故中绝大多数是由于人的"三违"行为造成的。人的不安全行为是煤矿最大的不安全因素。严查"三违"行为是煤矿安全检查作业人员的重要任务之一。

1. 违章指挥行为的安全检查

违章指挥行为多种多样,安全检查作业人员重点检查以下行为：

(1) 没有建立安全生产责任制,不按照安全生产责任制履行岗位安全职责。

(2) 不及时传达和贯彻上级有关安全生产精神,未能及时落实安全会议纪要精神。

(3) 没有为员工创造良好的安全生产环境和条件,劳动纪律松弛,生产管理混乱；工作现场脏、乱、差,放任自流,不积极治理,影响安全生产。

(4) 对员工违章作业持默许和回避态度；发生工伤事故,不按"四不放过"的原则认真接受教训和采取必要的防范措施,仍继续冒险作业等。

(5) 多工种、多层次同时作业,现场无人指挥和监护,不制定安全措施,不执行危险作业审批制度和不执行安全措施；交叉作业没有安排统一的安全协调人。

(6) 对已发现的隐患,不及时采取有效措施,放任自流。

(7) 特殊作业未安排专人进行现场安全监护,指派身体健康状况不适应本工种要求的人员上岗操作。

(8) 特种作业人员未持证上岗,其他从业人员未取得安全资格证上岗。

(9) 无安全措施布置安排生产。

(10) 安全设施不齐备,强令工人作业。

(11) 现场存在的隐患未处理,强令工人作业。

(12) 采掘工作面风量不足强令生产。

(13) 在甲烷、一氧化碳等有害气体超限的地点及停风区域强令作业。

(14) 在有隐患、安全防护装置缺少或失灵的设备上,强令安排生产任务。

(15) 采煤工作面指挥工人空顶作业。

(16) 指挥工人进入采空区作业。

(17) 指挥工人掘进工作面空顶作业。

(18) 指挥工人带电检修、搬迁电气设备。

(19) 井下指挥工人使用不防爆电气设备和工具。

(20) 巷道运输指挥工人不按规定使用保险绳、操作台。

(21) 指挥工人在斜巷中摘挂钩、装卸料,不采取安全措施。

(22) 不严格执行规定,随意指挥停送电。

(23) 未执行"一炮三检"或"三人连锁爆破"制度,强令放炮。

2. 违章操作行为的安全检查

违章操作行为多种多样,安全检查作业人员重点检查以下行为:

(1) 共性方面。穿戴不符合安全要求的劳动防护用品;工作场所不戴安全帽;在井下吸烟;不执行规定的安全防范措施,对违章指挥盲目服从,不加抵制;不严格按规程作业,简化工作程序,违反作业程序;危险作业未经审批或虽经审批但未认真落实安全措施;忽视安全,忽视警告,冒险进入危险区域。

(2) 采掘方面。采煤工作面空顶作业;进入采空区作业;掘进迎头空顶作业;采煤机、输送机等设备检修时不停电闭锁;顶板维护不及时、支护质量差;支护、打眼、爆破与回柱放顶平行作业达不到规定距离;采掘工作面干打眼;爆破时不装水炮泥;不按规定方法处理拒爆;剩余炸药、雷管不及时交回爆炸物品库或私藏炸药、雷管;不执行"一炮三检"或"三人连锁爆破"制度。

(3) 机电方面。带电检修、搬迁电气设备;不严格执行规定,随意停送电;电器安装、设置不规范,甚至失爆;井下打开电气设备前未检查瓦斯;违章安装、撤除和装运工作面设备;出现故障未排除,强行送电;将保护装置甩掉不用;开关打木楔或用铜丝、铁丝代替保险;操作设备前不检查设备、工具和工作场地就进行作业,现场巡检未做安全确认就开机操作;在不断电、不办理任何操作票证的情况下,就进入设备内进行检查和修理;对运转的机械装置进行清理、加油或修理时,不停机便进行操作;在安全措施不全、没有监护的情况下单人在带电场所作业;不经批准、没有措施,擅自在井下动用氧气焊或不严格按措施操作;发现设备或安全防护装置缺损,不向领导反映,继续操作。

(4) 提升运输方面。爬皮带、爬车、跳车、蹬钩头(车梯);绞车运输时,巷道内"行人行车,行车行人";超挂车;斜巷运输不按规定使用"一坡三档"安全设施;斜巷运输不按规定使用保险绳、阻车器、挡车梯、保险叉;在斜巷中摘挂钩、装卸料不采取安全措施;平板车与正规矿车组成一列车牵引。

(5) "一通三防"方面。采掘工作面风量不足,仍进行生产;通风设施被破坏;风门未连锁;同时打开同一地点的2道风门造成风流短路;瓦斯检查作业人员脱岗、空班漏检、弄虚作假;在甲烷、一氧化碳等有害气体超限的地点及停风区域作业;人为造成局部通风机无计划停风或任意停局部通风机造成瓦斯超限;发现火情不及时汇报;无措施擅自进入盲巷。

3. 违反劳动纪律行为的安全检查

在对违反劳动纪律行为进行安全检查时,重点要检查以下行为:

(1) 不遵守各项规章制度,违反工作纪律和操作规程。
(2) 不遵守劳动时间,上班迟到、早退、旷工。
(3) 不坚守工作岗位,脱岗、串岗或睡岗。
(4) 未经安排或同意私自顶岗、换岗。
(5) 未经许可从事非本工种作业。
(6) 在工作时间内做与本职工作无关的事。
(7) 在工作场所、工作时间内聊天、打闹。
(8) 无故拒绝主管人员的安排或临时指挥。
(9) 无理取闹、纠缠领导,影响正常工作。
(10) 私自动用他人工具、设备。

四、煤矿安全隐患的检查

检查煤矿安全隐患是煤矿安全检查作业人员现场检查的重点，查出的安全隐患应及时处理或向有关部门汇报。

(一) 煤矿安全隐患的认定

安全隐患是指在生产系统中可导致事故发生的人的不安全行为、物的不安全状态、环境的不安全条件和管理上的缺陷。按安全隐患严重程度分为一般安全隐患和重大安全隐患。一般安全隐患是指危害和整改难度较小，发现了能够立即整改排除的隐患。重大安全隐患是指危害和整改难度大，依照法律、法规规定应当全部或局部停产停业，需经过一定时间整改治理方能排除的隐患，或者因外部因素影响致使生产经营单位自身难以排除的隐患。《煤矿重大事故隐患判定标准》（应急管理部令第 4 号）从 15 个方面列举了 81 种应当判定为重大事故隐患的情形，煤矿安全检查作业人员应熟悉其内容，掌握其检查方法。

(二) 煤矿安全隐患的处理

煤矿安全生产隐患的处理实行分级管理和监控。

(1) 一般安全隐患的处理。一般安全隐患由煤矿主要负责人指定隐患整改责任人，责成立即整改或限期整改。对限期整改的隐患，由整改责任人负责监督检查和整改验收，验收合格后报煤矿主要负责人审核签字备案。

(2) 重大安全隐患的处理。排查发现重大事故隐患后，及时向当地煤矿安全监管监察部门书面报告，并建立重大事故隐患信息档案。重大事故隐患由矿长按照责任、措施、资金、时限、预案"五落实"的原则，组织制定专项治理方案，并组织实施；治理方案按规定及时上报。不能立即治理完成的事故隐患，明确治理责任单位（责任人）、治理措施、资金、时限，并组织实施。能够立即治理完成的事故隐患，当班采取措施，及时治理消除，并记入班组隐患台账。

【**案例 7-1**】 2020 年 10 月 10 日，山西阳城阳泰集团武甲煤矿井下西轨道大巷 2034 m 处联络巷矸石仓施工过程中发生一起较大坠人事故，造成 3 人死亡，直接经济损失约 411.254 万元。该事故直接原因：吉××、朱××（安全检查工）、郝××三人违反《矸石仓施工作业规程》，进入悬挂"禁止入内"的栅栏内查看矸石仓情况，且未系安全带，不慎跌入矸石仓，坠落受伤致死。朱××作为井下开拓队当班的安全检查工，是本作业区域的安全第一责任人，不仅未对进入矸石仓处的工人违章行为进行制止，且本人也未系安全带一起违章进入栅栏防护区域，最终酿成事故。此外，武甲煤矿对安全检查工的日常管理不合理，安全检查工长期固定在同一个队组，由矿调度室负责考勤和管理，不能充分发挥安检工的监督检查作用；阳泰集团履行安全生产主体责任不实，安全管理存在漏洞，安全监察部专业安全检查人员配备不足，对所属矿井安全检查实行部室包矿制，不能有效发挥各业务部室的业务指导作用。武甲煤矿应认真汲取本次事故教训，合理安排安检工的检查地点，加大对井下违章行为的查处力度，真正发挥安全检查工的现场安全监督检查作用。

第八章 采煤系统安全检查

本章培训与考核要点
- 熟练掌握采区巷道、设备、设施安全检查方法；
- 熟练掌握综采工作面安全检查方法；
- 熟练掌握普采工作面安全检查方法；
- 熟练掌握炮采工作面安全检查方法；
- 熟练掌握特殊开采条件下工作面现场安全检查方法。

第一节 采区及辅助系统安全检查

采区系统安全检查的重点：一是检查相应的生产技术资料是否符合有关规定；二是检查采区系统是否完备、安全、可靠；三是检查采区设计、作业规程、采掘衔接关系等。采区系统安全检查的具体内容包括以下内容。

一、生产技术资料的安全检查

(1) 检查采区地质资料是否齐全。主要包括：反映所采煤层赋存状况的等高线图；反映煤质硬度，煤层夹石、断层构造，顶底板岩性的地质构造剖面图；反映水文地质，瓦斯涌出量的煤层柱状图等地质资料。

(2) 检查采区是否有规范的采掘工程平面图、工作面衔接方案。

(3) 检查采区是否有矿山压力预测预报资料。

(4) 检查采区是否有大小断层预测预报资料。

(5) 检查采区作业人员对地质状态的了解情况。

二、采区设计的安全检查

(1) 检查采区系统是否有由矿总工程师负责组织、(集团)公司总工程师批准的采区设计方案。

(2) 检查采区设计是否符合采区设计方案，并经矿总工程师批准，没有批准的设计不准施工。

(3) 检查采区设计内容是否齐全，并符合有关规定。尤其在高瓦斯、有可能发生煤(岩)与瓦斯(二氧化碳)突出、冲击地压、自然发火和水患等自然灾害的煤层中布置采区或综采工作面时，必须在设计中提出安全生产的具体措施。

(4) 检查采区设计的生产、安全系统是否完善。

(5) 检查采煤工作面在安装、投产、撤除前，是否有安全验收资料。

(6) 检查采煤工作面初次放顶及收尾时,是否制定安全技术措施。
(7) 检查采区设计是否组织贯彻实施。

三、采煤作业规程的安全检查

(1) 检查采煤工作面是否有符合工作面实际情况的作业规程,严禁沿用或套用旧的作业规程。
(2) 检查作业规程是否经矿总工程师批准,无作业规程或未经批准不准施工。
(3) 检查作业规程内容是否完善和符合有关规定。
(4) 检查采煤工作面是否实行正规开采。
(5) 检查作业规程是否传达落实,是否组织考试,不及格不准上岗作业。

四、生产接替的安全检查

为确保生产高效接替,应全面制定采区或工作面接替表,分析其可行性,严格控制采掘比例,严格按设计施工,做到按期正常接替。

五、采区生产系统的安全检查

(1) 检查采区实际生产系统与采区设计是否符合。
(2) 检查采区采煤、运输、通风、供电、监控、通信等系统是否健全。
(3) 检查采煤工作面是否具备2个以上畅通无阻的安全出口,一个通到进风巷道,另一个通到回风巷道。安全出口人行道宽度是否不低于0.8 m。
(4) 检查采煤工作面所有安全出口与巷道连接处在超前压力影响范围内是否加强支护,且加强支护的巷道长度不得小于20 m;综合机械化采煤工作面,此范围内的巷道高度不得低于1.8 m,其他采煤工作面,此范围内的巷道高度不得低于1.6 m。
(5) 检查安全出口和与之相连接的巷道是否设专人维护,发生支架断梁折柱、巷道底鼓变形时,是否及时更换、清挖。
(6) 检查巷道断面尺寸是否符合作业规程的规定。
(7) 检查采区灾害预防和处理计划措施是否齐全。

六、采煤辅助系统的安全检查

与采煤工作面相配套的辅助系统,一般由进风巷、回风巷、煤仓、装车点以及分布其间的各种设备设施组成。

1. 进风巷的安全检查

(1) 在上部煤仓口是否有煤位信号或有自动的仓满报警保护装置。无论是带式输送机还是刮板输送机,运煤入仓都要在仓满以后报警和自动停机,以防堆煤摩擦皮带或拉回煤造成事故。
(2) 各转载点是否有喷雾洒水装置并正常运行。
(3) 带式输送机是否装设防打滑、跑偏、堆煤、撕裂等保护装置,同时应当装设温度、烟雾监测装置和自动洒水装置。
(4) 运输平巷内是否设有足够的行人的过桥,人行桥要牢稳,两侧有扶手及上下桥的梯子。
(5) 刮板输送机及刮板式转载机的刮板数量是否齐全,机头平整,运行平稳,不得出现刮板扭斜、缺螺栓和漂链等现象。

(6)带式输送机及刮板输送机是否张紧适度,带式输送机不准有打滑现象;输送带边缘无伤口,接口整齐、严密。

(7)转载机的机尾或靠近工作面的第一部刮板输送机的机尾,是否在放顶线以里,不得在采空区留尾巴;机尾应有防翻措施(如支设压柱等)。

(8)破碎机是否设置保护栅栏,防止人员进入。

2. 回风巷的安全检查

(1)通风管理方面。检查风流风速是否正常,如发现风速减小、风流气温异常,应立即查明原因、找出问题,并及时排除。

(2)瓦斯管理方面。检查专职瓦斯检查作业人员的检查工作情况,查看瓦斯牌板记录,用便携式甲烷检测报警仪现场检测 CH_4 浓度,查看瓦斯监测传感器安设位置及隔爆水(棚)袋完好状况,发现问题,及时查明原因。

(3)煤尘管理方面。主要检查浮尘、积尘情况,掌握除尘制度、措施执行情况和存在问题,查看煤层注水情况。

(4)检查所有绞车的稳固、防护、信号、操作、控制设施是否齐全有效、灵活可靠,钢丝绳以及相配套的托辊状况是否完好。

(5)检查轨道、道岔、轨枕是否铺设合格,轨距、间距、平整度是否符合要求。

(6)检查水管、电缆敷设是否符合要求,包括吊挂高度、吊钩间距、电缆吊挂垂度及各种电缆间距是否整齐合格,有无拖地现象。

(7)检查所有电气设备是否出现失爆现象。

(8)检查巷道支护和环境卫生。支护无空棚缺柱、断梁折柱、空帮空顶等现象,支护要齐全坚固、迎山有力,顶帮刹严刹紧。巷道内无杂物、积水、浮煤,材料靠帮码放整齐且不影响通风、行车和行人,应有指定的材料码放场。

(9)检查巷道内的超前支护距离和质量是否符合要求。

3. 装车点的安全检查

(1)在装车点车场范围内,巷道两侧人行道宽度不小于 1 m。在双轨巷中,每股道上车辆外沿间距不小于 0.7 m;架线高度不小于 2.0 m;照明齐全,信号、监控、通信设备齐全、有效。

(2)调度绞车安装设置合理,绞车稳固防护及操作,信号和钢丝绳符合要求。

(3)装车平台高出轨面 0.5 m,宽度不得小于 0.6 m,长度不得小于 1.6 m,距矿车外沿距离不得小于 0.4 m,以便于装车工操作和查看车内情况;装车时必须逐车查看,以防装煤埋人和设备;装车点的给煤机或煤仓漏斗挡板完好、灵活;调度绞车司机、装车工应持证上岗。

(4)煤仓如有堵塞卡仓,不准探头进入观察,更不准探身或进入煤仓,如需爆破时,必须制定专门措施,经矿长批准,并且使用被筒炸药,严格执行瓦斯检查等规定,严格执行专门措施。

(5)煤仓上口应设有栅栏,防止人员坠入。煤仓上口要有防水灌入煤仓的措施,如砌筑挡水围墙等。

(6)装车点装有洒水灭尘设施,并认真进行洒水灭尘,防止煤尘飞扬。为防止风流紊乱和防尘,应防止放空煤仓。有涌水的煤仓可以放空,但闸板必须关闭,并设引水管。

(7) 装车点设有清扫制度，保持装车点清洁卫生，无浮煤堆积、无积水、无杂物。

第二节　综采工作面安全检查

综采工作面生产能力大，机械化程度高，其中采煤机、液压支架的安全使用，以及上、下安全出口的安全，工作面冒顶、片帮等方面最容易出现的问题，是安全检查的重点。此外防止瓦斯、煤尘事故也是安全检查的重点。

一、工作面支护的安全检查

（1）检查支架是否排成直线，支架排列偏差不应超过±50 mm；中心距是否符合作业规程规定，中心距偏差不应超过±100 mm；相邻支架间是否存在明显错差，错差不应超过顶梁侧护板高的2/3，歪倒应小于±5°。

（2）支架架设要与底板垂直、不得超高，与顶板接触要严密、迎山有力、不留空顶。

（3）检查支架是否完好，液压管路和阀组连接是否牢靠，支架应无漏液、不串液、不失效，架内无浮煤、浮矸堆积。

（4）检查支架是否架设牢固，并有防倒措施。

（5）检查支架是否采用编号管理，牌号是否清晰。

二、回风巷及运输巷的安全检查

（1）检查巷道断面和人行道宽度是否符合作业规程的要求，新建矿井、生产矿井新掘运输巷的一侧，从巷道道碴面起1.6 m的高度内，必须留有宽0.8 m（综合机械化采煤及无轨胶轮车运输的矿井为1 m）以上的人行道，管道吊挂高度不得低于1.8 m。

（2）巷道支护是否完整，有无断梁折柱或空帮空顶。

（3）运输巷中横跨带式输送机或刮板输送机时是否有过桥。

（4）巷道有无积水、杂物、浮煤或浮矸，材料设备是否码放整齐并有标志牌。

（5）巷道维修有无专人负责，维修是否及时。

三、安全出口的安全检查

（1）检查工作面端头支护是否符合要求，是否按作业规程规定进行了超前支护；安全出口20 m及影响范围内支架是否完整、无缺，巷道高度是否不低于1.8 m。

（2）检查是否按作业规程规定采取支架防滑防倒措施。倾角超过15°时，排头支架是否安装防倒千斤顶，并经常保持拉紧状态；倾角大的工作面下部端头是否架设木垛，以支撑第一架支架，防止下滑。

（3）检查安全出口是否有专人维护，发生支架断梁折柱、巷道底鼓变形时，是否及时更换、清挖。

【案例8-1】 2018年10月31日，长春市羊草沟煤矿一矿-525 m水平1231-2采煤工作面运输巷距离采煤工作面煤壁7 m超前替棚处发生一起顶板事故，死亡1人，直接经济损失121.903万元。事故直接原因：作业人员在1231-2采煤工作面运输巷进行超前替棚作业时，未加固邻近支护，顶板来压，破碎的顶板冒落，将其埋压致死。该事故反映煤矿监督检查工作不到位，宋××作为羊草沟一矿安全检查工，负责当班1231-2采煤工作面的安全检查工作，对替棚作业地点监督检查不到位，未能发现顶板破碎的事故隐患，对事故发生负有重要责任。该矿应认真汲取本次事故教训,加大安全检查工作力度,对检查中发现的事故隐患及时组织排除,不能及时排除的,必须停止现场作业。

四、采煤作业的安全检查

(1) 检查采煤机状态能否满足安全生产的要求,配件是否齐全,截齿有无缺损。
(2) 冷却水的压力、流量和喷雾是否达到要求。
(3) 采煤机上是否装有能停止工作面刮板输送机运行的闭锁装置。
(4) 采煤机上的控制按钮安设是否合理,是否有保护罩。
(5) 采用遥控操作时,司机是否位于安全位置。开机、退机、调机前,是否发出报警信号。
(6) 采煤机是否安装内外喷雾,割煤时是否洒水降尘,内、外喷雾压力是否符合规定。
(7) 采煤机采煤时,采高是否符合规定;割煤时,顶底板是否割得平整,油泵工作压力是否保持在规定范围内。
(8) 采煤机运行时,传动装置运转声音、温度是否正常,牵引速度是否符合规定。
(9) 采煤机采煤后是否及时移架,控顶距是否符合规定。
(10) 采煤机停机后,速度控制、机头离合器、电气隔离开关是否已打在断开位置,供水管路是否完全关闭。
(11) 更换截齿和滚筒时,采煤机上下 3 m 范围内,是否护帮护顶、切断采煤机前级供电开关电源、断开其隔离开关、对工作面输送机施行闭锁。
(12) 工作面倾角在 15°以上时,是否有可靠的防滑装置。
(13) 采煤机是否被用作牵引或推顶设备。
(14) 工作面遇有坚硬夹矸或者黄铁矿结核时,是否采取松动爆破处理措施,严禁用采煤机强行截割。

五、液压支架移架的安全检查

(1) 检查移架前是否整理好架前推移空间、消除架间杂物和顶梁上冒落的坚硬岩块。
(2) 倾斜煤层中的移架顺序是否坚持由下而上。
(3) 移架操作时,是否保持支架中心距相等和移架步距相等;是否追机作业,滞后采煤机后滚筒 4~8 架;移架工是否站在架箱内,面向煤壁操作;升架是否有足够初撑力,与顶板接触是否严密。
(4) 移架前支架是否前后窜动,频繁升降。
(5) 移架区内是否有人工作、停留或穿越。
(6) 移架是否一次移好,有无随意升、降支架现象;架间空隙是否背严,有无漏矸或采空区矸石窜入支架底部。
(7) 移架完成后,操作手柄是否打到零位,并关闭截止阀。

【案例 8-2】 2021 年 7 月 25 日,邯郸市郭二庄矿一坑复采 02 工作面安装过程中发生一起运输事故,造成 1 人死亡,直接经济损失 135.6 万元。事故直接原因:作业人员未按措施要求顺序拆除固定螺栓,在拆卸掉第 3 条固定支架的螺栓后,支架突然绕剩下的 1 条螺栓转动并倒向采空区侧,将其挤压在采空区侧巷帮上致死。该矿综采二区未发现并制止职工违章作业,李××身为安监部安检员,当班负责检查复采 01 工作面拆除和复采 02 工作面安装安全隐患,履行当班安全检查责任不到位,对事故的发生负有重要责任。

六、推移刮板输送机的安全检查

(1) 检查是否严格掌握刮板输送机的"平直"推移机原则。

(2) 推移刮板输送机距离是否满足要求,是否出现陡弯,推移刮板输送机是否只在输送机工作时进行。

(3) 每次是否推移一个步距,上下机头是否不落后,也不超前。

(4) 推移上下机头时,是否将机头和过渡槽处的杂物清理干净,机头是否飘起。

七、工作面生产设备的安全检查

(1) 液压泵站的检查。检查泵体是否安放平稳,零部件是否完好无缺,密封良好,运行可靠;压力表是否准确完好;高低压过滤器、乳化器是否安装完好、性能可靠;油箱蓄压器是否不漏液、压力是否符合规定;乳化液是否清洁,无析皂现象;运行曲轴温度是否高于75 ℃,油量是否适当,泵体温度是否高于60 ℃;电动机运转声音是否正常,保护装置是否符合防爆要求;有无清楚地填写运转日志。

(2) 输送机和转载机的检查。检查螺栓等连接零件是否齐全、完整、坚固;电动机运转是否正常,风翅、护罩是否齐全无损,符合防爆要求;中部槽铺设是否平、直、稳,不咬链、不跳链,刮板不短缺,中部槽无严重变形;液压联轴节易熔保护塞及易被保护盘是否齐全无损;铲煤板、挡煤板和电缆架有无严重变形;机头、机后有无杂物;注油嘴是否完好畅通。

(3) 带式输送机的检查。检查螺栓、销子是否齐全、坚固;电动机运转是否正常,温升是否超过60 ℃;液压联轴节的易熔合金塞保护是否齐全无损、不漏液、液量符合规定;油嘴是否完好、畅通,输送带及接头有无撕裂,卡扣排列是否均匀、紧固;滚筒及上下托滚是否齐全,运转有无异音,密封、润滑是否良好;输送带有无跑偏,张紧是否适当;机头、机尾两侧有无块煤、杂物。

(4) 移动变电站和高低压开关的检查。检查零部件是否齐全完整,连接坚固可靠;高低压防爆腔是否清洁,高低压套管是否无破损、裂纹及放电痕迹;电气、机械闭锁机构是否齐全、接地完整、动作灵敏可靠;电气仪表是否指示准确,仪表玻璃是否无严重变形及大面积脱漆现象,设备是否整洁,周围无淋水及杂物;有无完整的电气系统图和检修记录,记录填写是否清楚。

(5) 通信系统的检查。检查控制系统是否准确可靠,通话清晰;仪表指示是否准确,表面清晰;防爆腔及防爆面是否清洁,防爆面是否无锈蚀和机械伤痕,光洁度及间隙是否符合有关规定;环境是否清洁,周围无杂物。

(6) 电缆的检查。检查电缆敷设有无"鸡爪子""羊尾巴"、明接头和严重护套损伤现象;电缆是否悬挂整齐,符合规定;插销无裂痕,防爆圆面无锈蚀;零件齐全,连贯坚固;动力电线和控制电缆应用铁质标志牌将有关事项标示清楚。

八、工作面管理的安全检查

(1) 检查有无经批准的工作面设计和作业规程,并有效地贯彻执行。

(2) 工作面有无施工图板。

(3) 有无坚持支护质量和顶板动态监测。

(4) 有无区(队)长跟班上岗,有无质量验收员。

(5) 是否执行开工牌制度和特殊工种持证上岗制度。

(6) 是否认真做好"一通三防"工作。

【案例 8-3】 2019 年 1 月 5 日,山西玉和泰煤业有限公司井下 2330 综采工作面发生一起顶板事故,造成 1 人死亡,直接经济损失 147.3 万元。事故直接原因:带班长孟××违章作业,在发现前方支架(回风巷方向)顶板掉渣、82 号支架护帮板未打开情况下,未进行"敲帮问顶",空顶冒险作业,到前面支架处(82 号和 83 号支架间)趴在电缆槽上侧身观察顶板,被冒落的石块砸伤其头部和左手,头部受到严重损伤致其死亡。该事故也反映出该矿安全监督管理不到位,事发当班工作面没有安全检查工现场盯班或巡查,现场存在"违章作业"行为。

第三节 普采工作面安全检查

相对于综采工作面,普采工作面装备水平较低,支柱支护强度较小,容易发生顶板事故。因此,工作面支护、上下安全出口、回柱放顶等是普采工作面安全检查的重点。

一、工作面支护的安全检查

(1) 检查柱距、排距是否符合作业规程规定,呈一条直线,支架架设偏差不应超过±100 mm。

(2) 顶梁铰接率大于 90%,是否出现不铰接现象,机道与放顶线配足水平楔。

(3) 支柱初撑力、迎山、棚梁、背板、柱鞋、柱窝是否符合作业规程规定。

(4) 是否存在失效柱、失效梁和空载支柱,不同型号支柱不得混用。

(5) 是否按作业规程及时架设密集支柱或木棚木垛,其数量、位置符合规定。

(6) 支柱是否全部编号管理,并做到牌号清晰。

二、回风巷及运输巷的安全检查

(1) 检查巷道断面和人行道宽度是否符合作业规程的要求。

(2) 巷道支护是否完整,有无断梁折柱或空帮空顶。

(3) 机电设备是否上架进壁龛,电缆悬挂是否整齐。

(4) 巷道有无积水、杂物、浮煤或浮矸,材料设备是否码放整齐并有标志牌。

(5) 巷道维修有无专人负责,维修是否及时。

三、安全出口的安全检查

(1) 安全出口 20 m 及影响范围内支架是否完整、无缺,并有符合规定的超前支护。

(2) 端头支护是否符合规定,端头对梁距工作面第一架支架的距离不应超过 0.7 m。

(3) 巷道高度是否不低于 1.6 m,人行道宽度不低于 0.8 m。

(4) 采空区侧或煤壁侧是否留有大于 0.6 m,不低于采高 90%的人行通道。

(5) 安全出口处煤壁是否至少超前一刀,斜长不小于 2.0 m。

四、采煤作业的安全检查

(1) 采煤机状态是否满足安全生产的要求。

(2) 采煤机运转时牵引速度是否符合规定,运行是否平稳,顶底板是否割平。

(3) 采煤机工作时液压油泵的工作压力、油液配比是否保持在规定的范围内。

(4) 采煤机停机后,牵引控制、离合器、隔离开关是否打在断开位置,并完全关闭水管。
(5) 采煤机是否被用作牵引或推顶设备。

五、煤壁与机道支护的安全检查

(1) 煤壁是否平直,并与底板垂直。
(2) 控顶距是否超过《作业规程》的规定,不得任意丢失顶煤和底煤。
(3) 一次采全高时是否见顶。
(4) 是否按作业规程要求及时架设齐全的贴帮点柱。
(5) 悬臂梁是否支护到位,端面距小于 300 mm,梁端接顶,挂梁及时。
(6) 悬臂梁支柱支设是否及时,在 15 m 内支柱与放顶不得平行作业,改临时柱时做到先支后回。

六、顶板管理的安全检查

(1) 是否严格执行"敲帮问顶"制度。
(2) 是否出现台阶下沉。
(3) 机道梁端至煤壁顶板的高度是否符合要求。
(4) 出现冒落时是否采取接实顶板的措施。

七、推移输送机的安全检查

(1) 严格遵循作业规程规定推移刮板输送机。
(2) 推移刮板输送机距采煤机的距离符合作业规程规定,不出现陡弯,严禁出现溜槽错开现象。
(3) 推移刮板输送机是否在输送机运行中进行。
(4) 上下机头推移与机身是否保持一致,机头与转载机搭接合理。
(5) 推移上下机头时,是否将杂物清理干净。

八、回柱放顶的安全检查

(1) 按作业规程规定及时放顶,控顶距是否符合规程要求,进回风巷与工作面放齐。
(2) 机采工作面回柱时是否采用先支后回、由下而上、由里往外的三角回柱法,回柱与支柱的距离不得小于 15 m。
(3) 回柱与支柱分段作业,距离是否不小于 15 m。
(4) 分段回柱距离大于 15 m,掐头处打上隔离柱。
(5) 回柱地点以上 5 m、以下 8 m 处无与回柱无关人员滞留。

九、工作面管理的安全检查

(1) 工作面有区(队)干部和质量验收员跟班上岗,区(队)长、班(组)长是否都在现场交接班。
(2) 工作面是否执行开工牌和特殊工种持证上岗制度。
(3) 工作面是否坚持支护质量和顶板动态监测。
(4) 采煤工作面是否及时支护,严禁空顶作业。所有支架必须架设牢固,并有防倒措施。严禁在浮煤或者浮矸上架设支架。单体液压支柱的初撑力,柱径为 100 mm 的不得小于 90 kN,柱径为 80 mm 的不得小于 60 kN。对于软岩条件下初撑力确实达不到要求的,在制定措施、满足安全的条件下,必须经矿总工程师审批。严禁在控顶区域内提前摘柱。被碰倒或者损坏、失效的支柱,必须立即恢复或者更换。移动输送机机头、机尾需要拆除附近的支架时,必须先架好临时支架。

(5) 工作面是否有施工图板、巷道必须有避灾路线指示牌板,职业危害地点是否悬挂警示牌等。

第四节 炮采工作面安全检查

炮采工作面安全检查的重点是工作面支护与顶板管理、上下安全出口、放顶安全作业、爆破安全作业等,应按工作面作业规程和其他有关规定实施重点检查。

一、工作面支护的安全检查

(1) 检查支柱布置是否符合作业规程规定,呈一条直线,中心距偏差不应超过±100 mm。

(2) 梁腿搭接是否牢固,顶梁铰接率是否大于90%,是否出现不铰接现象。

(3) 支柱初撑力、迎山、棚梁、背板、柱鞋、柱窝是否符合作业规程规定。

(4) 是否存在失效柱、失效梁和空载支柱,不同型号支柱是否混用。

(5) 是否按作业规程及时架设密集支柱或木棚木垛,其数量、位置符合规定。

(6) 支柱是否全部编号管理,并做到牌号清晰。

二、回风巷及运输巷的安全检查

(1) 检查巷道断面和人行道宽度是否符合作业规程的要求。

(2) 巷道支护是否完整,有无断梁、折柱或空帮空顶。

(3) 机电设备是否上架进壁龛,电缆悬挂是否整齐。

(4) 巷道有无积水、杂物、浮煤或浮矸,材料设备是否码放整齐并有标志牌。

(5) 巷道维修有无专人负责,维修是否及时。

三、安全出口的安全检查

(1) 安全出口20 m及影响范围内支架是否完整、无缺,并有符合规定的超前支护。

(2) 端头支护是否符合规定,端头对梁距工作面第一架支架的距离是否不超过0.7 m。

(3) 巷道高度是否不低于1.6 m。

(4) 采空区侧或煤壁侧是否留有大于0.8 m的人行通道。

(5) 超前工作面煤层开采的距离是否符合《煤矿安全规程》规定。

四、煤壁与巷道支护的安全检查

(1) 煤壁是否平直,并与底板垂直。

(2) 采面工作面的伞檐是否超过作业规程的规定,不得任意丢失顶煤和底煤。

(3) 悬臂梁是否支护到位,端面距小于300 mm,梁端接顶,挂梁及时。

(4) 是否按作业规程要求及时架设齐全的贴帮点柱。

(5) 悬臂梁支柱支设是否及时,在15 m内支柱与放顶不得平行作业,改临时柱时做到先支后回。

五、顶板管理的安全检查

(1) 是否严格执行"敲帮问顶"制度。

(2) 顶底板移近量是否小于每米采高 100 mm。

(3) 是否出现台阶下沉。

(4) 机道梁端至煤壁顶板的高度是否符合要求。

(5) 出现冒落时是否采取接实顶板的措施。

六、工作面爆破的安全检查

(1) 是否按作业规程规定布孔、钻孔。

(2) 是否按规定装药量和装药方法装药,装药前清除炮眼内的煤粉。

(3) 是否按规定使用炮泥封孔,不装空心炮,并使用水炮泥。

(4) 是否坚持一组装药一次起爆、"一炮三检"和"三人连锁爆破"制度。

(5) 雷管、炸药是否分开存放,并且上锁,存放在支护完好且无淋水的地点,避开电气设备。

(6) 拒爆、残爆是否按规程规定处理。

(7) 雷管、炸药是否账物相符,领退是否有记录,并有签字。

【案例 8-4】 2018 年 12 月 26 日,双鸭山北方升平煤矿发生一起放炮事故,造成 1 人死亡。事故直接原因是:工作面存在拒爆炮眼,工人违章拉拽雷管脚线,导致雷管起爆引爆炸药将工人炸伤致死。李××身为升平煤矿安全检查员,负责一采区安全检查工作,未认真履行工作职责,现场安全检查不到位,未发现并制止采煤工作面习惯性违章作业行为,对事故发生负有重要责任。煤矿企业应认真汲取本次事故教训,认真落实文件规定,加强各级安全管理机构建设,配齐业务精、责任心强的安全管理及检查人员,强化对安全设施、作业环境及作业人员行为的安全检查,从严查处和跟踪事故隐患整改,避免出现安全管理盲区。

七、工作面设备的安全检查

(1) 刮板输送机铺设是否平稳,接头是否严密。

(2) 工作面小绞车是否有四压、二线和地锚,钢丝绳磨损不超限。

(3) 电缆架设是否牢靠安全。

(4) 煤电钻是否有综合保护。

八、推移刮板输送机的安全检查

(1) 是否严格掌握输送机的"平直"推移机原则,按照作业规程规定推输送机。

(2) 推移刮板输送机距移架距离是否满足要求,无陡弯,推移刮板输送机只在刮板输送机工作时进行,推移输送机作业滞后采煤机的距离是否满足作业规程要求。

(3) 每次推移刮板输送机是否推移一个步距,上下机头不滞后、不超前。

(4) 推移上下机头时,是否将机头和过渡槽处的杂物清理干净,保证机头与转载机搭接合理。

九、工作面管理的安全检查

(1) 是否有经矿总工程师批准的作业规程,并有效的贯彻执行。零星工程或特殊工程必须有专项审批的技术措施,并有效的贯彻执行。

(2) 工作面是否有施工图板,巷道悬挂避灾路线指示牌板,职业危害地点是否悬挂警示牌,劳动保护用品齐全并能正确佩戴使用情况等。

(3) 是否坚持支护质量和顶板矿压在线动态监测。

(4) 工作面是否有区(队)干部和质量验收员跟班上岗,区(队)长、班(组)长是否都在现场交接班。

(5) 工作面是否执行开工牌和从业人员持证上岗制度。

【案例8-5】 2019年11月18日,山西平遥峰岩煤焦集团二亩沟煤业有限公司发生一起瓦斯爆炸事故,造成15人死亡,9人受伤(其中1人重伤),直接经济损失2183.41万元。事故直接原因:二亩沟煤业违法开采保安煤柱,贯通9103采空区,造成采空区瓦斯大量涌入煤柱回收面,违章爆破产生明火引爆瓦斯。该事故反映出二亩沟煤业对火工品的审批流于形式,煤柱回收面的民爆物品领用批准单未填写领用班组名称,只标注了压底,以压底工程的名义领取火工品,实际用于煤柱回收面,但二亩沟煤业的安全检查工和值班领导均签字同意。此外,该煤矿隐患排查和安全检查流于形式,从10月15日煤柱回收面开始回采到11月18日事故发生,长达一个多月的时间内,二亩沟煤业开展了3次隐患排查和安全大检查活动,每班还有带班矿领导和安全检查工,但他们对违法开采保安煤柱、贯通采空区、违规串联通风等诸多严重违章行为和重大事故隐患熟视无睹,不制止、不处置;峰岩集团《安全监督检查制度》规定:峰岩煤业每月至少对所属煤矿进行一次以上全面安全大检查。但9月15日至11月18日,峰岩煤业对二亩沟煤业检查了7次,均未对二亩沟煤业9号煤采掘作业地点进行检查。

第五节 特殊开采条件下工作面现场安全检查

一、工作面过断层的安全检查

由于断层附近顶板比较破碎,工作面过断层时容易出现安全隐患,必须采取一些特殊措施。对其实施安全检查时,主要检查内容包括:

(1) 过断层之前,是否探明、掌握断层的形状、性质、落差、围岩情况,以及导水性状况等。在未弄清断层情况的条件下,禁止工作面强行过断层。

(2) 决定强行过断层时,是否有经过上级批准的安全技术措施。

(3) 工作面过断层时,是否做到:接近断层时,尽量缩小断层的暴露面积,并制定防止破碎带冒落及支架防倒措施;过断层时要根据具体情况,改变支护形式;严格控制采高;严格管理工程质量;断层带处应以整个工作面同时平行推进,不得滞后;断层带附近煤壁严重片帮,顶板暴露面大时,应采取超前支护措施。

二、工作面过老巷的安全检查

工作面通过老巷时,由于老巷周围的岩层已有不同程度的破坏,顶板往往难以维护,且有可能积聚大量有害气体,如采取措施不当,极有可能造成重大顶板事故。对其实施安全检查时,主要检查内容包括:

(1) 过老巷前是否准确掌握老巷位置、断面形状及围岩情况。

(2) 过老巷时准备工作是否做到:检查瓦斯情况,排放积聚的瓦斯;提前修复老巷,在巷

第八章　采煤系统安全检查

道内架设一梁二柱或一梁三柱的抬棚；不论通过平行于工作面还是垂直于工作面的老巷，均提前 30～50 m 进行维护，避免通过时压死支架。

（3）通过老巷时是否做到：老巷位置与工作面平行时，应提前将工作面调整成伪斜，使工作面与老巷间形成一个三角带；老巷位置与工作面垂直时，通过前应在老巷中打好木垛，工作面通过时再将木垛撤出；老巷上空有冒顶时，应用木料填实。

（4）通过穿层石门时，是否加强维护，在顶板中的一段石门应用木垛填实、稳固。

三、开采有冲击地压煤层的安全检查

（1）检查防治冲击地压的管理，是否做到有冲击地压的煤矿设有专门的机构与人员，专门负责防治冲击地压工作；在有冲击地压的煤层中工作的人员应具有防治冲击地压的基础知识；发生冲击地压后，能及时组织调查，做好记录，制定防治措施，经矿总工程师批准，报（集团）公司备案。

（2）是否坚持"区域先行、局部跟进、分区管理、分类防治"的防冲原则。

（3）新建矿井和冲击地压矿井的新水平、新采区、新煤层有冲击地压危险的，是否编制防冲设计。防冲设计应当包括开拓方式、保护层的选择、采区巷道布置、工作面开采顺序、采煤方法、生产能力、支护形式、冲击危险性预测方法、冲击地压监测预警方法、防冲措施及效果检验方法、安全防护措施等内容。

（4）开采冲击地压煤层时，在应力集中区内不得布置 2 个工作面同时进行采掘作业。2 个掘进工作面之间的距离小于 150 m 时，采煤工作面与掘进工作面之间的距离小于 350 m 时，2 个采煤工作面之间的距离小于 500 m 时，必须停止其中一个工作面。

（5）在煤层开采过程中，是否做到尽量采用长壁开采和全部冒落法管理顶板，基本巷道布置在岩层中；避免在集中应力区布置井巷和邻近采掘工作面相向推进；存在断层和采空区时，尽量采用由断层或采空区开始的回采程序；回采线尽量呈直线，按正常回采速度推进；多煤层开采时，上、下煤层工作面有合理的错距，工作面支架有足够强度。

（6）冲击地压危险区域是否进行日常监测预警，预警有冲击地压危险时，应当立即停止作业，切断电源，撤出人员，并报告矿调度室。在实施解危措施、确认危险解除后方可恢复正常作业。

（7）是否在作业规程中明确规定初次来压、周期来压、采空区"见方"等期间的防冲措施。

（8）在无冲击地压煤层中的三面或者四面被采空区所包围的区域开采和回收煤柱时，是否制定专项防冲措施。

（9）采动影响区域内严禁巷道扩修与回采平行作业、严禁同一区域 2 点及以上同时扩修。

（10）停产 3 天及以上冲击地压危险采掘工作面恢复生产前，是否评估冲击地压危险程度，并采取相应的安全措施。

（11）采掘工作面实施解危措施时，是否撤出与实施解危措施无关的人员。冲击地压危险工作面实施解危措施后，必须进行效果检验，确认检验结果小于临界值后，方可进行采掘作业。

（12）进入严重冲击地压危险区域的人员是否采取特殊的个体防护措施。

（13）有冲击地压危险的采掘工作面，供电、供液等设备是否放置在采动应力集中影响

区外。对危险区域内的设备、管线、物品等应当采取固定措施,管路是否吊挂在巷道腰线以下。

(14) 冲击地压危险区域的巷道是否加强支护。采煤工作面是否加大上下出口和巷道的超前支护范围与强度,弱冲击危险区域的工作面超前支护长度不得小于 70 m;厚煤层放顶煤工作面、中等及以上冲击危险区域的工作面超前支护长度不得小于 120 m,超前支护是否满足支护强度和支护整体稳定性要求。严重(强)冲击地压危险区域,是否采取防底鼓措施。

(15) 有冲击地压危险的采掘工作面是否设置压风自救系统,明确发生冲击地压时的避灾路线。

四、采用水砂充填采煤法的安全检查

(1) 砂门柱子是否打牢,顶底板是否刨窝,柱距偏差、横撑或拉带的数量是否符合规定。

(2) 砂门子是否钉牢,砂门帘子接顶接底后,长度是否超过 150 mm,帘子是否搭接,搭接宽度不小于 100 mm,杜绝跑砂。

(3) 铺底板门子,浮煤是否扫净见底板,坡度与煤层倾角一致;是否由下往上铺帘子,上下帘子搭接宽度不小于 200 mm,打牢压撑木,防止被水冲破。

(4) 工作面半截门子是否打牢立柱和接带,帘子窝底深不小于 300 mm,并与煤壁、砂门子搭接严密牢固。

(5) 充填管子是否合格,不破漏、管口垫圈严密,打牢垫木和支撑木。

(6) 充填是否充满接顶,脱水后充填面距顶板高度不得超过 200 mm,上三角最大垂高不得超过 0.1 m。

五、采煤工作面采空区处理的检查

(1) 采煤工作面用垮落法管理顶板时,是否及时放顶。

(2) 放顶线以外的支架是否放倒撤净,控顶距离要符合作业规程规定。

(3) 戗柱、戗棚、挡矸帘是否符合《煤矿安全规程》规定。

(4) 顶板不垮落,悬顶距离超过规程规定的最大值,顶板仍不冒落时,是否进行强制放顶。

(5) 回柱绞车和滑轮安装是否牢固,大绳钩头、绳套、信号和保护装置等是否完好、齐全。

(6) 人员是否进入采空区回料,人员的退路是否畅通无阻。

(7) 支柱是否整齐,迎山有力;采煤机割煤后是否及时支护;遇有片帮危险时,是否及时支设贴帮柱。

第九章　掘进系统安全检查

本章培训与考核要点
- 熟练掌握井筒开凿安全检查方法；
- 熟练掌握巷道和硐室掘进安全检查方法；
- 熟练掌握巷道维修安全检查方法；
- 熟练掌握特殊掘进条件下掘进现场安全检查方法。

第一节　井筒开凿安全检查

在井筒开凿过程中，容易出现冒顶、片帮、坠人坠物、井筒水灾以及通风、爆破等安全问题等。因此应根据有关规定，对这些问题逐项重点实施安全检查。

一、井筒施工组织设计的安全检查

(1) 检查是否有经过批准的井筒施工组织设计。
(2) 检查施工组织设计是否以施工单位为主，设计单位共同参与编制。
(3) 检查施工组织设计内容是否齐全、完整，符合有关规定要求。
(4) 检查施工组织设计是否认真贯彻执行。

二、井筒表土施工的安全检查

(1) 表土施工是否根据当地的地形、气象、水文及工程地质条件等，采取有效措施，做好防排水工作。
(2) 立井表土施工是否设置临时锁口，以固定井位、封闭井口、安装井盖和吊挂掘进用支架。临时锁口必须确保井口稳定、封闭严密、井下作业安全。
(3) 开凿平硐、斜井和立井时，井口与坚硬岩层之间的井巷是否砌碹或者用混凝土砌（浇）筑，并向坚硬岩层内至少延深 5 m。
(4) 在山坡下开凿斜井和平硐时，井口顶、侧是否构筑挡墙和防洪水沟。
(5) 立井建立永久支护前，每班是否派专人观测地面沉降和井帮变化情况。

三、井筒基岩施工的安全检查

(1) 立井井筒穿过冲积层、松软岩层或者煤层时，是否有专门措施。
(2) 采用井圈或者其他临时支护时，临时支护是否安全可靠、紧靠工作面，并及时进行永久支护。
(3) 挂圈背板临时支护时间不得超过 1 个月；锚喷临时支护时，是否采用短段掘进。
(4) 井筒施工中，与井筒直接相连的各种水平或倾斜的巷道口，是否同时砌筑永久支护

3～5 m。

(5) 井架圈的圈距由岩层软硬程度而定,空帮距离是否不大于 2 m。采用锚喷支护时,其空帮距离不宜大于 4 m,并有防止片帮措施。

(6) 井筒过断层距破碎带 10 m 前,是否加强瓦斯和涌水的探测等预防准备工作。

(7) 井壁厚度是否符合设计规定。

(8) 在每平方米的面积内,井壁局部的凸凹程度是否符合规定。

(9) 在钢筋混凝土和混凝土井壁的表面,是否出现露筋、裂缝、蜂窝等现象。

(10) 施工期间,在永久井壁内留设的卡子、梁、导水管等一切设施,其外露长度是否不大于 50 mm。不需要的硐口、梁窝,均用不低于永久井壁设计强度的材料砌好。

(11) 立井井筒穿过预测涌水量大于 10 m^3/h 的含水岩层或者破碎带时,是否采用地面或者工作面预注浆法进行堵水或者加固。

【案例 9-1】 2019 年 8 月 3 日,郑州煤炭工业(集团)桧树亭煤矿发生一起顶板事故,造成 1 人死亡,直接经济损失 287.3 万元。事故发生经过:2019 年 8 月 3 日 12 时 20 分左右,张××、陈××、洪××、郭××、杨××(安全检查工)5 人来到主斜井工作面,发现第一次爆破对距底板 2 m 以上半圆拱内炮眼破坏比较严重,工作面右侧基本坍塌到顶部,部分炮眼炮泥甩出、药卷裸露,右上角一炮眼起爆药卷掉出,雷管脚线埋在渣堆里;工作面左侧 2 m 以上没有塌落。张××拿一根 1.5 m 长的铁钎子对工作面右侧进行"敲帮问顶",陈××站在工作面中间,洪××站在工作面左侧,爆破工郭××和安全检查工杨××站在他们三人身后约 2 m 的地方。随后,张××把铁钎子交给陈××,进入空顶区域弯腰捡拾工作面右侧渣堆里的雷管脚线,工作面右侧顶部一块长约 1.2 m,宽 0.7 m,高 0.6 m 的大块岩石瞬间垮落,将张××砸伤。该事故直接原因:桧树亭煤矿主斜井工作面爆破后围岩离层,未采取临时支护措施,张××违规进入空顶区域捡拾雷管脚线,顶板岩石垮落砸伤致死。杨××作为主斜井项目部当班安全检查工,未持有安全检查工特种作业人员资格证上岗作业,未履行安全监督职责,对施工现场违规爆破作业、未采取临时支护、违规进入空顶区、破坏事故现场等违章行为不制止,对事故的发生负有主要责任。

第二节 巷道和硐室掘进安全检查

一、巷道和硐室掘进的一般性常规安全检查

(1) 特种作业人员是否持证上岗。

(2) 工作面瓦斯、煤尘是否超限,通风连续可靠。

(3) 施工现场是否有图板,各种检查、评比记录。

(4) 巷道硐室掘进施工前,是否编制掘进作业规程,经批准后,方可施工。

(5) 采用平行作业时,平巷不得由里往外进行支护。超过 10°的倾斜巷道,每段内不得由上向下进行永久支护(锚喷除外)。在倾斜巷道中施工,是否设有防止跑车和坠物的安全设施。

(6) 掘进工作面严禁空顶作业。采用掘进和支护单行作业时,在前一段的永久支护尚未完成时,不得继续掘进。永久支护前端距掘进工作面不得大于 40 m。在顶板压力特别大的地区或易风化、膨胀的软岩中,要采取短掘短砌(喷)法施工。

(7) 通过松软破碎地带的大断面巷道和硐室、独立施工的超前导硐,其长度不应超过 30 m。在特软岩层或破碎带中,采用两侧导硐法施工时,导硐长度不应超过 4 m。导硐的刷砌(喷)与掘进不得采用平行作业。如采用平行作业时,必须设有满足人员出入及通风的安全出口。

(8) 在长距离巷道施工中,是否设置躲避硐室,倾斜巷道每掘进 40 m,平巷根据施工需要,设置躲避硐室,硐室深度不小于 2 m,不大于 6 m。

(9) 在松软的煤、岩层或流沙性地层及地质破碎带中掘进巷道时,是否采取超前支护或其他安全措施。

(10) 突出煤层的掘进巷道长度超过 500 m 时,是否在距离工作面 500 m 范围内建设临时避难硐室或设置可移动式救生舱。其他矿井是否建设采区避难硐室,或者在距离采掘工作面 1000 m 范围内建设临时避难硐室或者其他临时避险设施。

(11) 巷道掘进临时停工时,临时支护是否紧跟工作面,并检查好巷道所有支护,保证复工时不致冒落。

(12) 巷道掘进施工中,是否标设中线及腰线。用激光指示巷道掘进方向时,所用的中、腰线点不应少于 3 个,点间距离以大于 30 m 为宜。用经纬仪标设直线巷道的方向时,在顶板上应至少悬挂 3 条垂线,其间距一般不小于 2 m,垂线距掘进工作面一般不宜大于 30 m。标设巷道的坡度时,每隔 20 m 左右设置 3 对腰线标桩,其间距一般不小于 2 m。

(13) 工作面电气设备是否接地,是否有"失爆"现象。

(14) 现场是否整洁、无浮渣、淤泥、积水、杂物。

二、巷道和硐室掘进的安全检查

(1) 巷道掘进断面不得小于设计规定。其局部超高和每侧的局部超宽不应大于设计规定 150 mm(平均不应大于 75 mm)。

(2) 炮掘工作面是否有根据巷道规格、岩石性质编制爆破作业说明书。

(3) 在掘进工作面打眼前,是否清理净浮矸或浮煤。周边眼应符合爆破图要求。

(4) 掘进工作面距煤层 5 m 时是否打探煤钻孔,探清煤层和瓦斯涌出情况,探眼深度超前炮眼深度 800 mm 以上,探眼数量大于 2 个。如果发现瓦斯大量泄出或有其他异常情况时,应及时报告矿调度室。

(5) 采用钻爆法对掘岩巷,相距 20 m 时是否停止一头掘进,距贯通地点 5 m 时,开始打探眼,探眼深度是否超前炮眼深度 0.6~0.8 m。

(6) 掘进工作面与旧巷贯通时,对方巷道是否给上中心。相距 10 m 贯通时,爆破前由班(组)长指派警戒员到所有通向贯通地点的道口进行警戒,双方要规定好联系信号,不得到通知不准擅自离开警戒区。距贯通点 5 m 时,开始打探眼。

(7) 是否严格执行防突措施,凡是岩石掘进工作面一律执行湿式打眼、装岩洒水,严禁干式打眼。

(8) 工作面禁止装药与打眼平行作业。装药是否指定专人负责,其他无关人员不准装药。炮眼装药后,剩余部分要用水炮泥和黄泥封满。

(9) 爆破母线是否悬挂,不得与钢轨、管子、风筒、电缆、电线等靠近。爆破地点距工作面距离是否符合作业规程规定。

(10) 爆破是否执行"一炮三检"和"三人连锁爆破"制度。

(11) 掘进工作面禁止放糊炮,瞎炮的处理是否符合规定。

三、机掘工作面的安全检查

机掘工作面机械化自动化程度高,掘进中的巷道开挖成型、装载等工序实现了机械化,并且大多配套有锚杆支护、皮带或梭车运输,劳动强度小,工作效率高,掘进速度快,为集约化生产和建设高产高效矿井奠定了基础。机掘工作面安全检查重点包括:

(1) 局部通风机是否有消音装置,风筒(袋)吊挂是否平直规范,无死弯。无漏风跑风,工作面风筒出风量充足,出风口与掘进面距离不超过规程规定。

(2) 瓦斯监测探头安装的位置是否符合规程要求。工作面空气净化水幕符合要求,能够正常喷雾降尘。

(3) 运输轨道铺设质量是否符合规程要求,牵引绞车稳固完好,电气设备防爆性能好,信号装置齐全好用。

(4) 掘进机往外巷道内管线吊挂是否整齐规范,巷道内无积水、无杂物、无浮煤,材料场内码放整齐并且不影响行人行车和通风。工作面图牌版齐全规范。

(5) 巷道断面、中线是否符合规程要求。中线偏差不大于±0.05 m,巷壁或棚子保持直线,偏差不大于±0.01 m。

(6) 乳化液配比、泵站压力是否符合规程规定。

(7) 掘进和支护之间的关系合理,最大空顶距是否符合规程规定。

(8) 架棚质量合格,棚梁平齐,刹顶刹帮严紧,无空帮空顶现象。棚子梁腿结构是否严实,无吊口(唇)抚肩、后空、后硬现象,棚腿插角合格,迎山有力,无歪斜、射箭现象。

(9) 锚杆眼布置和深度是否符合要求,托板齐全,螺帽紧固并用力矩扳手拧紧螺帽。锚杆外漏部分不大于0.05 m,螺帽必须满扣拧紧。锚杆拉拔试验初锚力和锚固力符合规程要求。

(10) 掘进机前后照明是否良好,各操作手柄和按钮灵活可靠,司机和副司机是否持证上岗。

(11) 掘进机是否安装内、外喷雾,是否有机载瓦斯报警断电装置,通信联络是否可靠。

(12) 掘进机切割程序和轨迹是否符合规程要求,做到成型规范不割顶板。

(13) 掘进机开机前是否先发出信号,机器前不准有人,喷雾正常后才可开机。机器后退或调整位置必须先发信号,活动范围内撤出所有人员才可移动机器并且要操作平稳,速度适中。

(14) 掘进机机身是否固定牢靠、运转是否平稳。

(15) 停机前是否先把切割头后退,切割头落地后关机,关机后要断开电源和磁力启动器的隔离开关。

(16) 检查修理综掘机时,是否先断开电源和磁力启动器的隔离开关,防止误操作伤人。

(17) 切割头和切割臂不得用作托举棚梁。

【案例9-2】 2021年1月9日,鄂尔多斯市王家塔煤矿井下3-1煤南部东西胶运大巷掘进工作面发生一起顶板事故。事故造成1人死亡,1人受伤,直接经济损失300万元。事故直接原因:综掘二队生产班未严格按照作业规程要求架设临时支护导致顶板发生冒落,安监员王××违章进入已发生冒落的区域,被顶板二次冒落的矸石砸中致其死亡。王××持有《煤矿安全检查作业特种作业操作证》,事故当班在3-1煤南部东西胶运大巷掘进工作面从事现场安全监督检查工作,对临时支护未上背板、不按照规程规定的作业顺序施工锚杆的违章行为未进行及时制止,安全防范和自保意识差,违章进入已发生冒落的区域,被顶板二次冒落的矸石砸中致其死亡,对事故发生负有直接责任。

四、炮掘工作面的安全检查

炮掘主要特点是打眼爆破,巷道断面由爆破成型,装载方式有人工装车,也有装煤机、装岩机、耙斗机等机械装载,还有把刮板运输机直接铺到掘进面,用铁锨把煤或矸石装入输送机再装车等。支护形式上有架木棚、锚杆、锚喷、砌碹(料石碹、混凝土碹)等。炮掘工作面安全检查重点包括:

(1) 井下爆破工作是否由专职爆破工担任。突出煤层采掘工作面爆破工作必须由固定的专职爆破工担任。

(2) 是否执行"一炮三检"和"三人连锁爆破"制度,并在起爆前检查起爆地点的甲烷浓度。

(3) 爆破作业是否编制爆破作业说明书。

(4) 井下爆破作业,是否使用煤矿许用炸药和煤矿许用电雷管。一次爆破必须使用同一厂家、同一品种的煤矿许用炸药和电雷管。

(5) 在有瓦斯或者煤尘爆炸危险的采掘工作面,是否采用毫秒爆破。在掘进工作面应当全断面一次起爆,不能全断面一次起爆的,是否采取安全措施。

(6) 在高瓦斯矿井采掘工作面采用毫秒爆破时,若采用反向起爆,是否制定安全技术措施。

(7) 在高瓦斯、突出矿井的采掘工作面实体煤中,为增加煤体裂隙、松动煤体而进行的10 m以上的深孔预裂控制爆破,是否使用二级煤矿许用炸药,并制定安全措施。

(8) 爆破工是否把炸药、电雷管分开存放在专用的爆炸物品箱内,并加锁,严禁乱扔、乱放。爆炸物品箱必须放在顶板完好、支护完整,避开有机械、电气设备的地点。爆破时必须把爆炸物品箱放置在警戒线以外的安全地点。

(9) 炮眼封泥是否使用水炮泥,水炮泥外剩余的炮眼部分应当用黏土炮泥或者用不燃性、可塑性松散材料制成的炮泥封实。严禁用煤粉、块状材料或者其他可燃性材料作炮眼封泥。

(10) 无封泥、封泥不足或者不实的炮眼,严禁爆破。

(11) 严禁裸露爆破。

(12) 在有煤尘爆炸危险的煤层中,掘进工作面爆破前后,附近20 m的巷道内是否洒水降尘。

(13) 爆破前,班组长是否亲自布置专人将工作面所有人员撤离警戒区域,并在警戒线和可能进入爆破地点的所有通路上布置专人担任警戒工作。警戒人员必须在安全地点警戒。警戒线处应当设置警戒牌、栏杆或者拉绳。

(14) 爆破工是否最后离开爆破地点,并在安全地点起爆。撤人、警戒等措施及起爆地点到爆破地点的距离必须在作业规程中具体规定。

(15) 爆破前,班组长是否清点人数,确认无误后,方准下达起爆命令。

(16) 爆破后,待工作面的炮烟被吹散,爆破工、瓦斯检查工和班组长是否首先巡视爆破地点,检查通风、瓦斯、煤尘、顶板、支架、拒爆、残爆等情况。发现危险情况,必须立即处理。

(17) 处理拒爆、残爆时,是否在班组长指导下进行,并在当班处理完毕。如果当班未能完成处理工作,当班爆破工必须在现场向下一班爆破工交接清楚。

五、装载、运输的安全检查

(1) 刮板输送机是否平直,机头和机尾的压柱、刮板、链、槽和传动装置保护罩等是否齐全、完好。

(2) 带式输送机运转是否正常,胶带是否跑偏,安全保护罩是否齐全、完好。

(3) 超过 400 mm 长的大块矸石是否经过破碎后方准装车。经过斜井的矸石车装车高度不准超过车沿。

(4) 装岩机停止运转检修时,是否用木头、石头等物品垫簸箕,用铁插销卡位或放到底板上停电修理。装岩机电缆要指定专人看管,防止压坏。工作面的各种机械要指定专人开动,不准乱动。

(5) 推车经过巷道交叉口、道岔口、下坡道、风门等地点时要大声喊话,并注意不要将手伸出车外边。推车要往前看,防止碰人。

(6) 暗斜井上部是否设挡车器(指没有甩车场的暗斜井),并要经常检查,保证安全行车。

(7) 倾斜巷道上下山掘进,是否搭好牢固的溜矸口和溜矸道,并经常进行检查,人员上下要取得联系,必要时倾斜巷道、刮板输送机口和刮板输送机道要搭设盖板。使用绞车提升时,要用铁楔子固定好导向轮。

(8) 上下山掘进使用耙矿绞车,是否搭好牢固的平台和耙矿绞车口,耙矿绞车开动时禁止人员上下。需要通过人员时,必须用信号取得联系,待耙矿绞车停止后方可通过。

六、巷道支护的安全检查

1. 锚杆和锚喷巷道支护的检查

(1) 锚杆及构件:

① 锚杆是否构件齐全。锚杆丝扣不得生锈。锚固剂的数量、品种必须符合作业规程规定。

② 锚杆支护的端头与掘进工作面的距离,锚杆的形式、安装角度,混凝土标号、喷体厚度,挂网所采用金属网的规格,围岩涌水的处理等细节,是否在施工组织设计或作业规程中明确规定。

(2) 锚杆安装工艺及操作:

① 破岩后是否敲帮问顶,及时支护。刷直迎头岩墙(使迎面墙与顶板或巷道中线垂直),其间要根据掘进工作面岩体的稳定性采取措施(比如可打管缝式锚杆加固迎面墙)进行加固,不易片帮的稳定岩体必须处理掉活煤(矸)块。

② 是否平整迎面墙前的积煤(矸),使迎面墙前顶板下方高度不低于设计规格。

③ 拱形巷道打每排拱部第一根锚杆是否确定锚杆机支腿方向,要求锚杆机支腿左右偏离铅直方向为 0°,前后按顶部法向(上山掘进巷道向后倾斜角度为巷道腰线倾角,下山掘进巷道向前倾斜角度为巷道腰线倾角),使锚杆眼方向与拱顶中线方向垂直。

④ 岩巷打顶部锚杆时迎头是否预留一定的矸石,以矸石面距离拱顶 2200~2500 mm 为宜。

⑤ 倾斜角度小于 30°的锚杆眼,是否采用风钻打眼,且钻杆必须垂直于巷道周边法线。

(3) 锚杆安装质量检查:

① 锚杆托盘是否通过金属网贴紧岩面,周边成形不规则时,必须先初喷成形。严禁网后或锚杆托盘与岩面之间有碎煤、矸石块。

② 锚杆预紧力矩不得小于规定值,不得大于规程要求规定值。锚杆外露长度不得大于 40 mm,不得小于 10 mm。锚杆间排距不得超过规定误差上限(+100 mm)。锚杆角度必须垂直巷道周边。锚杆安装必须一次安装到位,不得反复倒退螺母。

③ 锚网喷巷道,是否按照作业规程的要求进行锚杆拉拔力、锚索预紧力试验,符合设计要求,并做好记录台账,便于查阅。

(4) 锚索施工质量检查:

① 锚索托盘紧贴岩面,失效锚索是否及时补打。锚索张拉前外露长度不大于 500 mm,截断后外露长度 150～250 mm。

② 锚索安装是否符合操作要求,预紧力、间排距、角度、滞后距离不超过规程规定。

③ 锚索支护工艺流程:打孔、扫孔(冲洗)、装树脂药卷、送入锚索、连接搅拌器搅拌、拉张锚索,锚索的预应力是否符合作业规程的要求。

④ 检查锚索安装的质量必须注意的事项:施工前必须敲帮问顶;长式钻杆要控制锚杆钻机的推进力;松开盘着的锚索必须注意防止弹伤人员;使用锚杆机前必须检查管路连接是否可靠。

(5) 喷射混凝土检查:

① 喷射混凝土之前是否把网后的活矸清除掉,严禁在网后填塞矸石块。喷射混凝土配比及外加剂掺入量符合作业规程要求。喷射混凝土施工时使用配比容器、搅拌铁板。喷射混凝土前按规定冲洗巷帮,喷射后进行养护。

② 网外喷厚是否不大于 100 mm,基础深度不小于设计值的 90%,表面平整度不大于 50 mm。

③ 是否按规定进行混凝土强度试验,试块强度是否符合要求。按要求回收回弹料。

④ 水沟、轨道标高是否符合要求。水沟、台阶中心位置、规格尺寸符合要求,水沟铺底、浇注混凝土无蜂窝、麻面、孔洞、露筋现象。

(6) 连网质量检查:网与网搭接宽 100～200 mm。双边三花连网,连网间距不得大于 300 mm。每扣都必须采双股 12 号镀锌铁丝扭结不少于 3 圈。

(7) 支架搭接及壁后充填:

① 卡缆螺母是否加减阻垫片。搭接之处接口严密。露出丝长应均匀一致,肉眼观测无明显差别。拉杆齐全,螺母紧固不松动。

② 主要巷道采用架 U 型钢可缩性支架支护时是否及时进行壁后充填,已经充填段落后巷道迎头的距离不得大于 50 m。

③ 充填孔的布置是否符合施工安全措施规定(每排 3 个孔,拱正顶 1 个,两侧拱基线处各 1 个,两侧拱顶与拱基线之间约 45°之处各一个。注浆孔排距不大于 5 m)。

④ 是否按规定打检查孔(在两排注浆孔正中间打检查孔,每排 3 个,位置同注浆孔)。探眼深度不小于 500 mm(如有冒顶区,探眼深度不得小于冒顶高度),眼内无孔洞。

2. 砌碹支护的安全检查

(1) 砌碹用的料石材质和几何尺寸,是否符合《煤矿安全规程》要求,并经检验合格,不准使用风化石料。

(2) 抬棚是否有专门安全措施,在巷道原棚梁下要支设木柱或顺架抬棚,保证顶板不被松动并支护良好。

(3) 工作台搭设的材料和规格是否符合《煤矿安全规程》规定,做到牢固、平稳。

(4) 开挖基础、砌墙、立拱架、支模(混凝土碹支盒子板)、铺拱板、拆拱架等在规程中是否有具体规定,尤其要明确规定抬棚长度和立拱架长度、砌墙和扣拱之间的距离以及永久支护(砌碹)和临时支架之间的距离。

(5) 砌墙和扣拱是否做到灰浆饱满,不准有干缝、瞎缝、重缝。砌墙时,必须把料石用石楔支平。基础深度必须符合要求,墙体垂直。当碹墙高度超过 1.5 m 时,要采取防倒措施。

(6) 拱架之间是否有撑杆拉手,拱架要支稳支牢,保证巷道中腰线符合规定。

(7) 壁后是否做好充填,做好隐蔽工程记录。充填物不准用煤炭等易碎易燃物,应使用片石,较大面积空顶时要用木垛充填。

(8) 砌体是否保证足够的养护期,不准提前拆拱架。

(9) 顶板不好时,是否有专门措施,实行短掘短砌。要明确最大控顶距,严禁超过最大控顶距。控顶区应用无腿托钩棚、前探支架等措施进行支护,托钩棚的棚梁、托钩和托钩插入岩帮长度必须符合规定,托钩棚的上部要刹紧接顶。

3. 架棚支护的安全检查

(1) 掘进工作面临时支架和永久支架是否使用前探铁刹杆护顶,前探距离不得超过 1 架棚距,后面要别在 2 架棚梁上。锚喷巷道要采用吊环前探梁端头临时支护,严禁空顶作业。

(2) 临时支护距工作面的距离一般不大于 2 m,锚喷巷道不大于 3~4 m,软岩层应紧跟工作面。

(3) 倾斜巷道的棚子是否保持足够的迎山角,棚子间用铁丝联系好,每架棚要打好劲木和扣木,以防棚子推倒。

(4) 斜巷掘进工作面上方是否设牢固的安全挡板。距工作面上方 20 m 处,要设安全栏遮挡。

【案例 9-3】 2019 年 6 月 24 日,双鸭山市利鑫矿业有限公司发生一起顶板事故,造成 1 人死亡。事故直接原因:8 号煤层右三片 F6 断层外回风上山掘进工作面炮后未采取临时支护措施,工人进入空顶区域打设永久支护,被顶板冒落岩石砸伤致死。事故反映出该矿安全监督检查责任不落实,隐患排查治理机制失效,安检科安全检查员未参加安全技术措施学习,未实施有效监督检查;当班未安排安全检查员入井安全检查,井下无安全检查员负责安全检查。煤矿企业应认真汲取本次事故教训,认真落实各项规定,加强各级安全管理机构建设,配齐业务精、责任心强的安全管理及检查人员,强化对安全设施、作业环境及作业人员行为的安全检查,并跟踪事故隐患整改;要充分发挥班组长、安全检查员、带班领导等管理人员在安全生产现场管理中的作用,杜绝"三违"。

第三节 巷道维修安全检查

一、巷道维修顶板管理的安全检查

(1) 凡裸岩巷道完好的顶板,不得任意破坏。

(2) 巷道顶板完好,整体性能强,岩质密实的静压巷道,棚距最大限度为 1.2 m(特别坚硬时不架棚)。顶板破碎、有活石的静压巷道或无活石的动压巷道,棚距最大为 1.2 m。

(3) 翻棚时是否由班(组)长和安全检查作业人员进行敲帮问顶。

(4) 撬落活石是否从顶板完整的地方开始,以保证工作人员的安全。在撬落活石时,一人操作,另一人在后面当好安全监视哨,禁止行人通过撬顶危险区。

(5) 顶板完好、岩质坚硬、整体性强、节理与层理不发达的静压巷道,可以采取锚杆支护。

(6) 在打锚杆眼前,是否先撬落浮石,然后开机钻眼;架棚巷道打锚杆要翻 1 架打 1 m,或先打眼后翻棚。

二、支架拆换的安全检查

(1) 拆换支架是否从顶板好的地点开始,不得大拆大换。翻棚前,要加固工作地点前后的支架;遇有顶板破碎,应超前挑顶,然后翻棚。

(2) 凡独头巷道,是否坚持从外向里拆换,不得由里向外进行拆换。贯通巷道要顺风逐架拆换。

(3) 倾斜巷道拆换支架,是否由上至下进行拆换。在拆换前,必须加固下方支架,打好抬棚或点柱,防止支架推倒。

(4) 拆换棚时,在一架未完成之前,不得终止工作,应该连续进行;如果不能连续进行施工,每次工作结束后,必须接顶封帮。

(5) 对头巷道维修拆换,在两头相距 5 m 时,是否停止一头作业,以免造成压力集中发生冒顶。

(6) 拆换支架时,施工前是否保护好施工地点的设备、电缆、电线、管路等,并盖好水沟。

(7) 拆换支架时,是否打牢固的脚手架操作平台,禁止用管子和矿车当脚手架。

(8) 上、下山拆换支架前,是否在距工作地点下面 5~10 m 处分别设 2~3 处挡板,防止滑落岩石打伤下面的工作人员或检查人员。

(9) 拆换支架棚顶上有木垛时,是否先用长抬棚托好木垛后再翻棚。

(10) 施工过程中,一旦巷道顶板来压明显时,是否及时撤人到安全地点,待压力稳定后再恢复修护。

三、巷道维修开帮破砌碹的安全检查

(1) 开帮长度是否根据顶板和两帮岩石性质确定,一般较稳定的岩石每次开帮长度不超过 3 m(用爆破开帮);顶板压力大,活石多,禁止采用爆破开帮。

(2) 爆破开帮前是否将周围设备保护好,对刚砌筑的碹要覆盖好,然后开始爆破。

(3) 用风镐破碹时,是否边破边背好帮顶;采取爆破破碹时,眼底不能穿透碹壁。

(4) 砌碹立胎是否找好中心腰线,立胎要找正,做到平、直,并打好压顶楔。

(5) 如使用料石砌碹,是否用三行板砌碹胎或铁碹胎,大断面超过 5 m 宽,巷道要打中心顶柱。

四、巷道维修推、装、卸及其他作业的安全检查

(1) 推车过弯道、风门、道岔、下坡道等地点时,一律要进行安全喊话。
(2) 卸车时先打眼后卸料,卸重物要喊号,2 人以上抬卸时,是否搭配合适。
(3) 在独头巷道或顶部有高冒处施工前,是否找有关检查人员检查瓦斯。
(4) 维修巷道需要爆破时,在装药前,是否检查周围设备维护情况和 20 m 以内瓦斯情况,确认安全后,方准爆破。

第四节 特殊掘进条件下掘进现场安全检查

一、冲击地压煤层中掘进的安全检查

(1) 冲击危险区内的掘进是否始终在保护带内进行,保护带的宽度一般为 3.5 倍巷道高度。
(2) 煤层应力高度集中时,是否进行解危处理,否则不得进行掘进工作。
(3) 避免在支承压力峰值区掘进巷道,必要时应采取卸压措施,并经矿总工程师批准。
(4) 避免双向同时掘进,必须双向同时掘进时,两工作面的前后错距不得小于 50 m。
(5) 相向掘进的巷道相距 30 m 时,是否停止一头掘进,停掘的巷道要加固,对继续掘进的巷道,除加强支护外,冲击地压危险严重时,还必须采取解危措施。

二、煤与瓦斯突出危险煤层中掘进的安全检查

(1) 在突出危险煤层中掘进时,是否有防突措施。
(2) 严禁在突出危险煤层的顶分层中掘进和布置巷道。在突出煤层的顶、底板围岩中掘进和布置巷道时,是否超前探测煤层及地质构造情况,分析勘测验证地质资料,编制巷道剖面图,及时掌握施工动态和围岩变化情况,防止误穿突出煤层;保持一定的岩柱,不得随意穿破岩柱揭开岩盖。
(3) 在突出危险煤层中掘进是否按照设计测量的中心线和腰线进行施工,不得任意拐弯和抬高,以免产生应力集中。
(4) 在突出危险煤层中掘进时,是否严禁使用风镐落煤和用风钻打眼。
(5) 必须采用长距离爆破的作业方式,制定专门措施,爆破地点必须在工作面入风侧,距工作面的距离必须在措施中明确规定。
(6) 煤层或顶、底板松软,不能采取爆破作业时,只准使用手镐作业,并采用"做半面、背半面"的施工方法。
(7) 上山掘进工作面采用爆破作业时,是否采用深度不大于 1.0 m 的炮眼远距离全断面一次爆破。上山掘进面同上部平巷贯通前,平巷是否超前贯通的位置。
(8) 在突出危险煤层的同一水平、同一煤层的集中应力影响范围内,禁止布置两个工作面相向掘进。
(9) 在突出危险煤层爆破时,是否实行一次装药一次起爆,只允许使用瞬发雷管和毫秒雷管。毫秒雷管不准跳段使用,最后一段的延期时间不得超过 130 ms。严禁使用秒延期雷管。

（10）石门揭开突出危险煤层时，是否采取远距离爆破措施，是否编制专门的设计方案。

（11）在突出危险煤层中掘进时，是否保证支架的质量，加密棚距，保证梁和腿的规格，严禁空帮、空顶。

（12）在突出危险煤层中掘进时，所有作业人员是否随身佩戴隔离式自救器。工作面的掘进队长、组长、爆破工必须携带便携式瓦斯警报器，随时检查工作面的瓦斯变化情况。在工作面进风巷道内，必须设有直通矿调度室的电话。

（13）突出危险煤层中的掘进工作面，是否安设瓦斯监测装置。在工作面5 m内和回风侧，必须安设监测传感器。瓦斯监测装置经常保持完好状态，灵敏、准确。

（14）在突出煤层内掘进长度超过500 m时，是否在距离工作面500 m范围内建设临时避难硐室或者其他临时避险设施。临时避难硐室是否设置向外开启的密闭门，接入矿井压风管路，设置与矿调度室直通的电话，配备足量的饮用水及自救器。

（15）在急倾斜煤层中掘进上山时，是否采用双上山、伪倾斜上山等掘进方式，并加强支护。

（16）在过突出孔洞及其附近30 m范围内进行采掘作业时，是否加强支护。

第十章　矿井"一通三防"系统安全检查

本章培训与考核要点
- 熟练掌握通风系统安全检查方法；
- 熟练掌握矿井瓦斯防治系统安全检查方法；
- 熟练掌握矿井防尘系统安全检查方法；
- 熟练掌握矿井防灭火系统安全检查方法。

第一节　矿井通风系统安全检查

矿井通风系统至关重要，通风可以向井下输送足量新鲜空气供人呼吸，排放瓦斯煤尘，创造良好的作业环境。安全检查的重点包括：

(1) 矿井通风系统的完善性，矿井必须采用机械通风，有完备的进回风系统。

(2) 矿井通风系统的可靠性，必须供给井下足量新鲜空气，保证井下风流连续、稳定、可靠，不得出现漏风现象。

(3) 矿井通风管理的有效性，应满足矿井安全生产的要求，具体可分为矿井通风系统、局部通风、通风设施和通风管理四部分来检查。

一、矿井通风系统完善性的安全检查

重点检查是否存在以下情况，发现以下情况之一时，应当停止矿井生产：

(1) 无主要通风机，采用自然通风。

(2) 用局部通风机或局部通风机群作为主要通风机使用。

(3) 无独立进、回风系统。

(4) 主要通风机无独立双回路供电，经常停电。

(5) 主要通风机无管理制度，经常停开。

二、矿井通风系统可靠性的安全检查

矿井每年安排采掘作业计划时必须核定矿井生产和通风能力，必须按实际供风量核定矿井产量，严禁超通风能力生产。重点检查是否存在以下情况：

(1) 主要通风机供风量小于井下需风量。

(2) 两台以上通风机并联运转不匹配，造成1台抽、1台吸；主要通风机在不稳定区域或其附近工作。

(3) 风流不稳定、无风、微风或风流反向。

(4) 井下通风巷道风速不符合《煤矿安全规程》规定。

(5) 井下巷道断面不满足矿井通风要求。

(6) 不符合规定的串联通风。开采有瓦斯喷出、有突出危险的煤层或者在距离突出煤层垂距小于 10 m 的区域掘进施工时,严禁任何 2 个工作面之间串联通风。

三、主要通风机的安全检查

重点检查是否存在以下情况:

(1) 装有通风机的井口是否封闭严密,其外部漏风率在无提升设备时不得超过 5%,有提升设备时不得超过 15%。

(2) 是否保证主要通风机连续运转。

(3) 是否安装 2 套同等能力的主要通风机装置,其中 1 套作备用,备用通风机必须能在 10 min 内开动。

(4) 严禁采用局部通风机或者风机群作为主要通风机使用。

(5) 装有主要通风机的出风井口是否安装防爆门,防爆门每 6 个月检查维修 1 次。

(6) 是否至少每月检查 1 次主要通风机。改变主要通风机转数、叶片角度或者对旋式主要通风机运转级数时,必须经矿总工程师批准。

(7) 新安装的主要通风机投入使用前,是否进行试运转和通风机性能测定,以后每 5 年至少进行 1 次性能测定。

(8) 生产矿井主要通风机是否装有反风设施,并能在 10 min 内改变巷道中的风流方向;当风流方向改变后,主要通风机的供给风量不应小于正常供风量的 40%。

(9) 每季度是否至少检查 1 次反风设施,每年应当进行 1 次反风演习;矿井通风系统有较大变化时,应当进行 1 次反风演习。

(10) 是否双回路供电,电气保护装置是否齐全、可靠。

四、矿井通风设施的安全检查

矿井通风设施是指为了矿井的安全生产,保证满足井下各需风地点的风量要求而设置的一系列通风构筑物。矿井通风设施主要有:风门、风桥、密闭墙、风墙、风窗、临时设置的风障和导风筒、测风站、井下局部通风设施和矿井反风设施等。主要检查反风设施、风门、风桥、测风站、密闭墙,重点是风门和密闭墙,安全检查的重点如下:

(1) 反风设施是否完好。

(2) 控制风流的风门、风桥、挡风墙、密闭墙、调节风门、风窗等通风设施是否严格按照质量标准进行施工,设置满足通风安全需要。

(3) 通风设施是否有损坏、失修情况,能否发挥作用,有无跑风漏风现象。损坏的通风设施是否能得到及时维修。

(4) 通风设施管理措施和规定是否严格执行,是否有专门牌板和按规定进行巡回检查和测定。

(5) 风门是否使用不燃性材料构筑;每组风门不少于 2 道,通车风门不小于 1 列车长度,行人风门间距不小于 5 m。

(6) 风门是否安装闭锁装置,不得同时打开,并安设有风门开关声光报警装置。

(7) 开采突出煤层时,工作面回风侧不得设置调节风量的设施。

(8) 不应在倾斜运输巷中设置风门;如果必须设置风门,应当安设自动风门或者设专人管理,并有防止矿车或者风门碰撞人员以及矿车碰坏风门的安全措施。

(9) 风桥是否使用不燃性材料建筑;风桥前后 5 m 范围内巷道支护应完好,无杂物、积水和淤泥;风桥通风断面不小于原巷道断面的 4/5。

(10) 密闭内有水时是否设反水池或反水管,有自燃和容易自燃煤层应设置观测孔、措施孔;绘制密闭位置关系放大图。

五、采区通风系统的安全检查

采区瓦斯涌出集中,产生量大,工作面又处于移动之中,容易发生"一通三防"事故。由于通风与瓦斯、煤尘和火灾防治的关系密切,安全检查中要进行综合评价。现场安全检查的重点:一是采区通风系统的完备性及其抗灾防灾能力;二是采煤工作面回风隅角,通常这是采煤工作面瓦斯浓度最高的区域,当回风流瓦斯浓度达 0.7%～0.8% 时,回风隅角瓦斯就可能超限;三是采煤机机组附近,这是瓦斯涌出集中、产尘量大的地点;四是采煤工作面回风巷。

1. 采区通风系统的安全检查

重点检查采区通风系统是否完善,是否采用分区通风,采面与采面串联、采面与掘进面串联是否符合《煤矿安全规程》规定;采煤工作面通风形式和风速是否符合有关要求,风量能否满足排放瓦斯和煤尘的要求;采区尤其是采空区漏风情况等。具体检查内容主要包括:

(1) 采区是否实行分区通风。

(2) 采区风速是否超过《煤矿安全规程》规定。

(3) 采区巷道断面是否影响通风的要求。

(4) 采区进、回风巷是否贯穿整个采区,严禁一段为进风巷、一段为回风巷。

(5) 采区内的漏风是否进入采空区。

(6) 采区内是否有控制风门。

(7) 采区内的角联网络是否稳定。

(8) 进风井口以下的空气温度是否在 2 ℃ 以上。

(9) 高瓦斯、突出矿井的每个采(盘)区和开采容易自燃煤层的采(盘)区,是否设置至少 1 条专用回风巷;低瓦斯矿井开采煤层群和分层开采采用联合布置的采(盘)区,是否设置 1 条专用回风巷。

(10) 采区内风量是否能进行调节。

2. 采煤工作面通风的安全检查

(1) 采煤工作面是否实行独立通风,严禁 2 个采煤工作面之间串联通风。

(2) 工作面的配风量是否符合《煤矿安全规程》规定。

(3) 工作面风速是否超过《煤矿安全规程》规定,测风工作是否有专人负责,记录完整。

(4) 有突出危险的采煤工作面严禁采用下行通风,回风巷道中是否安装有控风设施。

(5) 工作面的温度是否超过《煤矿安全规程》规定。

(6) 同一采区内 1 个采煤工作面与其相连接的 1 个掘进工作面、相邻的 2 个掘进工作面,布置独立通风有困难时,在制定措施后,可采用串联通风,但串联通风的次数不得超过 1 次。

(7) 采煤工作面与硐室工作面是否有 1 次以上的串联通风。

(8) 采煤工作面是否采用矿井全风压通风,禁止采用局部通风机稀释瓦斯。

(9) 工作面上隅角通风及瓦斯是否超限。

(10) 工作面进风或者回风巷测风站是否符合规定要求,是否有测风牌板,是否按规定方法在规定时间测风。

六、掘进通风的安全检查

掘进巷道一般采用局部通风设备通风,可靠性容易受到干扰而发生事故。掘进通风的安全检查的重点:一是通风系统的完备性,必须具备完备的通风系统,采用局部通风机通风或全风压通风,禁止扩散通风;二是通风的可靠性,重点是局部通风机的安全可靠运转和风筒管理。

1. 局部通风机的安全检查

(1) 风机运转是否良好,噪声是否超过规定。

(2) 风机有无整流器、消音器、高压垫圈和吸风罩。

(3) 压入式通风,风机是否安设在进风流中,距巷道回风口是否大于 10 m。

(4) 风机吸风量是否小于全风压供给该处的风量,是否产生循环风。

(5) 风机吊挂是否牢靠;安装在底板的风机垫高是否大于 300 mm,是否牢靠。

(6) 风机是否有"三专两闭锁"装置,是否有效使用。

(7) 风机是否指定专人负责,正常运转,停风时是否撤出人员,切断电源。

(8) 煤巷、半煤岩巷和有瓦斯涌出的岩巷掘进采用局部通风机通风时,是否采用压入式,不得采用抽出式(压气、水力引射器不受此限);如果采用混合式,是否制定安全措施。瓦斯喷出区域和突出煤层采用局部通风机通风时,是否采用压入式。

(9) 严禁使用 3 台及以上局部通风机同时向 1 个掘进工作面供风。不得使用 1 台局部通风机同时向 2 个及以上作业的掘进工作面供风。

(10) 通风机串联运转时是否风量风压匹配。

(11) 工作面具有"双风机、双电源"并能自动切换。

(12) 局部通风机及与风筒连接处是否存在漏风。

2. 风筒检查

(1) 检查是否使用抗静电、阻燃风筒。

(2) 是否逢环必挂,做到"两靠一直"(靠帮、靠顶、平直)。

(3) 风筒分叉有无三通,拐弯是否平缓。

(4) 风筒间接头是否漏风,是否拐死弯,异径风筒是否用过渡节等。

(5) 风筒出口距工作面的距离是否符合作业规程规定。

(6) 风筒有无破口,破口是否及时修补。

(7) 风筒出口风量符合有关规定,是否保证工作面和回风流瓦斯浓度不超限。

(8) 风筒传感器是否正常使用。

七、矿井通风管理的安全检查

主要检查的内容:一是通风资料、牌板、管理制度、记录、通风旬报表和月报表;二是通风测定报告,包括阻力测定报告、主要通风机性能测定报告、反风演习报告;三是通风管理机构。

(1) 检查矿井是否有通风系统图及示意图、通风网络图、避灾路线图。矿井通风系统图必须标明风流方向、风量和通风设施的安装地点。必须按季绘制通风系统图,并按月补充修改。多煤层同时开采的矿井,必须绘制分层通风系统图。

(2) 检查矿井通风图件,是否准确反映实际情况,重点检查风流方向、用风点风量、通风设施位置等,主要图件要求每季绘制,按月补充修改。

(3) 检查矿井是否有局部通风管理牌板、通风设施管理牌板、通风仪表管理牌板;牌板是否与实际情况相符;采用井上、井下对照的方法进行检查。

(4) 查阅通风管理制度及其执行记录。

(5) 检查通风记录、报表,采用井上、井下对照的方法进行。

(6) 检查通风测定报告,主要检查报告中的测定时间和数据的可靠性;矿井至少10天进行一次全面测风,采掘工作面根据实际的需要随时测风。

(7) 检查通风管理机构与管理人员,是否符合国家有关规定要求。

第二节 矿井瓦斯防治系统安全检查

瓦斯是煤矿职工生命安全的第一大杀手,搞好瓦斯的防治工作对煤矿安全至关重要。矿井瓦斯系统的现场检查内容主要包括瓦斯管理、瓦斯抽采、煤与瓦斯突出和瓦斯监测。

一、矿井瓦斯管理的安全检查

1. 防治瓦斯措施的安全检查

检查瓦斯防治措施及落实情况,瓦斯检查是否按规定执行,是否存在瓦斯积聚地点,是否按规定正确排放瓦斯。瓦斯监测传感器的设置、报警、断电浓度及控制断电范围的设定是否符合规定。

2. 主要入风井筒与大巷的安全检查

矿井主要入风井筒、大巷,在一般情况下不会出现瓦斯问题。但是,有的入风井筒大巷穿过煤层,有的穿过与煤层相通的地质破坏带,有的距煤层较近等,风流中可能出现瓦斯浓度超过0.5%的现象。

检查时发现风流瓦斯浓度超过0.5%时,是否立即通知通风部门和矿总工程师检查原因并进行处理;当发现有局部瓦斯积聚时,是否通知通风部门采取措施进行处理,在20 m半径范围内停止一切机电设备运转;在架线或机车的大巷中出现瓦斯积聚时,是否切断电源,进行处理。

3. 主要回风井筒与回风大巷的安全检查

根据《煤矿安全规程》的规定,矿井总回风巷或者一翼回风巷中甲烷或者二氧化碳浓度超过0.75%时,必须立即查明原因,进行处理。

二、矿井瓦斯抽采系统的安全检查

瓦斯抽采系统安全检查的重点:一是抽采系统的安全性。抽采系统必须有专门的设计和安全措施;二是采抽关系。如果这种关系失调,在采掘过程中必然受到严重的瓦斯威胁,不仅采掘接替不能正常进行,还可能酿成重大事故。检查具体内容主要包括:

1. 抽采系统合理性的安全检查

(1) 突出矿井必须建立地面永久抽采瓦斯系统。

(2) 有下列情况之一的矿井,必须建立地面永久抽采瓦斯系统或者井下临时抽采瓦斯系统:

① 任一采煤工作面的瓦斯涌出量大于 5 m³/min 或者任一掘进工作面瓦斯涌出量大于 3 m³/min,用通风方法解决瓦斯问题不合理的。

② 矿井绝对瓦斯涌出量达到下列条件的:
    a) 大于或者等于 40 m³/min;
    b) 年产量 1.0~1.5 Mt 的矿井,大于 30 m³/min;
    c) 年产量 0.6~1.0 Mt 的矿井,大于 25 m³/min;
    d) 年产量 0.4~0.6 Mt 的矿井,大于 20 m³/min;
    e) 年产量小于或者等于 0.4 Mt 的矿井,大于 15 m³/min。

2. 抽采系统完备性的安全检查

瓦斯抽采系统是否具备瓦斯抽采所必需的设备和相关的安全设施、检测设施、放水设施等,检查时查阅瓦斯抽采系统图,并实际检查各设施的安全性。

3. 采抽关系的安全检查

采抽关系与采区生产能力、生产时间、准备时间、抽放时间、抽出率等密切相关,检查中是否按照抽采后的保护煤量大于年产量的原则进行检查,若未实现,说明抽采不充分,生产过程中必须采取边采边抽等措施。

4. 瓦斯抽采泵站的安全检查

(1) 泵房是否采用不燃性材料建筑,距进风井口和主要建筑物的距离不得小于 50 m,并用栅栏或围墙保护。地面泵房和泵房周围 20 m 范围内,禁止堆积易燃物和明火。

(2) 地面泵房是否设有雷电防护装置。

(3) 抽采瓦斯泵及其附属设备,至少应当有 1 套备用,备用泵能力不得小于运行泵中最大 1 台单泵的能力。

(4) 地面泵房内电气设备、照明和其他电气仪表都应当采用矿用防爆型;否则必须采取安全措施。

(5) 泵房是否有直通矿调度室的电话和检测管道瓦斯浓度、流量、压力等参数的仪表或者自动监测系统。

(6) 干式抽采瓦斯泵吸气侧管路系统中,是否装设有防回火、防回流和防爆炸作用的安全装置,并定期检查。抽采瓦斯泵站放空管的高度应当超过泵房房顶 3 m。

(7) 泵房是否有专人值班,经常检测各参数,做好记录。当抽采瓦斯泵停止运转时,必须立即向矿调度室报告。如果利用瓦斯,在瓦斯泵停止运转后和恢复运转前,必须通知使用瓦斯的单位,取得同意后,方可供应瓦斯。

(8) 机房是否有应急照明。

(9) 抽采容易自燃和自燃煤层的采空区瓦斯时,抽采管路是否安设一氧化碳、甲烷、温度传感器,实现实时监测监控。发现有自然发火征兆时,应当立即采取措施。

(10) 采用干式抽采瓦斯设备时,抽采瓦斯浓度不得低于 25%。

(11) 利用瓦斯时,在利用瓦斯的系统中是否装设有防回火、防回流和防爆炸作用的安全装置。

(12) 抽采的瓦斯浓度低于 30% 时,不得作为燃气直接燃烧。

5. 井下设置临时抽采瓦斯泵站的安全检查

(1) 临时抽采瓦斯泵站是否安设在抽采瓦斯地点附近的新鲜风流中。

(2) 抽出的瓦斯可引排到地面、总回风巷、一翼回风巷或者分区回风巷,但必须保证稀释后风流中的瓦斯浓度不超限。在建有地面永久抽采系统的矿井,临时泵站抽出的瓦斯可送至永久抽采系统的管路,但矿井抽采系统的瓦斯浓度必须符合《煤矿安全规程》的规定。

(3) 抽出的瓦斯排入回风巷时,在排瓦斯管路出口是否设置栅栏、悬挂警戒牌等。栅栏设置的位置是上风侧距管路出口 5 m、下风侧距管路出口 30 m,两栅栏间禁止任何作业。

6. 瓦斯抽采管路的安全检查

(1) 瓦斯抽采管的管径是否符合有关规定。

(2) 管路的铺设应靠帮,吊挂的管路是否吊牢。

(3) 管路有漏气和破孔洞的地方,是否及时采取措施进行处理。

(4) 是否有防止与带电体接触和砸坏管路的安全措施。

(5) 管路低洼处是否装有放水装置,设有一定数量的测孔,检查时对照瓦斯抽采系统图深入井下进行检查。

(6) 抽出的瓦斯排入回风巷时,在排瓦斯管路出口是否设置栅栏、悬挂警戒牌等。栅栏设置的位置是上风侧距管路出口 5 m、下风侧距管路出口 30 m,两栅栏间禁止任何作业。

(7) 抽采管路是否按计划施工接设。

7. 瓦斯抽采区、抽采钻场、钻孔的安全检查

对一个矿井来说,瓦斯抽放可分为预抽区、边采边抽区及采空区。因此,在检查时可分开进行。

(1) 预抽区的钻场、钻孔及管路的安全检查内容包括:

① 钻场之间的距离,钻孔的布置,抽放负压,钻场及钻孔的施工管理(包括检查、测量)。钻场间距根据钻孔施工技术及钻孔工程量进行经济技术比较后确定,一般来说钻场距离在影响半径之内为好,具体可根据矿井实际情况确定。

② 每个钻场的断面(长、宽、高)支护形式应以摆开钻机为宜,长度不应超过 6 m,支护应完好、无活矸。钻孔布置应按设计图纸施工,钻孔应打到煤层顶板,封孔要严密不漏气。钻场中要有栅栏、警标、检查牌板、钻孔布置牌板,有负压表和测孔及放水器。

③ 钻场、钻孔的施工要制定安全措施,尤其是打突出煤层的钻孔,要有打钻防突的安全措施。其措施内容有:钻孔见煤之前,先将排放瓦斯管路铺成,实行边钻边抽或将钻孔中的瓦斯引入回风道中;钻杆同管口接触处,要用耐磨、不燃性材料封堵严密;加大施工钻场的风量;安设瓦斯自动检测报警断电仪或瓦斯检定器,经常进行检查;保持施工中的钻孔有一定的抽采负压。当抽采系统发生故障,碰见顶钻、瓦斯大量涌出,钻孔内有响声时,要立即停止进钻并撤人。

(2) 边采边抽的安全检查内容包括:

① 边抽率是否达到设计指标。

② 钻场密度是否满足设计抽采量的要求。

③ 钻孔抽采负压是否符合规定。

④ 钻孔开孔位置是否达到设计要求。

⑤ 封孔是否严密不漏气,封孔长度煤层中不低于 5 m、岩层中不低于 3 m。

⑥ 钻场是否是专用的,钻孔布置方式、深度和角度大小是否在设计中明确规定。检查时发现问题要及时整改,尤其是要避免钻孔出现正压、瓦斯大量涌出及抽采瓦斯管路堵塞现象。

(3) 采空区抽采瓦斯的安全检查内容包括:

① 抽采点必须用不燃性材料进行密闭,其厚度不得小于 500 mm。

② 抽采瓦斯管路上应设有阀门、观测孔、流量计(或流量孔)和放水装置,在检查时主要检查漏气情况和孔内温度。

8. 瓦斯抽采管理的安全检查

(1) 是否有经上级主管部门批准的抽采设计。

(2) 是否有完备的瓦斯抽采系统图、牌板和抽采记录。

(3) 是否建立健全瓦斯抽采管理制度并有效实施。

(4) 瓦斯抽采浓度在利用时不得低于 30%,不利用时不得低于 25%,检查时是否查阅设计和相关记录、报表等。

三、煤与瓦斯突出的安全检查

(一) 区域性防突措施的安全检查

1. 预抽煤层瓦斯区域防突的安全检查

(1) 预抽区段煤层瓦斯区域防突措施的钻孔是否控制区段内整个回采区域、两侧回采巷道及其外侧如下范围内的煤层:倾斜、急倾斜煤层巷道上帮轮廓线外至少 20 m,下帮至少 10 m;其他煤层为巷道两侧轮廓线外至少各 15 m。

(2) 顺层钻孔或者穿层钻孔预抽回采区域煤层瓦斯区域防突措施的钻孔,是否控制整个回采区域的煤层。

(3) 穿层钻孔预抽煤巷条带煤层瓦斯区域防突措施的钻孔,是否控制整条煤层巷道及其两侧一定范围内的煤层。

(4) 穿层钻孔预抽井巷(含石门、立井、斜井、平硐)揭煤区域煤层瓦斯区域防突措施的钻孔,是否在揭煤工作面距煤层最小法向距离 7 m 以前实施,并控制井巷及其外侧至少以下范围的煤层:揭煤处巷道轮廓线外 12 m(急倾斜煤层底部或者下帮 6 m),且应当保证控制范围的外边缘到巷道轮廓线(包括预计前方揭煤段巷道的轮廓线)的最小距离不小于 5 m。当区域防突措施难以一次施工完成时可分段实施,但每一段都应当能够保证揭煤工作面到巷道前方至少 20 m 之间的煤层内,区域防突措施控制范围符合上述要求。

(5) 顺层钻孔预抽煤巷条带煤层瓦斯区域防突措施的钻孔,是否控制的煤巷条带前方长度不小于 60 m。钻孔预抽煤层瓦斯的有效抽采时间不得少于 20 天,如果在钻孔施工过程中发现有喷孔、顶钻或者卡钻等动力现象的,有效抽采时间不得少于 60 天。

(6) 定向长钻孔预抽煤巷条带煤层瓦斯区域防突措施的钻孔,是否采用定向钻进工艺施工,控制煤巷条带煤层前方长度不小于 300 m 和煤巷两侧轮廓线外一定范围。

(7) 厚煤层分层开采时,预抽钻孔是否控制开采分层及其上部法向距离至少 20 m、下部 10 m 范围内的煤层。

(8) 是否采取保证预抽瓦斯钻孔能够按设计参数控制整个预抽区域的措施。

(9) 当煤巷掘进和采煤工作面在预抽防突效果有效的区域内作业时,工作面距前方未预抽或者预抽防突效果无效范围的边界不得小于 20 m。

2. 开采保护层的安全检查

(1) 具备开采保护层条件的突出危险区,是否开采保护层。

(2) 优先选择无突出危险的煤层作为保护层。矿井中所有煤层都有突出危险时,应当选择突出危险程度较小的煤层作保护层。

(3) 应当优先选择上保护层;选择下保护层开采时,不得破坏被保护层的开采条件。

(4) 开采保护层后,在有效保护范围内的被保护层区域为无突出危险区,超出有效保护范围的区域仍然为突出危险区。

(5) 有效保护范围的划定及有关参数应当实际考察确定。正在开采的保护层采煤工作面,必须超前于被保护层的掘进工作面,其超前距离不得小于保护层与被保护层之间法向距离的3倍,并不得小于100 m。

(6) 开采保护层时,应当不留设煤(岩)柱。特殊情况需留煤(岩)柱时,是否将煤(岩)柱的位置和尺寸准确标注在采掘工程平面图和瓦斯地质图上,在瓦斯地质图上还应当标出煤(岩)柱的影响范围。在煤(岩)柱及其影响范围内采掘作业前,必须采取区域预抽煤层瓦斯防突措施。

(7) 开采保护层时,是否同时抽采被保护层和邻近层的瓦斯。开采近距离保护层时,必须采取防止误穿突出煤层和被保护层卸压瓦斯突然涌入保护层工作面的措施。

3. 效果检验的安全检查

预抽煤层瓦斯或开采保护层以后,必须进行效果检验。主要检查指标有:煤的破坏类型,瓦斯放散初速度,煤的坚固性系数,煤层瓦斯压力等,其中有1项指标不合乎要求,说明突出危险依然存在,还需要重新采取措施。

检验无效时,仍为突出危险区。检验有效时,无突出危险区的采掘工作面每推进10~50 m至少进行2次区域验证,并保留完整的工程设计、施工和效果检验的原始资料。

(二) 突出煤层中施工的安全检查

1. 突出煤层中施工的通风系统的现场检查。突出煤层施工中应该具备独立回风系统,在现场检查中,发现突出煤层施工的回风进入其他采掘区域时,要立即停止工作,并追究责任。

2. 突出矿井巷道布置的现场检查。如果不合乎要求,要通知有关部门立即整改。

(三) 局部防突措施的安全检查

1. 石门揭穿突出危险煤层时的检查

(1) 石门揭穿突出煤层前,是否准确控制煤层层位,掌握煤层的赋存位置、形态。

(2) 在工作面距煤层法向距离10 m(地质构造复杂、岩石破碎的区域20 m)之外,至少施工2个前探钻孔,掌握煤层赋存条件、地质构造、瓦斯情况等。

(3) 从工作面距煤层法向距离大于5 m处开始,直至揭穿煤层全过程都应当采取局部综合防突措施。

(4) 石门揭煤作业前是否编制揭煤的专项防突设计,报煤矿企业技术负责人批准。

(5) 石门揭煤工作面的突出危险性预测是否在距突出煤层最小法向距离5 m(地质构造复杂、岩石破碎的区域,应适当加大法向距离)前进行。

(6) 石门揭煤工作面从掘进至距突出煤层的最小法向距离5 m开始,是否采用物探或钻探手段边探边掘,保证工作面到煤层的最小法向距离不小于远距离爆破揭开突出煤层前要求的最小距离。

(7) 揭煤工作面距煤层法向距离 2 m 至进入顶(底)板 2 m 的范围,均应当采用远距离爆破掘进工艺。

(8) 禁止使用震动爆破揭穿突出煤层。

2. 煤巷掘进防突措施的安全检查

在区域防突措施达标后,局部防突效验不合格时,做如下检查:

(1) 煤巷掘进工作面是否选用超前钻孔预抽瓦斯、超前钻孔排放瓦斯的防突措施或者其他经试验证实有效的防突措施。

(2) 如果掘进工作面采用松动爆破、水力冲孔、水力疏松或其他防突措施时,是否经试验考察确认防突效果有效后才使用。

(3) 不得选用水力冲孔措施,倾角在 8°以上的上山掘进工作面不得选用松动爆破、水力疏松措施。

(4) 煤巷掘进工作面在地质构造破坏带或煤层赋存条件急剧变化处不能按原措施设计要求实施时,是否打钻孔查明煤层赋存条件,然后采用直径为 42～75 mm 的钻孔排放瓦斯。

(5) 突出煤层煤巷掘进工作面前方遇到落差超过煤层厚度的断层,是否按井巷揭煤的措施执行。

(6) 在煤巷掘进工作面第一次执行局部防突措施或者无措施超前距时,是否采取小直径钻孔排放瓦斯等防突措施,只有在工作面前方形成 5 m 以上的安全屏障后,方可进入正常防突措施循环。

3. 采煤工作面防突措施的安全检查

在区域防突措施达标后,局部防突效验不合格时,做如下检查:

(1) 采煤工作面可以选用超前钻孔预抽瓦斯、超前钻孔排放瓦斯、注水湿润煤体、松动爆破或者其他经试验证实有效的防突措施。

(2) 采煤工作面采用超前钻孔预抽瓦斯和超前钻孔排放瓦斯作为工作面防突措施时,超前钻孔的孔数、孔底间距等应当根据钻孔的有效抽排半径确定。

(3) 采煤工作面采用松动爆破防突措施时,松动爆破孔间距一般为 2～3 m,孔深不小于 5 m,炮泥封孔长度不得小于 1 m,适当控制装药量,以免孔口煤壁垮塌。

(4) 采煤工作面采用浅孔注水湿润煤体防突措施时,注水孔深度不小于 4 m,向煤体注水压力不得低于 8 MPa。

(5) 松动爆破时,是否按远距离爆破的要求执行。

(四) 安全防护措施的安全检查

1. 避难所的安全检查

(1) 避难所是否设置向外开启的隔离门,隔离门设置标准按照反向风门标准安设;室内净高不得低于 2 m,深度满足扩散通风的要求,长度和宽度应根据可能同时避难的人数确定,但至少能满足 15 人避难,且每人使用面积不得少于 0.5 m^2;避难所内支护保持良好,并设有与矿(井)调度室直通的电话。

(2) 避难所内是否放置足量的饮用水、安设供给空气的设施,每人供风量不得少于 0.3 m^3/min。如果用压缩空气供风时,设有减压装置和带有阀门控制的呼吸嘴。

(3) 避难所内是否根据设计的最多避难人数配备足够数量的隔离式自救器。

2. 反向风门的安全检查

(1) 在突出煤层的石门揭煤和煤巷掘进工作面进风侧,是否设置至少 2 道牢固可靠的反向风门,风门之间的距离不得小于 4 m。

(2) 人员进入工作面时必须把反向风门打开、顶牢,工作面放炮和无人时,反向风门是否关闭。

3. 远距离爆破的安全检查

(1) 在矿井尚未构成全风压通风的建井初期,在石门揭穿有突出危险煤层的全部作业过程中,与此石门有关的其他工作面必须停止工作,在实施揭穿突出煤层的远距离爆破时,井下全部人员必须撤至地面,井下必须全部断电,立井口附近地面 20 m 范围内或斜井口前方 50 m、两侧 20 m 范围内严禁有任何火源。

(2) 煤巷掘进工作面采用远距离爆破时,放炮地点是否设在进风侧反向风门之外的全风压通风的新鲜风流中或避难所内,放炮地点距工作面的距离由矿技术负责人根据曾经发生的最大突出强度等具体情况确定,但不得小于 300 m;采煤工作面放炮地点到工作面的距离由矿技术负责人根据具体情况确定,但不得小于 100 m。

(3) 远距离爆破时,回风系统是否停电、撤人,放炮后进入工作面检查的时间由矿技术负责人根据情况确定,但不得少于 30 min。

4. 压风自救系统的安全检查

(1) 压风自救装置是否安装在掘进工作面巷道和回采工作面巷道内的压缩空气管道上。

(2) 在以下每个地点都应至少设置一组压风自救装置:距采掘工作面 25～40 m 的巷道内、放炮地点、撤离人员与警戒人员所在的位置以及回风道有人作业处等。在长距离的掘进巷道中,是否根据实际情况增加设置。

(3) 每组压风自救装置是否可供 5～8 个人使用,平均每人的压缩空气供给量不得少于 0.1 m^3/min。

(五) 防突管理与培训的安全检查

(1) 是否按要求设置专业机构和防突队伍。

(2) 有无编制突出事故应急预案,所有有关防突工作的资料必须存档。

(3) 采掘作业时,是否严格执行防突措施的规定并有详细准确的记录。

(4) 突出煤层采掘工作面每班是否设有专职瓦斯检查作业人员并随时检查瓦斯;发现有突出预兆时,瓦斯检查作业人员有权停止作业,协助班组长立即组织人员按避灾路线撤出,并报告矿调度室。

(5) 在突出煤层中,专职爆破作业人员是否固定在同一工作面工作。

(6) 突出矿井的管理人员和井下工作人员是否接受防突知识的培训,经考试合格后方准上岗作业。

四、采区瓦斯治理的安全检查

重点检查:采区瓦斯治理是否有效,是否存在瓦斯积聚;瓦斯管理制度是否健全和有效执行;应急措施和避灾路线是否完善。具体检查内容包括:

(1) 进风井筒、进风大巷、采区进风巷的风流中甲烷和二氧化碳的浓度不得超过 0.5%,超过时现场有关人员应当能够及时采取有效措施。

(2) 采掘工作面风流中氧气浓度不得低于20%。采掘工作面及其回风道风流中的甲烷浓度达到1.0%时,是否停止煤电钻打眼。

(3) 采区回风巷、采掘工作面回风巷风流中甲烷浓度超过1.0%或者二氧化碳浓度超过1.5%时,必须停止工作,撤出人员,采取措施,进行处理。

(4) 爆破地点附近20 m以内风流中甲烷浓度达到或超过1.0%是否严禁爆破作业。

(5) 采掘工作面及其他作业地点风流中、电动机或者其开关安设地点附近20 m以内风流中的甲烷浓度达到1.5%时,是否停止运转,撤出人员,切断电源进行处理。

(6) 采掘工作面及其他巷道内有无体积大于0.5 m³,浓度达2.0%的局部瓦斯积聚地点。

(7) 瓦斯积聚地点附近的20 m范围内是否停止工作,撤出人员,切断电源,进行处理。

(8) 排放瓦斯有无安全措施。

(9) 排放瓦斯时是否有瓦斯检查作业人员在场。

(10) 停风区是否有栅栏、警标禁止人员进入。

(11) 突出工作面是否配有专职瓦斯检查作业人员。

(12) 高瓦斯工作面是否每班检查瓦斯3次,低瓦斯工作面是否每班检查瓦斯2次。

(13) 瓦斯检查是否有记录,是否做到检查牌板(检查箱)、记录、汇报三对口。

(14) 工作面是否有瓦斯检查牌板,是否认真填写。

(15) 瓦斯检查作业人员检查记录是否随身携带,记录是否齐全。

(16) 瓦斯检查作业人员是否在现场交接班,有无脱岗现象,有无漏检行为。

(17) 风电闭锁、甲烷电闭锁、甲烷检测报警等装置是否完好、可靠。

(18) 有关人员是否随身携带便携式甲烷检测报警仪。

(19) 工作面是否执行"一炮三检"和"三人连锁爆破"制度。

(20) 在停风区内是否有人作业。停工区内甲烷或者二氧化碳浓度达到3.0%或者其他有害气体浓度超过规程规定不能立即处理时,是否在24 h内封闭完毕。

五、掘进工作面瓦斯治理的安全检查

安全检查的重点:一是工作面风流中的瓦斯是否超限;二是瓦斯超限时是否按《煤矿安全规程》要求采取了措施;三是是否存在瓦斯积聚;四是瓦斯监测传感器的设置、报警、断电浓度及控制断电范围的设定是否符合规定;五是瓦斯检查是否按规定执行。具体检查内容包括:

(1) 检查进风流甲烷和二氧化碳浓度是否超过0.5%,氧气浓度是否低于20%。

(2) 采掘工作面风流中氧气浓度不得低于20%。采掘工作面及其回风道风流中的甲烷浓度达到1.0%时是否停止煤电钻打眼。

(3) 采掘工作面瓦斯或二氧化碳浓度超过1.5%时是否停止工作,撤出人员,切断电源,采取措施,进行处理。

(4) 爆破地点附近20 m以内风流中甲烷浓度达到1.0%时是否严禁爆破作业。

(5) 采掘工作面及其他作业地点风流中、电动机或者其开关安设地点附近20 m以内风流中的甲烷浓度达到1.5%时,是否停止运转,撤出人员,切断电源进行处理。

(6) 采掘工作面及其他巷道内有无体积大于 0.5 m³，浓度达 2.0%的局部瓦斯积聚地点。

(7) 瓦斯积聚地点附近的 20 m 范围内是否停止工作，撤出人员，切断电源，进行处理。

(8) 停工区内甲烷或者二氧化碳浓度达到 3.0%或者其他有害气体浓度超过规程规定不能立即处理时，必须在 24 h 内封闭完毕。

(9) 瓦斯检查作业人员是否配齐。是否执行瓦斯检查制度、"一炮三检"和"三人连锁爆破"制度。

(10) 工作面是否设置瓦斯检查牌板，是否记录齐全、真实。

(11) 瓦斯检查作业人员检查记录是否随身携带，填写是否齐全、认真，有无脱岗现象。

(12) 瓦斯检测仪器、瓦斯便携仪是否完好，精度能否保证。

(13) 甲烷传感器是否按规定设置和使用，是否定期检验。

【案例 10-1】 2013 年 6 月 2 日，湖南省邵阳市邵东县司马冲煤矿发生重大瓦斯爆炸事故，造成 10 人死亡、3 人重伤、6 人轻伤、直接经济损失 737.1 万元。事故发生经过：2013 年 6 月 2 日中班，全矿 39 人（均未配发、未携带自救器）下井，其中 2 名安全检查工（叶××、梁××）下井带班。19 时 50 分，+168 m Ⅰ煤回采工作面放炮时引发瓦斯爆炸，造成此工作面作业的 3 人死亡。发现瓦斯爆炸后，在 13 采区+168 m Ⅱ煤掘进工作面作业的 2 人迅速撤离，撤至+168 m 运输巷时中毒死亡；在 11 采区作业的人员中，有 5 人撤至+100 m 石门与+100 m 总回风巷交叉点时（此处在瓦斯爆炸后发生垮塌）中毒死亡。事故直接原因：13 采区+168 m Ⅰ煤回采工作面违规采用巷道式采煤、局部通风机供风，风量不足，引起瓦斯积聚并达到爆炸浓度。在未检查瓦斯的情况下违规放炮，因发爆器接线柱产生电弧引起瓦斯爆炸，造成人员伤亡。该事故反映出司马冲煤矿安全生产管理混乱，违反《煤矿领导带班下井及安全监督检查规定》，违规安排未经培训、不具备下井带班要求的安全检查工作为矿领导下井带班。

六、预防瓦斯事故安全技术措施的安全检查

在日常检查中，安全检查作业人员对瓦斯事故预防措施安全检查的重点如下：

(1) 矿井必须加强"一通三防"管理工作，加强领导，明确责任制度，完善管理制度，从严管理，切实把预防瓦斯事故当作矿井整个管理和安全工作的重中之重，抓紧落实，务求实效，坚决杜绝瓦斯事故的发生。

(2) 加强通风管理，防止瓦斯积聚超限。严格按规定对瓦斯进行检查。杜绝瓦斯检查中空班漏检和假报瓦斯检测数据。杜绝超限作业是防止瓦斯事故的基础和关键。

(3) 矿井是否有因停电和检修主要通风机停止运转或通风系统遭到破坏后恢复通风、排除瓦斯和送电的安全措施。恢复正常通风后，所有受到停风影响的地点，都必须经过通风、瓦斯检查人员的检查，证实无危险后，方可恢复工作。所有安装电动机及其开关的地点附近 20 m 的巷道内，都必须检查瓦斯，瓦斯浓度符合《煤矿安全规程》规定后，方可开启。

(4) 临时停工的地点不得停风，否则必须切断电源，设置栅栏、揭示警标，禁止人员进入，并向矿调度室报告。

(5) 恢复已封闭的停风区或采掘工作面接近这些地点时，是否事先排除其中积聚的瓦斯，排除瓦斯工作必须制定安全技术措施。

(6) 杜绝引爆火源，尤其要加强机电设备管理，消灭电气设备失爆。对按钮、电铃、打点

器等常用的、移动的"五小"电器设备,应作为防爆管理和检查的重点。

(7) 加强带式输送机的管理。底托辊和输送机头是关键部位,要防止输送带打滑和底输送带摩擦发热着火引爆瓦斯。因此,要有防滑保护、煤仓堆煤保护和过热保护,还应有烟雾报警、断电和自动喷水灭火装置。

(8) 液力耦合器应使用难燃液,并保持易熔保险塞良好有效,防止过载发热发生火灾引爆瓦斯。

(9) 供电系统是否使用漏电断电保护,防止电缆漏电短路着火引爆瓦斯。所有电缆要认真吊挂不准拖地,电缆上不准有"鸡爪子""羊尾巴"及明接头。

(10) 加强采空区管理,及时封闭,杜绝向采空区跑风漏风,防止采空区产生高温火点引爆瓦斯。

(11) 加强爆破管理,严格规范装配引药、装药和爆破操作。封泥长度是否符合规定并使用水炮泥,严禁放糊炮、明炮和明火爆破。杜绝爆破引爆瓦斯。

第三节 矿井防尘系统安全检查

矿尘是煤矿生产过程中产生的,它对人们的危害不亚于瓦斯。矿尘的危害主要表现在两个方面。一是矿工在生产过程中,长期接触矿尘而引起尘肺病,轻者影响劳动能力,重者丧失劳动能力,甚至死亡;二是煤尘在一定条件下回燃烧或爆炸,给矿工的生命安全带来严重威胁。因此,抓好矿尘防治的安全检查工作,是煤矿安全检查作业人员的重要任务之一。

一、矿井防尘管理的安全检查

1. 防尘管理制度的安全检查

(1) 矿井是否有健全的防尘管理制度,组建防尘组织和队伍,做到制度健全,责任具体,管理严格,防尘措施落实有效。测尘工作由专人负责检测,记录完整。

(2) 矿井是否每年制定综合防尘措施、预防和隔绝煤尘爆炸措施及管理制度,并组织实施。

(3) 矿井每周至少检查 1 次隔爆设施的安装地点、数量、水量或者岩粉量及安装质量是否符合要求。

(4) 高瓦斯矿井、突出矿井和有煤尘爆炸危险的矿井,煤巷和半煤岩巷掘进工作面是否安设隔爆设施

(5) 检查矿井冲尘图表、巷道冲洗记录等资料,看消尘管理制度执行是否到位。

2. 防尘供水系统的安全检查

(1) 没有防尘供水管路的采掘工作面不得生产。

(2) 主要运输巷、带式输送机斜井与平巷、上山与下山、采区运输巷与回风巷、采煤工作面运输巷与回风巷、掘进巷道、煤仓放煤口、溜煤眼放煤口、卸载点等地点是否敷设防尘供水管路,并安设支管和阀门。防尘用水应当过滤。

3. 煤仓和溜煤眼的安全检查

(1) 井下所有煤仓和溜煤眼是否都保持一定的存煤,不得放空;有涌水的可以放空,但放空后放煤口闸板必须关闭并设置导水管。

(2) 溜煤眼不得兼做风眼使用。

(3)煤仓和溜煤眼上部是否设置护栏,现场有警示牌,护栏四周底板垫平填实,不得有空档,严防人员误入造成伤害。

二、矿井防尘系统的安全检查

矿井防尘系统安全检查的重点:一是检查防尘洒水系统的有效性,水量、水压、供水管路等必须满足矿井降尘的需要;二是检查矿井喷雾降尘、洒水降尘的降尘效果等。具体检查内容包括:

(1)蓄水池容水量是否满足矿井防尘洒水的需要,水压是否达到洒水、注水的要求。检查时,根据注水钻场注水量与洒水量之和确定全矿需水量,一般情况下有水源补充时,蓄水池水量应为矿井日需水量的2倍以上;如果水源补充不及时,应为日注水量的10倍。

(2)供水管径是否能满足需要,大巷供水管路每50 m应设置调节阀门,供水管路是否靠帮靠顶,供水管路通过巷道交叉处时不妨碍行人和通车。检查时,应根据用水量和水压进行检查,发现供水不足、管径小、漏水或堵塞时,要及时通知整改。

(3)工作地点的喷洒头是否满足生产的需要,喷雾时应呈雾状,水质应保持清洁,不清洁时应安设过滤装置。检查时主要检查井下煤仓、溜煤眼、翻罐笼、装煤转载点的喷雾装置及其使用。

(4)井巷清扫、冲洗是否正常进行,巷道内无积尘。

(5)矿井是否有完备的防尘资料,包括煤尘爆炸性鉴定报告、矿井综合降尘措施、清扫煤尘记录、防尘洒水系统图、注水钻场、钻孔台账、防尘洒水月报、季报等。

三、矿尘防治的安全检查

重点检查风流中煤尘浓度、沉积积尘的赋存情况、防尘措施的执行情况等。具体内容主要包括:

(1)采区(工作面)风流中的粉尘浓度是否符合《煤矿安全规程》要求,在采区巷道两帮顶、底,管路、支架上存在厚度超过2 mm、长度超过5 m的积尘,必须及时进行清洗处理。

(2)爆破前后是否进行喷雾洒水,并按照规定使用好水炮泥,每个炮眼使用水炮泥数量应符合规定。

(3)采区刮板机、带式输送机、转载点的喷雾洒水装置,是否灵活可靠。

(4)采煤工作面是否采用湿式打眼,采取煤层注水措施时,其注水量、注水时间和水压应满足要求,采煤工作面回风巷应按《煤矿安全规程》规定安设风流净化水幕。

(5)采煤机是否安装内、外喷雾装置。割煤时必须喷雾降尘,内喷雾工作压力不得小于2 MPa,外喷雾工作压力不得小于4 MPa,喷雾流量应当与机型相匹配。无水或者喷雾装置不能正常使用时必须停机;液压支架和放顶煤工作面的放煤口,必须安装喷雾装置,降柱、移架或者放煤时同步喷雾。破碎机必须安装防尘罩和喷雾装置或者除尘器。

(6)掘进机作业时,是否使用内、外喷雾装置,内喷雾装置的工作压力不得小于2 MPa,外喷雾装置的工作压力不得小于4 MPa。在内、外喷雾装置工作稳定性得不到保证的情况下,应当使用与掘进机、掘锚一体机或者连续采煤机联动联控的除降尘装置。

(7)炮采工作面是否采取湿式打眼,使用水炮泥;爆破前、后应冲洗煤壁,爆破时应喷雾降尘,出煤时应洒水。

(8)掘进井巷和硐室时,是否采取湿式钻眼,冲洗井壁巷帮,水炮泥,爆破喷雾,装煤

(岩)洒水和净化风流等综合防尘措施。

（9）注水钻场、钻孔是否满足注水要求，钻孔应有注水表、压力表，并有人经常检查，封孔质量是否合乎要求，有无漏水的地点。

（10）防尘供水管路是否符合防尘、洒水、注水的要求，供水管路应安设控制阀门，供水管路应接到所有供水地点，供水管路有漏水的地点，应及时维修。

（11）开采有煤尘爆炸危险的矿井，是否采取预防或隔绝煤尘爆炸的措施，岩粉棚、水棚、水袋、水槽的岩粉量、水量应满足巷道的需要，隔爆设施安设的位置是应能起到隔爆作用，每个隔爆棚的间距和高度应符合要求，岩粉棚的岩粉经常更换，水棚、水槽的水质应保持清洁，经常补充并清扫槽内的杂物。

（12）煤矿企业是否按国家规定对生产性粉尘进行监测，监测次数符合《煤矿安全规程》第六百四十二条有关规定。

（13）检查工人粉尘个体防护用品是否正常使用。

第四节　矿井防灭火系统安全检查

矿井火灾造成的损伤也是巨大的。据统计，在煤矿发生 10 人以上的事故中，矿井火灾排在第三位，因此抓好矿井防灭火工作是安全检查的重点之一。

一、防灭火系统的安全检查

1. 矿井消防系统的安全检查

（1）矿井是否设地面消防水池和井下消防管路系统。

（2）井下消防管路系统是否敷设到采掘工作面，每隔 100 m 设置支管和阀门，但在带式输送机巷道中应当每隔 50 m 设置支管和阀门。地面的消防水池必须经常保持不少于 200 m^3 的水量。消防用水同生产、生活用水共用同一水池时，应当有确保消防用水的措施。

（3）井上、下是否设置消防材料库，井上消防材料库应当设在井口附近，但不得设在井口房内；井下消防材料库应当设在每一个生产水平的井底车场或者主要运输大巷中，并装备消防车辆；消防材料库储存的消防材料和工具的品种、数量应当符合有关要求，并定期检查和更换；消防材料和工具不得挪作他用。

（4）井下爆炸物品库、机电设备硐室、检修硐室、材料库、井底车场、使用带式输送机或者液力偶合器的巷道以及采掘工作面附近的巷道中，是否备有灭火器材，其数量、规格和存放地点，应当在灾害预防和处理计划中确定。

（5）井上、下工作人员是否熟悉灭火器材的使用方法，并熟悉本职工作区域内灭火器材的存放地点。

（6）每季度是否对井上、下消防管路系统，防火门，消防材料库和消防器材的设置情况进行 1 次检查，发现问题，及时解决。

（7）是否制定井上、下防火措施，并明确建立矿井防灭火责任制度，加强领导，严格管理，防止和杜绝矿井火灾。

（8）开采下部水平的矿井，除地面消防水池外，可以利用上部水平或者生产水平的水仓作为消防水池。

2. 灌浆系统的安全检查

(1) 灌浆站的容积、蓄水池水量、取土场的大小是否满足井下防灭火的要求。检查时,根据井下需浆量进行分析。

(2) 灌浆管管径是否与灌浆量相适应;管路架设平直,靠帮靠腰线以上架设;管路每隔 20～50 m 应有安全阀;检查时应一段一段地检查,发现问题及时通知有关部门整改。

(3) 采区设计是否明确规定巷道布置方式、隔离煤柱尺寸、灌浆系统、疏水系统、预筑防火墙的位置以及采掘顺序。

(4) 安排生产计划时,是否同时安排防火灌浆计划,落实灌浆地点、时间、进度、灌浆浓度和灌浆量。

(5) 对采区开采线、停采线、上下煤柱线内的采空区,是否加强防火灌浆。

(6) 是否有灌浆前疏水和灌浆后防止溃浆、透水的措施。

(7) 在灌浆区下部进行采掘前,必须查明灌浆区内浆水积存情况。发现积存浆水,必须在采掘之前放出;在未放出前,严禁在灌浆区下部进行采掘工作。

3. 注氮系统的安全检查

(1) 氮气源是否稳定可靠,输氮管路是否完善,是否严密不漏气。

(2) 注入的氮气浓度不小于 97%。

(3) 至少有 1 套专用的氮气输送管路系统及其附属安全设施。

(4) 有能连续监测采空区气体成分变化的监测系统。

(5) 有固定或移动的温度观测站(点)和监测手段。

(6) 有专人定期进行检测、分析和整理有关记录以及发现问题及时报告处理等规章制度。

二、外因火灾防治的安全检查

(1) 木料场、矸石山等堆放场距离进风井口不得小于 80 m。木料场距离矸石山不得小于 50 m。

(2) 不得将矸石山设在进风井的主导风向上风侧、表土层 10 m 以浅有煤层的地面上和漏风采空区上方的塌陷范围内。

(3) 新建矿井的永久井架和井口房、以井口为中心的联合建筑,是否用不燃性材料建筑。对现有生产矿井用可燃性材料建筑的井架和井口房,必须制定防火措施。

(4) 进风井口是否装设防火铁门,防火铁门是否严密并易于关闭,打开时不妨碍提升、运输和人员通行,并定期维修;如果不设防火铁门,必须有防止烟火进入矿井的安全措施。

(5) 井口房和通风机房附近 20 m 内,不得有烟火或者用火炉取暖。

(6) 井筒、平硐与各水平的连接处及井底车场,主要绞车道与主要运输巷、回风巷的连接处,井下机电设备硐室,主要巷道内带式输送机机头前后两端各 20 m 范围内,都是否采用不燃性材料支护,在井下和井口房,严禁采用可燃性材料搭设临时操作间、休息间。

(7) 采煤工作面回采结束后,是否在 45 天内进行永久性封闭。

(8) 在井下主要硐室、主要进风井巷和井口房内进行电焊、气焊和喷灯焊接等工作,每次都是否制定安全措施,经矿长批准,并遵守下列规定:在有煤与瓦斯突出危险的矿井中进行电焊、气焊和喷灯焊接时,必须停止突出危险区内的一切工作;煤层中未采用砌碹或喷浆封闭的主要硐室和主要进风大巷中,不得进行电焊、气焊和喷灯焊接等工作;指定专人在现场检查和监督;工作地点的前后两端各 10 m 的井巷范围内,必须使用不燃性材料支护;工作地点的风流中,瓦斯浓度不得超过 0.5%;焊接工作完成后,工作地点应再次洒水,并安排专人在现场检查 1 小时,确认安全后,方可离开。

(9) 井下使用的汽油、煤油是否装入盖严的铁桶内,由专人押运送至使用地点,剩余的汽油、煤油必须运回地面,严禁在井下存放。

(10) 井下使用的润滑油、棉纱、布头和纸等,是否存放在盖严的铁桶内。用过的棉纱、布头和纸,也必须放在盖严的铁桶内,并由专人定期送到地面处理,不得乱放乱扔。严禁将剩油、废油泼洒在井巷或者硐室内。

(11) 井下清洗风动工具时,是否在专用硐室内进行,并必须使用不燃性和无毒性洗涤剂。

(12) 煤矿使用的空气压缩机的风包安装位置是否符合下列要求:应安设在空气畅通的地方;应和固定式压缩机分别设置在 2 个硐室内;在超温时可自动切断电源并报警;必须定期清除风包内的油垢。

三、内因火灾防治的安全检查

(1) 生产矿井延深新水平时,是否对所有煤层的自燃倾向性进行鉴定。

(2) 开采容易自燃和自燃煤层的矿井,是否编制防灭火专项设计或者采取综合防灭火措施。

(3) 开采容易自燃和自燃煤层时,采煤工作面是否采用后退式开采,并根据采取防火措施后的煤层自然发火期确定采(盘)区开采期限。在地质构造复杂、断层带、残留煤柱等区域开采时,是否根据矿井地质和开采技术条件,在作业规程中另行确定采(盘)区开采方式和开采期限。回采过程中不得任意留设设计外煤柱和顶煤。采煤工作面采到终采线时,是否采取措施使顶板冒落严实。

(4) 开采容易自燃和自燃煤层时,是否制定防治采空区(特别是工作面始采线、终采线、上下煤柱线和三角点)、巷道高冒区、煤柱破坏区自然发火的技术措施。

(5) 开采容易自燃和自燃的煤层时,在采区开采设计中,是否预先选定构筑防火门的位置,当采煤工作面投产和通风系统形成后,必须按设计选定的防火门位置构筑好防火门墙,并储备足够数量的封闭防火门的材料。

(6) 采煤工作面回采结束后,是否在 45 天内进行永久性封闭。

(7) 开采容易自燃和自燃的煤层时,在采区开采设计中,是否明确选定自然发火观测站或观测点的位置并建立监测系统、确定煤层自然发火的标志性气体和建立自然发火预测预报制度。

(8) 对开采容易自燃和自燃的单一厚煤层或者煤层群的矿井,集中运输大巷和总回风巷布置在容易自燃和自燃的煤层内时,是否锚喷或者砌碹,碹后的空隙和冒落处必须用不燃性材料充填密实,或者用无腐蚀性、无毒性的材料进行处理。

(9) 在容易自燃和自燃的煤层中掘进巷道时,对巷道中出现的冒顶区是否及时防火处理,并定期检查。

(10) 开采容易自燃和自燃的急倾斜煤层用垮落法管理顶板时,在主石门和采区运输石门上方,是否留有煤柱。禁止采掘留在主石门上方的煤柱。留在采区运输石门上方的煤柱,在采区结束后可以回收,但必须采取防止自然发火措施。

(11) 检查现场 CO 和温度传感器,用携带的 CO 检定器和温度计检测校对。

(12) 检查堵漏风措施的实施情况,是否能有效地减少向采空区、冒高区、煤柱破坏区漏风。

四、火区管理的安全检查

(1) 煤矿是否绘制火区位置关系图,注明所有火区和曾经发火的地点。每一处火区都要按形成的先后顺序进行编号,并建立火区管理卡片。火区位置关系图和火区管理卡片必须永久保存。

(2) 永久性密闭墙的管理是否遵守下列规定:

① 每个密闭墙附近必须设置栅栏、警标,禁止人员入内,并悬挂说明牌。

② 定期测定和分析密闭墙内的气体成分和空气温度。

③ 定期检查密闭墙外的空气温度、瓦斯浓度,密闭墙内外空气压差以及密闭墙墙体。发现封闭不严、有其他缺陷或者火区有异常变化时,必须采取措施及时处理。

④ 所有测定和检查结果,必须记入防火记录簿;矿井做大幅度风量调整时,应当测定密闭墙内的气体成分和空气温度。

⑤ 井下所有永久性密闭墙都应当编号,并在火区位置关系图中注明。

(3) 启封已熄灭的火区前,是否制定安全措施,并严格遵守《煤矿安全规程》的有关规定:

① 启封火区时,应当逐段恢复通风,同时测定回风流中一氧化碳、甲烷浓度和风流温度。发现复燃征兆时,必须立即停止向火区送风,并重新封闭火区。启封火区和恢复火区初期通风等工作,必须由矿山救护队负责进行,火区回风风流所经过的巷道中的人员必须全部撤出。

② 在启封火区工作完毕后的 3 天内,每班必须由矿山救护队检查通风工作,并测定水温、空气温度和空气成分。只有在确认火区完全熄灭、通风等情况良好后,方可进行生产工作。

(4) 不得在火区的同一煤层的周围进行采掘工作。在同一煤层同一水平的火区两侧、煤层倾角小于 35°的火区下部区段、火区下方邻近煤层进行采掘时,是否编制设计,并遵守下列规定:必须留有足够宽(厚)度的隔离火区煤(岩)柱,回采时及回采后能有效隔离火区,不影响火区的灭火工作。掘进巷道时,必须有防止误冒、误透火区的安全措施。煤层倾角在35°及以上的火区下部区段严禁进行采掘工作。

【案例 10-2】 2013 年 2 月 28 日,艾家沟矿业公司井下发生一起重大火灾事故,造成 13 人死亡,直接经济损失 1425.08 万元。事故直接原因:维修密闭作业使用无煤安标志的空气压缩机,空气压缩机着火,引燃附近区域巷道木支护,产生大量有毒、有害气体,造成下风侧 12 名工人 CO 中毒死亡、1 人失踪。煤矿应吸取本次事故教训,加强井下机电设备的使用管理和检查,要开展井下机电设备安全情况的大检查,对排查出的非矿用、明令淘汰、不符合规定的机电设备,要按要求限期进行更换,纳入煤矿矿用安全标志管理的设备无煤安标志,严禁入井使用。

第十一章 矿井电气系统安全检查

本章培训与考核要点：
- 熟练掌握地面供电系统安全检查方法；
- 熟练掌握电气设备安全检查方法；
- 熟练掌握井下电网过流保护安全检查方法；
- 熟练掌握井下电网漏电保护安全检查方法；
- 熟练掌握井下电气设备保护接地安全检查方法；
- 熟练掌握电缆的安全检查方法；
- 熟练掌握机电设备硐室安全检查方法；
- 熟练掌握井下电气设备检修、停送电作业的安全检查方法；
- 熟练掌握供电系统双回路分列运行、双风机双电源、"三专两闭锁"的安全检查方法。

第一节 地面供电系统安全检查

煤矿中的主要通风机、升降人员的立井提升设备、抽放瓦斯设备、主排水设备、矿井地面和井下中央变（配）电所等均属一级负荷，必须保证矿井和主要设备供电的安全可靠。

一、检查地面供电系统图

（1）矿井应当有两回路电源线路。检查矿井地面变电所两回路的开关柜，备用回路馈电开关柜的电压表应有电压显示，电流表应无电流显示。

（2）两回路电源线路应分别来自两个不同变电站或者来自不同电源进线的同一变电站的两段母线。

（3）当任一回路发生故障停止供电时，另一回路应当担负矿井全部用电负荷。

（4）矿井的两回路电源线路上都不得分接任何负荷。

（5）10 kV 及以下的矿井架空电源线路不得共杆架设。

（6）矿井电源线路上严禁装设负荷定量器等各种限电断电装置。

（7）向突出矿井自救系统供风的压风机、井下移动瓦斯抽采泵应当各有两回路直接由变（配）电所馈出的供电线路。

（8）采用单回路供电时，必须有备用电源。备用电源的容量必须满足通风、排水、提升等要求，并保证主要通风机等在 10 min 内可靠启动和运行。

（9）备用电源应当有专人负责管理和维护，每 10 天至少进行一次启动和运行试验，试验期间不得影响矿井通风等，试验记录要存档备查。

(10) 矿井电源应当采用分列运行方式。若一回路运行,另一回路必须带电备用。

(11) 带电备用电源的变压器可以热备用;若冷备用,备用电源必须能及时投入,保证主要通风机在 10 min 内启动和运行。

二、检查地面中央变电所

(1) 矿井供电主变压器运行方式可靠,主变压器容量满足需要。

(2) 主要通风机、提升人员的提升机、抽采瓦斯泵、地面安全监控中心等主要设备房,应当各有两回路直接由变(配)电所馈出的供电线路;受条件限制时,其中的一回路可引自上述设备房的配电装置。

(3) 直供电机开关或带有电容器的开关有欠压保护,有过电流保护。

(4) 防护栅栏、防护门的闭锁装置安全可靠。继电保护装置齐全、定值准确、动作灵敏可靠,高压配电系统装设选择性的接地保护。

(5) 检查防护用具:防火器材齐全,存放整齐;有验电、放电接地设施,绝缘用具齐全。

(6) 向采区供电的同一电源线路上,串接的采区变电所数量不得超过 3 个。

(7) 严禁由地面中性点直接接地的变压器或者发电机直接向井下供电。

(8) 单相接地电容电流符合要求,无功补偿合理可靠。

(9) 要执行电气工作票、操作票制度。

(10) 变电所应有可靠的操作电源。

(11) 矿井变电所的电话能与上级变电所、电力调度及矿调度室直接联系,并有录音功能。

(12) 实现地面集中监控并有图像监视的变电所可以不设专人值班,硐室必须关门加锁,并有巡检人员巡回检查。

(13) 接地、防雷设施安装符合有关规定,有测试记录。

第二节 井下电气设备防爆安全检查

一、防爆电气设备的现场安全检查

1. 矿井电气设备的选用与使用环境的安全检查

(1) 防爆电气设备到矿验收时,是否检查产品合格证、煤矿矿用产品安全标志,并核查与安全标志审核的一致性。入井前,应当进行防爆检查,签发合格证后方准入井。

(2) 井下防爆电气设备的运行、维护和修理,是否符合防爆性能的各项技术要求。防爆性能遭受破坏的电气设备,必须立即处理或者更换,严禁继续使用。

2. 隔爆型电气设备的安全检查

(1) 井下隔爆型电气设备是否经过考试合格的防爆电气设备检查员检查其安全性能,并签发合格证。选用井下电气设备必须符合表 11-1 的要求。

(2) 外壳是否完整无损,无裂痕和变形,并有清晰的铭牌和"MA"矿用产品安全标志。

(3) 外壳的紧固件、密封件、接地件是否齐全完好。

(4) 隔爆接合面的间隙和有效宽度是否符合规定,隔爆接合面的粗糙度、螺纹隔爆结构的拧入深度和啮合扣数符合规定。

表 11-1　井下电气设备选型

设备类别	突出矿井和瓦斯喷出区域	高瓦斯矿井、低瓦斯矿井				
		井底车场、中央变电所、总进风巷和主要进风巷		翻车机硐室	采区进风巷	总回风巷、主要回风巷、采区回风巷、采掘工作面和工作面进、回风巷
		低瓦斯矿井	高瓦斯矿井			
高低压电机和电气设备	矿用防爆型(增安型除外)	矿用一般型	矿用一般型	矿用防爆型	矿用防爆型	矿用防爆型(增安型除外)
照明灯具	矿用防爆型(增安型除外)	矿用一般型	矿用防爆型	矿用防爆型	矿用防爆型	矿用防爆型(矿用增安型除外)
通信、自动控制的仪表、仪器	矿用防爆型(增安型除外)	矿用一般型	矿用防爆型	矿用防爆型	矿用防爆型	矿用防爆型(增安型除外)

(5) 电缆接线盒和电缆引入装置是否完好,零部件是否齐全,有无缺损,电缆连接是否牢固可靠。与电缆连接时,一个电缆引入装置是否只连接一条电缆;电缆与密封圈之间是否包扎其他物;不用的电缆引入装置是否用钢板堵死。

(6) 联锁装置功能完整,保证电源接通打不开盖,开盖送不上电;内部电气元件、保护装置完好无损、动作可靠。

(7) 接线盒内裸露导电芯线之间的电气间隙是否符合规定。导电芯线是否有毛刺。外壳内部是否随意增加了元部件,是否能防止电器间隙小于规定值。

(8) 在设备输出端断电后,壳内仍有带电部件时,是否在其上装设防护绝缘盖板,并标明"带电"字样,防止人身触电事故。

(9) 接线盒内的接地芯线是否比导电芯线长,即使导线被拉脱,接地芯线仍保持连接;接线盒内保持清洁,无杂物和导电线丝。

(10) 隔爆馈电开关短路、过载动作是否可靠。开关手柄、指示装置在各种工作状态下位置正确,动作灵活。各种连锁、闭锁与手柄、按钮之间动作关系清楚。各种指示灯的指示与手柄、按钮状态相符,颜色正确。

(11) 隔爆真空磁力启动器的真空接触器、真空隔离开关、真空灭弧室是否完好,螺钉紧固,机构灵活,隔爆间隙符合要求。用 500 V 摇表测绝缘电阻,主回路不得小于 5 MΩ,控制回路不得小于 0.5 MΩ。

(12) 异步电动机各部分螺栓是否紧固,引出线标志是否正确,转子转动灵活。直流电阻误差不超过平均值的 4%,对地绝缘电阻和相间绝缘电阻不小于 5 MΩ。

(13) 隔爆型电气设备安装地点有无滴水、淋水,周围有无杂物,围岩是否坚固。

(14) 隔爆型电气设备是否安装上架,固定平稳。设备放置是否与地平面垂直,最大倾斜角度是否符合规定。

(15) 是否使用失爆设备及失爆的小型电器。

二、井下供电系统的安全检查

(1) 对井下各水平中央变(配)电所和采(盘)区变(配)电所、主排水泵房和下山开采的采区排水泵房供电线路,不得少于两回路。当任一回路停止供电时,其余回路应当承担全部用电负荷。

(2) 向局部通风机供电的井下变(配)电所是否采用分列运行方式。

(3) 向突出矿井自救系统供风的压风机、井下移动瓦斯抽采泵是否各有两回路直接由变(配)电所馈出的供电线路。

(4) 主要设备房供电线路是否来自各自的变压器和母线段,线路上不应分接任何负荷。

(5) 主要设备的控制回路和辅助设备,是否有与主要设备同等可靠的备用电源。

(6) 各级变电所运行管理是否符合规定,矿井、采区及采掘工作面等供电地点均有合格的供电系统设计,应符合现场实际。

(7) 是否按期进行继电保护核算、调校、整定和试验。

(8) 是否实行停送电审批和票证制度;电力调度室、变电所停送电记录齐全。

(9) 井下变电所及高压配电点是否设有电话,并能与矿调度室直接联系。

(10) 井下变电所、配电点是否有供电系统图。井下电气设备布置示意图和供电线路平面敷设示意图,并随着情况变化定期填绘。

(11) 高压开关是否安装欠压释放保护、短路保护、过负荷保护。中央变电所必须安装有选择性接地保护装置,真空高压隔爆开关应装设过电压保护。

(12) 采掘工作面供电是否符合《煤矿安全规程》规定,采掘工作面及规定地点的风电、瓦斯电闭锁应灵敏可靠,按要求进行试验,并有试验记录。

(13) 低压馈电线上是否装设短路、过负荷和漏电保护装置,并有检漏或有选择性的漏电保护装置;按要求进行试验,有试验记录;辅助接地符合要求。

(14) 电动机控制开关是否使用真空磁力启动器,保护符合《煤矿安全规程》规定,电动机不运行或检修时必须断开隔离开关。

(15) 保护接地装置是否符合要求。严禁井下配电变压器中性点直接接地。

(16) 容易碰到的、裸露的带电体及机械外露的转动和传动部分是否加装护罩或者遮拦等防护设施。

(17) 动力电缆、信号电缆和控制电缆是否采用煤矿用阻燃电缆,电缆接头及接线方式和工艺符合要求。

【案例 11-1】 2022 年 7 月 9 日,霍州煤电集团有限责任公司辛置煤矿井下东四左翼煤柱 A 面副巷口以里 320 m 处发生一起一般机电事故,造成 1 人死亡,直接经济损失 172.8 万元。事故直接原因:作业人员在未确认停电、未戴绝缘护具的情况下,右手拿专用内六方套筒触碰带电的 BHG-400 接线盒高压接线柱,左手触碰到接线盒端壳,形成导电回路被高压电击。事故还反映出该煤矿现场安全管理不到位,安全监护人员、跟班人员未与作业人员联系、未到作业现场安全确认、未监督好职工的规范操作、未及时制止违章作业。

第三节 井下电网保护安全检查

一、井下电网过流保护的现场安全检查

凡是流过电气设备的电流超过额定值,都叫做过电流,简称过流。过流会使设备绝缘老化,绝缘能力降低、破损,降低设备的使用寿命,烧坏电气设备,引发电气火灾,引起瓦斯、煤

尘爆炸。过流严重威胁到矿井的安全生产，因此过流故障现场检查尤为重要。

根据《煤矿安全规程》第四百五十一条的规定：井下由采区变电所、移动变电站或者配电点引出的馈电线上，必须具有短路、过负荷和漏电保护。低压电动机的控制设备，必须具备短路、过负荷、单相断线、漏电闭锁保护及远程控制功能。过流检查主要涉及7个方面的内容。

1. 对选择的电气设备的安全检查

（1）电气设备额定电压与所在电网的额定电压是否相适应。

（2）所选电气设备的额定电流是否大于或等于其最大实际工作电流。

（3）电缆截面的选用是否符合设备容量的要求。

（4）高、低压开关设备切断短路电流的能力，即开关的额定断流容量是否大于或等于线路可能产生的最大三相短路电流（其短路点应选在开关的负荷侧端子上）。

2. 电气设备使用的安全检查

（1）电气设备安装前后测量其绝缘电阻值是否合格，使用中是否定期测试电气设备的绝缘。

（2）安装地点能否使电气设备免遭碰撞、砸压和淋水的影响。

（3）电缆的敷设和连接是否遵守《煤矿安全规程》的要求，不得将电缆浸泡在水沟里，要防止砸、碰、压电缆，发现问题及时处理。

3. 对过流保护装置整定值的安全检查

过流保护分为短路保护、过负荷保护和断相保护。井下各类电气设备应具备的保护，可按表11-2所列各项进行检查。

表 11-2　各类电气设备应具备的保护

内容＼类别	短路保护	过负荷保护	单相保护	欠电压释放保护
井下高压电动机和动力变压器的高压侧	√	√	—	√
由采区变电所移动变压站或配电点引出的馈电线上	√	√	—	—
低压电动机	√	√	√	—

4. 短路保护的安全检查

短路是指不等电位的两点通过导体直接短接的现象。电力系统中的短路主要发生在相与相、相与地之间。煤矿供电系统由于采用变压器中性点不接地的三相供电系统，短路故障只有两相短路、三相短路两种形式。短路电流比额定电流大几十倍，甚至上百倍，在极短的时间内就能造成电缆、电气设备烧毁，供电中断和火灾事故。所以，要求短路保护动作迅速，必须在没造成危害之前切断电源。短路的主要原因是绝缘老化、外力导致的绝缘损坏、弧光短路、误操作等。

5. 相短路保护的安全检查

《煤矿安全规程》第四百五十二条规定：井下配电网路（变压器馈出线路、电动机等）必须具有过流、短路保护装置；必须用该配电网路的最大三相短路电流校验开关设备的分断能力和动、热稳定性以及电缆的热稳定性。

必须用最小两相短路电流校验保护装置的可靠动作系数。保护装置必须保证配电网路中最大容量的电气设备或者同时工作成组的电气设备能够起动。

检查校验开关设备的分断能力和动、热稳定性，以及电缆的热稳定性的检查记录，符合以下规定：

(1) 开关断路器最大分断电流峰值大于最大三相短路电流冲击值。

(2) 电缆的实际截面大于短路热校验所允许的最小截面。

两相短路电流的检查：

(1) 检查开关铭牌标定的两相短路电流是否与供电系统图中一致。

(2) 检查开关两相短路电流保护整定值是否正确。

(3) 检查短路保护装置的整定值与最小两项短路电流是否满足要求。

6. 对选择的熔体额定电流的安全检查

根据现场负荷情况，检查选择的熔体额定电流是否正确，然后再按短路电流进行校验。

7. 对千伏级电网过载及过流保护装置整定值的安全检查

千伏级（3300 V，1140 V）电网国产设备都装设有过负荷、短路、漏电保护装置，应在现场对其过负荷、短路、漏电保护的整定是否正确进行检查。

二、井下电网漏电保护的现场安全检查

当电气设备或导线的绝缘损坏或人体触及一相带电体时，电源和大地形成回路，有电流流过的现象，称为漏电。电网漏电有可能引起矿井瓦斯、煤尘爆炸或增大人身触电的危险性。长时间漏电可能造成电气火灾，工作面漏电可能引爆电雷管，造成人身伤亡事故。

根据《煤矿安全规程》第四百五十三条的规定：井上、下变电所的高压馈电线上，必须具备有选择性的单相接地保护；向移动变电站和电动机供电的高压馈电线上，必须具有选择性的动作于跳闸的单相接地保护。

井下低压馈电线上，必须装设检漏保护装置或者有选择性的漏电保护装置，保证自动切断漏电的馈电线路。

每天必须对低压漏电保护进行1次跳闸试验。

煤电钻必须使用具有检漏、漏电闭锁、短路、过负荷、断相和远距离控制功能的综合保护装置。每班使用前，必须对煤电钻综合保护装置进行1次跳闸试验。

安全检查作业人员对漏电保护装置的安装、运行、试验等检查的重点是：

(1) 检查检漏继电器的外观、防爆性能是否完好。

(2) 供检漏保护装置作检验用的辅助接地线，是否是橡套电缆，其芯线总面积不小于10 mm^2。辅助接地极应单独设置，规格要求与局部接地极相同，距局部接地极的直线距离不小于5 m。

(3) 检漏继电器是否与带跳闸线圈的自动馈电开关一起使用，不能在同一电网中使用两台或更多的检漏继电器。

(4) 检漏继电器是否水平安装在适当高度的支架上，并要求动作可靠，便于检查试验。

(5) 值班电工每天是否对检漏继电器的运行情况进行一次检查，是否有试验记录，检查试验记录内容是否符合要求。

(6) 观察欧姆表的指示数值是否正常。当电网绝缘 1140 V 低于 50 kΩ，660 V 低于 30 kΩ，380 V 低于 15 kΩ，127 V 低于 10 kΩ 时，应及时采取措施，设法提高电网绝缘电阻

值,尽量避免自动跳闸。

(7) 运行中的电气设备绝缘是否受潮或进水。发生故障的设备或电缆在未消除故障以前,禁止投入运行。

(8) 局部接地极和辅助接地极的安设是否良好。

(9) 电缆运行中是否受到机械或外力伤害、挤压、砍砸、过度弯曲而产生裂口。

(10) 电缆与设备连接是否牢固,运行中是否有接头松动脱落或与外壳相连或发热烧毁绝缘现象。设备内部导线绝缘是否损坏,造成与外壳相连。

(11) 操作电气设备时,是否有弧光放电产生。

(12) 电气设备与电缆是否因过负荷运行而损坏或直接烧毁绝缘。

在检查以上各项保护时,可以通过试验按钮进行试验,以检验保护装置是否灵敏可靠。

【案例 11-2】 2021 年 5 月 2 日,山西榆次官窑煤业井下一采区 15 号下 0110 运输巷掘进工作面约 252 m 处,发生一起机电事故,造成 1 人死亡,直接经济损失 191.8 万元。事故原因分析:水泵电缆存在破口,馈电开关漏电保护失效;日常机电设备、电缆管理混乱,井下机电设备维护保养不及时,未按照规定对井下馈电开关进行定期的漏电试验,2 号排水点潜水泵所用电缆老化,存在破口,机电管理人员及作业人员未及时检查发现;官窑煤业、乌金投资公司及相关部门对现场的安全隐患排查不到位,安全检查走过场,未能排查出 15 号下 0110 运输巷 2 号排水点馈电开关漏电保护失效、电缆破口等隐患。

第四节　井下电气设备保护接地安全检查

根据《煤矿安全规程》第四百七十五条的规定:电压在 36 V 以上和由于绝缘损坏可能带有危险电压的电气设备的金属外壳、构架,铠装电缆的钢带(钢丝)、铅皮(屏蔽护套)等必须有保护接地。

一、保护接地外壳的安全检查

(1) 设备外壳的保护接地连接线是否完整、连续,接头不得松动、锈蚀,接地线无断裂,断面符合要求。电气设备的外壳与接地母线、辅助接地母线或者局部接地极的连接,电缆连接装置两头的铠装、铅皮的连接,应当采用截面不小于 25 mm^2 的铜线,或者截面不小于 50 mm^2 的耐腐铁线,或者厚度不小于 4 mm、截面不小于 50 mm^2 的耐腐蚀扁钢。

(2) 每台电气设备是否使用独立的导线与接地母线相连接,设备是否串联接地,是否使用专用的接地螺钉。

(3) 接地连接导线与接地母线相连接时,是否焊接。如果是螺钉连接,是否用镀锌或镀锡螺钉和螺母接牢;绞接是否牢固。

(4) 接地装置的材料是否使用铜材或钢材。

(5) 所有电气设备的保护接地装置(包括电缆的铠装、铅皮、接地芯线)和局部接地装置,是否与主接地极连接成 1 个总接地网。

二、保护接地网的安全检查

1. 主接地极

(1) 主接地极是否在主、副水仓中各埋设 1 块。主接地极应当用耐腐蚀的钢板制成,其面积不得小于 0.75 m²、厚度不得小于 5 mm。

(2) 连接主接地极母线,是否采用截面不小于 50 mm² 的铜线,或者截面不小于 100 mm² 的耐腐蚀铁线,或者厚度不小于 4 mm、截面不小于 100 mm² 的耐腐蚀扁钢。

(3) 在钻孔中敷设的电缆和地面直接分区供电的电缆,不能与井下主接地极连接时,是否单独形成分区总接地网,其接地电阻值不得超过 2 Ω。

(4) 采场的架空线主接地极是否不少于 2 组。主接地极是否设在电阻率低的地方,每组接地电阻值不得大于 4 Ω,在土壤电阻率大于 1000 Ωmm²/m 的地区,不得超过 30 Ω。

2. 局部接地极

(1) 采区变电所(包括移动变电站和移动变压器)、装有电气设备的硐室和单独装设的高压电气设备,低压配电点或装有 3 台以上电气设备的地点,无低压配电点的采煤工作面的运输巷、回风巷、带式输送机巷以及由变电所单独供电的掘进工作面(至少分别设置 1 个局部接地极),连接高压动力电缆的金属连接装置,是否装设局部接地极。

(2) 局部接地极可以设置于巷道水沟内或者其他就近的潮湿处。

(3) 设置在水沟中的局部接地极是否用面积不小于 0.6 m²、厚度不小于 3 mm 的钢板或者具有同等有效面积的钢管制成,并平放于水沟深处。

(4) 设置在其他地点的局部接地极,可以用直径不小于 35 mm、长度不小于 1.5 m 的钢管制成,管上至少钻 20 个直径不小于 5 mm 的透孔,并全部垂直埋入底板;也可用直径不小于 22 mm、长度为 1 m 的 2 根钢管制成,每根管上钻 10 个直径不小于 5 mm 的透孔,2 根钢管相距不得小于 5 m,并联后垂直埋入底板,垂直埋深不得小于 0.75 m。

(5) 查看主接地极和局部接地极时,可以提出水面检查,如发现接触不良或严重锈蚀等缺陷,即为不合格(注意:主副水仓中的主接地极不得同时提出检查,必须保证 1 个正常工作)。

(6) 采掘移动设备与架空线接地极之间的电阻值不得大于 1 Ω。接地线和设备的金属外壳的接触电压不得大于 36 V。

(7) 井下所有电气开关的闭锁装置是否装设可靠的防止擅自送电、防止擅自开盖操作的装置。

三、保护接地测试的安全检查

(1) 任一组主接地极断开时,井下总接地网上任一保护接地点的接地电阻值,不得超过 2 Ω。

(2) 每一移动式和手持式电气设备至局部接地极之间的保护接地用的电缆芯线和接地连接导线的电阻值,不得超过 1 Ω。超过时应及时更换。

(3) 检查接地电阻测试记录,每季度至少 1 次。

(4) 橡套电缆的接地芯线,除用作监测接地回路外,不得兼作他用。

第五节　井下电缆的安全检查

一、电缆选用的安全检查

(1) 电缆主线芯的截面是否满足供电线路负荷的要求。

(2) 电缆是否带有供保护接地用的足够截面的导体。

(3) 在立井井筒或者倾角为 45°及其以上的井巷内,是否采用煤矿用粗钢丝铠装电力电缆。

(4) 在水平巷道或者倾角在 45°以下的井巷内,是否采用煤矿用钢带或者细钢丝铠装电力电缆。

(5) 在进风斜井、井底车场及其附近、中央变电所至采区变电所之间,可以采用铝芯电缆;其他地点必须采用铜芯电缆。

(6) 固定敷设的低压电缆,是否采用煤矿用铠装或者非铠装电力电缆或者对应电压等级的煤矿用橡套软电缆。

(7) 非固定敷设的高低压电缆,是否采用煤矿用橡套软电缆。

(8) 移动式和手持式电气设备是否使用专用橡套电缆。

二、电缆敷设与悬挂的安全检查

(1) 在水平巷道或者倾角在 30°以下的井巷中,电缆是否用吊钩悬挂。

(2) 在立井井筒或者倾角在 30°及以上的井巷中,电缆是否用夹子、卡箍或者其他夹持装置进行敷设。夹持装置应当能承受电缆重量,并不得损伤电缆。

(3) 水平巷道或者倾斜井巷中悬挂的电缆是否有适当的弛度,并能在意外受力时自由坠落。其悬挂高度应当保证电缆在矿车掉道时不受撞击,在电缆坠落时不落在轨道或者输送机上。

(4) 电缆悬挂点间距,在水平巷道或者倾斜井巷内不得超过 3 m,在立井井筒内不得超过 6 m。

(5) 沿钻孔敷设的电缆是否绑紧在钢丝绳上,钻孔必须加装套管。

(6) 电缆不应悬挂在管道上,不得遭受淋水。电缆上严禁悬挂任何物件。

(7) 电缆与压风管、供水管在巷道同一侧敷设时,是否敷设在管子上方,并保持 0.3 m 以上的距离。在有瓦斯抽采管路的巷道内,电缆(包括通信电缆)必须与瓦斯抽采管路分挂在巷道两侧。盘圈或者盘"8"字形的电缆不得带电,但给采、掘等移动设备供电电缆及通信、信号电缆不受此限。

(8) 井筒和巷道内的通信和信号电缆是否与电力电缆分挂在井巷的两侧,如果受条件所限:在井筒内,是否敷设在距电力电缆 0.3 m 以外的地方;在巷道内,是否敷设在电力电缆上方 0.1 m 以上的地方。

(9) 高、低压电力电缆敷设在巷道同一侧时,高、低压电缆之间的距离是否大于 0.1 m。高压电缆之间、低压电缆之间的距离不得小于 50 mm。

(10) 井下巷道内的电缆,沿线每隔一定距离、拐弯或者分支点以及连接不同直径电缆的接线盒两端、穿墙电缆的墙的两边都是否设置注有编号、用途、电压和截面的标志牌。

(11) 立井井筒中敷设的电缆中间不得有接头;因井筒太深需设接头时,应当将接头设在中间水平巷道内。

(12) 运行中因故需要增设接头而又无中间水平巷道可以利用时,可以在井筒中设置接线盒。接线盒是否放置在托架上,不应使接头承力。

(13) 电缆穿过墙壁部分是否用套管保护,并严密封堵管口。

三、电缆连接的安全检查

(1) 检查电缆线路绝缘和耐压试验记录,是否齐全、真实。

(2) 电缆与电气设备连接时,电缆线芯是否使用齿形压线板(卡爪)、线鼻子或者快速连接器与电气设备进行连接。

(3) 不同型电缆之间严禁直接连接,是否经过符合要求的接线盒、连接器或者母线盒进行连接。

(4) 电缆的末端是否没接装防爆电气设备或防爆元件。

(5) 铠装电缆的连接接线盒是否未灌注绝缘充填物或充填不严密漏出芯线的接头。

(6) 同型电缆之间直接连接时是否遵守下列规定:

① 橡套电缆的修补连接(包括绝缘、护套已损坏的橡套电缆的修补)是否采用阻燃材料进行硫化热补或者与热补有同等效能的冷补。在地面热补或者冷补后的橡套电缆,是否经浸水耐压试验,合格后下井使用。

② 塑料电缆连接处的机械强度以及电气、防潮密封、老化等性能,是否符合该型矿用电缆的技术标准。

第六节 井下机电设备硐室安全检查

(1) 永久性井下中央变电所和井底车场内的其他机电设备硐室,是否采用砌碹或者其他可靠的方式支护,采区变电所应当用不燃性材料支护。

(2) 硐室是否装设向外开的防火铁门。铁门全部敞开时,不得妨碍运输。铁门上应当装设便于关严的通风孔。装有铁门时,门内可加设向外开的铁栅栏门,但不得妨碍铁门的开闭。

(3) 从硐室出口防火铁门起 5 m 内的巷道,是否砌碹或者用其他不燃性材料支护。硐室内必须设置足够数量的扑灭电气火灾的灭火器材。

(4) 井下中央变电所和主要排水泵房的地面标高,是否分别比其出口与井底车场或者大巷连接处的底板标高高出 0.5 m。

(5) 硐室不应有滴水。硐室的过道是否保持畅通,严禁存放无关的设备和物件。

(6) 采掘工作面配电点的位置和空间是否满足设备安装、拆除、检修和运输等要求,并采用不燃性材料支护。

(7) 变电硐室长度超过 6 m 时,是否在硐室的两端各设 1 个出口。

(8) 硐室内各种设备与墙壁之间是否留出 0.5 m 以上的通道,各种设备之间留出 0.8 m 以上的通道。对不需从两侧或者后面进行检修的设备,可以不留通道。

(9) 硐室入口处是否悬挂"非工作人员禁止入内"警示牌。硐室内必须悬挂与实际相符的供电系统图。硐室内有高压电气设备时,入口处和硐室内必须醒目悬挂"高压危险"警示牌。

(10) 硐室内的设备,是否分别编号、标明用途,并有停送电的标志。

(11) 井下充电室是否有独立的通风系统,回风风流应当引入回风巷。

(12) 井下充电室,在同一时间内,5 t 及以下的电机车充电电池的数量不超过 3 组、5 t 以上的电机车充电电池的数量不超过 1 组时,可不采用独立通风,但必须在新鲜风流中。

（13）井下充电室风流中以及局部积聚处的氢气浓度，是否不超过 0.5%。

（14）井下机电设备硐室是否设在进风风流中；采用扩散通风的硐室，其深度不得超过 6 m、入口宽度不得小于 1.5 m，并且无瓦斯涌出。

（15）井下个别机电设备设在回风流中的，是否安装甲烷传感器并实现甲烷电闭锁。

（16）采区变电所及实现采区变电所功能的中央变电所是否有独立的通风系统。

（17）有无合格的高压绝缘手套、绝缘台、绝缘靴。操作高压电气设备主回路时，操作人员必须戴绝缘手套，并穿电工绝缘靴或者站在绝缘台上。

（14）设备与电缆标志牌是否齐全、标明清楚，有无停送电牌。

第七节　井下照明、信号及设备检修、停送电作业安全检查

一、井下照明和信号的安全检查

（1）井下下列地点是否有足够的照明：

① 井底车场及其附近。

② 机电设备硐室、调度室、机车库、爆炸物品库、候车室、信号站、瓦斯抽采泵站等。

③ 使用机车的主要运输巷道、兼作人行道的集中带式输送机巷道、升降人员的绞车道以及升降物料和人行交替使用的绞车道（照明灯的间距不得大于 30 m，无轨胶轮车主要运输巷道两侧安装有反光标识的不受此限）。

④ 主要进风巷的交岔点和采区车场。

⑤ 从地面到井下的专用人行道。

⑥ 综合机械化采煤工作面（照明灯间距不得大于 15 m）。

（2）地面的通风机房、绞车房、压风机房、变电所、矿调度室等是否设有应急照明设施。

（3）严禁用电机车架空线作照明电源。

（4）矿灯的管理和使用是否遵守下列规定：

① 矿井完好的矿灯总数，至少应当比经常用灯的总人数多 10%。

② 矿灯应当集中统一管理。每盏矿灯必须编号，经常使用矿灯的人员必须专人专灯。

③ 矿灯应当保持完好，出现亮度不够、电线破损、灯锁失效、灯头密封不严、灯头圈松动、玻璃破裂等情况时，严禁发放。发出的矿灯，最低应当能连续正常使用 11 h。

④ 严禁矿灯使用人员拆开、敲打、撞击矿灯。人员出井后（地面领用矿灯人员，在下班后），必须立即将矿灯交还灯房。

⑤ 在每次换班 2 h 内，灯房人员必须把没有还灯人员的名单报告矿调度室。

⑥ 矿灯应当使用免维护电池，并具有过流和短路保护功能。采用锂离子蓄电池的矿灯还应当具有防过充电、过放电功能。

⑦ 加装其他功能的矿灯，必须保证矿灯的正常使用要求。

（5）矿灯房是否符合下列要求：

① 用不燃性材料建筑。

② 取暖用蒸汽或者热水管式设备，禁止采用明火取暖。

③ 有良好的通风装置，灯房和仓库内严禁烟火，并备有灭火器材。

④ 有与矿灯匹配的充电装置。

(6) 电气信号是否符合下列要求：
① 矿井中的电气信号，除信号集中闭塞外应当能同时发声和发光。重要信号装置附近，应当标明信号的种类和用途。
② 升降人员和主要井口绞车的信号装置的直接供电线路上，严禁分接其他负荷。
(7) 井下照明和信号装置，是否采用具有短路、过载和漏电保护的照明信号综合保护装置配电。
(8) 检查综合保护装置是否有良好的接地，看接地线、接地极是否符合《煤矿安全规程》的要求。
(9) 检查综合保护装置零部件是否齐全、完整、紧固、外壳应无锈蚀、无严重变形，标志应清晰、齐全。
(10) 以下地点是否设有直通矿调度室的有线调度电话：矿井地面变电所、地面主要通风机房、主副井提升机房、压风机房、井下主要水泵房、井下中央变电所、井底车场、运输调度室、采区变电所、上下山绞车房、水泵房、带式输送机集中控制硐室等主要机电设备硐室、采煤工作面、掘进工作面、突出煤层采掘工作面附近、爆破时撤离人员集中地点、突出矿井井下爆破起爆点、采区和水平最高点、避难硐室、瓦斯抽采泵房、爆炸物品库等。
(11) 井下电话线路严禁利用大地作回路。
(12) 井下防爆型的通信、信号和控制等装置，是否优先采用本质安全型。

二、井下电气设备检修，停送电作业的现场安全检查

(1) 电气设备的检查、维护和调整，是否由电气维修工进行。
(2) 高压电气设备和线路的修理和调整工作，是否有工作票和施工措施。
(3) 高压停、送电的操作，可以根据书面申请或者其他联系方式，得到批准后，由专责电工执行。
(4) 采区电工，在特殊情况下，可对采区变电所内高压电气设备进行停、送电的操作，但不得打开电气设备进行修理。
(5) 井下防爆电气设备的运行、维护和修理，是否符合防爆性能的各项技术要求。防爆性能遭受破坏的电气设备，必须立即处理或者更换，严禁继续使用。
(6) 井下不得带电检修、搬迁电气设备、电缆和电线。检修和搬迁井下电气设备之前是否严格按照"停电－挂牌－验电－放电－挂装接地线"的步骤进行，是否按规定检查瓦斯和悬挂瓦斯便携仪，瓦斯便携仪应悬挂在检修地点的上方。
(7) 部分地点或设备停电作业，有无遮挡；检修完恢复送电时，是否由原操作人员取下标志牌，然后合闸送电。
(8) 高压线路倒闸操作时，是否实行操作制度和监护制度；操作人员是否填写操作票；操作票中是否写明被操作设备的线路编号及操作顺序；是否有带负荷拉开隔离开关的现象发生。
(9) 操作时，是否有两个人执行，其中一人操作，另一人监护；操作中是否执行监护复诵制度，操作人员是否使用试验合格的绝缘工具，戴绝缘手套，穿绝缘靴或站在绝缘台上。
(10) 是否按表 11-3 的规定对电气设备、电缆进行检查和调整。检查和调整结果是否记入专用的记录簿内。检查和调整中发现的问题，应指派专人限期处理。

表 11-3　电气设备、电缆的检查和调整

检查、调整项目	检查周期	备注
使用中的防爆电气设备的防爆性能检查	每月 1 次	每日应由分片负责电工检查 1 次外部
配电系统断电保护装置检查整定	每 6 个月 1 次	负荷变化时应及时整定
高压电缆的泄漏和耐压试验	每年 1 次	
主要电气设备绝缘电阻的检查	至少 6 个月 1 次	
固定敷设电缆的绝缘和外部检查	每季 1 次	每周应由专责电工检查 1 次外部和悬挂情况
移动式电气设备的橡套电缆绝缘检查	每月 1 次	每班由当班司机或者专职电工检查 1 次外皮有无破损
接地电网接地电阻值测定	每季 1 次	
新安装的电气设备绝缘电阻和接地电阻的测定		投入运行以前

(11) 井下不得带电检修电气设备。

(12) 严禁带电搬迁非本安型电气设备、电缆，采用电缆供电的移动式用电设备不受此限。

(13) 检修或者搬迁前，是否切断上级电源，检查瓦斯，在其巷道风流中甲烷浓度低于 1.0％时，再用与电源电压相适应的验电笔检验；检验无电后，方可进行导体对地放电。

(14) 开关把手在切断电源时是否闭锁，并悬挂"有人工作，不准送电"字样的警示牌，只有执行这项工作的人员才有权取下此牌送电。

(15) 操作井下电气设备是否遵守下列规定：

① 非专职人员或者非值班电气人员不得操作电气设备。

② 操作高压电气设备主回路时，操作人员必须戴绝缘手套，并穿电工绝缘靴或者站在绝缘台上。

③ 手持式电气设备的操作手柄和工作中必须接触的部分必须有良好绝缘。

第八节　供电系统双回路分列运行、双风机双电源、"三专两闭锁"安全检查

一、供电系统双回路分列运行安全检查

(1) 根据《煤矿安全规程》第四百三十六条的规定，矿井应当有两回路电源线路（即来自两个不同变电站或者来自不同电源进线的同一变电站的两段母线）。当任一回路发生故障停止供电时，另一回路应当担负矿井全部用电负荷。区域内不具备两回路供电条件的矿井采用单回路供电时，应当报安全生产许可证的发放部门审查。

(2) 采用单回路供电时，是否有备用电源。备用电源的容量必须满足通风、排水、提升等要求，并保证主要通风机等在 10 min 内可靠启动和运行。备用电源应当有专人负责管理和维护，每 10 天至少进行一次启动和运行试验，试验期间不得影响矿井通风等，试验记录要存档备查。

(3) 矿井的两回路电源线路上都不得分接任何负荷。

（4）正常情况下，矿井电源是否采用分列运行方式。若一回路运行，另一回路必须带电备用。带电备用电源的变压器可以热备用；若冷备用，备用电源必须能及时投入，保证主要通风机在 10 min 内启动和运行。

（5）10 kV 及以下的矿井架空电源线路不得共杆架设。

（6）矿井电源线路上严禁装设负荷定量器等各种限电断电装置。

二、双风机双电源、"三专两闭锁"的安全检查

（1）高瓦斯、突出矿井的煤巷、半煤岩巷和有瓦斯涌出的岩巷掘进工作面正常工作的局部通风机是否配备安装同等能力的备用局部通风机，并能自动切换。正常工作的局部通风机必须采用三专（专用开关、专用电缆、专用变压器）供电，专用变压器最多可向 4 个不同掘进工作面的局部通风机供电；备用局部通风机电源必须取自同时带电的另一电源，当正常工作的局部通风机故障时，备用局部通风机能自动启动，保持掘进工作面正常通风。

（2）其他掘进工作面和通风地点正常工作的局部通风机可不配备备用局部通风机，但正常工作的局部通风机必须采用三专供电；或者正常工作的局部通风机配备安装一台同等能力的备用局部通风机，并能自动切换。

（3）正常工作的局部通风机和备用局部通风机的电源是否取自同时带电的不同母线段的相互独立的电源，保证正常工作的局部通风机故障时，备用局部通风机能投入正常工作。

（4）使用局部通风机供风的地点是否实行风电闭锁和甲烷电闭锁，保证当正常工作的局部通风机停止运转或者停风后能切断停风区内全部非本质安全型电气设备的电源。正常工作的局部通风机故障，切换到备用局部通风机工作时，该局部通风机通风范围内应当停止工作，排除故障；待故障被排除，恢复到正常工作的局部通风后方可恢复工作。使用 2 台局部通风机同时供风的，2 台局部通风机都必须同时实现风电闭锁和甲烷电闭锁。

（5）使用局部通风机通风的掘进工作面，不得停风；因检修、停电、故障等原因停风时，是否将人员全部撤至全风压进风流处，切断电源，设置栅栏、警示标志，禁止人员入内。

（6）每 15 天是否至少进行一次风电闭锁和甲烷电闭锁试验，每天是否进行一次正常工作的局部通风机与备用局部通风机自动切换试验，试验期间不得影响局部通风，试验记录要存档备查。

（7）严禁使用 3 台及以上局部通风机同时向 1 个掘进工作面供风。不得使用 1 台局部通风机同时向 2 个及以上作业的掘进工作面供风。

（8）局部通风机因故停止运转，在恢复通风前，是否首先检查瓦斯，只有停风区中最高甲烷浓度不超过 1.0% 和最高二氧化碳浓度不超过 1.5%，且局部通风机及其开关附近 10 m 以内风流中的甲烷浓度都不超过 0.5% 时，方可人工开启局部通风机，恢复正常通风。

（10）安全检查时应注意，井下下列地点必须装设风电、甲烷电闭锁装置：

① 使用局部通风机供风的地点必须实行风电闭锁和甲烷电闭锁。

② 使用 2 台局部通风机同时供风的，2 台局部通风机都必须同时实现风电闭锁和甲烷电闭锁。

③ 井下个别机电设备设在回风流中的，必须安装甲烷传感器并实现甲烷电闭锁。

第九节　矿井电气系统违章行为及灾害预防的安全检查

一、矿井电气系统违章行为的安全检查

（1）违反停送电规定，机电设备检修时不停电、不挂牌、不加锁，已停用的电气开关不取掉保险丝。

（2）使用失爆电气设备，不按规定使用保险丝。

（3）对计划大范围停电检修或高压电气设备停电检修和调整工作，未执行工作票和无停电措施施工的。

（4）电工高压作业无人监护。采区电工在特殊情况下擅自操作采区变电所电气设备或打开高压设备修理的。

（5）没有接地、过流、漏电保护或虽然有但未投入使用，电气设备脱体运行。

（6）各种安全保护装置不按时检验；保护整定不合理；记录填写不认真或做假记录。

（7）各种机电设备转动部位不按时保养，应设防护罩而不设。

（8）各种高开、变压器缺油或多油。

（9）手持式电气设备操作手柄或工作中接触的部分不符合绝缘规定要求。

（10）绞车保护装置和主要通风机反风设施动作失灵。

（11）对故障未排除的供电线路强行送电。

（12）局部通风机无安全防护装置。局部通风机风电闭锁不合格或高瓦斯地区局部通风机未实现"三专两闭锁"。

（13）防爆设备不经检查并签发合格证入井投入使用。

（14）机电设备运行检查及交接班记录超前或滞后填写。

（15）停电作业人员违反《煤矿安全规程》规定，忘记停电、停错电、没验电、没放电等。

（16）停电作业时，回风巷道和防突工作面不关闭上一级电源开关。

（17）检修电气设备时，不关开关盖就送电试验。

（18）井上配电变压器中性点直接接地，并直接向井下送电。

（19）带电检修、搬迁电气设备、电缆和电线。

（20）非检修人员或值班电气人员擅自操作电气设备。

（21）操作高压电气设备主回路时，操作人员不戴绝缘手套，不穿电工绝缘靴或站在绝缘台上。

（22）带油的电气设备溢油或漏油时，不立即处理。

（23）在井下拆开、敲打、撞击矿灯。

（24）在井下擅自打开电气设备进行修理。

（25）井下供电设备有"鸡爪子""羊尾巴"、明接头。

（26）综采工作面照明不足。

（27）使用井下电话线路作为大地回路，使用架空线路用作照明电源的。

二、预防井下电气设备火灾事故的现场安全检查

煤矿井下电气火灾事故按照发生类型分以下几种：低压电缆火灾；铠装电缆接线盒爆破

火灾;矿用变压器火灾;用灯泡取暖火灾;架线电机车电弧引燃木支护棚火灾。发生电气火灾的原因主要是:电缆连接的电气设备和电缆接线盒有严重缺陷及电缆受挤压短路,保护失灵,设备与电缆的阻燃性差,无火灾的监视,现场的灭火设施起不了灭火作用。

安全检查工在对预防井下电气火灾进行检查时,应注意以下几点:

(1) 高低压开关断流容量、高低压开关设备及其电缆的动稳定性和热稳定性是否满足要求,继电保护灵敏性是否可靠。

(2) 为了防止已着火的电缆脱离电源或火源后继续燃烧,必须采用合格的矿用阻燃橡套电缆。

(3) 电缆不准盘圈成堆或压埋送电,检查电缆悬挂要符合《煤矿安全规程》要求。

(4) 必须有断电保护,并按《煤矿安全规程》进行整定,保证灵敏可靠。若开关因短路跳闸,不查明原因不许反复强行送电。

(5) 高压电缆接线盒是否符合规定,接线盒处是否有可燃物。

(6) 是否造成高压短路。

(7) 井下不准用灯泡取暖,照明灯应悬挂,不准将照明灯放置在易燃物上。

(8) 架线电机车架线是否严格按规定架设,不得接近或接触木棚等可燃物。

(9) 检查变配电硐室是否备有足够的消防灭火器材,机电硐室不得用可燃性材料支护,并设防火门。

(10) 低压电动机的控制设备,是否具备短路、过负荷、单相断线、漏电闭锁保护及远程控制功能。

(11) 严格按规定架设架线,架线电机车行驶的巷道,必须是锚喷、砌碹或混凝土棚支护。

第十二章 矿井提升运输系统安全检查

本章培训与考核要点
- 熟练掌握矿井提升系统安全检查方法；
- 掌握矿井运输安全防护设施安全检查方法；
- 熟练掌握井下机车运输安全检查方法；
- 熟练掌握井下输送机安全检查方法；
- 熟练掌握井下绞车安全检查方法；
- 熟练掌握人力推车安全检查方法。

第一节 矿井提升系统安全检查

一、提升机的安全检查

(1) 提升机房设备设置规范、标识齐全、设备整洁、卫生清洁。

(2) 设备是否建立台账并完好，铭牌、责任牌、警示牌、电缆标志牌是否齐全。

(3) 消防器材、灭火器数量是否充足，齐全有效，在有效期内，放置合理。

(4) 照明设施是否齐全，光线充足，温度适宜。是否有应急照明设施，应急照明宜设置在墙面或顶棚上。

(5) 防护用具是否齐全，配备符合绝缘等级要求的验电、放电、短路接地用具和绝缘器具，备品、备件、备用设备是否摆放整齐。

(6) 设备是否有满足防护安全距离的防护栅栏及警示牌，转动部位是否设固定防护装置。

(7) 管线吊挂是否整齐、合理。

(8) 是否有提升机、钢丝绳、天轮、提升容器、防坠器和罐道等的检查记录；交接班记录、事故记录、外来人员入室登记记录。

(9) 墙上是否有岗位责任制、操作规程、制动系统图、电气系统图和设备完好标准牌板。

(10) 机房不得存放油品等易燃、易爆物品，用过的棉纱应存放在专用容器内。

(11) 通信联络系统是否畅通。

二、提升机的安全检查

(1) 检查图纸资料是否齐全准确。

(2) 检查每年一次的检查记录和三年内的测试报告，时间是否超过规定，检查和测试数据是否合格。

(3) 是否配有正、副司机并持证上岗,做到一人操作、一人监督。在交接班升降人员的时间内,是否正司机操作,副司机监护。

(4) 井口和井底车场把钩工是否持证上岗,是否执行岗位责任制。

(5) 检查提升机最大静张力和最大静张力差是否满足实际运行的需要。

(6) 钢丝绳绳头固定在卷筒上是否有特备的容绳或者卡绳装置,严禁系在卷筒轴上;绳孔不得有锐利的边缘,钢丝绳的弯曲不得形成锐角;卷筒上应当缠留3圈绳,以减轻固定处的张力,还必须定期检验用绳。

(7) 提升装置的卷筒上缠绕的钢丝绳层数,是否符合下列要求:

① 立井中升降人员或者升降人员和物料的不超过1层,专为升降物料的不超过2层。

② 倾斜井巷中升降人员或者升降人员和物料的不超过2层,升降物料的不超过3层。

③ 建井期间升降人员和物料的不超过2层。

④ 现有生产矿井在用的绞车,如果在滚筒上装设过渡绳楔,滚筒强度满足要求且滚筒边缘高出最外层钢丝绳的高度,至少为钢丝绳直径的2.5倍,可在规定的层数增加1层。

(8) 检查制动系统:

① 块式制动器:

a) 制动机构各种传动杆件、活塞等是否灵活可靠,各销轴不得松旷缺油,闸瓦固定牢靠,木质闸瓦的木材要充分干燥,纹理要均匀,不得有节子。

b) 制动时闸瓦是否与制动轮接触良好,各闸瓦接触面积均不得小于60%。松闸后,闸瓦与制动轮间隙:平移式不得大于2 mm,且上下相等,其误差不超过0.3 mm;角移式在闸瓦中心处不大于2.5 mm。每副闸前后闸瓦间隙应均匀相等。

② 盘式制动器:

a) 同一副制动闸两闸瓦工作面的平行度不得超过0.5 mm。

b) 制动时,闸瓦与制动盘的接触面积不得小于闸瓦面积的60%。

c) 松闸后,闸瓦与制动盘之间的间隙不大于2 m。

(9) 液压站油压是否稳定。

(10) 闸的工作行程是否不超过全行程的3/4。

(11) 制动系统的机械电气联锁装置,动作是否灵敏可靠。

(12) 保险闸(或保险闸第一级)的空动时间:压缩空气驱动闸瓦式制动闸不得超过0.5 s;储能液压驱动闸瓦式制动闸不得超过0.6 s;盘式制动闸不得超过0.3 s。

(13) 检查深度指示器:

① 传动机构的各个部件是否运转平稳,灵活可靠,指针指示准确,指针移动时不应与指示板相碰。

② 提升运转一次的指针工作行程:牌坊式不小于指示板全行程的3/4;圆盘式旋转角度应在250°～350°之间。

③ 牌坊式深度指示器丝杠不得弯曲,丝杠螺母松旷程度不得超过1 mm。

④ 室内过卷装置动作是否准确、可靠。

⑤ 多绳摩擦提升绞车的调零机构和终端放大器应符合下列要求:

a) 调零机构(粗针):当容器停在井口停车位置时,不管指针指示位置是否相符,均应能使粗针自动恢复到零位。

b) 终端放大器(精针)的指针和指示盘应着色鲜明,不得反光刺眼。

(14) 检查提升机运行速度是否符合规定,运行声音、工作温度是否正常,系统有无泄漏,仪表显示是否正常。

(15) 每班升降人员前,是否先空载运行1次,检查提升机动作情况;但连续运转时,不受此限。

(16) 如发生故障,是否立即停止提升机运行,并向矿调度室报告。

三、提升容器和罐道的安全检查

1. 提升容器的检查

(1) 立井中升降人员应当使用罐笼。在井筒内作业或者因其他原因,需要使用普通箕斗或者救急罐升降人员时,是否制定安全措施。

(2) 专为升降人员和升降人员与物料的罐笼,是否符合下列要求:

① 乘人层顶部应当设置可以打开的铁盖或者铁门,两侧装设扶手。

② 罐底必须满铺钢板,如果需要设孔时,必须设置牢固可靠的门;两侧用钢板挡严,并不得有孔。

③ 进出口必须装设罐门或者罐帘,高度不得小于1.2 m。罐门或者罐帘下部边缘至罐底的距离不得超过250 mm,罐帘横杆的间距不得大于200 mm。罐门不得向外开,门轴必须防脱。

④ 提升矿车的罐笼内必须装有阻车器。升降无轨胶轮车时,必须设置专用定车或者锁车装置。

⑤ 单层罐笼和多层罐笼的最上层净高(带弹簧的主拉杆除外)不得小于1.9 m,其他各层净高不得小于1.8 m。带弹簧的主拉杆必须设保护套筒。

⑥ 罐笼内每人占有的有效面积应当不小于0.18 m^2。罐笼每层内1次能容纳的人数应当明确规定。超过规定人数时,把钩工必须制止。

⑦ 严禁在罐笼同一层内人员和物料混合提升。升降无轨胶轮车时,仅限司机一人留在车内,且按提升人员要求运行。

(3) 罐笼和箕斗的最大提升载荷和最大提升载荷差是否在井口公布,严禁超载和超最大载荷差运行。

(4) 箕斗提升是否采用定重装载。

(5) 凿井期间,立井中升降人员采用吊桶时,是否遵守下列规定:

① 乘坐人员必须挂牢安全绳,严禁身体任何部位超出吊桶边缘。

② 不得人、物混装。运送爆炸物品时应当执行《煤矿安全规程》第三百三十九条的规定。

③ 严禁用自动翻转式、底卸式吊桶升降人员。

④ 吊桶提升到地面时,人员必须从井口平台进出吊桶,并只准在吊桶停稳和井盖门关闭后进出吊桶。

⑤ 吊桶内人均有效面积不应小于0.2 m^2,严禁超员。

2. 防止井筒坠物的检查

(1) 罐笼提升的立井井口及各水平的井底车场内和靠近井筒处,是否设置防止人员、矿车及其他物件坠落到井下的安全门。

(2)井口安全门是否在提升信号系统内设置闭锁装置;安全门未关闭时,是否能发出开车信号。

(3)在井口及罐笼内部是否设置阻车器;井口阻车器是否与罐笼停止位置相联锁;罐笼未达停止位置,能否打开阻车器。

(4)井口、井底和中间运输巷是否都设置摇台;是否在提升信号系统内设置闭锁装置;摇台未抬起时,是否能发出开车信号。

3. 罐道的检查

(1)检查罐耳和罐道的磨损量或者总间隙不得达到下列限值:

① 木罐道任一侧磨损量超过 15 mm 或者总间隙超过 40 mm。

② 钢轨罐道轨头任一侧磨损量超过 8 mm,或者轨腰磨损量超过原有厚度的 25%;罐耳的任一侧磨损量超过 8 mm,或者在同一侧罐耳和罐道的总磨损量超过 10 mm,或者罐耳与罐道的总间隙超过 20 mm。

③ 矩形钢罐道任一侧的磨损量超过原有厚度的 50%。

④ 钢丝绳罐道与滑套的总间隙超过 15 mm。

(2)是否每年检查 1 次金属井架、井筒罐道梁和其他装备的固定和锈蚀情况,发现松动及时加固,发现防腐层剥落及时补刷防腐剂。检查和处理结果应当详细记录。

4. 罐顶作业防止坠人的检查

(1)检修人员站在罐笼或箕斗顶上工作时,是否装设保险伞和栏杆。

(2)是否系好保险带。

(3)提升容器的速度,一般为 0.3~0.5 m/s,最大不得超过 2 m/s。

(4)检修用信号是否安全可靠。

5. 提升信号的检查

(1)是否装有从井底信号工发给井口信号工和从井口信号工发给司机的信号装置。

(2)井口信号装置是否与提升机的控制回路相闭锁,只有在井口信号工发出信号后,提升机才能启动。除常用的信号装置外,还必须有备用信号装置。

(3)井底车场与井口之间、井口与司机操控台之间,除有上述信号装置外,还必须装设直通电话。

(4)1 套提升装置服务多个水平时,从各水平发出的信号是否有区别。

(5)井底车场的信号必须经井口信号工转发绞车司机,但在发送紧急停车信号、单容器提升、井上下信号联锁的自动化提升系统情况时,不受此限。

(6)井口、井底和中间运输巷的安全门是否与罐位和提升信号联锁;罐笼到位并发出停车信号后安全门才能打开;安全门未关闭,只能发出调平和换层信号,但发不出开车信号;安全门关闭后才能发出开车信号;发出开车信号后,安全门不能打开。

(7)立井井口和井底使用罐座时,是否设置闭锁装置,罐座未打开,发不出开车信号。升降人员时,严禁使用罐座。

四、钢丝绳及连接装置安全检查

(1)在用钢丝绳的检验、检查与维护,应遵守下列规定:

① 升降人员或者升降人员和物料用的缠绕式提升钢丝绳,自悬挂使用后每 6 个月进行 1 次性能检验;悬挂吊盘的钢丝绳,每 12 个月检验 1 次。

② 升降物料用的缠绕式提升钢丝绳,悬挂使用12个月内必须进行第一次性能检验,以后每6个月检验1次。

③ 缠绕式提升钢丝绳的定期检验,可以只做每根钢丝的拉断和弯曲2种试验。试验结果,以公称直径为准进行计算和判定。出现下列情况的钢丝绳,必须停止使用:

a) 不合格钢丝的断面积与钢丝总断面积之比达到25%时。

b) 钢丝绳的安全系数小于《煤矿安全规程》第四百零八条规定时。

④ 摩擦式提升钢丝绳、架空乘人装置钢丝绳、平衡钢丝绳以及专用于斜井提升物料且直径不大于18 mm的钢丝绳,不受①、②限制。

⑤ 提升钢丝绳必须每天检查1次,平衡钢丝绳、罐道绳、防坠器制动绳(包括缓冲绳)、架空乘人装置钢丝绳、钢丝绳牵引带式输送机钢丝绳和井筒悬吊钢丝绳必须每周至少检查1次。对易损坏和断丝或者锈蚀较多的一段应当停车详细检查。断丝的突出部分应当在检查时剪下。检查结果应当记入钢丝绳检查记录簿。

⑥ 对使用中的钢丝绳,应当根据井巷条件及锈蚀情况,采取防腐措施。摩擦提升钢丝绳的摩擦传动段应当涂、浸专用的钢丝绳增摩脂。

⑦ 平衡钢丝绳的长度必须与提升容器过卷高度相适应,防止过卷时损坏平衡钢丝绳。使用圆形平衡钢丝绳时,必须有避免平衡钢丝绳扭结的装置。

⑧ 严禁平衡钢丝绳浸泡水中。

⑨ 多绳提升的任意一根钢丝绳的张力与平均张力之差不得超过±10%。

(2) 钢丝绳的安全系数,应符合表12-1的要求。

表12-1 钢丝绳安全系数最小值

用途分类			安全系数的最低值
单绳缠绕式提升装置	专为升降		9
	升降人员和物料	人员升降人员时	9
		混合提升时	9
		升降物料时	7.5
	专为升降物料		6.5
摩擦轮式提升装置	专为升降人员		$9.2-0.0005H$
	升降人员和物料	人员升降人员时	$9.2-0.0005H$
		混合提升时	$9.2-0.0005H$
		升降物料时	$8.2-0.0005H$
	专为升降物料		$7.2-0.0005H$
倾斜钢丝绳牵引带式输送机	运人		$6.5-0.001L$ 但不得小于6
	运物		$5-0.001L$ 但不得小于4
倾斜无极绳绞车	运人		$5-0.001L$ 但不得小于6
	运物		$5-0.001L$ 但不得小于3.5
架空乘人装置			6
悬挂安全梯用的钢丝绳			6

表12-1(续)

用途分类	安全系数的最低值
罐道绳、防撞绳、起重用的钢丝绳	6
悬挂吊盘、水泵、排水管、抓岩机等用的钢丝绳	6
悬挂风筒、风管、供水管、注浆管、输料管、电缆用的钢丝绳	5
拉紧装置用的钢丝绳	5
防坠器的制动绳和缓冲绳(按动载荷计算)	3

(3) 在用的缠绕式提升钢丝绳在定期检验时,安全系数小于下列规定值时,是否及时更换:

① 专为升降人员用的小于 7。
② 升降人员和物料用的钢丝绳:升降人员时小于 7,升降物料时小于 6。
③ 专为升降物料和悬挂吊盘用的小于 5。

(4) 在倾斜井巷中使用的钢丝绳,其插接长度是否大于钢丝绳直径的 1000 倍。

(5) 倾斜井巷运输时,矿车之间的连接、矿车与钢丝绳之间的连接,是否使用不能自行脱落的连接装置,并加装保险绳。

第二节 矿井提升运输安全防护设施安全检查

一、提升保护装置的安全检查

(1) 过卷和过放保护:

① 当提升容器超过正常终端停止位置或者出车平台 0.5 m 时,是否能自动断电,且使制动器实施安全制动。

② 罐笼和箕斗提升,过卷和过放距离不得小于表 12-2 所列数值。

表 12-2 立井提升装置的过卷和过放距离

提升速度/(m·s^{-1})	≤3	4	6	8	≥10
过卷、过放距离/m	4.0	4.75	6.5	8.25	10.0

③ 过放距离内不得积水和堆积杂物。
④ 缓冲托罐装置必须每年至少进行 1 次检查和保养。
⑤ 过卷开关是否设置 2 个,室内室外各 1 个,是否室内开关在过卷时首先动作。
⑥ 在过卷和过放距离内,应当安设性能可靠的缓冲装置。缓冲装置应当能将全速过卷(过放)的容器或者平衡锤平稳地停住,并保证不再反向下滑或者反弹。

(2) 超速保护:当提升速度超过最大速度 15% 时,是否能自动断电,且使制动器实施安全制动。

(3) 过负荷和欠电压保护:过负荷继电器直接串接在主电路或电流互感器二次电路中,当电机或其他设备发生故障使电动机电流大于整定电流值时(一般为额定电流的 3 倍),继电器动作便能切断电源,保证电气设备安全,避免事故扩大。欠电压保护装置在电源开关柜内,当电源电压向下波动超过规定值时,电源开关自动脱扣跳闸,并实现安全制动。

(4) 限速保护:提升速度超过 3 m/s 的提升机是否装设限速保护,以保证提升容器或者平衡锤到达终端位置时的速度不超过 2 m/s。当减速段速度超过设定值的 10% 时,是否能自动断电,且使制动器实施安全制动。如果限速装置为凸轮板,其在 1 个提升行程内的旋转角度应不小于 270°。

(5) 提升容器位置指示保护:当位置指示失效时,是否能自动断电,且使制动器实施安全制动。位置指示器的位置指示与提升容器在井筒中的位置是否准确无误;位置指示器上是否装设有防止过卷开关,检查其安装位置是否正确,过卷时能否触及过卷开关动作;位置指示器上装设的减速信号是否声、光完备;提升容器接近井口停车位置前,安装在位置指示器上的减速信号开关是否闭合,发出减速声,提醒操作工注意;位置指示器上是否装设有限速器;位置指示器传动系统是否起到保护作用。

(6) 闸瓦间隙保护:此装置就是在制动闸上加上闸瓦磨损开关,当闸瓦间隙超过规定值时,常闭触点断开,安全回路断电,绞车实现安全制动,能报警并闭锁下次开车。

(7) 松绳保护:其安装在绞车房出绳孔的下方或绞车前钢丝绳下方。检查缠绕式提升机是否设置松绳保护装置并接入安全回路或者报警回路;箕斗提升时,松绳保护装置动作后,严禁煤仓放煤。

(8) 仓位超限保护:箕斗提升的井口煤仓仓位超限时,是否能报警并闭锁开车。防止移动箕斗卡在卸载轨上,使提升钢丝绳松绳。

(9) 减速功能保护:其主要元件安装在深度指示器上。当提升容器或者平衡锤到达设计减速点时,是否能示警并开始减速。

(10) 错向运行保护:当发生错向时,是否能自动断电,且使制动器实施安全制动。

(11) 定车装置:检查立井和斜井的缠绕式提升绞车是否装有定车装置。

(12) 脚踏紧急制动保护:绞车运行中发现紧急情况或收到紧急停车信号后,可脚踏此开关,使安全回路断电,实现紧急制动。检查时可将绞车安全闸松开,踏下脚踏开关,看安全闸是否抱闸。

(13) 过卷保护、超速保护、限速保护和减速功能保护是否设置为相互独立的双线型式。缠绕式提升机是否加设定车装置。

二、斜巷提升"一坡三挡"等安全防护设施安全检查

(1) 在倾斜井巷使用绞车提升时,巷道上段的过卷距离,是否根据巷道的倾角、设计载荷、最大提升速度和实际制动力等参量计算确定,并有 1.5 倍的备用系数。

(2) 在各车场是否安设能够防止带绳车辆误入非运行车场或区段的阻车器;阻车器是否常闭。

(3) 在倾斜井巷长度大于 100 m 时,巷道内是否安设能够将运行中断绳、脱钩的车辆阻止住的跑车防护装置。

(4) 在上部平车场入口是否安设能够控制车辆进入摘挂钩地点的阻车器。

(5) 在上部平车场接近变坡点处,是否安设能够阻止未连挂的车辆滑入斜巷的阻车器。阻车器正常处于关闭状态,车辆通过时开启,通过后立刻关闭。

(6) 在变坡点下方略大于 1 列车长度的地点,是否设置能够防止未连挂的车辆继续往下跑车的挡车栏。挡车栏应为自动常闭且与绞车连锁。下放车辆时列车全部进入斜坡后挡

车栏方可开启,车辆通过后挡车栏立即关闭。挡车栏应与进入斜坡的车辆有一定的安全距离,防止列车碰撞。

(7) 倾斜井巷下车场变坡点上方略大于1列车长度的地点,是否设置能够防止运行中断绳、脱钩的车辆阻止住的挡车栏。

(8) 兼作行驶人车的倾斜井巷,在提升人员时,倾斜井巷中的挡车装置和跑车防护装置是否是常开状态并闭锁。

(9) 防跑车系统是否具有监视信号,当系统发生故障时,是否能发出报警信号。

(10) 跑车防护装置是否完好、灵敏、可靠、固定牢固,中心与轨道中心一致。

(11) 跑车防护装置是否按要求进行检查、维护、试验和记录。

(12) 斜井轨道托辊要齐全,灵活可靠,托辊架是否具有防脱闭锁功能,托辊之间一般间距为15 m,最大距离不超过25 m,以轨枕、道木无明显磨痕为准。巷道内变坡点处应增加托辊,变坡度数在15°以上的,在此变坡点处应装设大托辊,托辊坑内清洁无杂物、积水。

(13) 无极绳连续牵引车、绳牵引卡轨车、绳牵引单轨吊车,是否设置越位、超速、张紧力下降等保护。

(14) 车场是否安设有甩车时能发出警号的信号装置。

第三节　矿井运输系统安全检查

一、井下轨道机车运输安全检查

在矿井平巷电机车运输中,常见的事故有行车中碰伤行人,运行中司机或把钩工本身被挤伤,机车电火花引起瓦斯、煤尘事故。为了预防上述事故的发生,在现场要重点检查以下内容。

1. 轨道机车选用的安全检查

(1) 瓦斯矿井进风主要运输巷中使用架线电机车的巷道有无防火措施。

(2) 高瓦斯进风巷使用架线电机车时,在瓦斯涌出的区域,是否装有瓦斯自动检测报警断电装置。有瓦斯涌出的掘进巷道的回风流,不得进入有架线的巷道中。

(3) 在低瓦斯矿井的主要回风巷、采区进(回)风巷内,在突出矿井中,是否使用符合防爆要求的机车,是否在机车内装设瓦斯自动检测报警断电装置。

(4) 各种车辆的两端必须装置碰头,每端突出的长度不得小于100 mm。

2. 轨道机车运输的安全检查

(1) 生产矿井同一水平行驶7台及以上机车时,是否设置机车运输监控系统;同一水平行驶5台及以上机车时,是否设置机车运输集中信号控制系统。新建大型矿井的井底车场和运输大巷,是否设置机车运输监控系统或者运输集中信号控制系统。

(2) 机车安全设施的检查。电机车的灯、警铃(喇叭)、闸、连接装置和撒砂装置是否正常,或防爆部分是否失去防爆性能;列车或单独机车是否前有照明、后有红尾灯;车闸是否灵活可靠;列车制动距离在运送物料时是否超过40 m,在运送人员时是否超过20 m;运行的电机车是否有司机室;巷道内是否装设路标和警标。

(3) 机车运行的检查。在电机车运行时,机车是否在列车前端,司机是否集中精神瞭望前方;接近风门、道口、硐室出口、弯道、道岔、坡度大或噪声大等处以及司机视线被挡,或两列车会车时,是否减低速度,发出警告信号;机车在运行中,司机和乘车人员是否将头和身子探出车外;正常运行中,机车是否在列车前端(调车或处理事故时,不受此限);顶车时,把钩工引车,减速行驶,把钩工是否站在前边第一个车空里,以防顶车掉道挤伤人员;两机车或两列车在同一轨道同一方向行驶时,是否保持不小于 100 m 的距离;列车停车后,是否压道岔,是否超过警标位置;停车后是否将控制器手把扳回零位;司机离开机车时,是否切断电源取下换向手把,扳紧车闸,关闭车灯。乘坐人车的人员应听从司机及乘务人员的指挥,开车前必须关上车门或挂上防护链。非危险情况,任何人不得使用紧急停车信号。

(4) 对杂散电流和不回流轨道连接的检查。架线式电机车使用的钢轨接缝处、各平行轨之间、道岔各部分与岔心之间是否用导线或焊接工艺连接,接地电阻是否符合《煤矿安全规程》规定;两平行轨道是否每隔 50 m 连接一根导线,导线电阻是否与 50 mm^2 铜线等效;不回电的轨道是否在电机车轨道连接处加绝缘,第一绝缘点是否设在两种轨道的连接处,第二绝缘点距第一绝缘点是否大于一列车的长度;绝缘点处是否保持干净、干燥;绞车道附近两绝缘点是否能保证被绝缘点分开的钢轨不被钢丝绳或矿车所短路;牵引电机车的供电变电所的总回流线是否与附近所有轨道相连;连接点是否紧密。

3. 矿用防爆型柴油动力装置机车的安全检查

(1) 各电气设备是否安装紧固,有无松动、失爆现象;连接各电气设备之间的电缆是否完整无损,连接紧固。

(2) 柴油机使用的柴油标定的闪电是否低于 70 ℃。

(3) 防爆型机车在运行中是否打开电气设备;发现电源装置有异常现象,是否断电停车,由其他机车拖回库后进行检查。

(4) 熔断器是否符合要求,是否用其他不合格的材料代替。

(5) 各电气设备是否超额定值运行。

(6) 是否具有发动机排气超温、冷却水超温、尾气水箱水位、润滑油压力等保护装置。

(7) 排气口的排气温度不得超过 77 ℃,其表面温度不得超过 150 ℃。冷却水温度不得超过 95 ℃。

(8) 发动机壳体不得采用铝合金制造;非金属部件是否具有阻燃和抗静电性能;油箱及管路是否采用不燃性材料制造;油箱最大容量不得超过 8 h 用油量。

(9) 在正常运行条件下,尾气排放应满足相关规定。

(10) 是否配备灭火器。

(11) 撒砂装置是否灵活可靠、砂子是否干爽宜撒。

4. 使用蓄电池动力装置机车的安全检查

(1) 充电是否在充电硐室内进行。

(2) 充电硐室内的电气设备是否采用矿用防爆型。

(3) 检修是否在车库内进行,测定电压时是否在揭开电池盖 10 min 后测试。

二、无轨胶轮车运输的安全检查

采用无轨胶轮车运输时,是否遵守下列规定:

(1) 严禁非防爆、不完好无轨胶轮车下井运行。

(2) 驾驶员持有"中华人民共和国机动车驾驶证"。

(3) 建立无轨胶轮车入井运行和检查制度。

(4) 设置工作制动、紧急制动和停车制动,工作制动必须采用湿式制动器。
(5) 必须设置车前照明灯和尾部红色信号灯,配备灭火器和警示牌。
(6) 运行中应当符合下列要求:
① 运送人员必须使用专用人车,严禁超员;
② 运人时速度不超过 25 km/h,运送物料时速度不超过 40 km/h;
③ 同向行驶车辆必须保持不小于 50 m 的安全运行距离;
④ 严禁车辆空挡滑行;
⑤ 应当设置随车通信系统或者车辆位置监测系统;
⑥ 严禁进入专用回风巷和微风、无风区域。
(7) 巷道路面、坡度、质量,是否满足车辆安全运行要求。
(8) 巷道和路面是否设置行车标识和交通管控信号。
(9) 长坡段巷道内是否采取车辆失速安全措施。
(10) 巷道转弯处是否设置防撞装置。人员躲避硐室、车辆躲避硐室附近是否设置标识。
(11) 井下行驶特殊车辆或者运送超长、超宽物料时,是否制定安全措施。

三、平巷及倾斜井巷车辆运送人员检查

1. 平巷人车运送人员的检查

(1) 车辆运行的沿途巷道断面,巷道两侧敷设的管、线、电缆与车体最突出部分之间的安全距离,是否符合《煤矿安全规程》的规定。

(2) 轨道质量是否达到优良。

(3) 车辆是否有顶盖;新建和改扩建矿井,生产矿井是否用固定车箱式空矿车、翻斗车、底卸式矿车、物料车和平板车运送人员。

(4) 运送人员的列车有无跟车工;跟车工是否经培训且考试合格发证后持证上岗;每班发车前,是否检查各车的连接装置、轮轴、车门(防护链)和车闸等,并做好检查记录;是否附挂物料车;遇有紧急情况时是否立即向司机发出停车信号;列车行驶速度不得超过 4 m/s。

(5) 用架线式电机车牵引运送人员时,人员上下车地点是否有照明;架空线质量综合评定是否优良;是否设分段开关或者自动停送电开关;人员上、下车时,是否切断该区段架空线电源。

(6) 架线式电机车是否前有照明,后有尾灯;是否悬挂有便携式甲烷检测报警仪。

(7) 乘车人员是否携带易爆、易燃或腐蚀性物品上车;携带工具和零件是否露出车外;是否有扒、蹬、跳车现象;是否超负荷载人。

(8) 双轨巷道乘车场是否设置信号区间闭锁,人员上下车时,严禁其他车辆进入乘车场。

(9) 两车在车场会车时,驶入车辆是否停止运行,让驶出车辆先行。

2. 倾斜井巷车辆运送人员的检查

(1) 倾斜井巷环境、斜巷断面、管线敷设是否符合《煤矿安全规程》规定;巷道两侧堆放物品与行车的安全距离是否符合规定。

(2) 轨道铺设是否平直、稳固、不悬空,轨型是否符合规定。水沟是否畅通,水能否冲道床,地轮是否齐全有效。

(3) 是否有足够的照明和完备的声光信号。

(4) 斜巷各车辆有无信号硐室和躲避硐室,是否设挡车器或挡车栏。

(5) 过卷开关上端有无过卷距离,过卷距离是否符合规定。

(6) 斜井人车是否有可靠的防坠器,当发生断绳、跑车时,防坠器能否自动动作,并能手动操作停车;斜巷是否用矿车运送人员;为了保证人车安全可靠地运行,是否按有关规定对防坠器进行检查和试验。

(7) 斜井升降人员最大速度是否超过 5 m/s。斜井人车是否使用人车专用信号。

(8) 斜巷运输时,是否严禁蹬钩;行车时是否严禁行人;绞车道上有无悬挂"行车不行人,行人不行车"的警示牌和声光信号。斜井兼作人行道时是否设有专用人行道、躲避硐室、行车信号。

(9) 倾斜井巷运输矿车的钢丝绳、连接装置是否设专人负责检查,安全系数及有关要求是否符合《煤矿安全规程》的规定。矿车的插销、环链及连接件是否认真检查,有无漏检或把钩工没挂好防脱插销或防脱失灵的现象;道床有无煤和石块造成行车颠簸的现象。钢丝绳严重锈蚀、过度磨损或断丝超限时,是否及时更换。

(10) 把钩工是否严格按操作规程作业,如开车前把钩工是否检查牵引车数,有无多拉车;连接有无不良现象,防脱是否失效;装载物料超重、超高、超宽时,是否发出开车信号。保护装置完备的小型电绞车,安装基础是否固定;绞车是否有制动装置;位置指示器及安设的防过卷装置制动力矩倍数是否符合《煤矿安全规程》规定。

四、架空乘人装置的检查

(1) 架空乘人装置是否有专项设计。

(2) 架空线悬挂高度、与巷道顶或棚梁之间的距离等,是否保证机车的安全运行。架空线的悬挂高度,自轨面算起是否小于下列规定:在行人的巷道内、车场内以及人行道同运输巷道交叉的地方为 2 m,在不行人的巷道内为 1.9 m;在井底车场内,从井底到乘车场为 2.2 m;井下架空线两悬挂点的弛度不大于 30 mm;平硐采用架线电机车运输时,在工业场地内,不同轨道交叉的地方为 2.2 m。

(3) 吊椅中心至巷道一侧突出部分的距离不得小于 0.7 m,双向同时运送人员时钢丝绳间距不得小于 0.8 m,固定抱索器的钢丝绳间距不得小于 1.0 m。乘人吊椅距底板的高度不得小于 0.2 m,在上下人站处不大于 0.5 m。乘坐间距不应小于牵引钢丝绳 5 s 的运行距离,且不得小于 6 m。除采用固定抱索器的架空乘人装置外,应当设置乘人间距提示或者保护装置。

(4) 固定抱索器最大运行坡度不得超过 28°,可摘挂抱索器最大运行坡度不得超过 25°。运行速度超过 1.2 m/s 时,不得采用固定抱索器;运行速度超过 1.4 m/s 时,应当设置调速装置,并实现静止状态上下人员,严禁人员在非乘人站上下。

(5) 驱动系统是否设置失效安全型工作制动装置和安全制动装置,安全制动装置必须设置在驱动轮上。

(6) 各乘人站设上下人平台,乘人平台处钢丝绳距巷道壁不小于 1 m,路面是否进行防滑处理。

(7) 架空乘人装置是否装设超速、打滑、全程急停、防脱绳、变坡点防掉绳、张紧力下降、越位等保护,安全保护装置发生保护动作后,需经人工复位,方可重新启动。应当有断轴保护措施。减速器应当设置油温检测装置,当油温异常时能发出报警信号。沿线应当设置延时启动声光预警信号。各上下人地点应当设置信号通信装置。

(8) 倾斜巷道中架空乘人装置与轨道提升系统同巷布置时,是否设置电气闭锁,2种设备不得同时运行。倾斜巷道中架空乘人装置与带式输送机同巷布置时,必须采取可靠的隔离措施。

(9) 巷道是否设置照明。

(10) 每日至少对整个装置进行1次检查,每年至少对整个装置进行1次安全检测检验。

(11) 严禁同时运送携带爆炸物品的人员。

(12) 架线电机车车库和检修硐室。在人员上下车时或该区段有人作业时,是否切断该区段架空线电源;使用架线式电机车的人车车场是否装设自动停送电开关,保证上、下人车时架线无电。

五、单轨吊车、卡轨车、齿轨车、胶套轮车、无极绳连续牵引车的安全检查方法

(1) 查阅单轨吊车、卡轨车等的说明书和检测检验报告、安全标志,看是否符合安全要求。

(2) 查看单轨吊车、卡轨车等的班检查记录和维修记录,应检查的项目是否进行了检查,检查结果如何;查看对保险制动和停车制动的制动力每班检查的试验记录,看制动力是否大于额定牵引力的2倍。

(3) 检查制动装置是否完好灵活可靠,让司机运行一段距离后,试验制动装置动作情况。

(4) 检查有无既可手动又能自动的保险闸。绳牵引式运输设备运行速度超过额定速度30%时,其他设备运行速度超过额定速度15%时,能自动施闸;施闸时的空动时间不大于0.7 s;在最大载荷最大坡度上以最大设计速度向下运行时,制动距离应当不超过相当于在这一速度下6 s的行程;在最小载荷最大坡度上向上运行时,制动减速度不大于5 m/s^2。

(5) 检查轨道的型号是否小于22 kg/m。查看柴油机单轨吊车、卡轨车消火罩和尾气排放是否带有火星。钢丝绳牵引单轨吊车、卡轨车时,查看在弯道处钢丝绳的位置情况。

(6) 查阅检查试验记录,当保险制动或停车制动装置的液压系统失效时,制动装置是否施闸保证安全。在井下现场试验,人为使保险制动或停车制动装置的液压系统失效(卸下液压管或关闭液压泵阀),看制动装置是否施闸保证安全。

(7) 检查牵引机车或头车上是否装设有车灯和喇叭,查看列车的尾部是否设有红灯。

(8) 检查钢丝绳牵引的单轨吊车的运输系统内,是否备有列车司机与牵引绞车司机联络用的信号和通信装置。

(9) 检查单轨吊车机头、卡轨车与列车的连接装置是否会自动脱钩、是否安全可靠。

(10) 检查胶套轮材料与钢轨的摩擦系数,不得小于0.4。

(11) 采用单轨吊车运输时,是否遵守下列规定:

① 柴油机单轨吊车运行巷道坡度不大于25°,蓄电池单轨吊车不大于15°,钢丝绳单轨吊车不大于25°;

② 必须根据起吊重物的最大载荷设计起吊梁和吊挂轨道,其安装与铺设应当保证单轨吊车的安全运行;

③ 单轨吊车运行中应当设置跟车工。起吊或者下放设备、材料时,人员严禁在起吊梁两侧;机车过风门、道岔、弯道时,必须确认安全,方可缓慢通过;

④ 采用柴油机、蓄电池单轨吊车运送人员时,必须使用人车车厢;两端必须设置制动装置,两侧必须设置防护装置。

六、矿井运输巷道断面及安全间隙的安全检查

在矿井运输提升作业中,巷道断面大小和轨道两侧及轨道上方的安全间隙,直接影响到运输提升的安全。如巷道失修变形造成断面窄小,人行道不够宽或在空间敷设管线、电缆而不符合《煤矿安全规程》的规定等,就有可能造成运输提升中挤、撞、碰、刮的人身伤亡事故。

矿井运输巷道断面及安全间隙的检查内容如下:

(1) 主要运输巷道的净高,自轨面起是否低于 2 m;有架线电机车运输的巷道净高是否符合《煤矿安全规程》的规定。

(2) 采区内的上下山和平巷的净高是否低于 2 m,在煤层内的净高是否低于 1.8 m。

(3) 运输巷道的一侧,自道碴上面起 1.6 m 高度内,综合机械化采煤矿井是否有 1.0 m 以上的人行道。

(4) 运输巷道不符合规定时,是否每隔不超过 40 m 设置一个躲避硐;躲避硐是否宽度不小于 1.2 m、深度不小于 0.7 m、高度是否不小于 1.8 m。躲避硐内不得堆积杂物。

(5) 在人车停车地点的巷道上下人侧,从巷道道碴面起 1.6 m 的高度内,是否留有 1.0 m 以上的人行道,管道是否挂在 1.8 m 以上的巷道上部。

(6) 双轨运输巷道中,两列对开列车最突出部分之间的距离是否不小于 0.2 m;采区装载点与车场摘挂钩地点的距离是否不小于 0.7 m。

(7) 曲线段巷道的人行道和双轨中心线是否按规定要求加宽。

(8) 通过车辆的风门,当机车和车辆通过时,其风门的高和宽与车体的安全间隙是否符合《煤矿安全规程》要求。

(9) 巷道支护质量是否合格,是否存在掉顶、冒顶危险。

(10) 巷道是否底鼓或变形,影响行车安全。

(11) 煤矿井下巷道净断面是否满足行人、运输、通风、安全设施安装、检修、施工的需要。

【案例 12-1】 2022 年 9 月 11 日,山西三元煤业股份有限公司下霍煤矿井下无轨胶轮车大巷车场发生一起运输事故,造成 1 人死亡,直接经济损失 276.85 万元。事故直接原因:井下进行设备换装作业时,机电机运队跟班副队长池××在未采取并确认有效防倒措施的情况下,违章指挥并参与卸车作业,且其本人处在竖装设备倾倒危险区域内,被突然倾倒的端头支架前梁和侧护板砸压受伤致死。事故反映该煤矿当班没有配备安全检查员对液压支架运输进行现场安全监督。

第四节 井下输送机安全检查

一、井下带式输送机运输的安全检查

1. 滚筒驱动带式输送机的安全检查

(1) 采用非金属聚合物制造的输送带、托辊和滚筒包胶材料等,其阻燃性能和抗静电性

能是否符合有关标准的规定。

(2) 是否装设防打滑、跑偏、堆煤、撕裂等保护装置,同时应当装设温度、烟雾监测装置和自动洒水装置。

(3) 是否具备沿线急停闭锁功能。

(4) 主要运输巷道中使用的带式输送机,是否装设输送带张紧力下降保护装置。

(5) 倾斜井巷中使用的带式输送机,上运时,是否装设防逆转装置和制动装置;下运时,是否装设软制动装置和防超速保护装置。

(6) 在大于16°的倾斜井巷中使用带式输送机,是否设置防护网,并采取防止物料下滑、滚落等的安全措施。

(7) 液力偶合器严禁使用可燃性传动介质(调速型液力偶合器不受此限)。

(8) 机头、机尾及搭接处,是否有照明。

(9) 机头、机尾、驱动滚筒和改向滚筒处,是否设防护栏及警示牌。行人跨越带式输送机处,是否设过桥。

(10) 输送带设计安全系数,是否按下列规定选取:① 棉织物芯输送带,8~9。② 尼龙、聚酯织物芯输送带,10~12。③ 钢丝绳芯输送带,7~9;当带式输送机采取可控软启动、制动措施时,5~7。

(11) 每台带式输送机是否有专职司机持证上岗,带式输送机开动后是否经常巡视胶带运行情况。

2. 钢丝绳牵引带式输送机运送人员的安全检查

(1) 新建矿井不得使用钢丝绳牵引带式输送机。

(2) 是否装设过速保护、过电流和欠电压保护、钢丝绳和输送带脱槽保护、输送带局部过载保护、钢丝绳张紧车到达终点时张紧重锤落地保护,并定期进行检查和试验。

(3) 在倾斜井巷中,是否在低速驱动轮上装设液控盘式失效安全型制动装置,制动力矩与设计最大静拉力差在闸轮上作用力矩之比在2~3之间;制动装置应当具备手动和自动双重制动功能。

(4) 采用钢丝绳牵引带式输送机运送人员时,是否遵守下列规定:

① 输送带至巷道顶部的垂距,在上、下人员的20 m区段内不得小于1.4 m,行驶区段内不得小于1 m。下行带乘人时,上、下输送带间的垂距不得小于1 m。

② 输送带的宽度不得小于0.8 m,运行速度不得超过1.8 m/s,绳槽至输送带边的宽度不得小于60 mm。

③ 人员乘坐间距不得小于4 m。乘坐人员不得站立或者仰卧,应当面向行进方向。严禁携带笨重物品和超长物品,严禁触摸输送带侧帮。

④ 上、下人员的地点应当设有平台和照明。上行带平台的长度不得小于5 m,宽度不得小于0.8 m,并有栏杆。上、下人的区段内不得有支架或者悬挂装置。下人地点应当有标志或者声光信号,距离下人区段末端前方2 m处,必须设有能自动停车的安全装置。在机头机尾下人处,必须设有人员越位的防护设施或者保护装置,并装设机械式倾斜挡板。

⑤ 运送人员前,必须卸除输送带上的物料。

⑥ 应当装有在输送机全长任何地点可由乘坐人员或者其他人员操作的紧急停车装置。

二、刮板输送机的安全检查

（1）刮板输送机是否完好，无明显的变形、无开焊、无严重损伤。

（2）机头、机道、机尾浮煤是否及时清理。

（3）机头、机尾各部分紧固件是否齐全紧固，旋转部分是否使用防护罩。

（4）采煤工作面刮板输送机是否安设能发出停止、启动信号和通讯的装置，发出信号点的间距不得超过 15 m。

（5）刮板输送机使用的液力偶合器，是否按所传递的功率大小，注入规定量的难燃液，并经常检查有无漏失。易熔合金塞必须符合标准，并设专人检查、清除塞内污物；严禁使用不符合标准的物品代替。

（6）刮板输送机是否严禁乘人。

（7）用刮板输送机运送物料时，是否有防止顶人和顶倒支架的安全措施。

（8）移动刮板输送机时，是否有防止冒顶、顶伤人员和损坏设备的安全措施。

（9）严禁用刮板输送机、带式输送机等运输爆炸物品。

（10）使用刨煤机采煤时，工作面倾角在 12°以上时，配套的刮板输送机是否装设防滑、锚固装置。

（11）刮板弯曲变形不得大于 5 mm。中双链、中心单链刮板长度磨损不得大于 10 mm。

（12）防护罩无裂纹，无变形，连接牢固。

第五节　井下绞车、人力推车安全检查

一、井下绞车的安全检查

井下常用的小绞车有调度绞车、回柱绞车（慢速绞车）和无极绳绞车。小绞车多用于平巷、工作面和运程较短的斜巷。小绞车运行环境较差，管理不当容易发生断绳跑车，掉道挤人等事故。

（1）检查小绞车安装：

① 小绞车的安装硐室支护是否达到合格。通风良好，其净高不小于 1.8 m，支护棚子距小绞车最近距离不小于 0.5 m，硐室内设备之间应留出 0.8 m 以上的间距。坡度小于 7‰的巷道中安装牵引绞车时，绞车可安装在巷道一侧，绞车机体最突出部位距离轨道外侧不小于 400 mm，绞车附近 30 m 范围内不得安装风机。

② 使用期限在 6 个月以上的小绞车是否用混凝土基础固定。基础规格大于小绞车底座几何尺寸 0.6 m 以上，地角螺丝必须采用标准做法，丝扣长度不小于 400 mm，直径不小于 18 mm，长度不小于 1.2 m。

③ 在使用期限以内的小绞车是否用 18 号槽钢制作坚固的底盘。底盘上必须带有防滑护圈的戗压柱窝，用直径不小于 18 mm 的标准件螺丝将绞车固定在自加工的底盘上，然后用戗压柱和地锚固定。前边两根为迎压戗柱，戗柱角为 65°～75°，后边两根为压柱。垂直顶板，柱根要打在柱窝内。不准加楔，压柱使用原木时，其直径不小于 150 mm，严禁用戗压柱代替硐室的棚子支柱，戗压柱距操纵杆的间距不小于 150 mm，地锚可用直径为 20 mm 的圆钢制作，长

度不小于 1.5 m,用直径 15.5 mm 的钢丝绳将地锚与绞车连在一起,固定牢固。

④ 小绞车是否安装平稳、牢固、方便操作,不爬绳、不咬绳、不跳绳。

(2) 小绞车提升信号是否是声光信号,且清晰可靠,有醒目的(行车不行人,行人不行车)标志。

(3) 小绞车的提升钢丝绳:

① 小绞车提升钢丝绳是否按规格使用。钢丝绳在滚筒上排列整齐,不得超过小绞车滚筒的容绳量,全部放开后滚筒余绳不小于 3 圈。

② 小绞车提升钢丝绳钩头是否采用插接式并加装护绳桃型环,插接长度不小于钢丝绳直径的 20 倍。

③ 临时提升的小绞车采用钢丝绳卡子接钢丝绳钩头时(包括卡接地锚),卡紧度是否使钢丝绳被压扁尺寸大于 1/3 直径,前末两端卡子"U"形螺丝应卡在副绳上,中间一个卡在主绳上,不得一顺使用。螺丝不滑扣,钢丝绳头不得背股、断丝、变形。

④ 小绞车提升坡度不超过 12°时,是否装设保险绳,保险绳的绳径与插接方式,插接长度同主绳的连接方式采用环套环式。

(4) 小绞车斜巷长度超过 20 m,是否装地滚,无论斜巷长度多少,其上变坡点处必须装地滚。小绞车斜巷有起伏时,要安装天轮,斜巷甩道及甩道侧帮要装立轮,甩道道心要装导向轮,天轮与立轮的安装数量以不磨绳为准。

(5) 小绞车斜坡提升是否装设防跑车装置,数量齐全,安装位置合适。

(6) 绞车制动闸和工作闸(离合闸)闸带是否完整无断裂,磨损余厚不得小于 4 mm,铜或铝铆钉不得磨闸轮,闸轮磨损不得大于 2 mm,表面光洁平滑,无明显沟痕,无油泥;各部螺栓、销、轴、拉杆螺栓及背帽、限位螺栓等完整齐全,无弯曲、变形;施闸后,闸把位置在水平线以上 30°~40°即应闸死,闸把位置严禁低于水平线。绞车滚筒无裂纹、破损或变形;固定螺栓和油塞不得高出滚筒表面。

(7) 小绞车是否装设保护接地装置,安设是否合适。

(8) 小绞车司机是否经过培训,持证上岗。

二、人力推车的安全检查

(1) 一次只准推 1 辆车,严禁在矿车两侧推车。

(2) 同向推车的间距,在轨道坡度小于或等于 5‰时,不得小于 10 m;坡度大于 5‰时,不得小于 30 m。

(3) 夜间或井下推车人是否有矿灯,当遇有照明不足区段时,应将矿灯挂在矿车行进方向的前端。

(4) 推车时必须时刻注意前方。在开始推车、停车、掉道、发现前方有人或者有障碍物,从坡度较大的地方向下推车以及接近道岔、弯道、巷道口、风门、硐室出口时,推车人是否及时发出警号。

(5) 严禁放飞车和在巷道坡度大于 7‰时人力推车。

(6) 不得在能自动滑行的坡道上停放车辆,确需停放时是否用可靠的制动器或者阻车器将车辆稳住。

三、矿井运输提升违章行为的安全检查

(1) 电机车司机开车前是否对机车进行安全检查确认,是否按照信号指令行车,启动前,是否关闭车门并发出开车信号,是否在机车运行中将头或身体探出车外;司机离开座位时,是否切断电动机电源,将控制手柄取下,扳紧车闸。

(2) 两机车或两列车在同一轨道同一方向行驶时,保持的距离是否大于 100 m。电机车正常运行时,机车必须在列车前端牵引。采用架线电机车运输时,架空线直流电压不得超过 600 V。

(3) 机车行近巷道口、硐室口、风门、弯道、道岔、坡度较大或噪声大等地段,以及前面有车辆或视线有障碍时,是否减速并发出警报。在列车通过的风门,应设有当列车通过时能够发出在风门两侧都能接收到声光信号的装置。

(4) 是否存在用固定车厢式矿车、翻转车厢式矿车、底卸式矿车、材料车和平板车等运送人员的违章行为。

(5) 用人车运送人员时,是否存在同时运送有爆炸性、易燃性或腐蚀性的物品,附挂物料车,列车车速太快,超过 4 m/s 的违章行为。

(6) 乘人车时,是否关上车门或挂上防护链;是否存在人体及所携带的工具和零件露出车外,或在列车行驶中和尚未停稳的情况下,乘坐人员在车内站立或上、下车,或在机车或任何两车厢之间搭乘人员,以及超员、扒车、跳车、坐矿车等违章行为。

(7) 人力推车时放飞车;在矿车两侧推车;推车的间距不符合《煤矿安全规程》规定。

(8) 人力推车时,擅自在能自行滑动的坡道上停放车辆。确需停放车辆时,必须用可靠的制动器将车辆稳住。

(9) 斜井提升时,有人蹬钩、行走。

(10) 带式输送机运送人员时,乘坐人员的间距是否达到 4 m,乘坐人员是否有站立、仰卧和触摸输送带侧帮的违章行为,是否存在不卸除输送带上的物料造成人、料混运的违章行为。

(11) 立井中升降人员是否使用罐笼或带乘人员的箕斗,是否存在吊桶边缘上坐人,吊桶内人与料混运,用开底式吊桶运送人员,人员不从井口平台进出吊桶的违章行为。

(12) 检修人员在罐笼或箕斗顶上工作时,未佩戴保险带。

(13) 存在同一层罐笼内人、料混合提升,开车信号发出后仍进出罐笼。

(14) 在斜巷内违反"行车不行人,行人不行车"的规定。

(15) 运送超高、超宽、超重设备或易燃、易爆物品违反有关规定。

(16) 在绞车信号系统乱打点。

(17) 把钩工作业时,存在不使用挂链器、拨链器或行车不停就拨链的违章行为。

(18) 拉运材料是否捆绑且捆绑合格,是否按规定车型装车。

(19) 顶车时,是否按规定提前给信号、先扳道岔。

(20) 连接装置损坏的矿车继续使用。

(21) 人员是否存在斜巷轨道上滑行,是否坐在轨道上休息。

(22) 顶车不挂链、平斜巷挂套链、放飞车、停车不打掩。

(23) 机车是否存在超载不按规定数量牵引车辆。

(24) 机车是否存在不按警冲标停车。

(25) 绞车过卷、拉反向;机车闯信号。

(26) 机车灯、闸、铃、撒砂装置是否符合《煤矿安全规程》规定。

(27) 特殊工种是否持证上岗及无证开车。

(28) 在有架线的巷道里行走时,是否将钎杆、铁锹等工具扛在肩上。

(29) 人车进出站打点工是否瞭望,把钩工在人员未上、下完时,是否随意吹哨联系开车。

(30) 在人车站或车上打闹,出入井时是否走规定出、入口。

(31) 在轨道干线施工是否设警戒。

(32) 架线机车是否设前照明、后红灯。

(33) 斜巷运输是否按规定安装、使用声光信号及"一坡三挡"安全保护装置,是否存在装置不全、不灵敏可靠的情况。

(34) 是否有擅自闯进挂着"禁止通行"或有危险警告牌标的地方的情况。

(35) 上下井乘车、乘罐时,尚未停稳就挤上、挤下。

(36) 采掘工作面使用的刮板输送机严禁乘人。使用刮板输送机运送物料时,是否有防止顶人和顶到支架的安全措施。

(37) 采面工作面刮板输送机是否安设能发出停止和启动信号的装置,发出信号点的间距不得超过 15 m。

【案例 12-2】 2022 年 8 月 3 日,山西潞安化工集团蒲县新良友煤业有限公司 11106 回风巷掘进工作面发生一起运输事故,造成 1 人死亡,直接经济损失 284.3 万元。事故直接原因:作业人员擅自移除平板车前方的三角阻车器,违章推动临时停放在坡道上的平板车,造成车辆跑车,将坡道下方作业人员撞伤致死。事故反映出该煤矿对运输管理工作重视不够,带班矿领导、工巡回检查流于形式,对辅助运输隐患视而不见,业务部门对辅助运输安全设施缺失问题失察;双××作为新良友煤业安全检查工,负责事故当班作业现场安全监管,未认真履行职责,反"三违"工作不力,安全检查工作不到位,对事故发生负主要责任。

第十三章　煤矿防治水作业安全检查

本章培训与考核要点
- 熟练掌握地面防治水安全检查方法；
- 熟练掌握井下防治水安全检查方法；
- 熟练掌握井下探放水安全检查方法。

第一节　地面防治水安全检查

地面防治水安全检查的重点是地面防治水工作的有效性。应当按《煤矿防治水细则》《煤矿安全规程》等的要求，通过防治水现状调查，结合矿井水文记录，进行检查分析，发现问题后，及时通知整改。

一、矿井周围老空的安全检查

（1）老空位置及开采情况。包括：井筒位置、地面标高、井深、井径，开采煤层层数，各煤层开采范围，巷道布置情况、巷道规格，产量，与相邻老空的关系，开采起止时间，停采原因等。

（2）老空的地质情况。包括：煤层厚度及其变化、层间距、产状，煤的硬度、顶、底板岩性，断层的位置、方向，断层之间的充填物、胶结性，断层是否出水等。

（3）水文地质情况。包括：开采期间的排水情况，是否发生过透水事故，出水地点、原因、水的来源，废弃小煤矿的积水水位，地面河流、湖泊、泉水和水沟等水体与老空的关系，雨季是否向老空灌水。

（4）地表塌陷深度、范围和塌陷裂缝的分布情况，雨季积水情况。

二、地面工业广场防治水工程及措施的安全检查

（1）地面工业广场（包括风井）是否选择在不受洪水威胁的地点。

（2）矿井井口及工业场地内主要建筑物的地面标高低于当地历年最高洪水位时，是否修筑堤坝、沟渠或者采取其他可靠防御洪水的措施。

（3）工业广场坡面汇集水是否修建防洪堤坝或截水沟截住山洪内侵；四周环山的场地是否利用地形构筑隧道泄洪，其防洪堤坝、截水沟、隧道是否牢固并经常检查修理。

（4）工业广场及居民区沿河流布置时，是否修筑防洪堤坝，防洪堤坝是否按最大洪水水位建筑，其质量是否合乎要求，是否在雨季前修筑好。

（5）矸石、炉灰及工业广场施工的废土石及杂物是否弃于河中，废物排弃场地、矸石山等是否设在山洪暴发的方向，是否有避免淤塞河床、沟渠而造成洪水泛滥的措施。

(6) 内涝区和洪水季节河水有倒流现象的矿井是否在泄洪总沟的出口处建立水闸,设置排洪站,以备河水倒灌时落闸,向外排水。

三、地面露头带截洪防渗工程及措施的安全检查

(1) 在地面露头带以外垂直来水方向是否修筑截洪沟拦截洪水,是否根据地形条件将水引出防护区以外,截洪沟断面的质量是否合乎要求,在雨季之前是否进行维修。

(2) 浅部保护煤(岩)柱是否留够,是否能减少大气降水或地表水沿煤层露头向矿井渗入的水量。

四、填塞地面渗水通道工程及措施的安全检查

地面塌陷裂缝、塌陷洞、老空等都可能成为地表水直接或间接流入井下的通道,因此必须在雨季前进行填塞处理,并及时检查。

(1) 塌陷区及塌陷裂缝是否沿塌陷裂缝挖沟向缝内填土,处理是否符合规定。

(2) 对吸水口尚未充分裸露的塌陷洞是否采用大量的块石或钢筋混凝土填底,然后回填泥土,底部基石已经裸露的塌陷洞是否采用片石混凝土浇灌,并在堵住洞口后回填泥土;大而深的塌陷洞下挖不见基石时,是否在较坚硬的地段上铺一层厚度为 0.5 m 左右的浆砌片石,并在其上填土夯实;当塌陷洞发生在井下,并大量向下泄水时,是否及时进行检验处理,其检验的方法措施是否恰当。

五、经过塌陷区或透水岩层的河流、沟渠处理的安全检查

(1) 检查经过塌陷区或透水岩层的河流、沟渠是否有旋涡等向井下漏水的现象发生,有漏水时对沟渠、河流是否及时进行防堵,是否将水引向井田以外。

(2) 整铺河底和旧渠时是否采取混凝土弧形河槽、片石弧形河槽的方法进行施工,其质量是否符合标准。

(3) 当整铺河底无效时,是否根据地形、地质、水文情况,因地制宜地将河床或沟渠改道,其改道的质量是否符合要求。

六、地面钻孔的安全检查

(1) 地质勘探孔终孔后,是否按照设计要求进行封孔,封孔的质量是否达到不漏水的要求,有无封孔报告。

(2) 对于下部含水层的水文观测孔,对上部未疏干的各含水层是否在套管外用灰浆封闭。

(3) 排水孔、电缆孔、瓦斯抽放孔、充填孔等地面钻孔,在终孔结束时,是否将孔口加高、孔壁是否封堵严密。

(4) 使用中的钻孔,是否安装孔口盖。报废的钻孔是否及时封孔,并将封孔资料和实施负责人的情况记录在案,存档备查。

七、矿井防治水资料的安全检查

(1) 矿井的防治水图纸(矿井充水性图、矿井综合水文地质图、柱状图、矿井水文地质剖面图等)、台账是否齐全,规划和计划是否内容齐全、措施得当。

(2) 是否有年度防治水计划,是否经上级主管部门审批并认真实施。

(3) 是否成立专业防治水队伍、机构,探放水作业人员是否取得特种作业操作证。

(4) 雨季之前是否认真检查和落实了各项防治水措施。
(5) 防洪防汛的人力、物力是否足够,防汛期间有无人值班。

第二节　井下防治水安全检查

一、留设防隔水煤(岩)柱的安全检查

(1) 检查井田边界的防隔水煤(岩)柱是否根据煤层的赋存条件、岩石性质、静水位高度,以及煤层开采后上覆岩层移动角、导水裂缝带高度等因素留设。

(2) 有下列情况之一的,是否留设防隔水煤(岩)柱:
① 煤层露头风化带;
② 在地表水体、含水冲积层下或者水淹区域邻近地带;
③ 与富水性强的含水层间存在水力联系的断层、裂隙带或者强导水断层接触的煤层;
④ 有大量积水的老空;
⑤ 导水、充水的陷落柱、岩溶洞穴或者地下暗河;
⑥ 分区隔离开采边界;
⑦ 受保护的观测孔、注浆孔和电缆孔等。

(3) 矿井以断层分界的,应当在断层两侧留设防隔水煤(岩)柱,由角砾岩等组成,在水文地质条件简单,有突水威胁,断层两侧煤层间隔较大,且较高煤层底板到较低煤层采动导水裂缝带上限的距离大于其所在地点和安全水头值时,断层两侧是否各留 20 m 隔水煤(岩)柱。

(4) 矿井防隔水煤(岩)柱是否由矿井地测机构组织编制专门设计,经矿井总工程师组织有关单位审查批准后实施。

二、水淹区下开采时留设防隔水煤(岩)柱的安全检查

(1) 掘进巷道与积水体之间留设防隔水煤(岩)柱的最小距离是否符合规定。

(2) 在水淹区的同一煤层中进行开采时,其隔离煤(岩)柱的尺寸是否根据煤层赋存条件、地质构造、静水压力、开采后上覆岩层移动角和导水裂缝带高度确定。

(3) 在水淹区下方的邻近煤层中进行开采时,所留的防隔水煤(岩)柱是否小于导水裂缝带最大高度加上水淹区底部扒缝深度和保护带厚度。

三、探水线的安全检查

(1) 对由矿井采掘工作造成的老空、老巷、硐室等积水区其边界位置是否准确、水文地质条件是否清楚。

(2) 对本矿井的积水区,虽有图纸资料,但不能确定积水区边界位置时,探水线至推断的积水区边界的最小距离不得小于 60 m。

(3) 对有图纸资料的老空区探水线至积水区边界的最小距离不得小于 60 m(警戒线);对没有图纸资料可查的老空区应坚持"预测预报、有疑必探、先探后掘、先治后采"的原则。

(4) 掘进巷道附近有断层或陷落柱时,探水线至最大摆动范围预计煤柱的最小距离不应小于 60 m。

(5) 石门揭开含水层前,其探水线至含水层的最小距离不应小于 20 m。

四、巷道穿过与河流、湖泊、溶洞、含水层等有水力联系的断层、裂缝破裂线时安全措施的安全检查

(1) 掘进过程中是否探水前进,是否通过超前钻探孔了解断层、裂缝破裂的宽度、含水量和水压等。

(2) 是否根据钻探资料,在巷道穿过破碎带之前分别采取预注浆和疏放水的措施。遇到断层、裂缝破裂线与河流湖泊、水源充沛的溶洞、含水层联系密切时,是否采取预注浆的措施;破裂线与水源贫乏、以降水为主的溶洞和含水层发生水力联系时,是否采取疏放水的措施。

(3) 是否砌筑防水闸门。

五、采掘隔离煤(岩)柱的安全检查

(1) 开采水淹区域下的隔离煤(岩)柱时,是否在积水完全排除以后进行,是否有安全措施。

(2) 对于盲洞、巷道冒顶矸石被淤塞或被断层隔离而形成的孤立积水和重新积水,是否执行探放水措施。

(3) 在掘透老空前是否认真检查有毒有害气体情况,当发现有毒有害气体时,是否采取预先放出的措施;掘透老空后,是否加强通风,吹散有毒有害气体,避免再度积聚。

(4) 采掘隔离煤(岩)柱时是否有加强支护、预防顶板塌落事故的措施。

六、带压开采防止突水的安全检查

(1) 矿井是否加强了水文地质工作,是否随工作面的推进观测所遇到的地质、水文地质现象,对原有资料进行修改、补充。

(2) 开始采掘工作前,是否提出地质说明书开展短期地质、水文地质预报工作,预测构造和突水因素。

(3) 在编制采掘设计和作业规程时是否根据水文地质资料提出防治水的措施。如带压开采的设计及其安全技术措施等。

(4) 在采掘时,是否坚持"预测预报,有疑必探,先探后掘,先治后采"的超前钻探原则。

(5) 对较大断层、防水煤(岩)柱、断层下盘进行采掘时,是否采取切实可行的措施。

(6) 穿过落差较大和导水性能良好的断层时,是否严格执行《煤矿安全规程》有关规定。

(7) 是否在适宜地点构筑防水闸门。

(8) 是否配备超过承压含水层、最大突水量的排水设施,其水泵管路质量是否达到要求。

(9) 开采方法及顶板管理是否适应带压开采的需要,能否减小矿山压力对煤层底板的影响作用。

七、疏放降压开采受含水层威胁煤层的安全检查

(1) 是否制定疏水降压安全技术措施,并报上级批准。

(2) 当煤层的上覆或底板岩层中强含水层与煤层的间距小于因采掘活动所产生的冒落导水裂缝高度,煤层顶、底板隔水层每米的水压大于某一极限值时,是否有计划的采用疏水降压措施,是否将含水层的压力降到隔水层所允许的安全水头值以下。

(3) 是否在疏水前进行打钻测压,钻孔的质量是否符合标准,有无安全技术措施,疏水

设备是否安全、合理。

八、井下防水闸门的安全检查

水文地质条件复杂、极复杂或有突水淹井危险的矿井,应当在井底车场附近设置放水闸门。其检查要点是：

(1) 防水闸门的施工及其质量,是否符合设计。闸门和闸门硐室不得漏水。

(2) 防水闸门硐室前、后两端,是否分别砌筑不小于 5 m 的混凝土护碹,碹后用混凝土填实,不得空帮、空顶。防水闸门硐室和护碹必须采用高标号水泥进行注浆加固,注浆压力应当符合设计。

(3) 防水闸门来水一侧 15~25 m 处,是否加设 1 道挡物箅子门。防水闸门与箅子门之间,不得停放车辆或者堆放杂物。来水时先关箅子门,后关防水闸门。如果采用双向防水闸门,应当在两侧各设 1 道箅子门。

(4) 通过防水闸门的轨道、电机车架空线、带式输送机等必须灵活易拆;通过防水闸门墙体的各种管路和安设在闸门外侧的闸阀的耐压能力,都必须与防水闸门设计压力相一致;电缆、管道通过防水闸门墙体时,必须用堵头和阀门封堵严密,不得漏水。

(5) 防水闸门是否安设有观测水压的装置,有放水管和放水闸阀。

(6) 是否定期巡查防水闸墙,雨季加密观测。

(7) 关闭闸门所用的工具和零配件是否专人保管,专地点存放,不得挪用丢失。

(8) 是否建立有防水闸门的检修、维护制度,有专职责任制。

(9) 防水闸门的设备、附件和工具是否完好无缺,门扇关闭灵活,密封,接触良好,门框与混凝土的接触处无新的裂缝损伤,闸门质量完好。门扇在日常开启状态下,其下加支撑。并每年进行 2 次关闭试验,其中 1 次应当在雨季前进行。

九、采用黄泥灌浆防火的矿井防溃浆的安全检查

(1) 查看回采工作面采用黄泥灌浆防自燃措施的下平巷是否有大的起伏,根据下巷输送带的运行情况或中间是否存在低洼积水区,可判断现切眼以外部分。

(2) 查看下平巷机尾的放水情况以及浆液的汇集情况,根据水流冲击力可判断有无溃浆的可能。

(3) 查看下巷排水系统是否畅通。

十、采用水沙充填的矿井防止溃水的安全检查

(1) 查回采工作面下,平巷是否有大的起伏,根据下巷输送带的运行情况或中间是否存在低洼积水区,可判断现开切眼以外部分。

(2) 查看下平巷机尾的放水情况以及堵砂情况,根据水流冲击力可判断有无溃水的可能。

(3) 查看下巷排水系统是否畅通。

(4) 查看输砂管道是否可靠并可控,查看仰斜回采面水沙充填的放水巷放水情况。

(5) 查看倾斜巷道掘进时,是否对侧帮严格执行探放水措施;查看钻机和钻杆长度、探放水钻眼深度及角度、探放水操作过程。

第三节 井下探放水安全检查

在矿井遇到含水体时坚持"预测预报,有疑必探,先探后掘,先治后采"的探放水原则。

一、探放水作业前的安全检查

(1) 探水前加强钻孔附近的巷道支护、背好帮顶,在迎头打好坚固的立柱和拦板,无空顶、空帮现象。

(2) 是否清理好巷道的浮煤,排水沟通畅,蓄水池无杂物。

(3) 排水设备完好,钻机安装稳固,立柱的防倒装置、保护装置齐全、完好。

(4) 探水前,在打钻地点或其附近是否安设有专用电话,现场有专项探放水安全技术措施,探放水记录台账等。

(5) 依据设计,确定主要探水钻孔位置时,由测量和负责探放水技术人员亲临现场指挥,确定探水钻孔方位、角度、钻孔数目和钻进深度。

(6) 作业场所通风良好,便携式甲烷检测报警仪功能完好、安装位置正确。甲烷浓度不超过1%。

二、探放水作业中的安全检查

(1) 采掘工作面遇有下列情况之一的,是否进行探放水:
① 接近水淹或者可能积水的井巷、老空或者相邻煤矿时。
② 接近含水层、导水断层、溶洞或者导水陷落柱时。
③ 打开隔离煤柱放水时。
④ 接近可能与河流、湖泊、水库、蓄水池、水井等相通的导水通道时。
⑤ 接近有出水可能的钻孔时。
⑥ 接近水文地质条件不清的区域时。
⑦ 接近有积水的灌浆区时。
⑧ 接近其他可能突水的地区时。

(2) 井下探放水是否使用专用钻机,由专业人员和专职队伍进行施工。探放水作业人员应当按照有关规定经培训合格后持证上岗。

(3) 钻机工作平稳,操作规范。

(4) 在探放水钻进时,发现煤岩松软、片帮、来压或者钻孔中水压、水量突然增大和顶钻等突(透)水征兆时,是否立即停止钻进,但不得拔出钻杆;现场负责人员应当立即向矿井调度室汇报,撤出所有受水威胁区域的人员,采取安全措施,派专业技术人员监测水情并进行分析,妥善处理。

(5) 探水钻机后面和前面的给进手把活动范围内不得站人。

(6) 钻探接近老空时,是否安排专职瓦斯检查工或矿山救护队员在现场值班,随时检查空气成分。如果甲烷或者其他有害气体浓度超过有关规定,应当立即停止钻进,切断电源,撤出人员,并报告矿调度室,及时采取措施进行处理。

(7) 钻孔放水前,是否估计积水量,并根据矿井排水能力和水仓容量,控制放水流量,防止淹井;放水时,是否有专人监测钻孔出水情况,测定水量和水压,做好记录。如果水量突然变化，是否立即报告矿调度室，分析原因，及时处理。

（8）钻孔内水压过大时，可采用孔口防喷帽、防喷接头和盘根密封防喷器等反压、防压装置。

（9）钻孔内流量突然变小或突然断水时，要疏通钻孔 3~5 次，并补打检查孔核实是否将水放净。钻眼流量变大时，要通知泵房增开水泵台数，并通知水文地质人员分析增大原因，采取相应的措施。

三、探放水作业效果安全检查

（1）钻孔的方位、倾角、深度和钻孔数量等施工参数正确。

（2）探放老空水时，撤出探放水点标高以下受水害威胁区域所有人员。观察、核对放水量和水压等，直到老空水放完为止。

（3）发现排水量突然变化时，立即报告调度室，分析原因，及时处理。

（4）探放水作业记录完整，报告及时、正确。

四、井下探放水后掘进施工的安全检查

（1）探水巷道的掘进断面符合要求，同时有 2 个安全出口，双巷掘进时在横贯两巷之间开掘安全躲避硐室。

（2）掘进巷道的坡度不应有起伏不平的现象发生。

（3）掘进工作面有透水征兆时，停止掘进，加固支架，并将人员撤到安全地点，向调度值班人员汇报。值班领导组织有关人员到现场查看分析情况。当发现情况危急时，立即发出警报，撤出所有受威胁地点的人员。

（4）上山方向的水害未消除或正在探水时，必须暂停掘进工作。

（5）探到老空并已放水的掘进工作面，不能马上与老空区掘透，在施工过程中重打检查眼进行探水。

（6）在探水巷道掘进时严格掌握巷道的掘进方向，如因地质变化偏离时，进行补充钻探或采取其他措施予以补救。

（7）在掘进时经常注意盲巷、老空积水或断层隔离而形成的孤立积水区。

（8）是否选择合理的掘进巷道爆破方法，在探水眼严密掩护下，保持设计超前距离和帮距时采取多打眼、少装药、放小炮的方法。

（9）严格执行炮眼或掘进头有出水征兆，超前距离不够或偏离探水方向，掘进支架不牢固或空顶超过规定时不装药的规定。

（10）在上山巷道或坡度大的穿层斜石门掘进接近老空放炮时，将所有人员撤到联络巷或下边平巷中。

（11）掘进打眼沿麻花钻杆向外流水时，停止工作，设法固定，并向调度室汇报听候处理。

（12）老空放水后允许恢复掘进时，在掘进离老空 3~5 m 处先用煤电钻或风钻打眼进行检查。当确系老空水放净后，先用小断面从放水钻孔上方与老空区掘透。

（13）掘进中班（组）长执行现场交接班制度，对允许掘进剩余的距离可能出现的问题掌握清楚。

（14）掘进到批准位置时，其最后 0.5 m 必须停止爆破，用手镐采齐迎头。

(15) 对于采掘工作面受水害影响的矿井,应当坚持"五先五后"的探放水原则,即先探放后开采的原则,先隔离后探放的原则,先降压后探放的原则,先封堵后探放的原则,先探放后采掘的原则。严禁采掘工作面边探放水边进行采掘活动。

五、排放被淹井巷积水措施的安全检查

(1) 排出井筒和下山的积水前,由矿山救护队检查水面上的空气成分、发现有害气体时立即处理。

(2) 用于排水的一切电气设备是否是防爆型的,无"鸡爪子""羊尾巴"、明线接头等。

(3) 井筒排水禁止使用明火、明刀闸开关,照明灯必须防爆。

(4) 定期检查水面的空气成分,发现有害气体时,及时开动准备好的局部通风机,吹散有害气体。

(5) 斜井或下山排水时及时构成已露出水面的井巷部分的通风系统,缩短局部通风机的通风距离,提高局部通风机效用。

(6) 在马头门露出水面之前,提前开动主要通风机,使马头门露出后,瓦斯或其他有害气体顺回风流抽出,避免有害气体涌入井筒。

六、矿井防治水重大事故隐患的安全检查

"有严重水患,未采取有效措施"重大事故隐患,是指有下列情形之一的:

(1) 未查明矿井水文地质条件和井田范围内采空区、废弃老窑积水等情况而组织生产建设的。

本条中"未查明矿井水文地质条件",是指存在下列情形之一的:

① 未进行井田水文地质勘探,或者未查明矿井充水水源、导水通道及充水强度,不能满足矿井防治水工程设计或安全生产建设要求。

② 矿井水文地质条件发生较大变化,突水水源、突水量与勘探报告差别较大,或出现新的含(导)水构造,矿井水文地质类型进一步复杂化,原有勘探成果资料难以满足生产建设需要,未进行矿井水文地质补充勘探。

③ 未查明井田主要含水层富水性,地下水补、径、排等水文地质条件。

④ 没有按《煤矿防治水细则》要求编制矿井水文地质类型划分报告,或者故意降低矿井水文地质类型级别的。

本条中"未查明井田范围内采空区、废弃老窑积水等情况",是指存在下列情形之一的:

① 未查明井田范围内采空区、废弃老窑的积水位置、范围、水压、积水量,或者未在矿井充水性图、采掘工程平面图上标明积水线、探水线、警戒线的。

② 采空区、废弃老窑范围不清、积水情况不明的区域,未进行综合探查,或者未编制矿井老空水害评价报告,或者未对受采空区积水影响的煤层编制分区管理设计并划分可采区、缓采区和禁采区的。

(2) 水文地质类型复杂、极复杂的矿井未设置专门的防治水机构、未配备专门的探放水作业队伍,或者未配齐专用探放水设备的。

本条中"专门的防治水机构",是指配备了专职防治水专业技术人员的防治水工作机构,该机构可为独立机构,也可与矿属地测部门合署办公。

本条中"专门的探放水作业队伍",是指该队伍中有持有《中华人民共和国特种作业操作

证》的探放水特种作业人员。探放水工作仅允许该队伍施工,在非探放水期间允许该队伍承担其他施工作业。

本条中"专用探放水设备",是指专用的探放水钻机及配套设备。探放水工作仅允许使用专用探放水设备,在非探放水期间允许专用探放水设备用于其他工程。

(3) 在需要探放水的区域进行采掘作业未按照国家规定进行探放水的。

本条中"未按照国家规定"是未按照《煤矿安全规程》第三百一十七条有关规定,采掘工作面遇有下列情况之一,未进行探放水的:

① 接近水淹或者可能积水的井巷、老空区或者相邻煤矿时。
② 接近含水层、导水断层、溶洞和导水陷落柱时。
③ 打开隔离煤柱放水时。
④ 接近可能与河流、湖泊、水库、蓄水池、水井等相通的导水通道时。
⑤ 接近有出水可能的钻孔时。
⑥ 接近水文地质条件不清的区域时。
⑦ 接近有积水的灌浆区时。
⑧ 接近其他可能突(透)水的区域时。

本条中"接近"是指采掘工作面达到探水线位置。探水线根据水头值高低、煤(岩)层厚度和强度等参数计算确定。

(4) 未按照国家规定留设或者擅自开采(破坏)各种防隔水煤(岩)柱的。

(5) 有突(透、溃)水征兆未撤出井下所有受水患威胁地点人员的。

(6) 受地表水倒灌威胁的矿井在强降雨天气或其来水上游发生洪水期间未实施停产撤人的。

本条中"受地表水倒灌",是指矿井井口或者其他导水通道(如与井下连通的地裂缝、废弃井筒等)标高低于历年最高洪水位,可能导致降水灌入井下的。

本条中"强降雨",一般是指暴雨及以上等级的降雨。

(7) 建设矿井进入三期工程前,未按照设计建成永久排水系统,或者生产矿井延深到设计水平时,未建成防、排水系统而违规开拓掘进的。

(8) 矿井主要排水系统水泵排水能力、管路和水仓容量不符合《煤矿安全规程》规定的。

(9) 开采地表水体、老空水淹区域或者强含水层下急倾斜煤层,未按照国家规定消除水患威胁的。

本条中"未按照国家规定消除水患威胁的"是指,违反《煤矿安全规程》《煤矿防治水细则》有关规定,未采用地表水体迁移(或改道)、疏干老空水、注浆改造(或截流)等措施改变其水文地质性质、消除水患威胁的。

第十四章 煤矿安全生产监测监控系统安全检查

本章培训与考核要点
- 掌握安全监测监控系统安全检查方法；
- 掌握生产监测监控系统安全检查方法。

第一节 安全监测监控系统的组成及主要装备的功能

煤矿安全监测监控系统是融计算机技术、通信技术、控制技术、电子技术和煤矿防爆技术为一体的综合自动化系列产品。是指对煤矿井上、下的有关气体、环境及有关生产环节的机电设备运行状态等进行检测、监视，用计算机对采集的数据进行分析处理，对设备、局部生产环境或过程进行控制的一种系统。是煤矿生产过程中预测预报、安全分析、防止事故的重要系统。

《煤矿安全规程》第四百八十七条规定：所有矿井必须装备安全监控系统、人员位置监测系统、有线调度通信系统。矿井安全监测监控系统的功能：一是实时监测合种环境安全参数、设备工况参数、过程控制参数等；二是对各种参数进行分析，并进行报警和安全装置的控制，保证安全生产。

一、安全监测监控系统的组成

煤矿安全监测监控系统一般由中心站、传输通道、分站、传感器、执行机构等装置组成。

二、安全监测监控系统的功能

煤矿安全监测监控系统按功能可分为传感器及执行装置、信息传输系统、数据处理系统3个部分。

1. 传感器及执行装置

传感器及执行装置主要包括声光报警器、断电器和电源装置。它们都安装在实际现场，传感器负责采集各种环境参数并把它输送给传输系统。由于它直接关系到系统监控内容和数量及系统的准确度，所以必须选择可靠、稳定、准确的传感器；执行装置的功能是接收来自传输系统的信息，并根据它执行开、停、断电等指令，从而完成各种控制功能。

2. 信息传输系统

信息传输系统主要包括传输接口、分站、中心站柜、电缆等。这部分的主要功能是接收传感器传来的各种信息，并把它转换成数字或频率信号，再通过发送、接收装置及电缆和各种接口传递给地面中心站的计算机进行处理。同时接受计算机发来的各种指令，并通过上述设备传递给执行装置。

3. 数据处理系统

数据处理系统由计算机、模拟盘及各种外部设备等硬件和由各种应用程序、操作系统等软件组成。这部分的主要功能是接收来自传输系统的信息,并对其进行综合分析判断,同时通过屏幕、模拟盘、绘图仪对各监测参数或状态进行显示。当某些环境参数超过额定值时,能自动报警,并可向井下发出控制信号,切断影响区域电源,防止事故发生。对一些重要监测参数可存贮规定时间内的数据(如分钟平均值),并可随时用屏幕显示、打印、绘图等方式再现所需资料。对生产监控部分的设备运行状态、运行时间、煤位情况等内容也可即时显示出来。有些系统还具有火灾预测预报等功能。

第二节 安全生产监测监控系统安全检查

随着煤炭科学技术的发展和煤矿装备水平的提高,煤矿安全生产监控系统所起的作用越来越大,因此保证其安全可靠运转十分重要。对其进行安全检查的主要内容包括:

一、地面中心站的安全检查

中心站值班应设置在矿调度室内,实行 24 h 值班制度。值班人员应认真监视监视器所显示的各种信息,详细记录系统运行状态,接收上一级网络中心下达的指令并及时进行处理,填写运行日志、打印安全监控日报表,报矿主要负责人和主要技术负责人审阅。中心站重点检查以下内容:

(1) 中心站的检查应在检测技术负责人和专责电工的配合下进行。
(2) 安全监控系统是否按规定与上级监控中心联网。
(3) 安全监控系统的主机是否双机或多机备份,是否 24 h 不间断运行。
(4) 当工作主机发生故障时,备份主机是否在 5 min 内投入工作。
(5) 中心站的供电电源是否双回路供电并配备不小于 2 h 在线式不间断电源。当交流电停电时备用直流电源是否保证连续监控时间不小于 2 h。
(6) 中心站的接地装置和防雷装置是否完善,每季度的测试记录,各种参数是否符合规定。
(7) 监控系统是否装备防火墙等网络安全设备。
(8) 中心站是否使用录音电话。
(9) 监控系统馈电异常显示、报警、查询等功能是否完善,运行是否正常。
(10) 各种设置是否符合规定。
(11) 监控系统地面中心站当工作主机发生故障时,备份主机是否在 5 min 内投入工作。
(12) 中心站有无声光报警信号,信号的强度是否能引起值班人员的重视。
(13) 检查机房是否密封、无灰尘。机房面积应大于 30 m^3,距离矿调度室和井口都比较近;机房附近无腐蚀性物质。

二、分站的安全检查

分站重点检查以下内容:
(1) 分站的位置是否正确。井下分站应设置在便于人员观察、调试、检验及支护良好、无滴水、无杂物的进风巷道或硐室中,安设时应垫支架,使其距巷道底板不小于 300 mm,或吊挂在巷道中。

(2) 分站的供电电源是否选择合理。《煤矿安全规程》第四百九十一条规定:安全监控设备的供电电源必须取自被控开关的电源侧或者专用电源,严禁接在被控开关的负荷侧。分站的供电电源宜取自采区变电所电压稳定、能保证连续供电、不被任何装备断电和闭锁的供电电源的电源侧。

(3) 分站的防爆性能是否符合规定。

(4) 各种传感器的悬挂位置、地点是否正确,设置是否符合规定。

(5) 分站在接通电源 1 min 内,是否继续闭锁该设备所监控区域的全部非本质安全型电气设备的电源。

(6) 分站在瓦斯传感器发生故障或断电时,是否切断该设备所监控区域的全部非本质安全型电气设备的电源并闭锁。

(7) 分站断电闭锁的范围是否符合规定。

(8) 分站断电接点的分断容量是否不小于接点分断容量。

(9) 声、光报警装置悬挂在经常有人工作、便于观察和警示的地点。

(10) 系统发生故障时,能够在 24 h 内得到维修或更换处理。

三、井下传输电缆的安全检查

(1) 煤矿安全监控设备之间是否使用专用阻燃电缆或光缆连接,严禁与调度电话电缆或动力电缆等共用。

(2) 防爆型煤矿安全监控设备之间的输入、输出信号是否为本质安全型信号。

(3) 传输电缆不得与风水管路、动力电缆同侧敷设。传输电缆如与风水管路、动力电缆同侧敷设时,是否在风水管路上方 300 mm 以上距离,动力电缆 100 mm 以上距离。电缆敷设时要有适当的驰度,要求在外力作用时能自由坠落。

(4) 电缆悬挂高度是否大于矿车和运输机的高度,并尽量位于人行道一侧。

(5) 监控电缆接头处是否用本安接线盒连接,电缆进线嘴连接要牢固、密封要良好,密封圈直径和厚度要合适,电缆与密封圈之间不得包扎其他物品。

(6) 接线盒不得设置在淋水处,接线盒处电缆是否有一定的余量,并用尼龙扎丝扎紧。

(7) 电源引线是否使用取得安全标志的矿用阻燃电缆。

四、传感器的安全检查

1. 传感器的通用检查

(1) 传感器的防爆型式采用矿用本质安全型或隔爆兼本质安全型,防爆标志为"Exib Ⅰ"或"Exd[ib] Ⅰ"。

(2) 传感器显示窗应透光良好,数码、符号均应清晰完好。

(3) 传感器结构坚固耐用,有安装悬挂或支撑装置,传感器表面、镀层或涂层不应有气泡、裂痕和明显剥落斑点。

(4) 传感器取样头上应有防尘和防风速影响的保护罩。

(5) 传感器应有遥控调校功能。

(6) 传感器本安端子与外壳之间绝缘电阻应不小于 50 MΩ。

(7) 传感器使用电缆的单芯截面为 1.5 mm² 时，传感器与关联设备的传输距离应不小于 2 km。

(8) 使用中的传感器是否经常擦拭，清除外表积尘，保持清洁。

(9) 检查传感器是否按规定进行调校，传感器标定的参数是否准确。

(10) 报警声在距其 1 m 远处用分贝计测量声级强度应不小于 80 dB；光信号应能在 20 m 处清晰可见。

2. 甲烷传感器设置的安全检查

(1) 甲烷传感器是否垂直悬挂在巷道上方风流稳定的位置，距顶板（顶梁）不得大于 300 mm，距巷道侧壁不得小于 200 mm，并应安装维护方便，不影响行人和行车。

(2) 甲烷传感器（便携仪）的设置地点，报警、断电、复电浓度和断电范围是否符合表 14-1 的规定。

表 14-1　甲烷传感器（便携仪）的设置地点，报警、断电、复电浓度和断电范围

设置地点	报警浓度/%	断电浓度/%	复电浓度/%	断电范围
采煤工作面回风隅角	≥1.0	≥1.5	<1.0	工作面及其回风巷内全部非本质安全型电气设备
低瓦斯和高瓦斯矿井的采煤工作面	≥1.0	≥1.5	<1.0	工作面及其回风巷内全部非本质安全型电气设备
突出矿井的采煤工作面	≥1.0	≥1.5	<1.0	工作面及其进、回风巷内全部非本质安全型电气设备
采煤工作面回风巷	≥1.0	≥1.0	<1.0	工作面及其回风巷内全部非本质安全型电气设备
突出矿井采煤工作面进风巷（靠近工作面处）	≥0.5	≥0.5	<0.5	工作面及其进、回风巷内全部非本质安全型电气设备
突出矿井采煤工作面进风巷（靠近分风口处）	≥0.5	≥0.5	<0.5	工作面及其进、回风巷内和采区进风巷内全部非本质安全型电气设备
采用串联通风的被串采煤工作面进风巷	≥0.5	≥0.5	<0.5	被串采煤工作面及其进、回风巷内全部非本质安全型电气设备
高瓦斯、突出矿井采煤工作面回风巷中部	≥1.0	≥1.0	<1.0	工作面及其回风巷内全部非本质安全型电气设备
采煤机	≥1.0	≥1.5	<1.0	采煤机电源
煤巷、半煤岩巷和有瓦斯涌出岩巷的掘进工作面	≥1.0	≥1.5	<1.0	掘进巷道内全部非本质安全型电气设备
煤巷、半煤岩巷和有瓦斯涌出岩巷的掘进工作面回风流中	≥1.0	≥1.0	<1.0	掘进巷道内全部非本质安全型电气设备

表14-1(续)

设置地点	报警浓度/%	断电浓度/%	复电浓度/%	断电范围
突出矿井的煤巷、半煤岩巷和有瓦斯涌出岩巷的掘进工作面的进风分风口处	≥0.5	≥0.5	<0.5	采区进风巷内全部非本质安全型电气设备
采用串联通风的被串掘进工作面局部通风机前	≥0.5	≥0.5	<0.5	被串掘进巷道内全部非本质安全型电气设备
	≥0.5	≥1.0	<0.5	被串掘进工作面局部通风机
高瓦斯矿井双巷掘进工作面混合回风流处	≥1.0	≥1.0	<1.0	除全风压供风的进风巷外,双掘进巷道内全部非本质安全型电气设备
高瓦斯和突出矿井掘进巷道中部	≥1.0	≥1.0	<1.0	掘进巷道内全部非本质安全型电气设备
掘进机、连续采煤机、锚杆钻车、梭车	≥1.0	≥1.5	<1.0	掘进机、连续采煤机、锚杆钻车、梭车电源
采区回风巷	≥1.0	≥1.0	<1.0	采区回风巷内全部非本质安全型电气设备
一翼回风巷及总回风巷	≥0.7	—	—	
突出矿井采区进风巷、一翼进风巷及总进风巷	≥0.5	≥0.5	<0.5	突出矿井采区进风巷、一翼进风巷及总进风巷全部非本质安全型电气设备
使用架线电机车的主要运输巷道内装煤点处	≥0.5	≥0.5	<0.5	装煤点处上风流100 m内及其下风流的架空线电源和全部非本质安全型电气设备
矿用防爆型蓄电池电机车	≥0.5	≥0.7	<0.7	机车电源
矿用防爆型柴油机车、无轨胶轮车	≥0.5	≥0.5	<0.5	车辆油路和电源
井下煤仓	≥1.5	≥1.5	<1.5	煤仓运煤的各类运输设备及其他非本质安全型电气设备
封闭的带式输送机地面走廊内,带式输送机滚筒上方	≥1.5	≥1.5	<1.5	带式输送机地面走廊内全部非本质安全型电气设备
地面瓦斯抽采泵房内	≥0.5			
井下临时瓦斯抽采泵站下风侧栅栏外	≥1.0	≥1.0	<1.0	瓦斯抽采泵站电源

(3) 采煤工作面甲烷传感器安设位置是否符合以下规定:

① 长壁采煤工作面甲烷传感器必须按图14-1a设置。U型通风方式在上隅角设置甲烷传感器 T_0,工作面设置甲烷传感器 T_1,工作面回风巷设置甲烷传感器 T_2。

② 突出矿井在进风巷设置甲烷传感器 T_3。

③ 低瓦斯和高瓦斯矿井采煤工作面采用串联通风时,被串联工作面的进风巷设置甲烷

传感器 T_4，如图 14-1a 所示。Z 型、Y 型、H 型和 W 型通风的采煤工作面甲烷传感器的设置参照上述规定执行，如图 14-1b 至图 14-1e 所示。

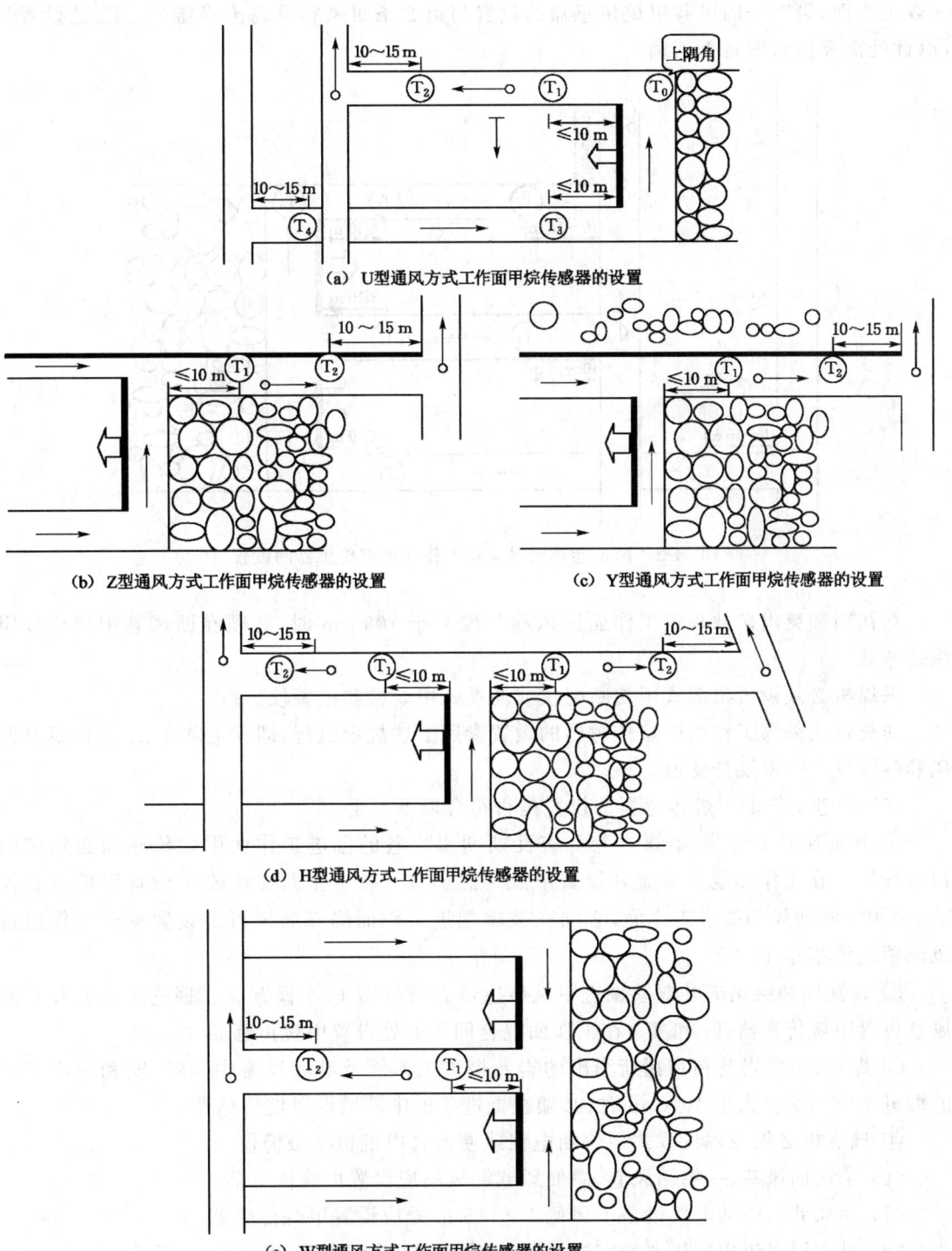

图 14-1 长壁采煤工作面甲烷传感器的设置

（4）采用两条巷道回风采煤工作面甲烷传感器必须按图14-2设置。甲烷传感器T_0、T_1和T_2的设置同图14-2；在第2条回风巷设置甲烷传感器T_5、T_6。采用3条巷道回风的采煤工作面，第3条回风巷甲烷传感器的设置与第2条回风巷甲烷传感器T_5、T_6的设置相同（此处需要核对图是否正确）。

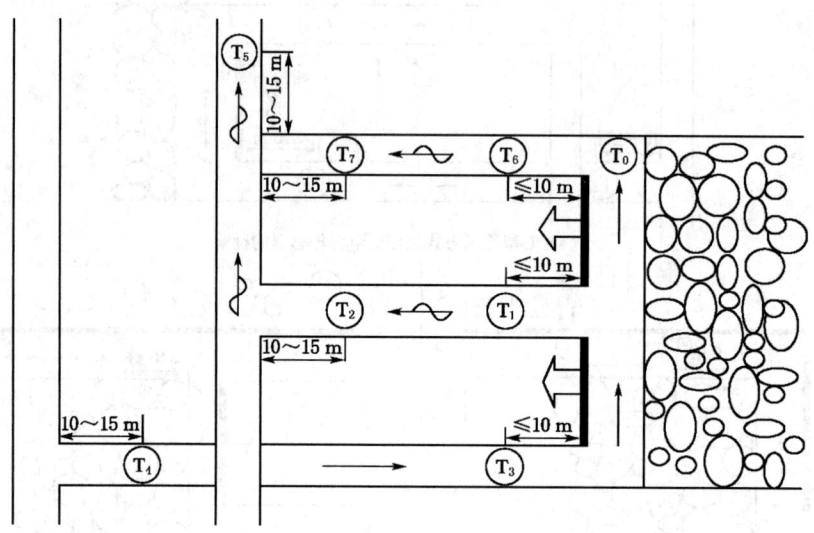

图14-2　两条巷道回风采煤工作面甲烷传感器的设置

高瓦斯和突出矿井采煤工作面回风巷长度大于1000 m时，必须在回风巷中部增设甲烷传感器。

采煤机必须设置机载式甲烷断电仪或便携式甲烷检测报警仪。

非长壁式采煤工作面甲烷传感器的设置参照上述规定执行，即在上隅角、工作面及其回风巷各设置1个甲烷传感器。

（5）掘进工作面甲烷传感器的设置是否符合以下规定：

① 瓦斯矿井的煤巷、半煤岩巷和有瓦斯涌出岩巷的掘进工作面甲烷传感器必须按图14-3设置。在工作面混合风流处设置甲烷传感器T_1，在工作面回风流中设置甲烷传感器T_2；采用串联通风的掘进工作面，必须在被串掘进工作面局部通风机前设置掘进工作面进风流甲烷传感器T_3。

② 高瓦斯和突出矿井双巷掘进甲烷传感器必须按图14-4设置。在掘进工作面及其回风巷设置甲烷传感器T_1和T_2；在工作面混合回风流处设置甲烷传感器T_3。

③ 煤巷、半煤岩巷和有瓦斯涌出的岩巷掘进工作面及其回风流中，高瓦斯和突出矿井的掘进工作面长度大于1000 m时，必须在掘进巷道中部增设甲烷传感器。

④ 掘进机必须设置机载式甲烷断电仪或便携式甲烷检测报警仪。

（6）采区回风巷、一翼回风巷、总回风巷测风站应设置甲烷传感器。

（7）回风巷道中的电气设备上风侧10～15 m处应设置甲烷传感器。

（8）设在回风流中的机电硐室进风侧必须设置甲烷传感器，如图14-5所示。

（9）使用架线电机车的主要运输巷道内装煤点处，必须设置甲烷传感器，如图14-6所示。

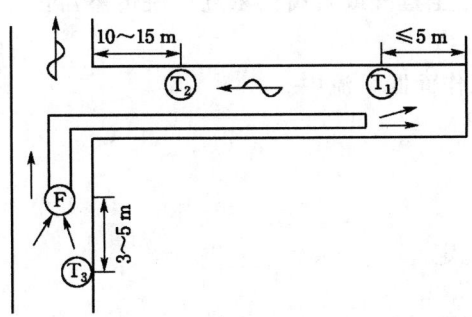 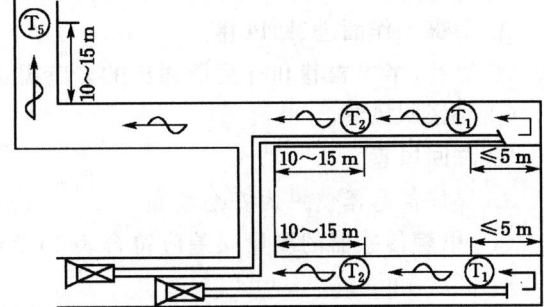

图 14-3　掘进工作面甲烷传感器的设置　　图 14-4　双巷掘进工作面甲烷传感器的设置

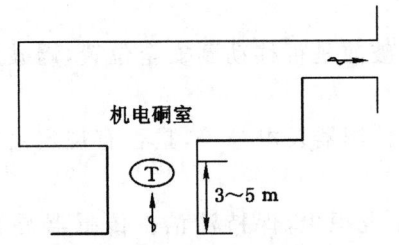 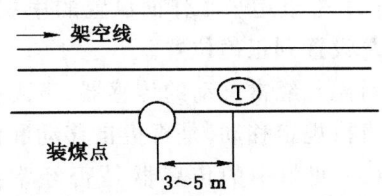

图 14-5　在回风流中的机电硐室甲烷传感器的设置　　图 14-6　装煤点甲烷传感器的设置

（10）煤仓上方、封闭的带式输送机地面走廊、地面瓦斯抽采泵房内和封闭的地面选煤厂机房内上方，必须设置甲烷传感器。

（11）高瓦斯矿井进风的主要运输巷道使用架线电机车时，在瓦斯涌出巷道的下风流中必须设置甲烷传感器，如图 14-7 所示。

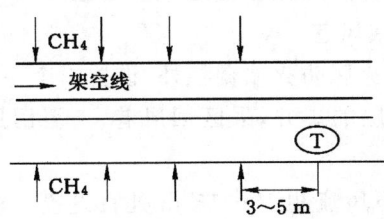

图 14-7　瓦斯涌出巷道的下风流中甲烷传感器的设置

（12）矿用防爆特殊型蓄电池电机车必须设置车载式甲烷断电仪或便携式甲烷检测报警仪；矿用防爆型柴油机车必须设置便携式甲烷检测报警仪。

（13）兼做回风井的装有带式输送机的井筒内必须设置甲烷传感器。

（14）瓦斯抽采泵站甲烷传感器的设置：

① 地面瓦斯抽采泵站内距房顶 300 mm 处必须设置甲烷传感器。

② 瓦斯抽采泵输入、输出管路中应设置甲烷传感器。

③ 井下临时瓦斯抽采泵站下风侧栅栏外必须设置甲烷传感器。

(15) 突出矿井在下列地点设置的传感器必须是全量程或者高低浓度甲烷传感器：
① 采煤工作面进、回风巷。
② 煤巷、半煤岩巷和有瓦斯涌出的岩巷掘进工作面回风流中。
③ 采区回风巷。
④ 总回风巷。
3. 甲烷传感器使用的安全检查
(1) 甲烷传感器的测量误差应符合表14-2的规定。

表 14-2　传感器的测量误差

测量范围	0～1.0	1.0～3.0	3.0～4.0
测量误差	±0.1	其值的±10%	±0.3

(2) 检查炮采工作面设置的甲烷传感器在爆破前是否移动到安全位置，爆破后是否及时恢复设置到正确位置。

对需要经常移动的传感器、声光报警器、断电控制器及电缆等，是否有规定由采掘班组长负责按规定移动，是否擅自移动和停用。

(3) 使用中的传感器是否经常擦拭，清除外表积尘，保持清洁。传感器是否被洒水淋湿。

(4) 检查传感器是否按规定进行调校，传感器标定的参数是否准确。

4. 其他传感器的安全检查

(1) 一氧化碳传感器的安全检查：
① 一氧化碳传感器的悬挂方法同甲烷传感器。
② 一氧化碳传感器的设置的安全检查：

a) 开采易自燃、自燃煤层的采煤工作面必须至少设置1个一氧化碳传感器，地点可设置在上隅角、工作面或工作面回风巷。

b) 自然发火观测点、封闭火区防火墙栅栏外，设置1个一氧化碳传感器。

c) 开采容易自燃、自燃煤层的矿井，采区回风巷、一翼回风巷、总回风巷应设置一氧化碳传感器。

d) 带式输送机滚筒上方下风流侧10～15 m处宜设置一氧化碳传感器和烟雾传感器。

e) 使用防爆柴油动力装置的矿井及开采容易自燃、自燃煤层的矿井，应当设置一氧化碳传感器。

根据《煤矿安全规程》的规定，矿井一氧化碳最高允许浓度为0.0024%。所以以上各个地点设置的一氧化碳传感器报警浓度为不小于0.0024%。

(2) 风速传感器的安全检查：

每一个采区、一翼回风巷及总回风巷的测风站应当设置风速传感器，突出煤层采煤工作面回风巷和掘进巷道回风流中必须设置风速传感器。风速传感器应设置在巷道前后10 m内无分支风流、无拐弯、无障碍、断面无变化、能准确计算风量的地点。当风速超过或低于《煤矿安全规程》的规定值(表14-3)时应发出声光报警信号。

表 14-3　井巷中的允许风流速度

井巷名称	允许风速(m/s)	
	最低	最高
无提升设备的风井和风硐		15
专为升降物料的井筒		12
风桥		10
升降人员和物料的井筒		8
主要进、回风巷		8
架线电机车巷道	1.0	8
输送机巷,采区进、回风巷	0.25	6
采煤工作面、掘进中的煤巷和半煤岩巷	0.25	4
掘进中的岩巷	0.15	4
其他通风人行巷道	0.15	

（3）压力传感器、温度传感器的安全检查：

① 主要通风机的风硐应当设置压力传感器。

② 瓦斯抽采泵站的抽采泵吸入管路中应当设置流量传感器、温度传感器和压力传感器,利用瓦斯时,还应当在输出管路中设置流量传感器、温度传感器和压力传感器。

③ 使用防爆柴油动力装置的矿井及开采容易自燃、自燃煤层的矿井,应当设置温度传感器。

④ 温度传感器的悬挂方法同甲烷传感器。

⑤ 开采易自燃、自燃煤层的采煤工作面回风巷设置1个温度传感器,报警值为30 ℃。机电硐室内应当设置温度传感器,报警值为34 ℃。

（4）开关量传感器的安全检查：

① 开关量传感器安装位置是否正确。

② 主要通风机、局部通风机是否设置开停传感器。开停传感器固定位置应在无淋水、无交变强磁场、支护良好、不经常移动的被监测电缆上,同时保证不被碰、刮,以防位置变化影响检测准确度。开停传感器上有2个信号灯,红灯亮表示被测设备没有开动,绿灯亮表示被测设备正在运行。反复观察被检测设备的开、停,检验绿、红灯是否对应亮、灭。

③ 矿井和采区主要进回风巷道中的主要风门是否设置风门开关传感器。当两道风门同时打开时,发出声光报警信号。甲烷电闭锁和风电闭锁的被控开关的负荷侧必须设置馈电状态传感器。

④ 风门传感器由传感头组件和磁块2部分组成,传感头组件安装在门框边缘处,磁块组件及附件固定在风门边缘与传感头组相对应的位置上。风门传感器装好后,风门与门框之间的缝隙距离,决定输出"关闭"或"开启"信号。检查传感头组件和磁块2部分是否固定牢固,风门关闭后传感头组件和磁块2部分之间的缝隙是否调整到最佳位置。

⑤ 掘进工作面局部通风机的风筒末端是否设置风筒传感器。

⑥ 为监测被控设备瓦斯超限是否断电,被控开关负荷侧设置馈电传感器。馈电传感器是卡在被测开关负荷侧电缆上,用来检测负荷有无电压的检测装置。馈电传感器有 2 个显示灯,用来显示负荷电缆有无电压。检查其固定位置有无淋水、交变强磁场,支护是否良好、传感器能否被碰被刮。传感器是否固定牢固,显示灯显示是否正确。

(5) 瓦斯抽采管路中传感器的设置:

瓦斯抽采泵站的抽放泵输入管路中宜设置流量传感器、温度传感器和压力传感器;利用瓦斯时,应在输出管路中设置流量传感器、温度传感器和压力传感器;防回火安全装置上宜设置压差传感器。

5. 管理制度与技术资料的安全检查

(1) 管理制度的检查:

① 煤矿是否建立安全监测监控管理机构。安全监测监控管理机构由煤矿主要技术负责人领导,配备足够的人员。

② 从事安全监测仪器管理、维护、检修、值班人员应经培训合格,持证上岗。

③ 各工种的岗位责任制度,各工种的操作规程,各种仪器、仪表的定期检查制度,各种设备和账、卡的管理制度,各工种的交接班制度和设备入井检查制度等管理制度要完善。

④ 矿用产品是否有生产许可证和安全标志证书。

⑤ 煤矿区(科)长以上管理人员、班组长、安全检查作业人员、井下爆破作业人员、井下电气作业人员下井时是否全部携带便携式甲烷检测仪或甲烷检测报警矿灯。

⑥ 矿采掘工、打眼工、在回风流工作的工人下井时宜携带甲烷检测报警矿灯或甲烷报警矿灯。

(2) 技术资料的检查:

① 检查采区设计、采掘作业规程和安全技术措施中对安全监测监控仪器的种类、数量和位置,信号电缆和电源电缆的敷设,断电区域等的规定是否完善。

② 检查监测监控系统的布置图和断电闭锁控制图是否完善与并实际相符。

③ 检查帐、卡及报表:

a) 安全测控仪器台账。

b) 安全测控仪器故障登记表。

c) 检修记录。

d) 巡检记录。

e) 传感器调校记录。

f) 中心站运行日志。

g) 安全测控日报。

h) 报警断电记录月报。

i) 甲烷超限断电闭锁和甲烷风电闭锁功能测试记录。

j) 安全测控仪器使用情况月报等。

第三节 人员位置、通信及图像监视系统安全检查

一、人员位置监测的安全检查

(1) 下井人员是否携带标识卡。各个人员出入井口、重点区域出入口、限制区域等地点应当设置读卡分站。

(2) 人员位置监测系统应当具备检测标识卡是否正常和唯一性的功能。

(3) 矿调度室值班员是否监视人员位置等信息，填写运行日志。

二、通信系统的安全检查

(1) 以下地点是否设有直通矿调度室的有线调度电话：矿井地面变电所、地面主要通风机房、主副井提升机房、压风机房、井下主要水泵房、井下中央变电所、井底车场、运输调度室、采区变电所、上下山绞车房、水泵房、带式输送机集中控制硐室等主要机电设备硐室、采煤工作面、掘进工作面、突出煤层采掘工作面附近、爆破时撤离人员集中地点、突出矿井井下爆破起爆点、采区和水平最高点、避难硐室、瓦斯抽采泵房、爆炸物品库等。

(2) 有线调度通信系统是否具有选呼、急呼、全呼、强插、强拆、监听、录音等功能。

(3) 有线调度通信系统的调度电话至调度交换机（含安全栅）是否采用矿用通信电缆直接连接，严禁利用大地作回路。

(4) 严禁调度电话由井下就地供电，或者经有源中继器接调度交换机。调度电话至调度交换机的无中继器通信距离应当不小于 10 km。

(5) 矿井移动通信系统是否具有下列功能：

① 选呼、组呼、全呼等。

② 移动台与移动台、移动台与固定电话之间互联互通。

③ 短信收发。

④ 通信记录存储和查询。

⑤ 录音和查询。

(6) 通信设备是否有备用，发生故障，应能及时更换故障设备，确保通信系统的不间断工作。

(7) 通信线缆是否分设两条，从不同的井筒进入井下配线设备，其中任何一条通信线缆发生故障，另一条通信线缆的容量应能担负井下各通信终端的通信能力。

(8) 终端设备是否设置在便于使用且围岩稳定、支护良好、无淋水的位置。

(9) 控制中心备用电源是否能保证设备连续工作 2 h 以上。

(10) 通信线路严禁与其他动力电缆、安全监控设备等电缆共用。

(11) 矿井通信联络系统发生故障，必须在 2 h 内恢复正常运行，否则，应停止作业；矿井某一作业点通信设备发生故障，必须在 8 h 内恢复正常运行，否则，立即停止该作业点的一切作业。

(12) 通信系统未经验收或者验收不合格的矿井，不得投产。

(13) 维护与管理：

① 系统维护人员对通信设备及通信线缆应每天进行检查，每月测试一次，发现问题及

时处理,并将检查、测试、处理结果报调度中心站。

② 应定期对通信联络系统进行巡视和检查,发现故障及时处理。每季度应对备用电源的放电容量或备用工作时间进行测试。当电网停电后,备用电源不能保证设备连续工作 2 h 时,应及时更换。

③ 应绘制通信联络系统布置图,并根据井下实际情况的变化及时更新。布置图应标明终端设备的位置、通信线缆走向等。

④ 系统控制中心应有人值班,值班人员应认真填写设备运行和使用记录。

⑤ 应建立以下账卡及报表:设备、仪器台账,设备故障登记,检修表、巡检记录和报警,求救信息报表。

⑥ 相关图纸、技术资料应归档保存。

三、图像监控系统的安全检查

(1) 安装图像监视系统的矿井,应当在矿调度室设置集中显示装置,并具有存储和查询功能。

(2) 监视系统安装环境是否符合下列条件:

① 环境温度:0～40 ℃。

② 大气压力:80～106 kPa。

③ 平均湿度:不大于 95%(+25 ℃)。

④ 无显著振动和冲击,无破坏绝缘的腐蚀气体。

(3) 摄像机的型式:本质安全型、矿用隔爆型、矿用一般型、地面普通型和复合型,摄像机型式应符合安装地点的要求。

(4) 图像监视系统是否具有报警联动功能。

第三篇　安全操作技能

第十五章　煤矿安全检查作业安全技术实际操作考试标准

（说明：本实操考试标准由原国家煤矿安全监察局于 2016 年 9 月 2 日以煤安监行管[2016]19 号文印发。）

1. 制定依据

本标准依据《中华人民共和国安全生产法》《煤矿安全规程》《特种作业人员安全技术培训考核管理规定》《煤矿安全检查工安全技术培训大纲及考核标准》等法律、法规和标准制定。

2. 适用对象

从事煤矿井下安全检查作业的人员，即安全检查工。

3. 考试方式

采用实物操作、模拟操作、虚拟仿真操作和手指口述等方式。

4. 考试点基本条件

4.1　具有满足实际操作考试需要的考试场所。考试场所必须按照环境保护、劳动保护、安全和消防各项要求设置，应当设置有关安全指示标志、警示标语、考场规则等，应当安装实时监控系统。

4.2　具有满足实际操作考试需要的实物装置。配置模拟采、掘工作面，提升、运输、电气、通风设施等实物或模拟实物，便携式甲烷检测报警仪等，或者配置"煤矿安全检查作业虚拟仿真考试装置"。实物装置及仪表应功能齐全、性能稳定、操作可靠、安全环保。

4.3　具有满足实际操作考试需要的考评人员。考评人员应具有工程师、讲师及以上专业技术职务，实际从事煤矿相关专业 5 年以上，熟悉相应的专业知识和操作技能，掌握考试标准。

5. 考试要求

5.1　考试科目

5.1.1　采煤系统安全检查（简称 K1）

5.1.2　掘进系统安全检查（简称 K2）

5.1.3 井下电气系统安全检查(简称 K3)

5.1.4 提升运输系统安全检查(简称 K4)

5.1.5 "一通三防"安全检查(简称 K5)

5.1.6 井下探放水安全检查(简称 K6)

5.2 组卷方式

从 K1~K6 中随机抽取两个科目组成试卷。

5.3 考试成绩

考试成绩总分为 100 分,80 分及以上为合格。

5.4 考试时间

考试时间为 30 分钟。

6. 考试内容及评分标准

6.1 采煤系统安全检查,见表 K1。

表 K1 采煤系统安全检查

考试时间:15 分钟

序号	考试项目	操作内容与步骤	考试方式	分值	评分标准
1	"三违"现象检查	① 从业人员安全教育和培训合格。 ② 个人防护用品齐全、完好。 ③ 无空顶作业、带电检修、干式打眼、脱岗等"三违"现象。	手指口述	6 分	操作内容每项 2 分,每缺一项或一项不正确扣 2 分。
2	液压支架安全检查	1. 检查支架状况 ① 液压管路和阀组连接牢靠,无泄漏。 ② 支柱不串液,无损伤,压力表完好,初撑力合格。 ③ 架内无浮矸、浮煤和杂物堆积。	实物操作+手指口述或模拟操作+手指口述或虚拟仿真操作	6 分	操作内容每项 2 分,每缺一项或一项不正确扣 2 分。
		2. 检查移架情况 ① 支架前、支架间无杂物,顶梁无冒落。 ② 移架滞后采煤机的距离合格,处理得当。 ③ 支架间空隙背严,移架中无漏矸、漏煤现象。 ④ 移架完成后,支架操作手把置于"0"位,截止阀关闭。		8 分	操作内容每项 2 分,每缺一项或一项不正确扣 2 分。
		3. 检查支护效果 ① 支架与底板垂直,不超高。架设底板无浮矸、浮煤。 ② 支架架设牢固,并有防倒措施。 ③ 支架与顶板接触严密,不空顶。 ④ 支架前探梁接顶严实,端头支护牢靠。		8 分	操作内容每项 2 分,每缺一项或一项不正确扣 2 分。

第十五章　煤矿安全检查作业安全技术实际操作考试标准

表 K1(续)

序号	考试项目	操作内容与步骤	考试方式	分值	评分标准
3	采煤机安全检查	1. 检查采煤机安全保护 ① 喷雾、冷却及连接装置完好。 ② 电气控制按钮防护齐全、完好,闭锁可靠。 ③ 机载甲烷报警断电仪灵敏、可靠。 ④ 信号报警及电气保护装置齐全、可靠,通信联络畅通。	实物操作＋手指口述或模拟操作＋手指口述或虚拟仿真操作	8分	操作内容每项2分,每缺一项或一项不正确扣2分。
		2. 检查采煤机运行状态 ① 采高和截割后的空顶距合格。 ② 传动装置运转声音、温度正常。 ③ 停机后,电气隔离开关处于断电位置。		6分	操作内容每项2分,每缺一项或一项不正确扣2分。
4	安全出口安全检查	① 采煤工作面有2个或2个以上畅通的安全出口。安全出口人行道宽度不低于0.8 m。 ② 采煤工作面安全出口与巷道连接处支护牢固,加强支护的巷道长度不小于20 m。 ③ 综采工作面安全出口巷道高度不低于1.8 m,其他工作面不低于1.6 m。 ④ 安全出口和与之相连的巷道有专人维护。	手指口述或虚拟仿真操作	8分	操作内容每项2分,每缺一项或一项不正确扣2分。
5	合计			50分	

6.2 掘进系统安全检查,见表 K2。

表 K2　掘进系统安全检查

考试时间:15分钟

序号	考试项目	操作内容与步骤	考试方式	分值	评分标准
1	"三违"现象检查	① 从业人员安全教育和培训合格。 ② 个人防护用品齐全、完好。 ③ 无空顶作业、带电检修、干式打眼、脱岗等"三违"现象。	手指口述	9分	操作内容每项3分,每缺一项或一项不正确扣3分。
2	顶板支护安全检查	① 工作面迎头支柱完好、支护可靠。 ② 巷道迎顶距合格,无空顶、空帮现象。 ③ 前探梁等临时支护措施落实到位。	实物操作＋手指口述或模拟操作＋手指口述或虚拟仿真操作	9分	操作内容每项3分,每缺一项或一项不正确扣3分。

表 K2(续)

序号	考试项目	操作内容与步骤	考试方式	分值	评分标准
3	掘进机安全检查	① 前后照明良好,机头作业处无人员。 ② 机身固定牢靠、运转平稳。 ③ 电气设备无"失爆"现象。 ④ 信号报警和机载喷雾装置等完好。 ⑤ 通信联络可靠。	实物操作＋手指口述或模拟操作＋手指口述或虚拟仿真操作	10分	操作内容每项2分,每缺一项或一项不正确扣2分。
4	运输设备设施安全检查	① 运输轨道牵引绞车完好,安装固定牢靠。 ② 斜巷"一坡三挡"、信号报警装置等安全保护装置齐全、可靠。 ③ 刮板输送机平直,机头和机尾的压柱、刮板、链、槽和传动装置保护罩等齐全、完好。 ④ 带式输送机皮带不跑偏,机道清洁无杂物,信号畅通,各种安全保护齐全、可靠。 ⑤ 电气设备接地可靠,无"失爆"现象。		10分	操作内容每项2分,每缺一项或一项不正确扣2分。
5	爆破安全检查	① 工作面炸药、雷管入箱上锁、退库及时。 ② 爆破前,爆破警戒布置到位。 ③ "一炮三检"和"三人连锁爆破"制度执行良好。 ④ 爆破后,各项检查结果正常。		12分	操作内容每项3分,每缺一项或一项不正确扣3分。
6	合计			50分	

6.3 井下电气系统安全检查,见表 K3。

表 K3 井下电气系统安全检查

考试时间:15 分钟

序号	考试项目	操作内容与步骤	考试方式	分值	评分标准
1	"三违"现象检查	① 从业人员安全教育和培训合格。 ② 个人防护用品齐全、完好。 ③ 机电设备硐室内没有非工作人员。 ④ 无带电检修、甩保护、脱岗等"三违"现象。	手指口述	8分	操作内容每项2分,每缺一项或一项不正确扣2分。
2	电气设备防爆安全检查	① 设备防爆标识清晰、完整,无"失爆"现象。 ② 设备功能良好,动作可靠,保护装置齐全、有效。 ③ 设备安装上架,固定平稳。 ④ 地面无积水、顶板无淋水、周围无杂物。	实物操作＋手指口述或模拟操作＋手指口述或虚拟仿真操作	12分	操作内容每项3分,每缺一项或一项不正确扣3分。

表K3(续)

序号	考试项目	操作内容与步骤	考试方式	分值	评分标准
3	电气设备安全保护装置安全检查	1. 检查漏电、过流保护装置 ① 日常检查及试验记录齐全、真实。 ② 接线可靠，整定合格。 ③ 接地装置安设、连接良好。 ④ 各仪表显示正常。	实物操作＋手指口述或模拟操作＋手指口述或虚拟仿真操作	8分	操作内容每项2分，每缺一项或一项不正确扣2分。
		2. 检查保护接地装置 ① 日常检查及试验记录齐全、真实。 ② 保护接地装置各部位间连接可靠、有效。 ③ 保护接地装置的材质、规格合格。 ④ 接地极安设位置和方式正确、可靠。		8分	操作内容每项2分，每缺一项或一项不正确扣2分。
4	井下电缆安全检查	1. 检查电缆敷设 ① 电缆挂钩、卡子、卡箍、穿墙护管等齐全，悬挂地点正确、高度和间距合格。 ② 通信电缆与电力电缆分挂在井巷两侧。挂在同侧时，通信电缆挂在电力电缆上方，间距合格。 ③ 电缆上方无淋水、外皮无机械损伤，未挂靠在风管、水管上；电缆上无任何物件悬挂。 ④ 沿钻孔、立井井筒等特殊地点敷设电缆，有专门的安全措施并落实到位。		8分	操作内容每项2分，每缺一项一项不正确扣2分。
		2. 检查电缆连接 ① 电缆连接部位检查、试验记录齐全、真实。 ② 电缆与电缆的连接、电缆与电气设备的连接完好。 ③ 电缆整体进入引入装置，并压紧、压实。井下橡套电缆连接完好。		6分	操作内容每项2分，每缺一项或一项不正确扣2分。
5	合计			50分	

6.4 提升运输系统安全检查，见表K4。

表 K4 提升运输系统安全检查

考试时间：15 分钟

序号	考试项目	操作内容与步骤	考试方式	分值	评分标准
1	"三违"现象检查	① 从业人员安全教育和培训合格。 ② 个人防护用品齐全、完好。 ③ 无"爬、蹬、跳"、行车行人、超载、"放飞车"、带电检修、脱岗等"三违"现象。	手指口述	6分	操作内容每项2分，每缺一项或一项不正确扣2分。

表K4(续)

序号	考试项目	操作内容与步骤	考试方式	分值	评分标准
2	主提升机安全检查	1. 检查主提升机机房 ① 机房照明充足,温度正常,无与工作无关人员。 ② 无易燃、易爆物品存放。 ③ 防护围栏、警示牌、接地保护、防雷电保护装置等齐全、完好。 ④ 通信联络畅通。 ⑤ 消防器材类别、标识齐全,在有效期内,放置合理。	实物操作＋手指口述或模拟操作＋手指口述或虚拟仿真操作	5分	操作内容每项1分,每缺一项或一项不正确扣1分。
2	主提升机安全检查	2. 检查主提升机安全保护装置 ① 信号、过卷保护、减速行程开关等各种安全保护装置齐全、可靠。 ② 制动装置操作灵敏、可靠。 ③ 传动防护装置齐全可靠,润滑充足,无泄漏。 ④ 检查、维护记录齐全、真实。	实物操作＋手指口述或模拟操作＋手指口述或虚拟仿真操作	4分	操作内容每项1分,每缺一项或一项不正确扣1分。
2	主提升机安全检查	3. 检查主提升机运行状态 ① 信号联系畅通,运行声音、工作温度正常,系统无泄漏,仪表显示正常。 ② 提升位置指示装置完好,指示位置正确。 ③ 运行过程做到一人操作、一人监督。 ④ 提升机运行速度正常。	实物操作＋手指口述或模拟操作＋手指口述或虚拟仿真操作	4分	操作内容每项1分,每缺一项或一项不正确扣1分。
3	电机车安全检查	1. 检查电机车车身 ① 车身完好,信号、照明正常。 ② 制动装置灵敏、可靠。	实物操作＋手指口述或模拟操作＋手指口述或虚拟仿真操作	4分	操作内容每项2分,每缺一项或一项不正确扣2分。
3	电机车安全检查	2. 检查电机车运行状态 ① 机车运行速度正常,两列车同轨道、同向行驶间距不小于100 m,运行中司机身体各部位未探出车外。 ② 危险运行地段司机能及时减速并发出警告信号。 ③ 机车停车位置正确。司机离开机车时,电源关闭、换向手把取出,车闸刹紧,车灯不关闭。	实物操作＋手指口述或模拟操作＋手指口述或虚拟仿真操作	6分	操作内容每项2分,每缺一项或一项不正确扣2分。
4	平巷人行车安全检查	① 开车前有专人对车体连接、制动等安全装置进行试验性检查并有相关检查记录。 ② 车上无易燃、易爆或腐蚀性物品,不超载。 ③ 车辆运行速度正常,不随意停车,无"扒、蹬、跳"和工具、材料等露出车体外情况。 ④ 危险地段司机能及时减速并发出警告信号。	实物操作＋手指口述或模拟操作＋手指口述或虚拟仿真操作	8分	操作内容每项2分,每缺一项或一项不正确扣2分。

表 K4(续)

序号	考试项目	操作内容与步骤	考试方式	分值	评分标准
5	辅助运输安全检查	1. 检查调度小绞车 ① 固定牢靠,信号畅通,接地保护可靠。 ② 制动装置灵敏、可靠。 ③ 滚筒、钢丝绳及连接装置完好、可靠。	实物操作＋手指口述或模拟操作＋手指口述或虚拟仿真操作	9分	操作内容每项3分,每缺一项或一项不正确扣3分。
		2. 检查斜巷安全保护装置 ① 斜巷"一坡三档"安全保护装置安装位置正确,固定牢靠,并处于"常闭"状态。 ② 斜巷"行车不行人"声光警示信号安全保护装置报警正常,警示牌完好。		4分	操作内容每项2分,每缺一项或一项不正确扣2分。
6	合计			50分	

6.5 "一通三防"安全检查,见表 K5。

表 K5 "一通三防"安全检查

考试时间:15分钟

序号	考试项目	操作内容与步骤	考试方式	分值	评分标准
1	"三违"现象检查	① 从业人员安全教育和培训合格。 ② 个人防护用品齐全、完好。 ③ 无风门同时打开、有害气体漏检、擅自进入"盲巷"、带电检修、脱岗等"三违"现象。	手指口述	6分	操作内容每项2分,每缺一项或一项不正确扣2分。
2	采煤工作面"一通三防"安全检查	1. 检查通风设施 ① 采区风门、风窗、风墙等通风设施齐全、完好。 ② 损坏的通风设施能够得到及时维修。	手指口述或虚拟仿真操作	4分	操作内容每项2分,每缺一项或一项不正确扣2分。
		2. 检查检测装置 ① 风电闭锁、甲烷电闭锁、甲烷检测报警等装置完好、可靠。 ② 测风、测尘工作有专人负责检测,记录完整。 ③ 有关人员随身携带便携式甲烷检测报警仪。		6分	操作内容每项2分,每缺一项或一项不正确扣2分。
		3. 检查有害气体 ① 进风巷风流中甲烷浓度不超过 0.5%,超过时现场有关人员能及时采取有效措施。 ② 风流中甲烷浓度达到1.0%时,停止用煤电钻打眼,达到1.5%时立即切断电源,撤出人员,并立即向调度室汇报。 ③ 爆破地点附近 20 m 以内风流中的甲烷浓度达到1.0%时,严禁爆破。 ④ 风流中二氧化碳浓度达到1.5%时,停止工作、撤出人员。		8分	操作内容每项2分,每缺一项或一项不正确扣2分。

表K5(续)

序号	考试项目	操作内容与步骤	考试方式	分值	评分标准
3	掘进工作面"一通三防"安全检查	1. 检查通风设施 ① 局部通风机工作正常。 ② 风筒采用抗静电、阻燃材料,吊挂平直,不漏风。 ③ 损坏的通风设施能够得到及时维修。 ④ 工作面具有"双风机,双电源"并能自动切换。	手指口述或虚拟仿真操作	4分	操作内容每项1分,每缺一项或一项不正确扣1分。
		2. 检查检测装置 ① 风电闭锁、甲烷电闭锁、甲烷检测报警等装置完好、可靠。 ② 测风、测尘工作有专人负责检测,记录齐全、真实。		4分	操作内容每项2分,每缺一项或一项不正确扣2分。
		3. 检查有害气体 ① 进风流中甲烷和二氧化碳浓度不超过0.5%。 ② 甲烷浓度超过1.0%时,停止使用煤电钻打眼。 ③ 甲烷或二氧化碳浓度超过相关规定时,停止工作、切断电源、撤出人员,并立即向调度室汇报。 ④ 甲烷检查牌板设置完好,记录齐全、真实。		8分	操作内容每项2分,每缺一项或一项不正确扣2分。
4	安全监测监控系统安全检查	① 甲烷传感器功能完好、垂直悬挂,距顶板不大于300 mm,距巷道侧壁不小于200 mm。 ② 风速、压差、温度、一氧化碳等传感器功能完好,悬挂位置正确。 ③ 分站设置在进风巷或硐室中,设置地点支护良好、无滴水、无杂物,吊挂位置距巷道地板300 mm以上。 ④ 声、光报警装置悬挂在经常有人工作,便于观察和警示的地点。 ⑤ 系统发生故障时,能够在24小时内得到维修或更换处理。		10分	操作内容每项2分,每缺一项或一项不正确扣2分。
5	合计			50分	

6.6 井下探放水安全检查,见表K6。

表K6 井下探放水安全检查

考试时间:15分钟

序号	考试项目	操作内容与步骤	考试方式	分值	评分标准
1	"三违"现象检查	① 从业人员安全教育和培训合格。 ② 个人防护用品齐全、完好。 ③ 无空顶作业、干式打眼、脱岗等"三违"现象。	手指口述	12分	操作内容每项4分,每缺一项或一项不正确扣4分。

第十五章 煤矿安全检查作业安全技术实际操作考试标准

表K6(续)

序号	考试项目	操作内容与步骤	考试方式	分值	评分标准
2	探放水作业前安全检查	① 钻孔附近支护完好,工作面迎头立柱和拦板紧固、可靠,无空顶、空帮现象。 ② 排水设备完好,排水沟通畅、蓄水池无杂物。 ③ 作业场所通风良好,便携式甲烷检测报警仪功能完好、安装位置正确。甲烷浓度不超过1.0%。 ④ 钻机安装牢靠,保护装置齐全、完好,专用电话畅通。 ⑤ 探放水施工技术措施落实到位。	手指口述或虚拟仿真操作	10分	操作内容每项2分,每缺一项或一项不正确扣2分。
3	探放水作业过程安全检查	① 钻机工作平稳,操作规范。 ② 发现突(透)水征兆时,立即停止钻进,但不得拔出钻杆,并立即向调度室汇报,撤出所有受水威胁区域的人员到安全地点。 ③ 探放老空水,钻探接近老空时,有瓦斯检查工或矿山救护队员在现场值班,随时检查空气成分。		12分	操作内容每项4分,每缺一项或一项不正确扣4分。
4	探放水作业效果安全检查	① 钻孔的方位、倾角、深度和钻孔数量等施工参数正确。 ② 探放老空水时,撤出探放水点标高以下受水害威胁区域所有人员。观察、核对放水量和水压等,直到老空水放完为止。 ③ 发现排水量突然变化时,立即报告调度室,分析原因,及时处理。 ④ 探放水作业记录完整,报告及时、正确。		16分	操作内容每项4分,每缺一项或一项不正确扣4分。
5	合计			50分	

附录 煤矿安全检查作业安全操作资格考试题库

第一部分 安全法律知识子题库

一、单选题

1. 《安全生产法》规定,生产经营单位应当向从业人员如实告知作业场所和工作岗位存在的( )、防范措施以及事故应急措施。
   A. 危险因素　　　B. 人员状况　　　C. 设备状况　　　D. 环境状况

2. 《安全生产法》规定,未经( )合格的从业人员,不得上岗作业。
   A. 基础知识教育　　B. 安全生产教育和培训　　C. 技术培训

3. 在煤矿生产中,当生产与安全发生矛盾时必须是( )。
   A. 安全第一　　　B. 生产第一　　　C. 先生产后安全

4. 特种作业人员必须取得( )才允许上岗作业。
   A. 技术资格证书　　B. 操作资格证书　　C. 安全资格证书

5. 《煤矿安全监察条例》的执法主体是( )。
   A. 煤矿安全监察机构　　　B. 煤炭行业管理部门
   C. 司法机关　　　　　　　D. 职工代表委员会

6. 煤矿职工因行使安全生产权利而影响工作时,有关单位不得扣发其工资或给予处分,由此造成的停工、停产损失,应由( )负责。
   A. 该职工　　　B. 企业法人　　　C. 责任者　　　D. 工会

7. 煤矿安全监察工作应当以( )为主。
   A. 预防　　　B. 事故处理　　　C. 处罚　　　D. 事故教训警示他人

8. 规定采矿许可证制度的法律是( )。
   A. 煤炭法　　　B. 矿产资源法　　　C. 矿山安全法　　　D. 安全生产法

9. 规定煤炭生产许可证制度的法律是( )。
   A. 矿产资源法　　B. 煤炭法　　C. 矿山安全法　　D. 煤矿安全监察条例

10. 《安全生产法》规定的从业人员在安全生产方面的义务包括:从业人员在作业过程中,应当严格遵守本单位的安全生产规章制度和操作规程,服从管理,正确佩戴和使用( )。
    A. 劳动防护用品　　B. 安全卫生用品　　C. 专用器材设备

11. 安全生产责任制重在( )上下真功夫。
    A. 健全完善　　　B. 分工明确　　　C. 责任追究　　　D. 贯彻落实

12. 《刑法》第134条对重大责任事故罪追究刑事责任最高可判( )年有期徒刑。
    A. 5　　　B. 7　　　C. 15　　　D. 10

13. 煤矿企业必须建立健全各级领导安全生产责任制,职能机构安全生产责任制,( )安全生产责任制。

A. 领导干部　　　　　B. 岗位人员　　　　　C. 工作人员　　　　　D. 作业人员

14. 行政处分只能对（　　）做出处分决定。
　　A. 单位　　　　　　B. 个人　　　　　　　C. 单位和个人　　　　D. 领导集体

15. 《矿山安全法》的制定目的是：为了保障矿山安全，防止矿山事故，保护（　　）人身安全，促进采矿业的发展。
　　A. 劳动者　　　　　B. 煤矿工人　　　　　C. 矿山职工　　　　　D. 管理人员

16. （　　）是制定《安全生产法》的根本出发点和落脚点。
　　A. 依法制裁安全生产违法犯罪　　　　　B. 建立和完善我国安全生产法律体系
　　C. 加强安全生产监督管理　　　　　　　D. 重视和保护人的生命权

17. 根据《煤炭法》的规定，对违法开采的行为，构成犯罪的，由司法机关依法追究有关人员的（　　）。
　　A. 民事责任　　　　B. 行政责任　　　　　C. 刑事责任　　　　　D. 法律责任

18. 我国煤矿安全生产的方针是（　　）。
　　A. 安全第一，质量为本　　　　　　　　B. 安全第一，预防为主，综合治理
　　C. 安全为了生产，生产必须安全　　　　D. 质量是基础，安全是前提

19. 煤矿特种作业人员必须经过（　　），取得特种作业操作资格证书后方可上岗作业。
　　A. 职业教育　　　　B. 专门安全作业培训　　C. 学历教育

20. 煤矿企业没有给职工发放煤矿职工安全手册，且逾期未改正的，处（　　）以下的罚款。
　　A. 1万元　　　　　B. 5万元　　　　　　　C. 10万元

21. 煤矿企业负责人和生产经营管理人员应当（　　）下井，并建立下井登记档案。
　　A. 不定期　　　　　B. 轮流带班　　　　　C. 定期

22. 煤矿职工举报煤矿重大安全生产隐患和行为经调查属实的，应给予最先举报人1000元至（　　）的奖励。
　　A. 1万元　　　　　B. 2万元　　　　　　　C. 3万元

23. 矿山企业主管人员违章指挥、强令工人冒险作业，因而发生重大伤亡事故的，对矿山事故隐患不及时采取措施，因而发生重大伤亡事故的，依照刑法规定追究（　　）。
　　A. 刑事责任　　　　B. 行政责任　　　　　C. 民事责任

24. 坚持"管理、（　　）、培训并重"是我国煤矿安全生产工作的基本原则。
　　A. 装备　　　　　　B. 技术　　　　　　　C. 检查

25. 对发现事故预兆和险情，不采取防止事故的措施，又不及时报告，应追究（　　）的责任。
　　A. 当事人或事故肇事者　　B. 领导　　　　　C. 段长

26. 企业职工由于不服管理违反规章制度，或者强令工人违章冒险作业，因而发生重大伤亡事故，造成严重后果的行为是（　　）。
　　A. 玩忽职守罪　　　B. 过失犯罪　　　　　C. 重大责任事故罪　　D. 渎职罪

27. 《劳动法》规定，用人单位应保证劳动者每周至少休息（　　）。
　　A. 0.5日　　　　　B. 1日　　　　　　　　C. 1.5日　　　　　　D. 2日

28. 生产经营单位（　　）与从业人员订立协议，免除或者减轻其对从业人员因生产安全事故伤亡依法应承担的责任。
　　A. 可以　　　　　　B. 不得以任何形式　　C. 可以有条件

29. 规定安全生产许可证制度的法律法规是（　　）。
　　A. 煤炭法　　　　　　　　　　　　　　B. 矿山安全法
　　C. 煤矿安全监察条例　　　　　　　　　D. 安全生产许可证条例

30. 煤矿安全生产是指在煤矿生产活动过程中（　　）不受到危害，物（财产）不受到损失。
　　A. 人的生命　　　　B. 人的生命与健康　　C. 人的健康

31. 矿山企业必须建立健全安全生产责任制,(　　)对本企业的安全生产工作负责。
    A. 矿长　　　　　　　　　　　　B. 各职能机构负责人
    C. 各工种、岗位工人　　　　　　D. 特种作业人员
32. 从业人员对用人单位管理人员违章指挥、强令冒险作业,(　　)。
    A. 不得拒绝执行　　　B. 先服从后报告　　　C. 有权拒绝执行
33. 停工停产整改的矿山应当制定整改方案,限定单班下井人数,同一作业地点控制在(　　)人以内。
    A. 8　　　　　　　　　B. 10　　　　　　　　C. 5
34. 首次取证的地下矿山特种作业人员应当具有(　　)以上文化程度。
    A. 初中　　　　　　　B. 中专　　　　　　　C. 高中
35. 矿山企业应当建立健全并落实全员安全生产(　　)和安全生产管理制度。
    A. 风险辨识　　　　　B. 岗位作业标准　　　C. 岗位责任制

二、多选题

1. 行政处罚有严格的程序,行政处罚程序的种类包括(　　)。
   A. 简易程序　　　B. 一般程序　　　C. 特别程序　　　D. 听证程序
2. "建立健全安全生产责任制度"是《煤炭法》确立的安全管理制度的一项重要内容,它包括(　　)。
   A. 煤矿企业职能管理机构及其工作人员的安全生产责任制
   B. 煤矿企业负责人的安全生产责任制
   C. 煤矿安全检查责任制
   D. 岗位人员的安全生产责任制
   E. 群防群治制度
3. 重大责任事故罪在客观方面必须具备的条件有(　　)。
   A. 违章行为
   B. 违章行为发生在生产作业过程中
   C. 不懂安全生产知识
   D. 造成重大伤亡事故或其他严重后果
   E. 未取得安全操作资格证书
4. 在下列说法中,符合我国安全生产方针的是(　　)。
   A. 必须坚持"以人为本"
   B. 实行"安全优先"的原则
   C. 在事故的预防与处理上应重在处理
   D. 为了保证安全应将一些高危企业统统关闭
5. 以下几项制度中属于《煤炭法》规定的法律制度是(　　)。
   A. 生产许可制度
   B. 采矿许可制度
   C. 安全管理制度
   D. 质量标准化制度
   E. 井下作业矿工特殊保护制度
6. 《煤矿安全规程》是煤矿安全法规体系中一部重要的安全技术规章,它具有(　　)的特点。
   A. 强制性　　　B. 科学性　　　C. 规范性　　　D. 相对稳定性
7. 煤矿安全生产工作中人们常说的"三违"行为是指(　　)。
   A. 违章作业　　B. 违反财经纪律　　C. 违反劳动纪律　　D. 违章指挥
8. 煤矿安全生产要坚持"三并重"原则,"三并重"是指(　　)三并重。
   A. 生产　　　　B. 管理　　　　C. 装备　　　　D. 培训
9. 煤矿安全治理,要坚持(　　)。
   A. 依法办矿　　B. 依法管矿　　C. 依法纳税　　D. 依法治理安全
10. 建立健全(　　)是党和国家在安全生产方面对各类生产企业的政策要求,同时也是生产经营企业的自身需求。
    A. 安全生产责任制　　B. 业务保安责任制　　C. 工种岗位安全责任制　　D. 经营目标责任制

11. 刑事制裁是各种法律制裁中最为严厉的制裁，包括主刑和附加刑。以下几种制裁属于主刑的是（　　）。
   A. 有期徒刑　　　　　B. 没收财产　　　　　C. 剥夺政治权利　　　　D. 管制
   E. 拘役
12. 以下几种制裁属于行政制裁的是（　　）。
   A. 支付违约金　　　　B. 劳动教养　　　　　C. 行政处罚　　　　　　D. 行政处分
   E. 没收财产
13. 过失犯罪的特点是（　　）。
   A. 不是有意识的犯罪　　　　　　　　　　B. 有意识的犯罪
   C. 有无危害结果都要定罪　　　　　　　　D. 必须追究其刑事责任
   E. 客观上只有造成严重的危害结果才构成犯罪
14. 煤炭生产许可证与采矿许可证是在不同的法律中作出的规定，他们之间的关系是（　　）。
   A. 没有煤炭生产许可证就不可能领取采矿许可证
   B. 煤炭生产许可证以采矿许可证为前提
   C. 煤炭生产许可证是从事煤炭生产的最后把关
   D. 取得了采矿许可证，就可以开办煤炭企业，从事煤炭生产
15. 《安全生产法》的出台，解决了目前安全生产面临的（　　）问题。
   A. 企业的安全生产管理缺乏明确的法律规范，企业负责人安全生产责任制不明确
   B. 煤炭生产中存在的乱采、滥挖行为
   C. 一些地方政府监管不到位
   D. 安全生产投入严重不足，企业安全技术装备老化、落后，抗灾能力差
   E. 企业职工安全意识较差
16. 《煤矿安全监察条例》确立了（　　）制度。
   A. 煤矿事故报告与调查处理　　　　　　　B. 煤矿安全监察行政处罚
   C. 煤矿安全生产监督检查　　　　　　　　D. 煤矿安全监察监督约束
   E. 煤炭生产许可制度
17. 企业民主监督的主要形式有（　　）。
   A. 职工代表大会　　　　　　　　　　　　B. 企业工会组织
   C. 群众安全监督检查网（岗）　　　　　　D. 社会监督
18. 违法行为，又称违法，是指人们（　　）的活动。
   A. 违反法律　　　　　B. 违反纪律　　　　　C. 具有社会危害性　　　D. 主观上有过错
19. 属于法律的是（　　）。
   A. 煤炭法　　　　　　　　　　　　　　　B. 煤矿安全监察条例
   C. 安全生产法　　　　　　　　　　　　　D. 安全生产许可证条例
20. 属于行政法规的是（　　）。
   A. 煤炭法　　　　　　　　　　　　　　　B. 煤矿安全监察条例
   C. 安全生产法　　　　　　　　　　　　　D. 安全生产许可证条例
21. 煤矿进行采矿作业，不得采用可能危及相邻煤矿生产安全的（　　）等危险方法。
   A. 决水　　　　　　　B. 高落式采煤　　　　C. 爆破　　　　　　　　D. 巷道掘进
   E. 贯通巷道
22. 某煤矿生产副矿长赵某在采煤作业过程中擅自指挥工人开采保安煤柱，造成冒顶及地表塌陷，死亡村民及工人计5人，工人伤2人。在该事故中，赵某应承担（　　），伤者承担（　　），死亡矿工应（　　），死亡村民应（　　）。

A. 民事责任　　　　B. 刑事责任　　　　C. 不追究责任　　　　D. 获得民事赔偿
E. 行政责任　　　　F. 追究重大责任事故罪

23. 安全生产管理,坚持(　　)的方针。
    A. 安全责任制　　B. 安全第一　　C. 预防为主　　D. 监督检查
    E. 综合治理

24. 事故调查处理中坚持的原则是(　　)。
    A. 事故原因没有查清不放过　　　　B. 责任人员没有处理不放过
    C. 广大职工没有受到教育不放过　　D. 资金不到位不放过
    E. 整改措施没有落实不放过

25. 煤矿的(　　)等安全设备、设施和条件应符合国家标准、行业标准。
    A. 通风　　　　B. 防瓦斯　　　　C. 防煤尘　　　　D. 防水火
    E. 环境卫生

26. 煤矿职工安全手册应载明(　　)等。
    A. 职工的权利和义务　　　　B. 重大安全隐患
    C. 应急保护措施和方法　　　D. 违法行为举报电话和受理部门

27. 《安全生产法》规定,生产经营单位从业人员在安全生产方面有(　　)的权利。
    A. 了解工作岗位存在的危险因素和防范措施　　B. 对存在问题提出批评、检举和控告
    C. 拒绝违章指挥和强令冒险作业　　　　　　　D. 危及人身安全时停止作业
    E. 生产安全事故中受到损害时获得赔偿　　　　F. 参与事故调查

28. 企业取得安全生产许可证,在从业人员方面应具备(　　)条件。
    A. 主要负责人和安全生产管理人员经考核合格并取得安全资格证书
    B. 特种作业人员考核合格并取得操作资格证书
    C. 从业人员经安全生产教育和培训合格并取得培训合格证书
    D. 依法参加工伤保险
    E. 医疗保障

29. 生产经营单位的从业人员在作业过程中,应当(　　)。
    A. 严格遵守本单位的安全生产规章制度　　B. 严格遵守本单位的安全生产操作规程
    C. 服从管理　　　　　　　　　　　　　　　D. 正确佩戴和使用劳动防护用品
    E. 尊敬同事

30. 从业人员发现事故隐患或者其他不安全因素,应当立即向(　　)报告;接到报告的人员应当及时予以处理。
    A. 煤矿安全监察机构　　　　B. 地方政府
    C. 现场安全生产管理人员　　D. 本单位负责人

31. 属于规章的是(　　)。
    A. 煤矿安全规程
    B. 煤矿安全监察条例
    C. 以省政府令颁布的煤矿安全生产监督管理规定
    D. 安全生产许可证条例

32. 《劳动法》规定,国家对(　　)实行特殊劳动保护。
    A. 童工　　　　B. 未成年工　　　　C. 女职工　　　　D. 青少年

33. 黄某与张某合资开办煤矿。在安全整顿中,因该矿不能保证生产安全,当即责令其停止生产,进行整顿。但两位矿主和矿长王某拒不进行整顿,仍强令矿工进行煤炭生产。当年9月25日,该煤矿发生瓦斯爆炸事故,造成2人死亡、5人重伤。经查,爆炸是因为矿工李某违章吸烟造成的,李某当场死亡;爆

炸时的当班瓦斯检查工刘某没有履行瓦斯检查职责,且未取得操作资格证。在该事故中,李某应承担(   ),刘某应承担(   ),矿主和王某应承担(   ),伤亡者应(   )。
    A. 民事责任   B. 刑事责任
    C. 行政责任   D. 不追究责任
    E. 追究重大责任事故罪   F. 获民事赔偿

34. 国务院制定"关于预防煤矿生产安全事故的特别规定"的目的是(   )。
    A. 发现并排除煤矿安全生产隐患   B. 落实煤矿安全生产责任
    C. 预防煤矿生产安全事故   D. 保障职工生命安全
    E. 改善煤矿形象

35. 根据《劳动法》的规定,不得安排未成年工从事(   )的劳动。
    A. 矿山井下   B. 有毒有害
    C. 国家规定的第四级体力劳动强度 D. 其他禁忌从事

36. 《安全生产法》规定,生产经营单位与从业人员订立的劳动合同,应当载明有关保障从业人员(   )的事项。
    A. 工资待遇   B. 劳动安全   C. 医疗社会保险   D. 防止职业危害

37. 工会依法组织职工参加本单位安全生产工作的(   ),维护职工在安全生产方面的合法权益。
    A. 民主管理   B. 安全管理   C. 民主监督   D. 生产管理

38. 生产经营单位应当对从业人员进行安全生产教育和培训,保证从业人员具备(   )。未经安全生产教育和培训合格的从业人员,不得上岗作业。
    A. 必要的安全生产知识
    B. 必要的企业管理知识
    C. 熟悉有关的安全生产规章制度和安全操作规程
    D. 掌握本岗位的安全操作技能

39. 矿山企业应当健全以(   )双重预防机制为核心的安全生产标准化管理体系。
    A. 井口信息站   B. 矿领导跟班制度   C. 安全风险分级管控   D. 隐患排查治理

40. 矿山企业应当查明隐蔽致灾因素,实施(   )等重大灾害分区管理、超前治理。
    A. 煤与瓦斯突出 B. 冲击地压   C. 水害   D. 火灾

41. 煤矿出现下列情形(   )的,现场作业人员应当及时向煤矿分管负责人或带班值班矿领导报告;情况严重的,及时向煤矿主要负责人报告。
    A. 高瓦斯矿井、突出矿井煤层急剧变薄、增厚的
    B. 井下出现突水点
    C. 采掘工作面遇有预测外或者变化较大地质构造的
    D. 顶板离层、锚杆(索)应力、支架压力等监测数据突然增大

42. 煤矿有下列情形(   )的,必须及时撤出危险区域作业人员。
    A. 发现明火且不能立即扑灭
    B. 井下采掘作业地点出现强烈震动、巨响、瞬间底(帮)鼓、煤岩弹射等动力现象
    C. 全矿井计划外停电且不能立即有效恢复
    D. 井下出现煤层变湿、挂红、底鼓、淋水加大(含砂)等透水、突水、溃水征兆的

43. 事故隐患排查治理情况应当如实记录,可以过(   )等方式向从业人员通报。
    A. 职工大会   B. 职工代表大会   C. 信息公示栏   D. 单位 QQ 群

三、判断题

1. 在煤矿安全生产方面,安全生产许可证制度是一项基本制度,由国家强制力来保证它的实施。(   )

2. 煤矿安全监察机构是《煤矿安全监察条例》的执法主体。( )
3. 安全生产责任制是"安全第一,预防为主,综合治理"方针的具体体现,是煤矿企业最基本的安全管理制度。( )
4. 把作业场所和工作岗位存在的危险因素,如实告知从业人员,会有负面影响,增加思想负担,不利于安全生产。( )
5. 企业的从业人员没有经过安全教育培训,不了解规章制度,因而发生重大伤亡事故的,行为人不应负法律责任,应由发生事故的企业负有直接责任的负责人负法律责任。( )
6. 安全生产责任制是一项最基本的安全生产制度,是其他各项安全规章制度得以切实实施的基本保证。( )
7. 矿山职工有享受劳动保护的权利,没有享受工伤社会保险的权利。( )
8. 过于自信和疏忽大意的过失而造成重大事故发生的,由于主观上不希望发生,不是有意识行为,不应对责任人定为重大责任事故罪。( )
9. 煤矿工人不仅有安全生产监督权、不安全状况停止作业权、接受安全教育培训权,而且还享有安全生产知情权。( )
10. 生产经营单位为从业人员提供劳动保护用品时,可根据情况采用货币或其他物品替代。( )
11. 立法机关经立法程序制定、认可的法律,才有实施保证;而群众组织、社会团体的文件,不具有国家强制力的保证。( )
12. 违法的主体必须具有责任能力。( )
13. 凡属违法行为,都应追究违法者的刑事责任,给予刑事制裁。( )
14. 我国煤矿生产安全状况较差的原因较多,但煤矿职工整体素质较差,法律意识淡薄是不可忽视的主观因素。( )
15. 煤矿生产中,事故的预防和处理都是较为重要的工作,都必须重点去抓,不能有主次之分。( )
16. 煤矿企业有权拒绝任何人违章指挥,有权制止任何人违章作业。( )
17. 煤矿企业及其人员因煤矿安全监察机构违法给予行政处罚受到损害的,有权依法提出赔偿要求。( )
18. 安全生产教育、培训,应坚持"统一规划,归口管理,分级实施,分类指导,教考分离"的原则。( )
19. 新的安全监察体制的建立,改变了长期以来政企不分,在安全管理上重管理轻监督的现象。( )
20. 制定《安全生产法》最重要的目的是制裁各种安全生产违法犯罪行为。( )
21. 矿产资源的开采,不论开采规模的大小,在安全和物质保证上都必须立足于保护矿山职工的人身安全。( )
22. 煤炭生产是一项比较危险的生产活动,企业在与从业人员订立"生死合同"时,必须如实告知从业人员,并经双方签字后方可生效,否则将视为无效合同。( )
23. 安全警示标志,能及时提醒从业人员注意危险,防止从业人员发生事故,因此对其设置应越多越好。( )
24. 煤矿企业要保证"安全第一,预防为主,综合治理"方针的具体落实,必须严格执行《煤矿安全规程》。( )
25. 2004年12月18日,蹬钩工龙某在井下1203工作面作业时,擅自开动绞车,使下放的两节重车撞到停在空车道上的车斗,将掘进区爆破工庄某挤死,属于重大责任事故罪。( )
26. 安全与生产的关系是,生产是目的,安全是前提,安全为了生产,生产必须安全。( )
27. 某乡办小井瓦斯检查工王某,自2005年8月下旬起,已测知井下瓦斯浓度日趋上升,但未及时报告处理。9月2日,井下爆破时,王某又没有检查瓦斯,结果爆破引起瓦斯爆炸,死伤多人,属于重大责任事故罪。( )
28. 煤矿企业可以有偿为每位职工发放煤矿职工安全手册。( )

29. 安全生产违法行为轻微并及时纠正,没有造成危害后果的,可不予行政处罚。 （ ）
30. 特种劳动防护用品实行三证制度,即生产许可证、安全鉴定证和产品合格证。 （ ）
31. 安全生产立法最根本的目的就是为了保护劳动者在生产过程中的生命安全与健康。 （ ）
32. 从业人员有获得符合国家标准的劳动防护用品的权利。 （ ）
33. 从业人员有权拒绝违章指挥和强令冒险作业。 （ ）
34. 在发生安全事故后,从业人员有获得及时抢救和医疗救治并获得工伤保险赔偿的权利。 （ ）
35. 法律责任是指违法者对其违法所造成的对社会和受害者的危害应承担的法律后果。 （ ）
36. 行政处罚由国家特别授权的机关依法追究、强制执行,其他机关和组织无权进行处罚。 （ ）
37. 自燃事故属于责任事故中的一种。 （ ）
38. 在冬季,经领导批准,井下个别硐室可采用灯泡取暖,但不准用电炉取暖。 （ ）
39. 劳动者本人可以自行购买劳动防护用品。 （ ）
40. 发生较大以上死亡事故的矿山,应当停产整顿,经验收符合安全生产条件后方可恢复生产。 （ ）
41. 发展绝不能以牺牲人的生命为代价,这是一条不可逾越的红线,要时刻把保护人的生命放到首位。 （ ）
42. 未造成人员伤亡,但造成90万元的直接经济损失的煤矿事故为一般事故。 （ ）
43. 严禁在采掘工作面进行电焊、气割等动火作业。 （ ）
44. 入井人员必须随身携带额定防护时间不低于30 min的隔绝式自救器。 （ ）
45. 煤矿应在行人井口和存在重大安全风险区域的显著位置,公示存在的重大安全风险、管控责任人和主要管控措施。 （ ）
46. 特种作业人员作业只需在作业前和作业结束时排查事故隐患。 （ ）
47. 煤矿应及时在行人井口或其他显著位置公示重大事故隐患的地点、主要内容、治理时限、责任人、停产停工范围。 （ ）

单选题答案与解析

1. A	2. B	3. A	4. B	5. A	6. C	7. A	8. B
9. B	10. A	11. D	12. C	13. B	14. B	15. C	16. D
17. C	18. B	19. B	20. A	21. A	22. A	23. C	24. A
25. A	26. C	27. D	28. B	29. D	30. B	31. A	32. C
33. B	34. C	35. C					

1. 从业人员对作业场所和工作岗位存在的危险因素、应当采取的防范措施和事故应急措施具有知情权,有助于有针对性地进行防范。生产经营单位应当如实告知,不得隐瞒,更不能欺骗从业人员。选A。
2. 对从业人员进行安全生产教育和培训,是保证安全生产的重要手段,《安全生产法》第二十八条中明确规定,未经安全生产教育和培训合格的从业人员,不得上岗作业。选B。
3. 当生产和其他工作与安全发生矛盾时,要以安全为主,生产和其他工作要服从于安全,这就是安全第一原则。选A。
4. 煤矿特种作业人员必须经专门的安全技术培训和考核合格,由省级煤矿安全培训主管部门颁发《中华人民共和国特种作业操作证》,方可上岗作业。选B。
5. 《煤矿安全监察条例》第二条规定:国务院决定设立的煤矿安全监察机构按照国务院规定的职责,依照本条例的规定对煤矿实施安全监察。这就说明其执法主体是煤矿安全监察机构。选A。
6. 安全生产权利是法律赋予从业人员的,比如对安全生产工作中存在的问题提出批评、检举和控告的权利,拒绝违章指挥和强令冒险作业的权利等。由此而影响工作时,有关单位不得扣发其工资或给予处分,由此造成的停工、停产损失,应由责任者负责。选C。
7. 根据《煤矿安全监察条例》第五条规定,煤矿安全监察应当以预防为主,及时发现和消除事故隐患,有效纠正影响煤矿安全的违法行为。选 A。

8. 《矿产资源法》第十六条明确了开采哪些矿产资源需由国务院地质矿产主管部门审批,并颁发采矿许可证。选 B。

9. 原《煤炭法》中规整煤矿开采应取得煤炭生产许可证,但该要求在 2013 年 6 月《煤炭法》修订中已取消。选 B。

10. 根据《安全生产法》第五十四条规定,从业人员在作业过程中,应当严格遵守本单位的安全生产规章制度和操作规程,服从管理,正确佩戴和使用劳动防护用品。选 A。

11. 安全生产责任制是根据我国的安全生产方针和安全生产法规建立的各级领导、职能部门、工程技术人员、岗位操作人员在劳动生产过程中对安全生产层层负责的制度。其实施的关键在于贯彻落实。选 D。

12. 根据《刑法》第一百三十四条规定,在生产、作业中违反有关安全管理的规定,因而发生重大伤亡事故或者造成其他严重后果的,处三年以下有期徒刑或者拘役;情节特别恶劣的,处三年以上七年以下有期徒刑。选 C。

13. 煤矿企业必须建立、健全各级领导安全生产责任制、职能机构安全生产责任制、岗位人员安全生产责任制。选 B。

14. 行政处分是指国家机关、企业事业单位,按行政隶属关系,根据国家法律或国家机关、企业事业单位的规章规定,对犯有轻微违法失职行为尚不够刑事处分或者违反纪律的所属人员,给予的一种制裁。选 B。

15. 《矿山安全法》是为了保障矿山生产安全,防止矿山事故,保护矿山职工人身安全,促进采矿业的发展,制定的法律。选 C。

16. 《安全生产法》的立法目的是为了加强安全生产工作,防止和减少生产安全事故,保障人民群众生命和财产安全,促进经济社会持续健康发展。其根本出发点和落脚点,是为了保障人民群众的生命和财产安全。选 D。

17. 根据《煤炭法》法律责任部分的规定,对违法开采的行为,构成犯罪的,由司法机关依法追究有关人员的刑事责任;造成损失的,依法承担赔偿责任。选 C。

18. 我国煤矿的安全生产方针是安全第一、预防为主、综合治理。选 B。

19. 煤矿特种作业人员必须经专门的安全技术培训和考核合格,由省级煤矿安全培训主管部门颁发特种作业操作证后,方可上岗作业。选 B。

20. 根据《国务院关于预防煤矿生产安全事故的特别规定》第二十二条规定,煤矿企业应当免费为每位职工发放煤矿职工安全手册。煤矿企业没有为每位职工发放符合要求的职工安全手册的,由县级以上地方人民政府负责煤矿安全生产监督管理的部门或者煤矿安全监察机构责令限期改正;逾期未改正的,处 5 万元以下的罚款。选 B。

21. 根据《国务院关于预防煤矿生产安全事故的特别规定》第二十一条规定,煤矿企业负责人和生产经营管理人员应当按照国家规定轮流带班下井,并建立下井登记档案。选 B。

22. 根据《国务院关于预防煤矿生产安全事故的特别规定》第二十三条规定,任何单位和个人发现煤矿有本规定第五条第一款和第八条第二款所列情形之一的,都有权向县级以上地方人民政府负责煤矿安全生产监督管理的部门或者煤矿安全监察机构举报。受理的举报经调查属实的,受理举报的部门或者机构应当给予最先举报人 1000 元至 1 万元的奖励,所需费用由同级财政列支。选 A。

23. 根据《刑法》第一百三十四条规定可知,该矿山企业主管人员触犯刑法中强令、组织他人违章冒险作业罪,应追究其刑事责任。选 A。

24. 煤矿安全生产工作必须坚持"管理、装备、培训并重"原则,这是我国煤炭战线广大职工在多年安全生产工作中不断总结经验、提高认识得出的重要结论。选 A。

25. 发现事故预兆和险情时,现场作业人员应立即采取措施处理并进行汇报,若不采取防止事故的措施,又不及时报告,应追究当事人或事故肇事者的责任。选 A。

26. 根据《刑法》第一百三十四条规定,在生产、作业中违反有关安全管理的规定,因而发生重大伤亡事故或者造成其他严重后果的,处三年以下有期徒刑或者拘役;情节特别恶劣的,处三年以上七年以下有期徒刑。该企业职工的行为属于重大责任事故罪。选 C。

27. 根据《劳动法》第三十八条规定,用人单位应当保证劳动者每周至少休息一日。选 B。

28. 根据《安全生产法》第五十二条规定,生产经营单位与从业人员订立的劳动合同,应当载明有关保障从业人员劳动安全、防止职业危害的事项,以及依法为从业人员办理工伤保险的事项。生产经营单位不得以任何形式与从业人员订立协议,免除或者减轻其对从业人员因生产安全事故伤亡依法应承担的责任。选 B。

29. 《安全生产许可证条例》中规定了国家对矿山企业、建筑施工企业和危险化学品、烟花爆竹、民用爆炸物品生产企业实行安全生产许可制度。选 D。

30. 煤矿安全生产是指在煤矿生产活动过程中,人的生命和健康不受到危害,物、财产不受到损失。首先强调的是人的生命、人的健康第一宝贵。选 B。

31. 根据《矿山安全法》第二十条的规定,矿山企业必须建立、健全安全生产责任制。矿长对本企业的安全生产工作负责。选 A。

32. 根据《安全生产法》第五十四条规定,从业人员有权对本单位安全生产工作中存在的问题提出批评、检举、控告;有权拒绝违章指挥和强令冒险作业。生产经营单位不得因从业人员对本单位安全生产工作提出批评、检举、控告或者拒绝违章指挥、强令冒险作业而降低其工资、福利等待遇或者解除与其订立的劳动合同。选 C。

33. 根据《中共中央办公厅 国务院办公厅关于进一步加强矿山安全生产工作的意见》第十三条的规定,停工停产整改的矿山应当制定整改方案,限定单班下井人数,同一作业地点控制在 10 人以内,并向矿山安全监管监察部门报告后方可进行整改作业。选 B。

34. 根据《中共中央办公厅 国务院办公厅关于进一步加强矿山安全生产工作的意见》第十七条的规定,首次取证的地下矿山特种作业人员应当具有高中以上文化程度。选 C。

35. 根据《中共中央办公厅 国务院办公厅关于进一步加强矿山安全生产工作的意见》第十七条的规定,矿山企业应当建立健全并落实全员安全生产岗位责任制和安全生产管理制度。选 C。

多选题答案与解析

1. ABD	2. ABDE	3. ABD	4. AB	5. ACE	6. ABCD	7. ACD
8. BCD	9. ABD	10. AC	11. ADE	12. BCD	13. AE	14. BC
15. ACD	16. ABCD	17. ABC	18. ACD	19. AC	20. BD	21. ACE
22. BECD	23. BCE	24. ABCE	25. ABCD	26. ABCD	27. ABCDE	28. ABCD
29. ABCD	30. CD	31. AC	32. BC	33. DCEBF	34. ABCD	35. ABCD
36. BD	37. AC	38. ACD	39. CD	40. ABC	41. ABCD	42. ABCD
43. ABCD						

1. 行政处罚法规定的行政处罚程序主要包括以下内容:① 简易程序和一般程序;② 申辩和听证程序;③ 办案人员与作出行政处罚决定的人员分开;④ 作出罚款决定的机关与收缴罚款的机构分离;⑤ 完善行政机关监督制度。此题易错,选 ABD。

2. 根据《煤炭法》第七条规定,煤矿企业必须坚持安全第一、预防为主的安全生产方针,建立健全安全生产的责任制度和群防群治制度。ABD 属于安全生产责任制。此题易错,选 ABDE。

3. 重大责任事故罪在客观方面表现:① 行为人必须具有违反规章制度的行为;② 行为人违反规章制度的行为发生在生产过程中并与生产有直接联系;③ 行为人违反规章制度的行为引起了重大伤亡事故,造成严重后果。此题易错,选 ABD。

4. 我国安全生产方针是安全第一、预防为主、综合治理。AB项符合安全生产方针，C项在事故的预防与处理上应重在预防，D项说法绝对，选AB。
5. ACE项属于《煤炭法》规定的法律制度。B项采矿许可证制度规定的法律是《矿产资源法》。D项质量标准化制度是《煤矿安全生产标准化管理体系基本要求及评分方法（试行）》规定的。此题易错，选ACE。
6. 《煤矿安全规程》是煤矿安全生产法规体系中一部重要的安全技术规章，具有强制性、科学性、规范性和相对稳定性的特点。选ABCD。
7. "三违"是"违章指挥、违规作业和违反劳动纪律"的简称。选ACD。
8. "培训、管理、装备"三并重原则是落实安全第一、预防为主、综合治理的重要手段，是确保煤矿安全生产的重要原则。选BCD。
9. "依法办矿、依法管矿、依法治理安全"是我国煤矿安全治理的基本思路。选ABD。
10. 为贯彻落实"以人为本、安全第一"的思想，煤矿企业必须严格地把安全生产责任制、业务保安责任制和工种岗位安全责任建立健全起来，B项侧重各种工作岗位的职能及其责任，D项侧重经营目标。此题易错，选AC。
11. 主刑的种类如下：① 管制；② 拘役；③ 有期徒刑；④ 无期徒刑；⑤ 死刑。附加刑的种类如下：① 罚金；② 剥夺政治权利；③ 没收财产。此题易错，ADE属于主刑，BC属于附加刑。
12. 行政制裁分为行政处分、行政处罚和劳动教养三种。A项支付违约金属于民事违约责任，E项属于附加刑，此题易错，选BCD。
13. 应当预见自己的行为可能发生危害社会的结果，因为疏忽大意而没有预见，或者已经预见而轻信能够避免，以致发生这种结果的，是过失犯罪。过失犯罪，法律有规定的才负刑事责任。可知BCD不符合题意，此题易错，选AE。
14. 煤炭生产许可证已取消。
15. 《安全生产法》的出台，解决了目前安全生产面临的四大问题：① 现行的有关安全生产方面的法律、法规主要是针对国有企业和大型企业制定的，对非国有企业和中小型企业的安全生产条件和安全生产违法行为缺乏相应的法律规范和处罚依据；② 企业的安全生产管理缺乏明确的法律规范，企业负责人安全生产责任制不明确；③ 一些地方政府监管不到位；④ 安全生产投入严重不足，企业安全技术装备老化、落后、抗灾能力差。此题易错，选ACD。
16. 《煤矿安全监察条例》确立了煤矿安全监察员管理制度、煤矿建设工程安全设施设计审查与竣工验收制度、煤矿安全生产监督检查制度、煤矿事故报告和调查处理制度、煤矿安全监察信息与档案管理制度、煤矿安全监察监督制约制度、煤矿安全监察行政处罚制度。此题易错，选ABCD。
17. 企业民主监督的主要形式有职工代表大会、企业工会组织和群众安全监督检查网（岗）等。D项主要是对国家机关和公职人员的监督。此题易错，选ABC。
18. 违法行为指违背法律规定的行为。行为人在实施该行为时主观上有过错，从而使法律所保护的社会关系受到侵犯。根据违法性质，违法行为可分为刑事违法行为、民事违法行为、经济违法行为、行政违法行为等；根据对社会的危害程度，违法行为可分为一般违法行为和严重违法行为（犯罪）。B项违纪不一定即是违法。此题易错，选ACD。
19. AC属于法律，BD属于行政法规。
20. AC属于法律，BD属于行政法规。
21. 根据《煤炭法》第二十四条规定，煤炭生产应当依法在批准的开采范围内进行，不得超越批准的开采范围越界、越层开采。采矿作业不得擅自开采保安煤柱，不得采用可能危及相邻煤矿生产安全的决水、爆破、贯通巷道等危险方法。此题易错，选ACE。
22. 该起冒顶及地表塌陷事故中，赵某违章指挥，强令他人冒险作业，触犯了刑法，应承担刑事责任；伤者没有阻止违章指挥，进行作业，承担行政责任；死亡矿工因死亡不追究责任；死亡农民应获得民事赔偿。选BECD。

23. 我国安全生产方针是安全第一、预防为主、综合治理。选 BCE。
24. 事故调查处理的原则有三点：坚持实事求是、尊重科学的原则；坚持"四不放过"的原则；坚持重视追究领导责任的原则。其中"四不放过"的原则：对安全工作责任不落实，发生重特大事故的，要严格按照事故原因未查明不放过、责任人未处理不放过、有关人员未受到教育不放过、整改措施未落实不放过。选 ABCE。
25. 煤矿的通风、防瓦斯、防水、防火、防煤尘、防冒顶等安全设备、设施和条件应符合国家标准、行业标准。E 项为干扰项，选 ABCD。
26. 根据《国务院关于预防煤矿生产安全事故的特别规定》第二十二条规定，煤矿企业应当免费为每位职工发放煤矿职工安全手册。煤矿职工安全手册应当载明职工的权利、义务、煤矿重大安全生产隐患的情形和应急保护措施、方法以及安全生产隐患和违法行为的举报电话、受理部门。选 ABCD。
27. 《安全生产法》规定从业人员在安全生产方面的五大权利：① 事故工伤、保险和伤亡求偿权；② 危险因素、防范措施及事故应急措施的知情权；③ 安全管理的批评权、检举权、控告权；④ 拒绝违章指挥和强令冒险作业权；⑤ 紧急情况下的停止作业和紧急撤离权。F 项工会有权依法参加事故调查，选 ABCDE。
28. 根据《安全生产许可证条例》第六条规定，企业取得安全生产许可证，应当具备下列安全生产条件：① 建立、健全安全生产责任制，制定完备的安全生产规章制度和操作规程；② 安全投入符合安全生产要求；③ 设置安全生产管理机构，配备专职安全生产管理人员；④ 主要负责人和安全生产管理人员经考核合格；⑤ 特种作业人员经有关业务主管部门考核合格，取得特种作业操作资格证书；⑥ 从业人员经安全生产教育和培训合格；⑦ 依法参加工伤保险，为从业人员缴纳保险费；⑧ 厂房、作业场所和安全设施、设备、工艺符合有关安全生产法律、法规、标准和规程的要求；⑨ 有职业危害防治措施，并为从业人员配备符合国家标准或者行业标准的劳动防护用品；⑩ 依法进行安全评价；⑪ 有重大危险源检测、评估、监控措施和应急预案；⑫ 有生产安全事故应急救援预案、应急救援组织或者应急救援人员，配备必要的应急救援器材、设备；⑬ 法律、法规规定的其他条件。选 ABCD。
29. 根据《安全生产法》第五十七条规定，从业人员在作业过程中，应当严格遵守本单位的安全生产规章制度和操作规程，服从管理，正确佩戴和使用劳动防护用品。选 ABCD。
30. 根据《安全生产法》第五十九条规定，从业人员发现事故隐患或者其他不安全因素，应当立即向现场安全生产管理人员或者本单位负责人报告；接到报告的人员应当及时予以处理。A、B 两项由事故单位负责人进行上报，选 CD。
31. 规章是行政性法律规范文件，AC 属于规章；条例是国家权力机关或行政机关依照政策和法令而制定并发布的，针对政治、经济、文化等各个领域内的某些具体事项而作出的，比较全面系统、具有长期执行效力的法规性公文，BD 属于条例。此题易错，选 AC。
32. 根据《劳动法》第五十八条规定，国家对女职工和未成年工实行特殊劳动保护。未成年工是指年满 16 周岁未满 18 周岁的劳动者。选 BC。
33. 在该事故中，李某因死亡不追究责任；刘某没有履行瓦斯检查职责，且未取得操作资格证，应承担行政责任；矿主和矿长王某拒不进行整顿，仍强令矿工进行煤矿生产，从而造成瓦斯爆炸事故，应承担刑事责任，并追究重大责任事故罪；伤亡者应获民事赔偿。此题易错，选 DCEBF。
34. 根据《国务院关于预防煤矿生产安全事故的特别规定》第一条规定，为了及时发现并排除煤矿安全生产隐患，落实煤矿安全生产责任，预防煤矿生产安全事故发生，保障职工的生命安全和煤矿安全生产，制定本规定。可知选 ABCD。
35. 根据《劳动法》第六十四条规定，不得安排未成年工从事矿山井下、有毒有害、国家规定的第四级体力劳动强度的劳动和其他禁忌从事的劳动。选 ABCD。
36. 根据《安全生产法》第五十二条规定，生产经营单位与从业人员订立的劳动合同，应当载明有关保障从业人员劳动安全、防止职业危害的事项，以及依法为从业人员办理工伤社会保险的事项。选 BD。

37. 根据《安全生产法》第七条规定,产经营单位的工会依法组织职工参加本单位安全生产工作的民主管理和民主监督,维护职工在安全生产方面的合法权益。生产经营单位制定或者修改有关安全生产的规章制度,应当听取工会的意见。B、D 属于安全生产管理的范畴。此题易错,选 AC。

38. 根据《安全生产法》第二十八条规定,生产经营单位应当对从业人员进行安全生产教育和培训,保证从业人员具备必要的安全生产知识,熟悉有关的安全生产规章制度和安全操作规程,掌握本岗位的安全操作技能,了解事故应急处理措施,知悉自身在安全生产方面的权利和义务。未经安全生产教育和培训合格的从业人员,不得上岗作业。B 项是针对管理人员的。选 ACD。

39. 根据《中共中央办公厅 国务院办公厅关于进一步加强矿山安全生产工作的意见》第九条的规定,矿山企业应当健全以安全风险分级管控和隐患排查治理双重预防机制为核心的安全生产标准化管理体系。选 CD。

40. 根据《中共中央办公厅 国务院办公厅关于进一步加强矿山安全生产工作的意见》第十条的规定,矿山企业应当查明隐蔽致灾因素,实施煤与瓦斯突出、冲击地压、水害等重大灾害分区管理、超前治理。选 ABC。

41. 《国家矿山安全监察局关于做好煤矿灾害情况发生重大变化及时报告和出现事故征兆等紧急情况及时撤人工作的通知》[矿安〔2023〕26 号],规定了煤矿现场作业人员应当及时向煤矿分管负责人或带班值班矿领导报告,情况严重的及时向煤矿主要负责人报告的十种情形。选 ABCD。

42. 《国家矿山安全监察局关于做好煤矿灾害情况发生重大变化及时报告和出现事故征兆等紧急情况及时撤人工作的通知》[矿安〔2023〕26 号],规定了煤矿必须及时撤出危险区域作业人员的十种情形。选 ABCD。

43. ABCD。根据《安全生产法》第四十一条,事故隐患排查治理情况应当如实记录,并通过职工大会或者职工代表大会、信息公示栏等方式向从业人员通报。本题中的本单位 QQ 群是可以的,只要便于从业人员知晓的方式都可以。

判断题答案与解析

1. √	2. √	3. √	4. ×	5. √	6. √	7. ×	8. ×
9. √	10. ×	11. √	12. √	13. ×	14. √	15. ×	16. √
17. √	18. √	19. √	20. ×	21. √	22. √	23. ×	24. √
25. √	26. √	27. √	28. √	29. √	30. √	31. √	32. √
33. √	34. √	35. √	36. √	37. √	38. √	39. √	40. √
41. √	42. ×	43. √	44. √	45. √	46. √	47. √	

1. √。煤矿企业属于高危行业,因此根据要求,国务院颁布了《安全生产许可证条例》,规定了国家对矿山企业实行安全生产许可制度。企业未取得安全生产许可证的,不得从事生产活动。其实施的保证是国家强制力。

2. √。根据《煤矿安全监察条例》第二条规定,国家对煤矿安全实行监察制度。国务院决定设立的煤矿安全监察机构按照国务院规定的职责,依照本条例的规定对煤矿实施安全监察。这就说明执法主体是煤矿安全监察机构。

3. √。安全生产责任制是根据我国的安全生产方针"安全第一,预防为主,综合治理"和安全生产法规建立的各级领导、职能部门、工程技术人员、岗位操作人员在劳动生产过程中对安全生产层层负责的制度。安全生产责任制是企业中最基本的一项安全管理制度,也是企业安全生产、劳动保护管理制度的核心。

4. ×。根据《安全生产法》第四十四条规定,生产经营单位应当教育和督促从业人员严格执行本单位的安全生产规章制度和安全操作规程;并向从业人员如实告知作业场所和工作岗位存在的危险因素、防范措施以及事故应急措施。

5. √。根据《安全生产法》第二十八条规定,生产经营单位应当对从业人员进行安全生产教育和培训,保证从业人员具备必要的安全生产知识,熟悉有关的安全生产规章制度和安全操作规程,掌握本岗位的安全操作技能,了解事故应急处理措施,知悉自身在安全生产方面的权利和义务。未经安全生产教育和培训合格的从业人员,不得上岗作业。可知从业人员没有经过安全教育培训,不了解规章制度,因而发生重大伤亡事故的,行为人不应负法律责任,应由发生事故的企业负有直接责任的负责人负法律责任。

6. √。安全生产责任制是一项最基本的安全生产制度,是其他各项安全规章制度得以切实实施的基本保证。

7. ×。《劳动法》第三条中规定了劳动者享有劳动保护的权利,享受社会保险和福利的权利。

8. ×。此题易错,根据《刑法》第一百三十四条规定,在生产、作业中违反有关安全管理的规定,因而发生重大伤亡事故或者造成其他严重后果的,处三年以下有期徒刑或者拘役;情节特别恶劣的,处三年以上七年以下有期徒刑。可知若是违反有关管理规定,由于过于自信和疏忽大意的过失造成重大事故发生的,仍当定为重大责任事故罪。

9. √。煤矿工人安全生产的十项权利包括:参与安全生产管理权、安全生产监督权、安全生产知情权、参与事故隐患整改权、不安全状况停止作业权、接受安全教育培训权、抵制违章指挥权、紧急避险权、反映举报权、投诉上告权。

10. ×。根据《煤炭法》第三十六条规定,煤矿企业必须为职工提供保障安全生产所需的劳动保护用品。劳动保护用品是指劳动者在生产过程中为免遭或减轻事故伤害或职业危害的所配备的一种防护性装备,经营单位不得用货币或其他物品替代。

11. √。法律实施的保证是国家强制力。法律是由享有立法权的立法机关,依照法定程序制定、修改并颁布,并由国家强制力保证实施的规范总称。而群众组织、社会团体的文件,仅表示一定范围内的规定,不具有国家强制力的保证。

12. √。并不是任何人实施了危害社会的行为都构成违法。自然人必须达到法定的年龄并具有责任能力,单位必须具备法定条件,才能成为违法的主体。

13. ×。违法按其性质和危害程度的不同,可分为刑事违法、民事违法和行政违法等,可知并不是所有的违法行为都给予刑事制裁。此题易错。

14. √。我国煤炭行业属于高危行业,事故频发,安全生产形势严峻。其主要原因,既有瓦斯灾害严重等客观因素,也有煤矿职工整体素质较差,法律意识淡薄、思想认识不够高、安全措施不够得力等主观因素。

15. ×。煤矿生产中,事故的预防和处理要有主次之分,安全生产方针中的预防为主,目的是控制危险因素,减少或杜绝事故的发生,而处理是对已发生事故的处理,预防肯定比处理主要。此题易错。

16. √。这是《安全生产法》赋予从业人员的权利。从业人员有权对本单位安全生产工作中存在的问题提出批评、检举、控告;有权拒绝违章指挥和强令冒险作业。

17. √。根据《安全生产违法行为行政处罚办法》第四条规定,生产经营单位及其有关人员对安全生产监督管理部门或者煤矿安全监察机构给予的行政处罚,享有陈述权、申辩权;对行政处罚不服的,有权依法申请行政复议或者提起行政诉讼。生产经营单位及其有关人员因安全生产监督管理部门或者煤矿安全监察机构违法给予行政处罚受到损害的,有权依法提出赔偿要求。

18. √。根据《安全生产培训管理办法》第四条规定,安全培训工作实行统一规划、归口管理、分级实施、分类指导、教考分离的原则。

19. √。由于受计划经济体制的影响,我国早期煤矿的安全监察体制和工作制度存在一些弊端。一是由于政企不分,煤炭工业主管部门不能真正行使安全监察职能。政府参与企业决策、管理,再对企业进行监察实际是在对自身进行监察。二是安全监察、安全管理不分。各级煤炭工业主管部门和煤矿企业兼有监察、管理职能,削弱了监察工作的力度。为了适应社会主义市场经济的需要,应当在政企分开的原则下,煤矿安全实行国家监督,企业管理,强化国家对煤矿安全的监察职能。

20. ×。制定《安全生产法》最重要的目的是为了加强安全生产工作,防止和减少生产安全事故,保障人民群众生命和财产安全,促进经济社会持续健康发展。此题易错。

21. √。矿产资源的开采,不论开采规模的大小,在安全和物质保证上都必须立足于保护矿山职工的人身安全。体现了煤矿安全生产方针中把人的安全放在第一位。

22. ×。根据《安全生产法》规定,生产经营单位不得以任何形式与从业人员订立协议,免除或者减轻其对从业人员因生产安全事故伤亡应负的责任。

23. ×。安全警示标志的设置要有针对性,并不是越多越好,多了使人意识混淆,少了又起不到警示提醒和注意效果,应该是在有安全威胁的场所设置醒目的安全警示标志。

24. √。制定《煤矿安全规程》的目的,是保障煤矿安全生产和职工人身安全,防止煤矿事故。其意义是规范煤矿安全生产工作,加强管理和监察执法,遏制重大、特大事故,保护职工安全和健康,保证和促进我国煤炭工业健康发展和煤矿安全状况稳定好转。

25. √。重大责任事故罪是指在生产、作业中违反有关安全管理的规定,因而发生重大伤亡事故或者造成其他严重后果的行为。龙某违章操作,致使庄某死亡,属于重大责任事故罪。

26. √。安全与生产是相互促进、相互制约、相辅相成的关系,即生产是企业的目标,安全为生产服务;安全是生产的前提,生产必须安全,不安全就不能生产。

27. √。重大责任事故罪是指在生产、作业中违反有关安全管理的规定,因而发生重大伤亡事故或者造成其他严重后果的行为。瓦斯检查工王某违反规定,发现瓦斯隐患未上报处理,事故发生前未检查瓦斯,属于重大责任事故罪。

28. ×。煤矿企业应当免费为每位职工发放职工安全手册。煤矿职工安全手册应当载明职工的权利、义务,煤矿重大安全生产隐患的情形和应急保护措施、方法以及安全生产隐患和违法行为的举报电话、受理部门。

29. √。根据《行政处罚法》第三十三条规定,违法行为轻微并及时改正,没有造成危害后果的,不予行政处罚。初次违法且危害后果轻微并及时改正的,可以不予行政处罚。此题易错。

30. √。特种劳动保护用品是指国家为确保劳动者在生产工作中安全与健康必须配备的防护用品。国家对特种劳动保护用品实行"三证"和"一标志"制度,即生产许可证、产品合格证、安全鉴定证和安全标志。

31. √。《安全生产法》总则第一条开宗明义地表述其立法宗旨是"为了加强安全生产监督管理,防止和减少生产安全事故,保障人民群众生命和财产安全,促进经济发展。"

32. √。生产经营单位必须为从业人员提供符合国家标准或者行业标准的劳动防护用品,并监督、教育从业人员按照使用规则佩戴、使用。从业人员在作业过程中,应当严格遵守本单位的安全生产规章制度和操作规程,服从管理,正确佩戴和使用劳动防护用品。

33. √。根据《安全生产法》第五十四条规定,从业人员有权对本单位安全生产工作中存在的问题提出批评、检举、控告;有权拒绝违章指挥和强令冒险作业。

34. √。根据《安全生产法》第五十六条规定,生产经营单位发生生产安全事故后,应当及时采取措施救治有关人员。因生产安全事故受到损害的从业人员,除依法享有工伤保险外,依照有关民事法律尚有获得赔偿的权利的,有权提出赔偿要求。

35. √。法律责任,广义指任何组织和个人均所负有的遵守法律,自觉地维护法律的尊严的义务。狭义指违法者对违法行为所应承担的具有强制性的法律上的责任。

36. √。行政处罚是指行政机关依法对违反行政管理秩序的公民、法人或者其他组织,以减损权益或者增加义务的方式予以惩戒的行为。行政处罚由具有行政处罚权的行政机关在法定职权范围内实施。

37. ×。自燃事故得以发生,说明自燃的条件具备,这些条件的形成多数存在技术不严、管理不当等原因,这部分自燃事故属于责任事故。天然形成的自燃事故则不在此列。此题易错。

38. ×。根据《煤矿安全规程》第二百五十三条规定,井下严禁使用灯泡取暖和使用电炉。电炉不仅不防爆,而且还是一种明火源。稍有不慎可能点燃附近的可燃物而引起火灾。

39. ×。根据《安全生产法》第四十五条规定,生产经营单位必须为从业人员提供符合国家标准或者行业标准的劳动防护用品,并监督、教育从业人员按照使用规则佩戴、使用。劳动者本人无需也不允许自行购买劳动防护用品。

40. √。根据《中共中央办公厅 国务院办公厅关于进一步加强矿山安全生产工作的意见》第二十三条的规定,发生较大以上死亡事故的矿山,应当停产整顿,经验收符合安全生产条件后方可恢复生产。

41. √。发展绝不能以牺牲人的生命为代价,这是一条不可逾越的红线,要时刻把保护人的生命放到首位。

42. ×。根据国家矿山安全监察局于2023年1月7日印发的《矿山生产安全事故报告和调查处理办法》第四条,一般事故是指造成3人以下死亡,或者10人以下重伤,或者100万元以上1000万元以下直接经济损失的事故。

43. √。根据《煤矿防灭火细则》第三十八条,井下严格实行明火管制,严禁在采掘工作面进行电焊、气割等动火作业。电焊、气割等动火作业容易产生明火或电火花,采煤工作面煤尘和瓦斯浓度都可能比较高,容易引起煤尘、瓦斯爆炸。

44. √。根据《煤矿安全规程》第六百八十六条的规定,入井人员必须随身携带额定防护时间不低于30 min的隔绝式自救器。

45. √。煤矿应在行人井口和存在重大安全风险区域的显著位置,公示存在的重大安全风险、管控责任人和主要管控措施。

46. ×。根据《煤矿安全生产标准化管理体系基本要求及评分方法(试行)》,所有岗位作业人员作业过程中应随时排查事故隐患。

47. √。根据《煤矿安全生产标准化管理体系基本要求及评分方法(试行)》,煤矿应及时在行人井口或其他显著位置公示重大事故隐患的地点、主要内容、治理时限、责任人、停产停工范围。

第二部分　安全基本知识子题库

一、单选题

1. 凡长度超过(　　)而又不通风或通风不良的独头巷道,统称为盲巷。
   A. 6 m　　　　　　B. 10 m　　　　　　C. 15 m

2. 煤矿井下构筑永久性密闭墙体厚度不小于(　　)。
   A. 0.5 m　　　　　B. 0.8 m　　　　　　C. 1.0 m

3. 矿井反风时,主要通风机的供给风量应不小于正常供风量的(　　)。
   A. 30%　　　　　　B. 40%　　　　　　C. 35%

4. 当发现有人触电时,首先要(　　)电源或用绝缘材料将带电体与触电者分离开。
   A. 闭合　　　　　　B. 切断　　　　　　C. 开关

5. 采掘工作面及其他作业地点风流中瓦斯浓度达到1.5%时,(　　)停止工作,切断电源,撤出人员,进行处理。
   A. 不应　　　　　　B. 必须　　　　　　C. 不一定

6. 利用仰卧压胸人工呼吸法抢救伤员时,要求每分钟压胸的次数是(　　)。
   A. 8~12次　　　　　B. 16~20次　　　　　C. 30~36次

7. 煤层顶板可分为伪顶、直接顶和基本顶3种类型。在采煤过程中,(　　)是顶板管理的重要部位。
   A. 伪顶　　　　　　B. 直接顶　　　　　C. 基本顶

8. 在标准大气状态下,瓦斯爆炸的瓦斯浓度范围为(　　)。
   A. 1%~10%　　　　B. 5%~16%　　　　C. 3%~10%　　　　D. 10%~16%

9. 井下风门每组不得少于(　　)道,必须能自动关闭,严禁同时敞开。
   A. 1　　　　　　　B. 2　　　　　　　C. 3　　　　　　　D. 4

10. 矿用防爆标志符号"d"为(　　)设备。
　　A. 增安型　　　　B. 隔爆型　　　　C. 本质安全型　　　　D. 充砂型
11. H_2S 气体的气味有(　　)。
　　A. 臭鸡蛋味　　　B. 酸味　　　　　C. 苦味　　　　　　　D. 甜味
12. 煤矿井下用人车运送人员时,列车行驶速度不得超过(　　)。
　　A. 3 m/s　　　　B. 4 m/s　　　　C. 5 m/s　　　　　　　D. 6 m/s
13. 每个生产矿井必须至少有(　　)以上能行人的安全出口通往地面。
　　A. 1个　　　　　B. 2个　　　　　C. 3个　　　　　　　　D. 4个
14. 《煤矿安全规程》规定,采掘工作面空气温度不得超过(　　)。
　　A. 26 ℃　　　　B. 30 ℃　　　　C. 34 ℃　　　　　　　D. 40 ℃
15. 在导致事故发生的各种因素中,(　　)占主要地位。
　　A. 人的因素　　　B. 物的因素　　　C. 不可测知的因素
16. 油料火灾不宜用(　　)灭火。
　　A. 水　　　　　　B. 沙子　　　　　C. 干粉
17. 井下(　　)使用灯泡取暖和使用电炉。
　　A. 严禁　　　　　B. 可以　　　　　C. 寒冷时才能
18. 由于瓦斯具有(　　)的特性,所以可将瓦斯作为民用燃料。
　　A. 可燃烧　　　　B. 无毒　　　　　C. 无色、无味
19. 煤与瓦斯突出多发生在(　　)。
　　A. 采煤工作面　　B. 岩巷掘进工作面　　C. 石门揭煤掘进工作面
20. 在含爆炸性煤尘的空气中,氧气浓度低于(　　)时,煤尘不能爆炸。
　　A. 12%　　　　　B. 15%　　　　　C. 18%
21. 靠近掘进工作面迎头(　　)长度以内的支架,爆破前必须加固。
　　A. 5 m　　　　　B. 10 m　　　　　C. 15 m　　　　　　　D. 20 m
22. 恢复通风前,压入式局部通风机及其开关附近(　　)以内风流中瓦斯浓度都不超过0.5%时,方可人工开启局部通风机。
　　A. 10 m　　　　　B. 15 m　　　　　C. 20 m　　　　　　　D. 25 m
23. 过滤式自救器的主要作用是过滤(　　)气体。
　　A. CO　　　　　　B. CO_2　　　　C. H_2S　　　　　　D. 所有气体
24. 煤矿企业必须按国家规定对呼吸性粉尘进行监测,采掘工作面每(　　)月测定(　　)。
　　A. 2个;1次　　　B. 3个;1次　　　C. 4个;1次
25. 在高瓦斯矿井、瓦斯喷出区域及煤与瓦斯突出矿井中,掘进工作面的局部通风机都应实行"三专供电",即专用线路、专用开关和(　　)。
　　A. 专用变压器　　B. 专用电源　　　C. 专用电动机
26. 煤矿井下要求(　　)以上的电气设备必须设有良好的保护接地。
　　A. 24 V　　　　　B. 36 V　　　　　C. 50 V
27. 刚发出的矿灯最低限度应能正常持续使用(　　)。
　　A. 11 h　　　　　B. 12 h　　　　　C. 16 h　　　　　　　D. 18 h
28. 在混合气体中,当氧气浓度低于(　　)时,瓦斯就失去爆炸的可能性。
　　A. 18%　　　　　B. 17%　　　　　C. 13%　　　　　　　D. 12%
29. 对触电后停止呼吸的人员,应立即采用(　　)进行抢救。
　　A. 人工呼吸法　　B. 清洗法　　　　C. 心脏按压法
30. 戴上自救器后,如果吸气时感到干燥且不舒服,(　　)。

A. 脱掉口具吸口气 B. 摘掉鼻夹吸气 C. 不可从事 A 项或 B 项

31. 采掘工作面风量不足时,( )。
    A. 必须停止工作 B. 严禁装药、爆破 C. 严禁使用电气设备

32. 井下探放水应坚持( )的方针。
    A. 预测预报,有疑必探,先探后掘,先治后采 B. 有水必探,先探后掘
    C. 有疑必探,边探边掘

33. 煤炭自然发火的条件有 3 条,( )自燃。
    A. 只要 3 条中的一项条件存在,煤炭即可 B. 只要 3 条中的两项条件存在,煤炭即可
    C. 三项条件必须同时存在,煤炭才能

34. 瓦斯爆炸的条件有 3 条,( )爆炸。
    A. 只要 3 条中的一项条件存在,瓦斯即可 B. 只要 3 条中的两项条件存在,瓦斯即可
    C. 三项条件必须同时存在,瓦斯才能

35. 煤尘爆炸的条件有 4 条,( )爆炸。
    A. 只要 4 条中的一项条件存在,煤尘即可 B. 只要 4 条中的两项条件存在,煤尘即可
    C. 四项条件必须同时存在,煤尘才能

36. 尘肺病中的矽肺病是由于长期吸入过量( )造成的。
    A. 煤尘 B. 煤岩尘 C. 岩尘

37. ( )在井下拆开、敲打、撞击矿灯。
    A. 严禁 B. 可以 C. 矿灯有故障时才能

38. 灭火时,灭火人员应站在( )。
    A. 火源的上风侧 B. 火源的下风侧 C. 对灭火有利的位置

39. 井下临时停工的地点,( )停风。
    A. 可暂时 B. 可根据瓦斯浓度大小确定是否
    C. 不得

40. 采掘工作面进风流中,氧气浓度不得低于( )。
    A. 18% B. 19% C. 20%

41. 《煤矿安全规程》规定,正常涌水量在 1 000 m³/h 以下时,井下主要水仓的有效容量应能容纳( )的正常涌水量。
    A. 6 h B. 7 h C. 8 h

42. 在瓦斯防治工作中,矿井必须从采掘安全生产管理上采取措施,防止( )。
    A. 瓦斯积聚超限 B. 瓦斯生成 C. 瓦斯涌出

43. 停风区中瓦斯浓度或二氧化碳浓度超过( )时,必须制定安全排瓦斯措施,报矿技术负责人批准。
    A. 1.5% B. 2.0% C. 3.0%

44. 采区回风巷和采掘工作面回风巷风流中,瓦斯浓度最大允许值为( )。
    A. 1.0% B. 0.5% C. 1.5% D. 2.0%

45. 井下两机车或两列车在同一轨道的同一方向行驶时,必须保持不少于( )的距离。
    A. 50 m B. 100 m C. 150 m D. 200 m

46. 在掘进工作面或其他地点发现有透水预兆时,必须( )。
    A. 停止作业,采取措施,报告矿调度,撤离人员 B. 停止作业,迅速撤退,报告矿调度
    C. 采取措施,报告矿调度 D. 停止作业,报告矿调度

47. 井下使用的橡套电缆( )采用阻燃电缆。
    A. 必须 B. 严禁 C. 不准

二、多选题

1. 以下关于风速的规定哪些是正确的?( )
   A. 回采工作面的最高风速为 6 m/s B. 岩巷掘进中的最高风速为 4 m/s
   C. 回采工作面的最低风速为 0.25 m/s D. 主要进、回风巷中的最高风速为 8 m/s
2. 造成局部通风机循环风的原因可能是( )。
   A. 风筒破损严重,漏风量过大 B. 局部通风机安设的位置距离掘进巷道口太近
   C. 矿井总风压的供风量大于局部通风机的吸风量 D. 矿井总风压的供风量小于局部通风机的吸风量
3. 井下各地点的实际需要风量,必须使该地点风流中的( )符合《煤矿安全规程》的有关规定。
   A. 瓦斯、二氧化碳、氢气和其他有害气体浓度 B. 风速及温度
   C. 每人供风量 D. 瓦斯抽放量
4. 矿井应当具备完整的独立通风系统。( )的风量必须满足安全生产要求。
   A. 风门 B. 矿井 C. 采掘工作面 D. 采区
5. 《国务院关于预防煤矿生产安全事故的特别规定》规定:煤矿有重大安全生产隐患和行为的,应当立即停止生产,排除隐患。下列哪些属于《特别规定》所列举的 15 种重大安全生产隐患和行为?( )
   A. 超能力、超强度或者超定员组织生产 B. 瓦斯超限作业
   C. 煤与瓦斯突出的矿井,未依照规定实施防突措施
   D. 高瓦斯矿井未建立瓦斯抽放系统和监控系统,或者瓦斯监控系统不能正常运行
   E. 其他
6. 矿井通风的基本任务是( )。
   A. 供人员呼吸 B. 防止煤炭自然发火
   C. 冲淡和排除有毒有害气体 D. 创造良好的气候条件
   E. 提高井下的大气压力
7. 在煤矿井下,瓦斯的危害主要表现为( )。
   A. 有毒性 B. 窒息性 C. 爆炸性 D. 导致煤炭自然发火
   E. 煤与瓦斯突出
8. 在煤矿井下,瓦斯容易局部积聚的地方有( )。
   A. 掘进下山迎头 B. 掘进上山迎头 C. 回风大巷 D. 工作面上隅角
9. 在煤矿井下,H_2S 的危害主要表现为( )。
   A. 有毒性 B. 窒息性 C. 爆炸性 D. 导致煤炭自然发火
   E. 使常用的瓦斯探头"中毒"而失效
10. 影响矿井气候条件的因素有( )。
    A. 温度 B. 压力 C. 湿度 D. 风速
    E. 瓦斯浓度
11. 安全生产工作的好坏关系到( )和国家形象。因此,必须把安全生产提高到政治的高度来对待。
    A. 职工切身利益 B. 社会稳定 C. 企业形象 D. 政府形象
12. 我国煤矿多为井工开采,作业地点经常受到( )有毒有害气体和破碎顶板的威胁。
    A. 水 B. 火 C. 瓦斯 D. 矿尘
    E. 光照不足
13. 井工煤矿的特点是:作业地点( ),地下开采技术复杂,生产环节多,工作面不断移动,地质条件常有变化。
    A. 空间狭窄 B. 阴暗潮湿 C. 高温干燥 D. 环境条件恶劣
14. 煤层顶板冒顶事故能使采煤工作面及巷道( )。

A. 垮落　　　　　　B. 生产中止　　　　　C. 压毁设备　　　　D. 造成人员伤亡
15. 周期来压的主要表现形式是(　　)。
　　A. 煤层顶板下沉速度急剧增加　　　　B. 煤层顶板下沉量变大
　　C. 支柱所受载荷普遍增加　　　　　　D. 煤壁片帮
　　E. 煤层顶板发生台阶下沉
16. 如一时不能恢复冒顶区的正常通风,则可以利用(　　)向被埋压或截堵的人员供给新鲜空气。
　　A. 压风管　　　　　B. 巷道　　　　　　　C. 水管　　　　　　D. 打钻
17. 在处理冒顶事故中,必须(　　)清理出抢救人员的通道。必要时可以向遇险人员处开掘专用小巷道。
　　A. 由外向里　　　　B. 由里向外　　　　　C. 加强支护　　　　D. 开掘通道
18. 在冒顶事故抢救处理中,必须有(　　),加强支护,防止发生二次冒顶;并且注意检查瓦斯及其他有害气体情况。
　　A. 专人检查　　　　B. 安全检查工检查　　C. 监视瓦斯　　　　D. 监视煤层顶板
　　E. 监视有害气体
19. 在顶板事故抢救中遇有大块岩石时,不许用爆破方法处理,如果威胁遇险人员时,则可用(　　)等工具移动石块,救出遇险人员。
　　A. 千斤顶　　　　　B. 锤打　　　　　　　C. 起石器　　　　　D. 撬棍
20. 上止血带时应注意(　　)。
　　A. 松紧合适,以远端不出血为止　　　　B. 应先加垫
　　C. 位置适当　　　　　　　　　　　　　D. 每隔 40 min 左右,放松 2～3 min
21. 心跳呼吸停止后的症状有(　　)。
　　A. 瞳孔固定散大　　　　　　　　　　　B. 心音消失,脉搏消失
　　C. 脸色发绀　　　　　　　　　　　　　D. 神志丧失
22. 按包扎材料分类,包扎方法可分为(　　)。
　　A. 毛巾包扎法　　　B. 腹布包扎　　　　　C. 三角巾包扎法　　D. 绷带包扎法
23. 做口对口人工呼吸前,应(　　)。
　　A. 将伤员放在空气流通的地方　　　　　B. 解松伤员的衣扣、裤带、裸露前胸
　　C. 将伤员的头侧过　　　　　　　　　　D. 清除伤员呼吸道内的异物
24. 为了预防煤尘爆炸事故的发生,煤矿井下生产过程中必须采取一定的减尘、降尘措施。目前,常采用的技术措施有(　　)、通风防尘、喷雾洒水、刷洗岩帮等。
　　A. 煤层注水　　　　B. 湿式打眼　　　　　C. 使用水炮泥　　　D. 旋风除尘
25. 拨打急救电话时,应说清(　　)。
　　A. 受伤的人数　　　B. 患者的伤情　　　　C. 地点　　　　　　D. 患者的姓名
26. 外伤急救的技术有(　　)。
　　A. 止血　　　　　　B. 包扎　　　　　　　C. 固定　　　　　　D. 搬运
27. 判断骨折的依据主要有(　　)。
　　A. 疼痛　　　　　　B. 肿胀　　　　　　　C. 畸形　　　　　　D. 功能障碍
28. 在煤矿井下判断伤员是否有呼吸的方法有(　　)。
　　A. 耳听　　　　　　B. 眼视　　　　　　　C. 晃动伤员　　　　D. 皮肤感觉
29. 在煤矿井下搬运伤员的方法有(　　)。
　　A. 担架搬运　　　　B. 单人背负　　　　　C. 双人徒手搬运　　D. 汽车搬运
30. 采掘工作面或其他地点遇到有突水预兆时,必须(　　),撤出所有受水威胁地点的人员。
　　A. 停止作业　　　　B. 采取措施　　　　　C. 立即报告矿调度室　D. 发出警报
31. 采掘工作面或其他地点发现有(　　)、底板鼓起或产生裂隙出现渗水、水色发浑、有臭味等突水预兆

时,必须停止作业,采取措施。
   A. 挂红　　　B. 挂汗　　　C. 空气变冷　　　D. 出现雾气
   E. 水叫　　　F. 顶板淋水加大　　G. 顶板来压
32. 煤炭自燃的条件是(　　)。
   A. 具有自燃倾向性的煤炭呈破碎堆积状态
   B. 有连续的通风供氧条件,维持煤炭氧化过程的发展
   C. 积聚氧化生成的热量,使煤的温度升高
   D. 上述3个条件同时具备,且大于煤的自然发火期
33. 煤尘爆炸必须同时具备的条件是(　　)。
   A. 足够的氧气　　　　　　　　　B. 煤尘本身具有爆炸性
   C. 煤尘达到爆炸浓度　　　　　　D. 有足以点燃煤尘的热源

三、判断题

1. 过滤式自救器只能使用1次,用后就报废。　　　　　　　　　　　　　　　(　)
2. 佩戴自救器脱险时,在未到达安全地点前,严禁取下鼻夹和口具。　　　　　(　)
3. 隔离式自救器在使用中外壳体会发热,当感到呼吸温度高时,可取下鼻夹和口具。(　)
4. 煤矿井下避难硐室是矿工在遇到事故无法撤退时躲避待救的设施。　　　　(　)
5. 煤矿井下永久性避难硐室是供矿工在劳动时休息的设施。　　　　　　　　(　)
6. 当掘进工作面出现透水预兆时,必须停止作业,报告调度室,立即发出警报并撤人。(　)
7. 生产矿井采掘工作面的空气温度不得超过26 ℃。　　　　　　　　　　　　(　)
8. 如果有防水措施,可以开采煤层露头的防水煤柱。　　　　　　　　　　　　(　)
9. 局部瓦斯积聚是指在0.5 m³以上的空间中瓦斯浓度达到1%。　　　　　　　(　)
10. 井下不得带电检修与移动电气设备。　　　　　　　　　　　　　　　　　(　)
11. 对一般伤员,均应先进行止血、固定、包扎等初步救护后,再进行转运。　　(　)
12. 在煤矿井下发生瓦斯与煤尘爆炸事故后,避灾人员在撤离灾区时佩戴的自救器可根据需要随时取下。
　　　　　　　　　　　　　　　　　　　　　　　　　　　　　　　　　　(　)
13. 当煤矿井下发生大面积的垮落、冒顶事故,现场人员被堵在独头巷道或工作面时,被堵人员应赶快往外扒通出口。　　　　　　　　　　　　　　　　　　　　　　　　　　　　　　　(　)
14. 煤矿井下发生水灾时,被堵在巷道的人员应妥善避灾静卧,等待救援。　　(　)
15. 对于呼吸、心跳骤停的病人,应立即送往医院。　　　　　　　　　　　　　(　)
16. 四肢骨折的病人,在固定时,一定要将(指)趾末端露出。　　　　　　　　(　)
17. 怀疑有胸、腰、椎骨折的病人,搬运时,可以采用一人抬头,一人抬腿的方法。(　)
18. 对被埋压的人员,挖出后应首先清理呼吸道。　　　　　　　　　　　　　(　)
19. 煤矿井下出现重伤事故时,在场人员应立即将伤员送出地面。　　　　　(　)
20. 隔离式自救器不受外界气体的限制,可以在含有各种有毒气体及缺氧的环境中使用。(　)
21. 井下发生火灾时,灭火人员一般是在回风侧进行灭火。　　　　　　　　　(　)
22. 在井下可用铁丝、铜丝代替保险丝。　　　　　　　　　　　　　　　　　(　)
23. 溜煤眼可兼作风眼使用。　　　　　　　　　　　　　　　　　　　　　　(　)
24. 瓦斯比空气轻,易积聚在巷道顶部。　　　　　　　　　　　　　　　　　(　)
25. 巷道贯通后,必须停止采区内的一切工作,立即调整通风系统,待风流稳定后,方可恢复工作。(　)
26. 井下发生透水破坏了巷道中的照明和路标时,现场人员应朝有风流通过的上山巷道方向撤退。
　　　　　　　　　　　　　　　　　　　　　　　　　　　　　　　　　　(　)
27. 在井下将被埋压伤员救出后,应迅速升井,不得停留检查。　　　　　　　(　)

28. 国家对从事煤矿井下作业的职工采取了特殊的保护措施。( )
29. 职业安全卫生管理体系的建立,使企业安全管理更具系统性。( )
30. 人的不安全行为和物的不安全状态是造成安全生产事故发生的基本因素。( )
31. 任何人发现井下火灾时,应视火灾性质、灾区通风和瓦斯情况,立即采取一切可能的方法直接灭火,控制火势,并迅速报告矿调度室。( )
32. 井下用的润滑油、棉纱、布头和纸等,用过后可任意摆放。( )
33. 严禁将剩油、废油泼洒在井巷或硐室内。( )
34. 井上下必须设置消防材料库。( )
35. 消防材料库储存的材料、工具的品种和数量应符合有关规定并定期检查和更换。( )
36. 消防材料库的材料、工具可在生产中使用。( )
37. 井下主要硐室和工作场所应备有灭火器材。( )
38. 井下工作人员必须熟悉灭火器材的使用方法和存放地点。( )
39. 矽肺是一种进行性疾病,患病后即使调离矽尘作业环境,病情仍会继续发展。( )
40. 煤层顶板暴露的面积越大,煤层顶板压力越小。( )
41. 矿灯在井下作业中发生故障时,可以拆开修理。( )
42. 矿井供电电缆可以用普通橡套电缆。( )
43. 所有煤矿企业必须有矿山救护队为其服务。矿山救护队员是井下一线特种作业人员。( )
44. 井下接近含水层、导水断层、溶洞和导水陷落柱时,根据生产需要可以不进行探水。( )
45. 井下加强靠近探水地点的支护,打好坚固的立柱和拦板,以防高压水冲垮煤壁和支架。( )
46. 探水地点不必要安设专用电话。( )
47. 采取一定的安全措施后,可用刮板输送机运送爆破器材。( )
48. 煤矿企业应当向从业人员如实告知作业场所和工作岗位的危险因素、防范措施以及事故应急措施。( )
49. 在有安全措施条件下,专用排瓦斯巷内可以进行生产作业和设置电气设备。( )
50. 煤矿企业使用的设备、器材、火工品和安全仪器,必须符合国家标准和行业标准。( )
51. 煤层顶板暴露的时间越长,煤层顶板压力越大。( )
52. 处理采煤工作面冒顶时,首先应采取措施恢复生产,其次是抢救遇险人员。( )
53. 接近水淹或可能积水的井巷、老空或相邻煤矿时,必须先进行探水。( )

单选题答案与解析

1. A	2. A	3. B	4. B	5. B	6. B	7. B	8. B
9. B	10. B	11. A	12. B	13. B	14. A	15. A	16. A
17. A	18. A	19. C	20. C	21. A	22. A	23. A	24. B
25. A	26. B	27. A	28. D	29. A	30. C	31. B	32. A
33. C	34. C	35. A	36. C	37. A	38. B	39. C	40. C
41. C	42. A	43. B	44. A	45. B	46. C	47. A	

1. 凡长度超过 6 m 而又不通风或通风不良的独头巷道,统称盲巷。盲巷内往往积存大量高浓度瓦斯和其他有毒有害气体,如果管理不善,极容易发生人员窒息或瓦斯爆炸事故。选 A。
2. 根据规定,矿井井下构筑永久密闭墙体要求是用不燃性材料构筑,其厚度不小于 0.5 m,严密不漏风;墙体周边掘槽,要见硬顶硬帮,要与煤岩接实,四周要有不小于 0.1 m 的裙边。选 A。
3. 根据《煤矿安全规程》第一百五十九条规定,生产矿井主要通风机必须装有反风设施,并能在 10 min 内改变巷道中的风流方向;当风流方向改变后,主要通风机的供给风量不应小于正常供风量的 40%。选 B。

4. 触电者的急救措施包括：① 立即切断电源，或使触电者脱离电源；② 迅速判断伤情，对心搏骤停或心音微弱者，立即心肺复苏；③ 用干净衣物包裹创面，避免有色药物涂抹，其他损伤按创伤急救做相应处理。选B。

5. 根据《煤矿安全规程》第一百七十三条规定，采掘工作面及其他作业地点风流中、电动机或者其开关安设地点附近20 m以内风流中的甲烷浓度达到1.5%时，必须停止工作，切断电源，撤出人员，进行处理。此题易错，选B。

6. 仰卧压胸人工呼吸法是一种利用按压和胸廓回弹的负压通气的手法，通常其每分钟的通气次数接近正常人的呼吸次数，大约在16～20次，一般情况下是18次。选B。

7. 直接顶是需要管理的重要部位，因为伪顶一般随采随落，基本顶较稳定，在采煤过程中直接支护和控制的是直接顶。选B。

8. 瓦斯爆炸必须同时具备3个条件：一是空气中混入一定浓度的瓦斯，其浓度范围在5%～16%；二是有爆炸瓦斯的热源，温度在650～750 ℃以上；三是空气中有足够的氧气，氧气含量在12%以上。选B。

9. 井下风门每组不得少于2道，必须自动关闭，严禁破坏风门或同时敞开，以免造成风流短路，选B。

10. 矿用防爆标志符号"d"为隔爆型，"e"为增安型，"ia"为本质安全型。选B。

11. H_2S有剧毒，低浓度时有臭鸡蛋气味，但高浓度会很快引起嗅觉疲劳而不觉其味。选A。

12. 煤矿井下用人车运送人员时，列车行驶速度不得超过4 m/s。因为当人车运行速度大于4 m/s时，制动距离就会超过20 m。速度越快，人车掉道的可能性越大，列车运行的噪声就越大，司机就越听不到后面人车上发出的呼叫声音，导致事故扩大。选B。

13. 安全出口是灾害来临时工作人员的逃生通道，根据《煤矿安全规程》规定，每个生产矿井必须至少有2个能行人的通达地面的安全出口，各个出口间的距离不得小于30 m。选B。

14. 人处在高温的环境下，会导致体温升高、心率加快、身体不舒服等症状，严重时可导致中暑甚至死亡。因此《煤矿安全规程》第六百五十五条规定，为了维护职工的身体健康和劳动安全，当采掘工作面空气温度超过26 ℃、机电设备硐室超过30 ℃时，必须缩短超温地点工作人员的工作时间，并给予高温保健待遇。选A。

15. 事故的发生是由人的不安全行为和物的不安全状态、环境的不安全条件和安全管理的缺陷引起的，其中人的不安全行为因素占有主要地位。发生事故，往往与思想上疏忽大意有关，与不遵守规定守则有关，"人"在防治事故中始终占主导地位。选A。

16. 遇到油料着火，不能用水来扑灭。因为油的比重比水轻，且不溶于水，反而会浮于水面之上，仍能继续燃烧，而水往别处流动，会把火势带到别的地方，继续蔓延。选A。

17. 为避免产生火灾，造成重大人员伤亡事故，《煤矿安全规程》第二百五十三条规定，井下严禁使用灯泡取暖和使用电炉。选B。

18. 由于瓦斯具有可燃性的特性，可作为民用燃料。B、C两项也是瓦斯的特点，但与燃料无关，选A。

19. 煤与瓦斯突出多数发生在构造带、煤层遭受严重破坏的地带、煤层产状发生显著变化的地带中。石门揭煤是在巷道掘进过程中，遇到煤层时，揭露煤层的过程。选C。

20. 煤尘爆炸的三个条件是：① 煤尘本身必须具有爆炸性，而且浮游粉尘要达到一定浓度：下限为45 g/m³，上限为1500～2000 g/m³；② 要有点燃煤尘的热源；③ 空气中氧的含量大于18%。可知氧气浓度低于18%时，煤尘不会爆炸。此题易错，选C。

21. 掘进工作面严禁空顶作业。距掘进工作面10 m内的架棚支护，在爆破前必须加固，原因是为了防止崩倒、崩坏支架。选B。

22. 根据《煤矿安全规程》第一百七十六条规定，局部通风机因故停止运转，在恢复通风前，必须首先检查瓦斯，只有停风区中最高甲烷浓度不超过1.0%和最高二氧化碳浓度不超过1.5%，且局部通风机及其开关附近10 m以内风流中的甲烷浓度都不超过0.5%时，方可人工开启局部通风机，恢复正常通风。选A。

23. 过滤式自救器是指用于发生火灾或瓦斯爆炸时防止一氧化碳中毒的个体保护装置,已被隔离式自救器取代,选 A。

24. 根据《煤矿安全规程》第六百四十二条规定,煤矿必须对生产性粉尘进行监测,并遵守下列规定:① 总粉尘浓度,井工煤矿每月测定 2 次;露天煤矿每月测定 1 次。粉尘分散度每 6 个月测定 1 次。② 呼吸性粉尘浓度每月测定 1 次。③ 粉尘中游离 SiO_2 含量每 6 个月测定 1 次,在变更工作面时也必须测定 1 次。选 B。

25. 根据《煤矿安全规程》第一百六十四条规定,高瓦斯、突出矿井的煤巷、半煤岩巷和有瓦斯涌出的岩巷掘进工作面正常工作的局部通风机必须配备安装同等能力的备用局部通风机,并能自动切换。正常工作的局部通风机必须采用三专(专用开关、专用电缆、专用变压器)供电,专用变压器最多可向 4 个不同掘进工作面的局部通风机供电。选 A。

26. 我国安全电压为 50 V 以下,因井下空气潮湿导致人体电阻下降,所以井下安全电压不超过 36 V,人体触及 36 V 带电导体时不会有触电死亡的危险,因此《煤矿安全规程》规定,电压在 36V 以上和由于绝缘损坏可能带有危险电压的电气设备的金属外壳、构架,铠装电缆的钢带(钢丝)、铅皮(屏蔽护套)等必须有保护接地。选 B。

27. 矿灯是从事煤矿井下工作人员随身携带的必备照明工具。考虑矿工每次井下所用总时间,《煤矿安全规程》规定发出的矿灯,最低应能连续正常使用 11 h。选 A。

28. 瓦斯爆炸的条件之一是空气中有足够的氧气,氧气含量在 12% 以上。可知当氧气浓度低于 12% 时,瓦斯不会发生爆炸。选 D。

29. 有人触电导致呼吸停止、心脏停跳,此时在场人员应第一时间迅速做心肺复苏,恢复呼吸、心跳。题目说停止呼吸,应立即恢复呼吸,人工呼吸法能帮助窒息人员被动呼吸。选 A。

30. 带上自救器后,如果吸气时感到干燥且不舒服,为自救器正常工作的状态,对人体无害,千万不可取下自救器。选 C。

31. 当采掘工作面风量不足时,既不能保证作业人员正常呼吸,还不能排出和稀释各种有害气体与矿尘,这种情况下,严禁装药、爆破。选 B。

32. "预测预报、有疑必探、先探后掘、先治后采"是探放水工作必须遵循的基本原则,根据这个原则,结合"防、堵、疏、排、截"的综合治理措施,可以有效防止水害的威胁。选 A。

33. 煤炭自燃的条件是具有自燃倾向性的煤炭,呈一定厚度的破碎状堆积,有连续的供氧条件,3 个条件同时存在,缺一不可。选 C。

34. 瓦斯爆炸必须同时具备 3 个条件:一是空气中混入一定浓度的瓦斯,其浓度在 5%~16% 范围内;二是有爆炸瓦斯的热源,温度在 650~750 ℃以上;三是空气中有足够的氧气,氧气含量在 12% 以上。可知选 C。

35. 煤尘爆炸的条件是:① 煤尘本身必须具有爆炸性;② 浮游粉尘要达到一定浓度:下限为 45 g/m³,上限为 1500~2000 g/m³;③ 要有点燃煤尘的热源;④ 空气中氧的含量大于 18%。4 个条件必须同时存在,缺一不可。选 C。

36. 煤矿尘肺因吸入粉尘成分的不同分为矽肺、煤矽肺、煤肺。煤肺指吸入煤尘为主引起的尘肺病,煤矽肺指同时吸入煤尘和岩尘引起的尘肺病,矽肺即为吸入含游离二氧化硅较高的岩尘引起的尘肺病。选 C。

37. 矿灯是特殊型防爆产品,在井下拆开矿灯或敲打、撞击矿灯都能使矿灯失去防爆性,容易造成短路事故,产生电火花引起瓦斯、煤尘爆炸事故。因此严禁使用矿灯人员在井下拆开、敲打、撞击矿灯。选 A。

38. 灭火时,灭火人员应站在火源的上风侧。因为站在上风侧,能更好地保护灭火人员的安全,不用担心火苗朝自己的方向扑过来。若使用干粉灭火器,如果站在下风方向,便会喷到自己身上,同时也不能有效灭火,很是危险。选 A。

39. 根据《煤矿安全规程》第一百七十五条规定,临时停工的地点,不得停风;否则必须切断电源,设置栅栏、警标,禁止人员进入,并向矿调度室报告。选 C。

40. 为了保证井下人员的正常活动和生产,《煤矿安全规程》第一百三十五条规定,采掘工作面的进风流中,氧气浓度不低于 20%,二氧化碳浓度不超过 0.5%。选 C。

41. 矿井主要水仓应当有主仓和副仓,当一个水仓清理时,另一个水仓能够正常使用。新建、改扩建矿井或者生产矿井的新水平,正常涌水量在 1000 m³/h 以下时,主要水仓的有效容量应当能容纳 8 h 的正常涌水量。选 C。

42. 煤矿在采掘活动中会不断涌出瓦斯,容易发生瓦斯积聚现象,故《煤矿安全规程》第一百七十五条规定,必须从设计和采掘生产管理上采取措施,防止瓦斯积聚;当发生瓦斯积聚时,必须及时处理。选 A。

43. 根据《煤矿安全规程》第一百七十六条规定,停风区中甲烷浓度或者二氧化碳浓度超过 3.0% 时,必须制定安全排放瓦斯措施,报矿总工程师批准。此题易错,选 C。

44. 根据《煤矿安全规程》第一百七十二条规定,采区回风巷、采掘工作面回风巷风流中甲烷浓度超过 1.0% 或者二氧化碳浓度超过 1.5% 时,必须停止工作,撤出人员,采取措施,进行处理。选 A。

45. 根据《煤矿安全规程》第三百七十七条规定,采用轨道机车运输时,2 辆机车或者 2 列列车在同一轨道同一方向行驶时,必须保持不少于 100 m 的距离。否则当车辆转过弯道后立即减速或停车时,很有可能发生相撞的危险。选 B。

46. 采掘工作面或者其他地点发现有煤层变湿、挂红、挂汗、空气变冷、出现雾气、水叫、顶板来压、片帮、淋水加大、底板鼓起或者裂隙渗水、钻孔喷水、煤壁溃水、水色发浑、有臭味等透水征兆时,应当立即停止作业,撤出所有受水患威胁地点的人员,报告矿调度室,并发出警报。在原因未查清、隐患未排除之前,不得进行任何采掘活动。选 A。

47. 井下使用橡套电缆必须选用取得煤矿矿用产品安全标志的阻燃电缆,电缆应带有供保护接地用的足够截面的导体。选 A。

多选题答案与解析

1. BCD	2. BD	3. ABC	4. BCD	5. ABCD	6. ACD	7. BCE
8. BD	9. ACE	10. ACD	11. ABCD	12. ABCD	13. ABD	14. ABCD
15. ABCDE	16. AD	17. AC	18. AD	19. AD	20. ABCD	21. ABCD
22. ACD	23. ABCD	24. ABC	25. ABC	26. ABCD	27. ABCD	28. ABD
29. ABC	30. ABCD	31. ABCDEFG	32. ABCD	33. ABCD		

1. 根据《煤矿安全规程》第一百三十六条规定,主要进、回风巷中的最高风速为 8 m/s,采煤工作面、掘进中的煤巷和半煤岩巷允许的风速范围为 0.25～4.00 m/s,掘进中的岩巷允许的风速范围为 0.15～4.00 m/s。A 项应为 4.00 m/s。此题易错,选 BCD。

2. 循环风是指沿一定路径不断循环流动的风流,一般出现在局部通风中。A 项会造成漏风,C 项不会出现循环风。此题易错,选 BD。

3. 根据《煤矿安全规程》第一百三十八条规定,矿井需要的风量应当按井下同时工作的最多人数计算,每人每分钟供给风量不得少于 4 m³;按采掘工作面、硐室及其他地点实际需要风量的总和进行计算。各地点的实际需要风量,必须使该地点的风流中的甲烷、二氧化碳和其他有害气体的浓度、风速、温度及每人供风量符合本规程的有关规定。此题易错,选 ABC。

4. 根据《煤矿安全规程》第一百四十二条规定,矿井必须有完整的独立通风系统。改变全矿井通风系统时,必须编制通风设计及安全措施,由企业技术负责人审批。A 项风门为调节通风设施,选 BCD。

5. 根据《国务院关于预防煤矿生产安全事故的特别规定》第八条规定,煤矿有下列重大安全生产隐患和行为的,应当立即停止生产,排除隐患:① 超能力、超强度或者超定员组织生产的;② 瓦斯超限作业的;③ 煤与瓦斯突出矿井,未依照规定实施防突出措施的;④ 高瓦斯矿井未建立瓦斯抽采系统和监控系统,或者系统不能正常运行的;⑤ 通风系统不完善、不可靠的;⑥ 有严重水患,未采取有效措施的;⑦ 超层越界开采的;⑧ 有冲击地压危险,未采取有效措施的;⑨ 自然发火严重,未采取有效措施的;⑩ 使用明令禁止使用或者淘汰的设备、工艺的;⑪ 煤矿没有双回路供电系统的;⑫ 新建煤矿边建设边生产,煤矿改扩建期间,在改扩建的区域生产,或者在其他区域的生产超出安全设计规定的范围和规模的;⑬ 煤矿实行整体承包生产经营后,未重新取得安全生产许可证,从事生产的,或者承包方再次转包的,以及煤矿将井下采掘工作面和井巷维修作业进行劳务承包的;⑭ 煤矿改制期间,未明确安全生产责任人和安全管理机构的,或者在完成改制后,未重新取得或者变更采矿许可证、安全生产许可证和营业执照的;⑮ 其他重大事故隐患的。选 ABCD。

6. 矿井通风的基本任务有三个:① 向井下各工作场所连续不断地供给适宜的新鲜空气;② 把有毒有害气体和矿尘稀释到安全浓度以下,并排出矿井之外;③ 提供适宜的气候条件,创造良好的生产环境,以保障职工的身体健康和生命安全、机械设备正常运转,提高劳动生产率。此题易错,选 ACD。

7. 瓦斯的危害主要有:窒息、燃烧、爆炸、突出埋人。瓦斯是无毒的气体,煤炭自然发火是内因火灾,不是瓦斯的危害,A 项瓦斯无毒,选 BCE。

8. 瓦斯比空气轻,易悬浮在空间的上部,BD 两项容易积聚瓦斯,A 项下山迎头位置低,不易造成瓦斯积聚,C 项回风大巷风速较大,一般不会积聚瓦斯。选 BD。

9. 硫化氢是一种易爆气体,有臭鸡蛋味。主要的危害表现在:① 有剧毒,对呼吸道和眼强烈的刺激性;② 易燃易爆,与空气混合物体能形成爆炸混合物,遇明火、高热就能引起燃烧爆炸;③ 瓦斯探头化合物与硫化氢反应,生成物不能与甲烷反应,造成报警器中毒。选 ACE。

10. 影响矿井气候条件的因素有:温度、湿度、风速等。这三要素是影响人体热平衡的主要因素。BE 为干扰项。此题易错,选 ACD。

11. 题中 ABCD 都是企业在安全生产过程中需考虑的因素。

12. 煤矿井下作业环境复杂,作业地点经常变动,生产环节、机电设备较多,作业空间有限,生产中经常受到水、火、瓦斯、煤尘、顶板等自然灾害的威胁,导致职业危害因素也较多。E 项为干扰项,选 ABCD。

13. 工煤矿开采必须从地面向地下开掘一系列井巷,其生产过程是地下作业,自然条件比较复杂,开采的主要特点是空间狭窄,环境恶劣,存在水、火、瓦斯、煤尘、顶板等灾害。C 项干燥不准确,选 ABD。

14. 冒顶事故是指矿井采掘时,巷道顶板冒落、坍塌所产生的事故,是矿井采掘工作面生产过程中经常发生的。ABCD 都是冒顶事故造成的后果。

15. 周期来压是初次来压以后,随采煤工作面不断推进,老顶周期性地发生断裂和沉降,使工作面周期性地出现来压现象。主要表现形式有:煤层顶板下沉速度急剧增加;煤层顶板下沉量变大;支柱所受载荷普遍增加;煤壁片帮;煤层顶板发生台阶下沉等。选 ABCDE。

16. 根据《煤矿安全规程》第七百一十七条规定,处理顶板事故时,应当迅速恢复冒顶区的通风。如不能恢复,应当利用压风管、水管或者打钻向被困人员供给新鲜空气、饮料和食物。选 AD。

17. 在处理冒顶事故中,为保障抢救人员的安全,应当选择由外向里加固冒顶周围的支护,消除进出口的堵塞物,尽快接近遇难人部位进行抢救,必要时可以开掘通向遇险人员的专用巷道。D 为干扰项,选 AC。

18. 在冒顶事故抢救处理中,应当指定专人检查甲烷浓度、观察顶板和周围支护情况,发现异常,立即撤出人员;加强巷道支护,防止发生二次冒顶、片帮,保证退路安全畅通。CE 两项监视不准确。此题易错,选 AD。

19. 在抢救中遇到大块岩石,应尽量避开,不许用爆破法处理。如果威胁遇险人员,则可用千斤顶、撬棍等工具移动石块,但尽量避免破坏冒顶岩石的堆积状态,清理矸石时要小心使用工具,以免伤害受伤遇险人员。选 AD。

20. 使用止血带的注意事项包括:缚扎部位尽量靠近伤口以减少缺血范围,选定止血带的部位后,应先在该处垫好布条,把止血带拉紧,缠肢体两周打结,松紧要适宜,以观察伤口不出血为度;上止血带要记好时间,冬天每隔半小时、夏天每隔 1 h 要放松 2~3 min,然后再绑起来;再绑时部位要上、下略加移动;对大出血病人,应在上止血带的同时,尽快送医院治疗。选 ABCD。

21. 呼吸心跳停止后可出现意识丧失、神经反射消失、双侧瞳孔散大、动脉搏动消失、脸色发绀、缺氧等表现。选 ABCD。

22. 按包扎材料分类，包扎方法可分为：毛巾包扎法、角巾包扎法、绷带包扎法。B 项应为腹部包扎，可以使用不同的材料进行包扎。选 ACD。

23. 口对口人工呼吸法是人工呼吸法中最适宜现场复苏的方法。ABCD 皆是做人工呼吸前的准备事项，A 项是保证施救者和被救者的安全，B 项使被救者处于放松状态，C 项侧头是方便口腔的异物流出，避免堵住呼吸道，D 项开放气道。选 ABCD。

24. ABC 属于减尘、降尘措施。D 项旋风除尘也称为离心除尘，主要用于清除工业废气中含有密度较大的非纤维性及非黏结性粉尘，一般不在煤矿井下使用。选 ABC。

25. 井下发生险情，拨打急救电话时，应当说清事发地点、受伤人数、患者的伤情等。选 ABC。

26. 外伤急救一般包括四大技术：① 创伤急救止血技术，包括指压止血法、加压包扎止血法、填塞止血法和止血带止血法；② 创伤急救包扎技术，包括绷带包扎法和三角巾包扎法；③ 创伤急救固定技术，包括头部固定技术、锁骨及肋骨骨折固定技术、四肢骨折固定技术、脊柱骨折固定技术和骨盆骨折固定技术；④ 创伤急救搬运技术，包括徒手搬运和器械搬运技术。选 ABCD。

27. 判断骨折的主要依据：① 疼痛和压痛：受伤处有明显的压痛点，移动时有剧痛；② 肿胀：内出血和骨折端的错位、重叠，都会使外表呈现肿胀现象；③ 畸形：在骨折时肢体发生畸形，呈现短缩，医学教育|网搜集弯曲或者转向等；④ 功能障碍：原有的功能受到影响或完全丧失。选 ABCD。

28. 检查判断是否有呼吸的方法称为"一听二看三感觉"。"一听"指的是听呼吸音，让自己的耳朵凑近患者口鼻处听是否有呼吸的声音；"二看"就是在听的同时头侧向患者胸壁方向眼看是否存在胸壁和腹部起伏；"三感觉"即感觉是否呼出气流冲击面部的感觉。这三步可以同时进行判断的。C 项切忌不可使用。选 ABD。

29. 煤矿井下搬运伤员的方法有：① 徒手搬运，包括单人搬运（扶行法、抱持法、背负法）和双人搬运（椅托式、轿杠式、拉车式、平卧托运法）；② 器械搬运法，适用于病情较重又不适于徒手搬运的病人，常用器械有帆布担架、绳网担架、简易架担等。D 项汽车搬运在煤矿井下不易实现。选 ABC。

30. 根据《煤矿安全规程》的规定，采掘工作面或其他地点发现透水预兆时，应当立即停止作业，撤出所有受水患威胁地点的人员，报告矿调度室，并发出警报。在原因未查清、隐患未排除之前，不得进行任何采掘活动。选 ABCD。

31. 采掘工作面或者其他地点发现有煤层变湿、挂红、挂汗、空气变冷、出现雾气、水叫、顶板来压、片帮、淋水加大、底板鼓起或者裂隙渗水、钻孔喷水、煤壁溃水、水色发浑、有臭味等透水征兆时，应当立即停止作业，撤出所有受水患威胁地点的人员。选 ABCDEFG。

32. 煤炭自燃的 3 个条件是：具有自燃倾向性的煤炭，呈一定厚度的破碎状堆积和有连续的供氧条件，且热量易于积聚。3 个条件必须同时存在，且持续时间大于煤的自然发火期。选 ABCD。

33. 煤尘爆炸的条件是：① 煤尘本身必须具有爆炸性；② 浮游粉尘要达到一定浓度：下限为 45 g/m³，上限为 1500～2000 g/m³；③ 要有点燃煤尘的热源；④ 空气中氧的含量大于 18%。这 4 个条件必须同时存在，缺一不可。选 ABCD。

判断题答案与解析

1. √	2. √	3. ×	4. √	5. ×	6. √	7. √	8. ×
9. ×	10. √	11. √	12. √	13. ×	14. √	15. ×	16. √
17. ×	18. √	19. ×	20. √	21. ×	22. ×	23. ×	24. √
25. √	26. √	27. √	28. √	29. √	30. √	31. √	32. √
33. √	34. √	35. √	36. √	37. √	38. √	39. √	40. ×
41. ×	42. √	43. √	44. ×	45. √	46. ×	47. ×	48. √

49. ×　　50. √　　51. √　　52. ×　　53. √

1. √。过滤式自救器的主要部件是过滤器,过滤器内装有催化剂和干燥剂,它们可将空气中的一氧化碳转化为无毒的二氧化碳,并吸收空气中的水汽。可知过滤式自救器是一次性的,已被隔离式自救器取代。

2. √。佩戴自救器脱险时,在未到达安全地点前,取下鼻夹和口具,可能误吸入空气中的有毒有害气体,对人体造成伤害,所以严禁取下。

3. ×。隔离式自救器在使用中外壳体发热,感到呼吸温度高,是自救器正在工作,产生氧气的表现,这时绝不可以取下鼻夹和口具,以免误吸入有毒有害气体。

4. √。矿工自救中,设置避难硐室是十分必要的。由于自救器有效时间较短,当佩戴自救器后,在其有效作用时间内不能到达安全地点时,或者撤退路线无法通过时,可在避难硐室内躲避待救。

5. ×。煤矿井下永久性避难硐室是供矿工在发生灾害事故后,用于紧急避险的设施。

6. √。采掘工作面或其他地点发现透水预兆时,应当立即停止作业,撤出所有受水患威胁地点的人员,报告矿调度室,并发出警报。在原因未查清、隐患未排除之前,不得进行任何采掘活动。

7. √。采掘工作面、机电硐室的空气温度分别不得超过 26 ℃、30 ℃。这是因为井下生产条件较为恶劣、空气湿度大、劳动强度繁重,为了创造良好的作业环境和舒适的气候条件,保证工人健康,提高工作效率。

8. ×。当煤层在露头区直接被松散孔隙含水层覆盖或地面有经常性水体时,应留设防水煤柱,并严禁开采破坏防水煤柱,以保证煤层开采后顶板导水裂隙带不波及含水体,防止地表水溃入矿井。

9. ×。局部瓦斯积聚是指在 0.5 m³ 以上的空间中瓦斯浓度达到 2%。此题易错。

10. √。带电检修电气设备极易发生人身触电和弧光短路事故,造成人身触电伤亡和引起瓦斯煤尘爆炸事故;带电搬迁、移动电气设备、电缆和电线时,可能因电气设备绝缘破坏造成作业人员触电,也可能造成设备失爆、短路产生高温电弧引起供电中断或引爆瓦斯或煤尘。

11. √。矿工互救"三先三后"的原则是:对窒息或心跳、呼吸骤停的伤员,先复苏,后搬运;对出血的伤员,先止血,后搬运;对骨折的伤员,先固定,后搬运。

12. ×。在煤矿井下发生瓦斯煤尘爆炸事故后,矿工应戴好自救器迅速撤离灾区,到达安全地点后方可取下。

13. ×。当煤矿井下发生大面积的垮落、冒顶事故,现场人员被堵在独头巷道或工作面时,因垮落面积大,贸然操作,容易消耗体力,造成二次垮落,应利用现有条件自救,等待救援。

14. √。煤矿井下发生水灾时,若撤退路线被堵,不得贸然潜入不明水体中撤离,应选择在较高处妥善避灾静卧,等待救援。

15. ×。对于呼吸、心跳骤停的病人,时间就是生命,应当立即施行心肺复苏术,使病人尽快恢复呼吸、心跳。

16. √。对四肢骨折病人进行固定时,是需要将趾末端露出,这样便于随时观察血液循环是否通畅,以免有缺血、坏死的情况。

17. ×。怀疑有胸、腰、椎骨折的病人,应先固定再搬运,搬运时,应将伤员平放在硬板或门板担架上,绝不可一人抱头、一人抱脚的不一致搬动。

18. √。对被埋压的人员,挖出后应首先迅速清除口鼻内尘土,防止窒息,再行抢救。

19. ×。煤矿井下出现重伤事故时,在场人员应视患者的伤情,采取相对应的急救措施。对窒息或心跳、呼吸停止不久的伤员必须先复苏,对出血伤员必须先止血,对骨折的伤员必须先固定,然后搬运。

20. √。隔离式自救器是一种自生氧的往复式闭路呼吸系统的自救设备,不受外界气体成分条件的限制。可以在各种有毒气体及缺氧的环境下使用。

21. ×。井下发生火灾时,为保证人员安全,灭火人员一般是在进风侧进行灭火。若在回风侧灭火,则灭火人员位于回风流中,容易吸入有毒有害气体。

22. ×。不得用铁丝、铜丝代替保险丝。保险丝会在电流过大时发热自动熔断,切断电路,从而起到保护电路的作用。铜丝、铁丝的电阻率小、熔点高,在电流过大时不易熔断。

23. ×。溜煤眼只能作为溜煤使用而不得兼作风眼。这是因为边溜煤边通风会导致溜煤过程中产生的大量煤尘飞扬,并随风流飘散到其他作业地点,恶化生产环境甚至引发事故。

24. √。瓦斯的相对密度是0.554,比空气轻,易积聚在巷道顶部。

25. √。巷道贯通后,由于附近区域的通风系统可能发生变化,原来的2个掘进工作面贯通后的风量和风流方向也会发生改变,所以必须及时调整通风系统和检查巷道中的风流及瓦斯情况。否则,可能导致贯通后的巷道内出现瓦斯积聚甚至诱发爆炸事故。因此,《规程》规定,贯通后必须停止采区内的一切工作,立即调整通风系统,风流稳定后,方可恢复工作。

26. √。如透水破坏了巷道中的照明和路标,迷失行进方向时,遇险人员应朝着有风流通过的上山巷道方向撤退,这样可以保证暂时远离水患的威胁。

27. ×。在井下将被埋压伤员救出后,应首先检查伤情,采取必要的急救措施,再迅速升井。

28. √。煤矿井下工作环境空间狭窄,阴暗潮湿,能见度低,作业时间长,劳动强度大,这种情况易使工人劳累疲乏、体能下降、反应迟钝,易产生焦躁情绪;在生产过程中,工人还要随时随地与水、火、瓦斯、顶板冒落、掉罐和跑车等多种灾害事故作斗争。因此,应对从事煤矿井下作业的职工采取特殊的保护措施。

29. √。职业安全卫生管理体系标准,是一套标准体系,这种体系能科学化、规范化地从总体上对企业的职业安全卫生进行控制的战略及方法,而且与企业的其他活动及整体的管理是相容的,使企业安全管理更具系统性。

30. √。事故的发生是由人的不安全行为和物的不安全状态、环境的不安全条件和安全管理的缺陷引起的,人的不安全行为和物的不安全状态通常是事故发生的直接原因。因此在生产过程中,为避免事故发生,首先要避免人的不安全行为和物的不安全状态。

31. √。根据《煤矿安全规程》第二百七十五条规定,任何人发现井下火灾时,应当视火灾性质、灾区通风和瓦斯情况,立即采取一切可能的方法直接灭火,控制火势,并迅速报告矿调度室。矿调度室在接到井下火灾报告后,应当立即按灾害预防和处理计划通知有关人员组织抢救灾区人员和实施灭火工作。

32. ×。根据《煤矿安全规程》第二百五十五条规定,井下使用的润滑油、棉纱、布头和纸等,必须存放在盖严的铁桶内。用过的棉纱、布头和纸,也必须放在盖严的铁桶内,并由专人定期送到地面处理,不得乱放乱扔。严禁将剩油、废油泼洒在井巷或者硐室内。

33. √。解析见32题。剩油、废油都是易燃品,一旦在井下烧着了,会迅速消耗掉井下的大量氧气,危及井下人员的安全。

34. √。矿井火灾可能发生在井下也可能发生在地面,可能是内因火灾也可能是外因火灾,为了能迅速提供足够的消防设备和器材,根据《煤矿安全规程》第二百五十六条规定,井上、下必须设置消防材料库。井上消防材料库应当设在井口附近,但不得设在井口房内。井下消防材料库应当设在每一个生产水平的井底车场或者主要运输大巷中,并装备消防车辆。

35. √。根据《煤矿安全规程》第二百五十六条规定,消防材料库储存的材料、工具的品种和数量应符合有关规定,并定期检查和更换。

36. ×。根据《煤矿安全规程》第二百五十六条规定,消防材料库内存储的材料、工具不得挪作他用,必须由专人管理,确保材料、工具齐全完好。

37. √。矿井火灾的发生都有个过程,发火初期的火势并不大,若采取直接灭火措施可以有效防止火势蔓延。所以,井下主要硐室和工作场所应备有灭火器材,发现着火应尽快在火灾初期扑灭。

38. √。井下工人必须熟悉灭火器材的使用方法,并熟悉本职工作区域内灭火器材的存放地点,以便发生火灾时,能快速有效的使用灭火器材,扑灭火灾。

39. √。矽肺病属于慢性进行性发展的疾病,在患者身体状况较好时,病情可以保持相对稳定,甚至多年看不到病情恶化的迹象,但病情仍会继续发展,因此不能掉以轻心。

40. ×。煤层顶板暴露的面积越大,煤层顶板压力越大,反之煤层顶板压力就小;煤层顶板悬露时间越长,煤层顶板压力越大。

41. ×。矿灯必须是防爆设计,开关灯都不会有明火外泄。若矿灯在井下作业中发生故障时擅自拆开,容易失去防爆性能,一旦产生火花有可能造成爆炸。
42. ×。矿井供电电缆必须选用取得煤矿矿用产品安全标志的阻燃电缆。
43. √。所有煤矿必须有矿山救护队为其服务。井工煤矿企业应当设立矿山救护队,不具备设立矿山救护队条件的煤矿企业,所属煤矿应当设立兼职救护队,并与就近的救护队签订救护协议;否则,不得生产。
44. ×。根据《煤矿安全规程》第三百一十七条规定,井下接近含水层、导水断层、溶洞和导水陷落柱时,应当立即停止施工,确定探水线,实施超前探放水,经确认无水害威胁后,方可施工。
45. √。探水作业不仅直接关系到探水人员的安全,而且关系到探放水周围地区甚至整个矿井的安危,所以,对钻探施工现场的安全环境、安全设施的严格要求非常重要。其中加强钻场附近的巷道支护,并在工作面打好坚固的立柱和挡板,可以防冒顶、防高压水冲垮煤壁及支架事故发生。
46. ×。在打钻地点或附近必须安设专用电话,可以在遇到水情时及时向有关领导和部门取得联系,汇报情况,以便及时采取有效措施。
47. ×。由于刮板输送机和带式输送机的运行速度快,爆炸物品容器不容易平稳牢固地固定在运输机上而颠簸摆动,甚至滚出机外,爆炸物品受到冲击、摩擦会发生爆炸。尤其在运输机搭接处和机尾与溜煤眼搭接处危险性更大。同时,由于电机车牵引网络引起的杂散电流和机电设备、动力、照明漏电造成的杂散电流,通过运输机等导电体与爆炸物品相接触,极可能发生意外爆炸事故。因此,严禁用刮板输送机、带式输送机等运输爆炸物品。
48. √。根据《安全生产法》第四十四条规定,生产经营单位应当教育和督促从业人员严格执行本单位的安全生产规章制度和安全操作规程;并向从业人员如实告知作业场所和工作岗位存在的危险因素、防范措施以及事故应急措施。
49. ×。在新的《煤矿安全规程》里,明确取消了专用排瓦斯巷的使用。
50. √。根据《煤炭法》第三十八条规定,煤矿企业使用的设备、器材、火工产品和安全仪器,必须符合国家标准或者行业标准。
51. √。煤层顶板暴露的面积越大,煤层顶板压力越大。反之煤层顶板压力就小。煤层顶板悬露时间越长,煤层顶板压力越大。
52. ×。当采掘工作面发生冒顶事故后,首先应抢救遇险人员,将人员撤离危险区域,并向调度室汇报,通知有关领导。
53. √。根据《煤矿安全规程》第三百一十七条规定,接近水淹或者可能积水的井巷、老空区或者相邻煤矿时,应当立即停止施工,确定探水线,实施超前探放水,经确认无水害威胁后,方可施工。

第三部分　安全技术理论知识子题库

一、单选题

1. 安全检查工制止"三违"行为是行使其(　　)。
   A. 实地检查权　　B. 询问权　　C. 处置权
2. 采掘工作面风流中的二氧化碳浓度达到(　　)时,必须停止工作,撤出人员,查明原因,制定措施,进行处理。
   A. 1%　　B. 0.5%　　C. 1.5%
3. 有煤(炭)与瓦斯(二氧化碳)突出危险的采煤工作面只允许采用(　　)。
   A. 上行通风　　B. 下行通风　　C. 串联通风
4. 一次死亡3人的事故属(　　)。
   A. 一般事故　　B. 较大事故　　C. 特大事故

5. 矿井轨道必须按标准铺设,轨道接头的间隙不得大于( )。
   A. 2 mm　　　　B. 5 mm　　　　C. 6 mm

6. 倾角在 8°以下的煤层为( )煤层。
   A. 缓倾斜　　　B. 近水平　　　C. 倾斜

7. 上盘相对下降,下盘相对上升的断层为( )。
   A. 正断层　　　B. 逆断层　　　C. 平推断层

8. 比例尺为 1∶1 000 的采掘工程平面图上,1 mm 等于井下水平距离( )。
   A. 100 m　　　 B. 10 m　　　　C. 1 m

9. 利用抽放的瓦斯时,其瓦斯浓度不得小于( )。
   A. 25%　　　　B. 30%　　　　C. 45%

10. 甲烷传感器必须垂直悬挂,距( )不大于 300 mm。
    A. 支架　　　　B. 两帮　　　　C. 顶板

11. 甲烷检测仪每隔( )要使用校准气样进行调校。
    A. 7 天　　　　B. 15 天　　　　C. 30 天

12. 矿井地面消防水池要经常保持( )以上水量。
    A. 100 m³　　　B. 200 m³　　　C. 300 m³

13. 电气设备的额定电流应( )它的长时最大实际工作电流。
    A. 大于或等于　B. 小于　　　　C. 小于或等于

14. 检漏继电器的辅助接地线应是橡套电缆,其芯线总面积不小于( )。
    A. 10 mm²　　 B. 20 mm²　　　C. 30 mm²

15. 值班电工每( )对检漏继电器的运行情况进行 1 次检查,并做试验记录。
    A. 班　　　　　B. 周　　　　　C. 天

16. 连接主接地极的接地母线,应采用截面积不小于 50 mm² 的( )线。
    A. 铁　　　　　B. 铜　　　　　C. 铝

17. 1140 V 设备使用的电缆应为分相屏蔽的( )电缆。
    A. 矿用橡套软电缆　B. 橡胶绝缘屏蔽　C. 不延燃橡胶

18. 电话和信号电缆与电力电缆同侧悬挂时,要相距( )以外。
    A. 0.1 m　　　 B. 0.3 m　　　 C. 0.5 m

19. 电话和信号电缆与电力电缆同侧悬挂时,电话和信号电缆要位于电力电缆的( )。
    A. 上方或下方　B. 下方　　　　C. 上方

20. 主要运输巷道的净高,自( )面起不得低于 2 m。
    A. 轨　　　　　B. 道渣　　　　C. 枕

21. 井下列车或单独机车必须前有照明,后有( )灯。
    A. 绿　　　　　B. 红　　　　　C. 黄

22. 双轨运输巷道中,两列对开列车最突出部分之间的距离不得小于( )。
    A. 0.2 m　　　 B. 0.3 m　　　 C. 0.5 m

23. 列车的制动距离,运送( )时不得超过 40 m。
    A. 人员　　　　B. 物料　　　　C. 伤员

24. 运送人员时,列车的制动距离不得超过( )。
    A. 20 m　　　　B. 40 m　　　　C. 50 m

25. 电机车架空线和巷道顶或棚梁之间的距离不得小于( )。
    A. 0.1 m　　　 B. 0.2 m　　　 C. 0.3 m

26. 距井下带式输送机头、机尾 10 m 范围内必须用( )材料支护。

A. 可燃　　　　　B. 可燃或不燃　　　C. 不燃
27. 采用人力推车时,一人只准推(　　)辆车。
    A. 1　　　　　　B. 2　　　　　　　C. 3
28. 同向推车的间距,在轨道坡度(　　)5‰时,不得小于10 m。
    A. 大于　　　　　B. 大于或等于　　　C. 小于或等于
29. 当巷道坡度大于(　　)时,严禁采用人力推车。
    A. 7‰　　　　　B. 5‰　　　　　　C. 3‰
30. 带式输送机运送人员时,乘坐人员间距不得小于(　　)。
    A. 2 m　　　　　B. 4 m　　　　　　C. 8 m
31. (　　)区域爆破后30 min,人员方可进入工作面。
    A. 顶板冒落　　　B. 冲击地压　　　　C. 煤与瓦斯突出
32. 煤矿井口房和通风机房附近(　　)内,不得有烟火或用火炉取暖。
    A. 10 m　　　　　B. 20 m　　　　　　C. 50 m
33. 采用止血带止血,止血带持续时间一般不超过(　　),太长可导致肢体坏死。
    A. 1 h　　　　　B. 2 h　　　　　　C. 3 h　　　　　D. 4 h
34. 移动式和(　　)式电气设备都应使用专用的不延燃橡套电缆。
    A. 落地　　　　　B. 悬挂　　　　　　C. 手持
35. 矿井瓦斯等级,是根据矿井(　　)划分的。
    A. 相对瓦斯涌出量
    B. 相对瓦斯涌出量和瓦斯涌出形式
    C. 绝对瓦斯涌出量
    D. 相对瓦斯涌出量、绝对瓦斯涌出量和瓦斯涌出形式
36. 爆破地点附近(　　)以内风流中瓦斯浓度达到1%时,严禁爆破。
    A. 10 m　　　　　B. 15 m　　　　　　C. 20 m　　　　　D. 30 m
37. 能隔断风流的一组通风设施是(　　)。
    A. 风门、风桥　　B. 风门、风窗　　　C. 风门、风墙　　　D. 风桥、风障
38. 不属于"三先三后"救护原则的是(　　)。
    A. 先复苏,后搬运　B. 先止血,后搬运　C. 先固定,后搬运　D. 先包扎,后搬运
39. 井下电气设备在检查、修理、搬移时,应由两人协同工作,相互监护,检修前必须首先(　　)。
    A. 切断电源　　　B. 切断负荷　　　　C. 切断熔断器
40. 排放回风流与全风压风流汇合处的瓦斯和二氧化碳浓度都不得超过(　　)。
    A. 1.0%　　　　　B. 2.0%　　　　　　C. 1.5%
41. 采掘工作面及其他作业地点风流中的瓦斯浓度达到(　　)时,必须停止工作,切断电源,撤出人员,进行处理。
    A. 1.0%　　　　　B. 1.5%　　　　　　C. 2.0%　　　　　D. 2.5%
42. 过滤式自救器主要用于井下发生火灾或瓦斯、煤尘爆炸时,防止(　　)中毒的呼吸装置。
    A. 硫化氢　　　　B. 二氧化碳　　　　C. 一氧化碳
43. 巷道中同一侧敷设的高、低压电缆间距大于(　　)。
    A. 0.1 m　　　　B. 0.05 m　　　　　C. 0.3 m
44. 某矿属容易自燃和自燃煤层,按相关规定,应对采空区采取预防性灌浆、充填、注惰性气体、均压等措施。但据长期未发火实践,1103采煤工作面未采取相应地防止自然发火措施。安全检查工王某提出了意见,但未予采纳。后该工作面发生了自然发火现象,幸亏抢救及时,未使事故蔓延扩大。问上述火灾防治

在( )中有相应规定。
A. 煤矿安全规程
B. 安全生产法
C. 矿山安全法
D. 煤炭法
E. 无

45. 某采煤工作面,安全检查工李某在例行检查中发现有瓦斯突出迹象,便建议采煤机司机张某暂停作业、进行监测和处理。张某为完成生产任务,又心存侥幸,继续进行作业。恰遇采煤机截割坚硬夹层,产生火花,导致局部瓦斯爆炸,造成2名工人严重受伤事故发生。经分析,本次事故是一起( )事故,安检工李某负( )责任。
A. 误操作,无
B. 违反规程,纠正不力
C. 偶然,无

46. 某矿井3号煤层属高瓦斯、易自燃煤层,在进行开采设计时,根据《煤矿安全规程》有关规定,不能选用的开采方法是( )。
A. 炮采
B. 综采放顶煤采煤法
C. 水力采煤法
D. 风镐落煤采煤法

47. 某矿一采煤工作面上隅角附近发生瓦斯爆炸,调查中发现瓦斯检查工没有按规定检查该处的瓦斯,但该瓦斯检查工已因事故死亡,事故的直接责任者是( )。
A. 通风区区长
B. 矿总工程师
C. 该瓦斯检查工
D. 主管瓦斯的通风区副区长

48. 高档机采和普采工作面安全出口高度不得低于( )。
A. 1.5 m
B. 1.6 m
C. 1.8 m
D. 2.0 m

49. 高档机采和普采工作面安全出口宽度不得小于( )。
A. 0.6 m
B. 0.7 m
C. 0.8 m
D. 1.0 m

50. 采煤机更换截齿和滚筒上下( )以内有人工作时,必须护帮护顶,切断电源,打开采煤机隔离开关和离合器,并对工作面输送机施行闭锁。
A. 1.0 m
B. 2.0 m
C. 3.0 m
D. 4.0 m

51. 采煤工作面刮板输送机必须安设能发出停止和启动信号的装置,发出信号点的间距不得超过( )。
A. 5 m
B. 10 m
C. 15 m
D. 20 m

52. 矿井必须建立测风制度,每( )天进行1次全面测风。
A. 10
B. 15
C. 20
D. 25

53. 矿井CO最高允许浓度为( )。
A. 0.0022%
B. 0.0023%
C. 0.0024%
D. 0.0025%

54. 采煤工作面、掘进中的煤巷和半煤岩巷最高允许风速为( )。
A. 3 m/s
B. 4 m/s
C. 5 m/s
D. 6 m/s

55. 使用局部通风机通风的掘进工作面停风后,恢复通风前,必须检查瓦斯浓度。只有在局部通风机及其开关附近10 m以内风流中的瓦斯浓度都不超过( )时,方可人工开启局部通风机。
A. 0.5%
B. 1.0%
C. 1.2%
D. 1.5%

56. 爆破地点附近20 m以内风流中瓦斯浓度达到( )时,严禁爆破。
A. 0.5%
B. 1.0%
C. 1.5%
D. 2.0%

57. 采掘工作面及其他巷道内,体积大于0.5 m³的空间内积聚的瓦斯浓度达到( )时,附近20 m内必须停止工作,撤出人员,切断电源,进行处理。
A. 0.5%
B. 1.0%
C. 1.5%
D. 2.0%

58. 采掘工作面风流中二氧化碳浓度达到( )时,必须停止工作,撤出人员,查明原因,制定措施,进行处理。

A. 0.5%　　　　B. 1.0%　　　　C. 1.5%　　　　D. 2.0%

59. 采掘工作面的瓦斯浓度检查次数,低瓦斯矿井中每班至少检查(　　)。
　　A. 1次　　　　B. 2次　　　　C. 3次　　　　D. 4次

60. 采掘工作面的瓦斯浓度检查次数,高瓦斯矿井中每班至少检查(　　)。
　　A. 1次　　　　B. 2次　　　　C. 3次　　　　D. 4次

61. 采掘工作面二氧化碳浓度应每班至少检查(　　)。
　　A. 1次　　　　B. 2次　　　　C. 3次　　　　D. 4次

62. 井下停风地点栅栏外风流中的瓦斯浓度每天至少检查(　　)。
　　A. 1次　　　　B. 2次　　　　C. 3次　　　　D. 4次

63. 井下炮眼深度小于(　　)时,不得装药、爆破。
　　A. 0.5 m　　　B. 0.6 m　　　C. 0.7 m　　　D. 1.0 m

64. 《矿山安全法》规定,当事人对行政处罚决定不服的,可以在接到处罚决定通知之日起(　　)内向做出处罚决定机关的上一级机关申请复议。
　　A. 30日　　　　B. 15日　　　　C. 10日

65. 凡煤炭企业发生的事故,使全矿停工(　　)以上的,为一级事故。
　　A. 2 h　　　　B. 4 h　　　　C. 8 h

66. 当巷道中出现异常气味,如煤油味、松香味和煤焦油味,表明风流上方有(　　)隐患。
　　A. 瓦斯突出　　B. 顶板冒落　　C. 煤炭自燃

67. 在向老空区打钻探水时,预计可能有瓦斯或其他有害气体涌出时,必须有(　　)在现场值班,检查空气成分。
　　A. 班组长或瓦斯检查工　　　　B. 瓦斯检查工或救护队员
　　C. 班组长或救护队员

68. 采掘工作面条件差,煤电钻电缆经常被砸坏而造成电器短路或漏电,引起人身触电、电缆着火,或引爆瓦斯、煤尘,因此,必须使用(　　)装置。
　　A. 漏电保护　　B. 综合保护　　C. 短路保护

69. 安全检查工有权直接对"三违者"(　　),或送交安全部门对其帮教。
　　A. 停止工作　　B. 开除公职　　C. 开罚款单

70. 煤矿安全检查时,要严格按照(　　)、质量标准、安全管理制度进行检查。
　　A. 操作规程　　B. 作业规程　　C. 煤矿安全规程　　D. A+B+C

71. 爆破工发爆前要撤出所有人员,清点人员无误后,必须发出爆破警报(　　)后方可发爆。
　　A. 3 s　　　　B. 5 s　　　　C. 10 s

72. 综合机械化采煤采高大于(　　)时,液压支架必须有护帮板。
　　A. 1.0 m　　　B. 3.0 m　　　C. 2.0 m

73. 在开采容易自燃和自燃煤层时,采煤工作面回采结束后,必须在(　　)内进行永久封闭。
　　A. 15天　　　　B. 30天　　　　C. 45天

74. 安全检查工须在井下现场工作满(　　)以上。
　　A. 1年　　　　B. 3年　　　　C. 5年

75. 巷道瓦斯浓度超过(　　),不超过1.5%时,由通风部门值班领导制定措施,可由瓦斯检查工按措施要求排放。
　　A. 1.0%　　　　B. 0.75%　　　C. 2.0%

76. 安装在进风流中的局部通风机距回风口不得小于(　　)。
　　A. 5 m　　　　B. 10 m　　　C. 15 m　　　D. 20 m

77. 高瓦斯和煤(岩)与瓦斯突出矿井掘进工作面,设在距回风口(第一合流点)10～15 m处的甲烷传感器的断电范围为( )。
A. 掘进巷道内全部非本质安全型电气设备
B. 掘进工作面及其附近 20 m 内全部电气设备
C. 掘进工作面全部电气设备
D. 掘进工作面全部电气设备和局部通风机

78. 井下采掘工作面采用串联通风时,串联通风的次数不得超过( )。
A. 1 次　　　　B. 2 次　　　　C. 3 次

79. 甲烷报警器和甲烷断电仪具有( )功能。
A. 指示
B. 报警
C. 切断被控电源
D. 指示、报警、切断被控电源

80. 瓦斯在煤层中的赋存状态为( )。
A. 游离状态　　　　　　　　B. 吸附状态
C. 游离状态和吸附状态　　　D. 自由运动状态

81. 两掘进面贯通时,只有在两个工作面及其回风流中的瓦斯浓度( )时,掘进工作面方可爆破。
A. 都在 0.5% 以下
B. 都在 1% 以下
C. 掘进面在 1% 以下、停工面在 1.5% 以下
D. 都在 1.5% 以下

82. ( )矿井,必须装备矿井安全监控系统。
A. 新建　　　　　　　　　B. 低瓦斯
C. 所有　　　　　　　　　D. 高瓦斯和煤(岩)与瓦斯突出

83. 爆破地点附近 20 m 以内,矿车或其他物体堵塞巷道( )以上时,严禁爆破。
A. 1/2　　　　B. 1/3　　　　C. 1/5

84. 处理拒爆时,可在距拒爆炮眼 0.3 m 以外另打与拒爆炮眼( )的新炮眼,重新装药起爆。
A. 垂直　　　　B. 斜交　　　　C. 平行

85. ( )冲击地压的地区,两头对掘贯通爆破,当相距 20 m 时,必须停止一头作业。
A. 无　　　　B. 有　　　　C. 有或无

86. 井下照明、手持式电气设备的供电额定电压不得超过( )。
A. 12 V　　　　B. 36 V　　　　C. 127 V

87. 井下行人巷道内,电机车架空线的悬挂高度自轨面起不得小于( )。
A. 1.6 m　　　　B. 1.8 m　　　　C. 2 m

88. 升降人员的钢丝绳,自悬挂时起每隔 6( )检验 1 次。
A. 天　　　　B. 周　　　　C. 个月

89. 专为升降人员用的钢丝绳的安全系数小于( )时,必须更换。
A. 7　　　　B. 6　　　　C. 5

90. 过滤式自救器仅能防护( )气体。
A. 甲烷　　　　B. CO　　　　C. CO_2

91. 使用( )自救器的灾区空气中氧浓度不得低于 18%。
A. 压缩氧　　　　B. 隔离式　　　　C. 过滤式

92. 口对口人工呼吸时,吹气时间应占 1 次呼吸周期的( )为宜。
A. 1/2　　　　B. 1/3　　　　C. 1/5

93. 煤矿企业必须按国家规定对生产性粉尘进行监测,定点呼吸性粉尘监测每月测定次数为( )。
   A. 1次   B. 2次   C. 3次   D. 4次
94. 综采工作面安全出口高度不得低于( )。
   A. 1.5 m   B. 1.8 m   C. 2.0 m   D. 2.2 m
95. 综采工作面安全出口宽度不得小于( )。
   A. 0.6 m   B. 0.7 m   C. 0.8 m   D. 1.0 m
96. 综采工作面在倾角大于( )时,液压支架必须采取防滑、防倒措施。
   A. 10°   B. 15°   C. 20°   D. 30°
97. 综采工作面当采高超过( )或片帮严重时,液压支架必须有护帮板,防止片帮伤人。
   A. 2.0 m   B. 2.5 m   C. 3.0 m   D. 3.5 m
98. 矿井反风风量不得低于( )的40%。
   A. 正常风量   B. 最大风量   C. 最小风量
99. 矿井至少10天进行1次全面( )。
   A. 反风   B. 测风   C. 采集气样
100. ( )的空气温度超过30℃时,必须停止作业。
   A. 矿井   B. 硐室   C. 采掘工作面
101. 采掘工作面风流中瓦斯浓度达到1.0%时,必须停止( )。
   A. 人工装岩   B. 电钻打眼   C. 一切作业
102. 当爆破地点附近( )以内风流中瓦斯浓度达到1.0%时,严禁爆破。
   A. 20 m   B. 15 m   C. 10 m
103. 在井下巷道中,当体积大于0.5 m³,瓦斯浓度达到2.0%时,,即为( )。
   A. 瓦斯喷出   B. 煤与瓦斯喷出   C. 瓦斯积聚
104. ( )工作面每班至少检查3次瓦斯浓度。
   A. 低瓦斯矿井   B. 煤与瓦斯突出矿井   C. 高瓦斯矿井
105. 低瓦斯工作面每班至少检查( )瓦斯浓度。
   A. 1次   B. 2次   C. 3次
106. 压入式局部通风机必须安设在( )风巷道中,距掘进巷道回风口不得小于10 m。
   A. 回   B. 进   C. 进或回
107. 停工区内瓦斯浓度达到3%不能立即处理的,必须在24h内( )。
   A. 封闭   B. 排放   C. 抽放
108. 平巷是指在井下煤(岩)层中开掘的坡度小于( )的巷道。
   A. 3°   B. 5°   C. 8°
109. 采区煤仓属于( )巷道。
   A. 开拓   B. 准备   C. 回采
110. 沿煤层掘进的巷道,若掘进断面中煤占80%及以上,则为( )巷。
   A. 煤   B. 半煤   C. 岩
111. 每个采煤工作面必须保持至少( )个畅通无阻的安全出口。
   A. 1   B. 2   C. 3
112. 综采工作面区段进、回风巷中人行道宽度不得小于( )。
   A. 0.6 m   B. 0.8 m   C. 1.0 m
113. ( )工作面安全出口巷道高度不得低于1.8 m。
   A. 普采   B. 综采   C. 炮采
114. 高档普采工作面回柱地点以上( )、以下8 m处不准有与回柱无关人员滞留。

A. 3 m B. 5 m C. 8 m

115. ( )工作面乳化液泵站压力不得低于 30 MPa。
  A. 综采 B. 高档普采 C. 炮采

116. 高档普采工作面乳化液泵站压力不得低于( )。
  A. 16 MPa B. 18 MPa C. 30 MPa

117. 井筒施工期间,在永久井壁内留设的卡子、梁、导水管等一切设施其外露长度不得( )50 mm。
  A. 大于 B. 小于或等于 C. 小于

118. 在长距离巷道施工中,( )巷道每掘进 40 m,应设一躲避硐室。
  A. 石门 B. 水平 C. 倾斜

119. 用经纬仪标设直线巷道的方向时,在顶板上应至少悬挂 3 条垂线,其间距一般不小于( )。
  A. 2 m B. 3 m C. 5 m

120. 对头巷道维修拆换支架时,在两头相距( )时,要停止一头作业。
  A. 20 m B. 15 m C. 5 m

121. 有( )的煤巷必须双巷同时掘进时,两工作面的前后错距不得小于 50 m。
  A. 瓦斯喷出 B. 冲击地压 C. 煤与瓦斯突出

122. 冲击地压煤层中相向掘进(非综合机械化掘进)的巷道相距( )时,必须停止一头掘进。
  A. 20 m B. 30 m C. 50 m

123. 在( )危险煤层中,起爆地点必须在工作面入风侧,并距工作面不得小于 300 m。
  A. 冲击地压 B. 顶板冒落 C. 煤与瓦斯突出

124. 采用( )延期电雷管时,最后一段的延期时间不得超过 130 ms。
  A. 秒 B. 毫秒 C. 半秒

125. 在突出危险煤层内掘进,每间隔( ),掘一避难硐室。
  A. 40 m B. 50 m C. 75 m

126. 架棚巷道每次爆破前,必须对迎头( )棚子进行加固。
  A. 10 m B. 15 m C. 20 m

127. 《煤矿安全规程》规定,矿井反风必须在( )内实现。
  A. 30 min B. 20 min C. 10 min

128. 煤矿企业的管理人员,强令工人违章冒险作业而发生重大伤亡事故或者造成其他严重后果的,处( )以下有期徒刑或拘役。
  A. 3 年 B. 2 年 C. 1 年

129. ( )即以一切为了人、依靠人为根本的原理。
  A. 系统原理 B. 人本原理 C. 整分合原理

二、多选题

1. 重大危险源可分为( )。
  A. 生产场所的重大危险源
  B. 储存区的重大危险源
  C. 其他区的重大危险源

2. 煤矿重大灾害事故的共同特性有( )。
  A. 突发性 B. 灾难性 C. 破坏性 D. 继发性

3. 煤矿井下各种灾害事故抢险救灾的基本原则是( )。
  A. 积极抢救 B. 及时汇报 C. 安全撤离 D. 妥善避难

4. 事故隐患是指( ),事故隐患是控制危险源的安全措施的失效。

A. 作业场所 B. 作业地点
C. 设备或设施的不安全状态 D. 人的不安全行为

5. 安全措施是指预防煤矿井下事故发生和防止煤矿井下事故扩大的各种（　　）。
   A. 技术规定 B. 技术措施 C. 组织措施 D. 管理制度

6. 煤矿事故应急救援处理预案的内容主要包括（　　）。
   A. 事故调查 B. 事故预防 C. 应急处理 D. 抢险救援

7. 煤矿事故应急救援处理预案工作的基本原则是：在"安全第一，预防为主，综合治理"的前提下，坚持（　　）、煤矿企业自救和社会救援相结合的原则。
   A. 积极抢救 B. 统一指挥 C. 应急处理 D. 分级负责
   E. 区域为主

8. 按伤员的伤情可分为（　　）。
   A. 严重伤员 B. 危重伤员 C. 重伤员 D. 轻伤员

9. 煤矿事故应急救援管理是一个动态的过程，包括（　　）等阶段。
   A. 预防 B. 准备 C. 响应 D. 管理
   E. 恢复

10. 煤炭企业伤亡事故按企业分为（　　）等事故进行统计。
    A. 煤炭生产 B. 基本建设 C. 地质勘探 D. 火工
    E. 机械制造

11. 机掘工作面在安全方面的要求包括（　　）。
    A. 局部通风机应有消音装置
    B. 瓦斯监测探头安装的位置要符合《煤矿安全规程》的要求
    C. 巷壁和棚子保持直线，偏差不大于±0.2 m
    D. 锚杆外露部分不得大于0.10 m
    E. 掘进机切割顺序和轨迹必须符合《煤矿安全规程》的要求

12. 炮掘工作面在安全方面的要求包括（　　）。
    A. 巷道内管线吊挂整齐规范
    B. 空气净化喷雾装置运行良好
    C. 必须坚持"三炮三检制"
    D. 发爆不响静候3 min
    E. 尽量不要干打眼

13. 斜巷（上、下山）运输在安全方面的要求包括（　　）。
    A. 信号工和绞车司机必须持证上岗
    B. 上、下车场挂车时，斜绳不得超过2.0 m
    C. 兼作行人的斜巷人行道宽不小于0.5 m
    D. 做到"行人不行车，行车不行人"
    E. 上部车场必须有可靠的挡车装置。

14. 瓦斯管理在安全方面的要求包括（　　）。
    A. 矿井总回风巷或一翼回风巷中瓦斯或二氧化碳浓度超过1.0%时，必须立即查明原因，进行处理
    B. 加强通风管理，防止瓦斯超限
    C. 严禁带电移挪电气设备
    D. 临时停工的地点不得停风；否则，必须切断电源、设备栅栏，揭示警标，禁止人员进入，并向矿调度室报告
    E. 对因瓦斯浓度超过规定被切断电源的电气设备，必须在瓦斯浓度降到1.5%以下时，方可通电开动

15. 矿井防火方面的要求包括( )。
    A. 井下消防系统应每隔 150 m 设置支管和阀门
    B. 在带式输送机巷道中应每隔 100 m 设置支管和阀门
    C. 井上、下必须设备消防材料库
    D. 井下严禁使用灯泡和电炉采暖
    E. 在开采容易自燃和自燃煤层时,在采区要有符合《煤矿安全规程》要求的防火设计

16. 矿井水害防治方面的要求包括( )。
    A. 煤矿应有中长期防治水规划和年度防治水计划
    B. 井口和工业场地内建筑物的高程必须高于当地近 10 年最高洪水位
    C. 每年雨季前必须对防治水工作进行全面检查
    D. 探水后掘进中,掘到批准位置时,最后 0.3 m 停止爆破
    E. 坚持有疑必探、先探后掘的探放水原则

17. 煤矿井下供电应做到的内容中包括( )。
    A. "三无"   B. "四有"   C. "三齐"   D. "两全"
    E. "五坚持"

18. 煤矿伤亡事故伤害程度可分为( )。
    A. 轻伤   B. 重残   C. 重伤   D. 昏迷
    E. 死亡

19. 煤矿生产中常见的灾害是( )。
    A. 顶板事故   B. 矿井水害   C. 矿井火灾   D. 瓦斯爆炸
    E. 煤尘爆炸

20. 在突发事故现场出现的危重伤员,需要通过复苏术进行心跳、呼吸的抢救。下列选项中,( )可以用来判定复苏是有效的。
    A. 颈动脉出现搏动
    B. 面色由紫绀变为红润
    C. 瞳孔由大缩小
    D. 复苏有效时,可见眼睑反射恢复
    E. 自主呼吸出现

21. 按照 GB6442—1986《企业职工伤亡事故调查分析规则》的规定,事故调查的第一个步骤就是进行事故现场处理。下列选项中,( )属于事故现场处理的主要内容。
    A. 救护受伤害者,采取措施制止事故蔓延扩大
    B. 认真保护现场,凡与事故有关的物体、痕迹状态,不得破坏
    C. 做好现场标志
    D. 将事故现场恢复到事故前的状态

22. 在生产劳动过程中发生伤亡事故以后,要进行调查分析,其目的是( ),拟订改进措施,防止事故重复发生。
    A. 追查领导   B. 查明原因   C. 分清责任   D. 进行罚款

23. 下列选项中,( )是属于在使用避难硐室时应注意的正确说法。
    A. 在进入临时避难硐室前,一定要在避难硐室外留有衣物、矿灯等明显标志
    B. 有规律的敲打管道、铁轨或岩石等发出求救信号,等待救护人员的援助
    C. 使硐门敞开,以便救护队寻找

24. 在现场救护出血伤员时,需迅速采用暂时止血方法,以免失血过多导致伤员失血性休克,甚至死亡。常用的止血方法有( )。
    A. 敷料压迫伤口止血法   B. 指压止血法
    C. 屈肢止血法   D. 止血带止血法

25. 隔离式自救器有化学氧自救器和压缩氧自救器两种。它们可以防护下列( )有害气体。
    A. H_2S　　　　B. SO_2　　　　C. CO　　　　D. NO_2

26. 为保证人员安全撤离灾区,在编制《矿井灾害预防和处理计划》时,必须制定有效的、可靠的措施。相应的编制原则有( )。
    A. 通知和引导灾区人员撤出的措施　　　B. 控制风流措施
    C. 为灾区人员创造自救条件　　　　　　D. 确定救灾人员的避灾路线

27. 对事故责任者进行处理是对伤亡事故处理的内容之一。下列选项中,( )属于企业对职工的行政处分。
    A. 警告　　　　B. 记过　　　　C. 记大过　　　　D. 降级
    E. 撤职　　　　F. 留用察看　　G. 开除　　　　　H. 拘留

28. 下列事故中,( )不统计到本企业的伤亡事故总数中,需列表统计上报备案。
    A. 本企业支援或承包外单位工程发生伤亡事故,由外单位统计报告
    B. 企业外组织的安全检查、培训、科研、学习、参观等活动发生的伤亡事故
    C. 职工在生产岗位因突发疾病造成的伤亡事故
    D. 发生不可抗拒的自然灾害造成的伤亡事故,如冰雹、地震、龙卷风等

29. 分析煤矿伤亡事故的发生原因时,常按以下原因进行分析( )。
    A. 文化程度　　B. 三违　　　　C. 工程质量　　　D. 安全措施
    E. 安全设施不全或失效

30. 对于井工开采煤矿,( )为存在重大危险源的矿井。
    A. 高瓦斯矿井
    B. 煤与瓦斯突出矿井
    C. 有煤尘爆炸危险的矿井
    D. 水文地质条件复杂的,有承压水或古空、采区积水危害的矿井
    E. 煤层自然发火期小于等于6个月,属开采易自燃单一厚煤层或近距离煤层群矿井
    F. 煤层冲击倾向为中等及以上的矿井

31. 我国现行的安全管理体制构成包括( )。
    A. 国家监察　　B. 群众监督　　C. 垂直领导　　D. 政企分开
    E. 专管群治

32. 事故按形成的因素可分为( )。
    A. 责任事故　　B. 冒顶事故　　C. 淹溺事故　　D. 高空坠落
    E. 非责任事故

33. 非责任事故可分为( )。
    A. 他人伤害事故　　B. 自然事故　　C. 意料中事故　　D. 意外事故
    E. 技术事故

34. 新建工程项目的安全与劳动保护设施同主体工程的"三同时"包括( )。
    A. 同时计划　　B. 同时设计　　C. 同时施工　　D. 同时使用
    E. 同时评比

35. 煤矿的"一通三防"内容包括( )。
    A. 通风　　　　B. 防瓦斯　　　C. 防冒顶　　　D. 防火
    E. 防水

36. 安全工作的"三并重"原则指的是( )。
    A. 管理　　　　B. 技术　　　　C. 装备　　　　D. 培训
    E. 关井压产

37. 煤矿"三大规程"指的是( )。
    A. 煤矿安全规程　　　　　　　　B. 矿山救护规程
    C. 事故报告处理规程　　　　　　D. 工种操作规程
    E. 技术作业规程

38. 对采煤系统装车点安全检查,要求达到的标准包括( )。
    A. 架线高度不小于2.0 m
    B. 照明齐全,信号、通信设备齐全有效
    C. 调度绞车司机、装车工应持证上岗
    D. 煤仓堵塞不准放空煤仓
    E. 有涌水的煤仓不准放空煤仓

39. 煤采工作面安全出口应符合( )。
    A. 安全出口不少于2个
    B. 安全出口必须畅通无阻
    C. 安全出口的高度不小于2.0 m
    D. 安全出口的宽度不小于0.8 m,且支护良好
    E. 安全出口行车不行人

40. 综采工作面在安全方面的要求包括( )。
    A. 安全出口的高度不小于1.8 m　　B. 安全出口的宽度不得小于1.0 m
    C. 液压支架不得有咬架、歪斜等现象　D. 液压支架必须接顶
    E. 当采高超过3.0 m时,液压支架必须有护帮板,防止片帮伤人

41. 包扎伤口可以( )。
    A. 保护创面　　　B. 使人免受惊吓　　C. 起到止血作用

42. 煤矿井下一旦发生事故后,制订组织灾区人员自救、安全撤离灾区以及抢救人员的措施。其中包括( )的行动路线、方法和措施。
    A. 指挥人员　　　B. 矿山救护队　　C. 一般人员　　D. 抢救人员

43. 后勤部门主要负责为事故的应急响应提供( )服务等。
    A. 设备　　　　　B. 设施　　　　　C. 物资　　　　D. 人员
    E. 运输

44. 煤矿事故调查是查清事故原因,分清事故性质和责任的关键,必须( )
    A. 秉公调查　　　B. 实事求是　　　C. 尊重科学　　D. 严肃认真

45. ( )伤员应立即就地抢救。
    A. 呼吸停止的　　B. 骨折及脱位的　　C. 裂伤的　　　D. 大出血的

46. 矿井应编制供电( )管路以及运输系统图和电话安装地点。
    A. 通信　　　　　B. 消防洒水　　　C. 排水　　　　D. 压风
    E. 灌浆

47. 一个完整的应急救援体系应由( )系统构成。
    A. 组织体制　　　B. 组织保障　　　C. 运作机制　　D. 法制基础
    E. 应急保障

48. ( )的伤员为危重伤员。
    A. 心跳骤停　　　B. 大出血　　　　C. 骨折及脱位　D. 窒息

49. 事故应急救援应提出处理灾变时期的应急措施以及缩小事故范围、迅速而安全地消灭事故危害所必须的( )的数量、使用地点和使用方法及管理办法等。
    A. 工程　　　　　B. 设备　　　　　C. 器材　　　　D. 材料

E. 工具
50. 伤员在经过( )后,需要迅速护送到医院进一步救治。
   A. 治疗　　　B. 急救　　　C. 止血　　　D. 包扎
   E. 骨折临时固定
51. 必须用硬板担架搬运的伤员有( )。
   A. 大腿骨折的伤员　　　　　　B. 骨盆骨折的伤员
   C. 颈椎骨折的伤员　　　　　　D. 腰椎骨折的伤员
52. ( )的伤员属于轻伤员。
   A. 骨折及脱位　B. 呼吸困难　C. 擦伤　　D. 裂伤
53. 安全评价通常分为( )四类。
   A. 设备评价　　B. 管理评价　　C. 安全预评价　　D. 安全验收评价
   E. 安全现状评价　F. 专项安全评价
54. 煤矿安全检查的内容包括( )。
   A. 查思想　　　B. 查制度　　　C. 查安全设施　　D. 查隐患
   E. 查干部出勤情况　F. 查事故处理
55. 煤矿经常性安全检查可分为( )。
   A. 专业人员检查　B. 定期安全检查　C. 业务保安检查　D. 领导巡回检查
   E. 特殊检查　　F. 岗位安全检查
56. 当探水钻孔时,出现( )现象,必须停止钻进。
   A. 煤岩松软　　　　　　　　　B. 片帮
   C. 来压或钻眼中水压、水量突然增大　　D. 顶钻
57. 普采工作面的现场安全检查应包括( )。
   A. 工作面支护的检查　　　　　B. 安全出口的检查
   C. 采煤作业的安全检查　　　　D. 液压支架移架的检查
58. 某年某月,某矿 T2219 工作面安装胶带,在带式输送机机头处,两名员工站在胶带上(该处正位于驱动滚筒上方)拽胶带,想拉接到一起。因为另一名班长在一旁开动胶带,结果一名员工被胶带卷入两滚筒之中造成死亡。该事故的主要原因是( )。
   A. 班长违规开车　　　　　　　B. 员工站位不合理
   C. 接胶带方法不对　　　　　　D. 缺少安检工现场监督
59. 某年某月,某矿电瓶车司机小王开车,行驶到一个道岔处未减速,也没看清道岔所指方向,结果驶入支巷。小王被支巷所滞留的一辆平车上的轨道插入驾驶室而造成死亡。该事故的主要原因是( )。
   A. 过交叉点应减速慢行　　　　B. 应该看清楚道岔所指示方向
   C. 支巷所放置平车地点不合理　D. 管理人员管理不到位
60. 安全检查工在台阶采煤工作面作例行安全检查时,按《煤矿安全规程》相关条款规定,台阶采煤工作面必须设置( )。
   A. 严格执行敲帮问顶制度　　　B. 安全脚手板
   C. 护身板　　　　　　　　　　D. 溜煤板
   E. 加设保护台板
61. 某矿属高瓦斯矿井,因井下管理不善造成瓦斯爆炸事故,恢复现场后发现采煤工作面上隅角瓦斯浓度超限,为降低瓦斯浓度,决定在井下建立临时瓦斯抽放泵站;对于井下临时瓦斯抽放泵站的设计,下列规定错误的是( )。
   A. 临时瓦斯抽放泵站可安设在配有瓦斯监测传感器的回风流中
   B. 抽出的瓦斯可以排放在有瓦斯监测传感器,且能保证瓦斯浓度不超限的进风流中

C. 排放的瓦斯出口必须设置栅栏、悬挂警戒牌等
D. 当排放瓦斯巷道的瓦斯浓度超限时,应断电,并停止抽放瓦斯

62. 某高瓦斯矿井一掘进工作面正在掘进,某日跟班瓦斯检查工见工作面无异常,因临时有私事脱岗 3 h,返回时,发现瓦斯浓度已达 2%,但未发生事故。此事例的教训是( )。
   A. 瓦斯检查工必须坚守岗位
   B. 瓦斯检查工在有其他特殊情况时可适当脱岗
   C. 任何情况下瓦斯检查工应坚持执行有关煤矿安全规程的规定
   D. 因瓦斯涌出属异常涌出,瓦斯涌出具有偶然性,且没有发生事故,所以不需要追究瓦斯检查工的责任

63. 某矿井一掘进工作面发生瓦斯爆炸,经事故调查,引爆火源是电气火花。请问下列哪些因素可能产生电火花( )。
   A. 带电作业   B. 矿灯失爆   C. 电缆明接头   D. 电缆漏电

64. 主要通风机的检查应有( )内容。
   A. 风机状况及其变化   B. 电压、电流的稳定情况
   C. 风机故障情况   D. 有无反风能力

65. 瓦斯防治的检查重点是检查( )。
   A. 是否存在瓦斯积聚   B. 管理制度是否健全
   C. 管理制度是否有效执行   D. 是否实行先探后掘

66. 掘进通风管理检查的内容应包括( )。
   A. 是否有完整的局部通风设计
   B. 通风机是否指定专人负责,保证正常运转
   C. 停风时是否立即撤出人员
   D. 是否有反风装置

67. 井下使用的( )应是阻燃材料制成的。
   A. 电缆   B. 风筒   C. 输送机胶带   D. 支架

68. 电缆与电缆的连接以及电缆与电气设备的连接,要通过( )连接装置。
   A. 电缆接线盒   B. 插销连接器   C. 母线盒   D. 冷包头

69. 机采工作面顶板管理要检查( )。
   A. 顶底板移近量是否小于 100 mm   B. 工作面是否出现台阶下沉
   C. 是否进行敲帮问顶   D. 炮眼布置是否合理

70. 炮采工作面支护要检查( )。
   A. 支柱初撑力是否符合规定   B. 支柱迎山是否符合规定
   C. 支柱棚距是否符合规定   D. 支柱柱鞋、柱窝是否符合规定

71. 炮采工作面爆破时要做到( )。
   A. 使用水炮泥   B. 一组装药分次起爆
   C. "一炮三检"   D. 三人联锁爆破

72. 震动爆破期间( )。
   A. 工作面整个通风系统严禁有人作业或通行
   B. 回风系统全部停电
   C. 爆破前切断工作面一切电源
   D. 震动爆破后的工作面应立即工作

73. 突出危险煤层内掘进时,避难硐室应符合( )。
   A. 每间隔 50 m,掘一避难硐室

B. 净断面不小于 5 m²
C. 长度不小于 4 m
D. 内设压风管路并随时可以开启

74. 采掘工作面及其他巷道内,当大于 0.5 m³ 空间内积聚的瓦斯浓度达到 2%时,附近 20 m 空间内必须(　　)。
A. 停止工作　　　B. 撤出人员　　　C. 切断电源　　　D. 进行处理

75. 预抽煤层瓦斯或开采保护层后,必须进行效果检验,主要检查(　　),且必须全部合乎要求。
A. 煤的破坏类型　B. 瓦斯放散初速度　C. 煤的坚固性系数　D. 煤层瓦斯压力

76. 煤矿安全检查的工作程序是(　　)。
A. 安全检查准备　B. 实施检查活动　C. 检查处理　　D. 行政制裁
E. 申请司法干预

77. 煤矿安全隐患有(　　)三种类型。
A. 一般隐患　　　B. 重大隐患　　　C. 较大隐患　　　D. 紧急隐患

78. 重大伤亡事故的处理,可分为(　　)四个阶段。
A. 应急阶段　　　B. 抢救处理　　　C. 调查处理　　　D. 善后处理
E. 结案处理

79. 在煤矿井下,瓦斯的危害主要表现在以下几个方面(　　)。
A. 有毒性　　　　B. 窒息性　　　　C. 爆炸性　　　　D. 煤与瓦斯突出

80. 井下避灾的基本原则是(　　)。
A. 及时报告　　　B. 积极抢救　　　C. 安全撤离　　　D. 妥善避难

81. 以下哪些地点容易发生煤炭自燃火灾?(　　)
A. 采空区　　　　B. 风硐内　　　　C. 煤柱内　　　　D. 巷道顶煤
E. 掘进工作面

82. 矿井灭火的方法主要有(　　)。
A. 直接灭火法　　B. 隔绝灭火法　　C. 加压灭火法　　D. 联合灭火法

83. 煤与瓦斯突出危险煤层中掘进巷道应检查(　　)。
A. 是否有防突措施
B. 严禁在突出危险煤层的顶分层中掘进和布置巷道
C. 严禁用风镐落煤和用风钻打眼
D. 是否采用长距离放煤

三、判断题

1. 安全检查工要经过安全技术培训,取得合格证才能上岗。（　）
2. 安全检查工不坚守岗位而发生事故的要追究其行政责任。（　）
3. 安全与生产的关系是对立的。（　）
4. 安检工有权制止"三违"行为。（　）
5. 井下高压供电必须装设三大保护。（　）
6. 技术事故属于责任事故。（　）
7. 掘进工作面冒顶长 5 m 及以上者,属二级非伤亡事故。（　）
8. 由下向上掘进 20°以上的倾斜巷道时,必须将溜(矸)道与人行道分开,防止煤(矸)滑落伤人。（　）
9. 直接责任指行为人的行为与事故之间有直接因果关系,对事故发生起决定性作用。（　）
10. 属于责任事故的,必须找出责任者。（　）
11. 掘进工作面的局部通风机停风时,要立即撤出工作人员。（　）

12. 采空区瓦斯抽放点必须用不燃性材料建筑永久性密闭,其厚度不得小于 500 mm。（　）
13. 矿井通风井口要装设防火铁门或有防止烟火进入矿井的安全措施。（　）
14. 使用铰接顶梁工作面铰接率要大于 85%。（　）
15. 一台局部通风机可同时向多个掘进工作面供风。（　）
16. 防水闸门硐室前后两侧要分别砌筑 5 m 混凝土护碹。（　）
17. 掘进工作面有透水征兆时,要立即停止掘进。（　）
18. 排放被淹井巷的积水时,要定期检查水面的空气成分。（　）
19. 带式输送机严禁人料混装。（　）
20. 在斜巷内必须严格执行开车不行人、行人不开车的规定。（　）
21. 在有架线的巷道内行走时,铁锹、钻杆等工具要扛在肩上。（　）
22. 采掘工作面混合气体中混入了可燃气体,会使瓦斯爆炸下限降低。（　）
23. 瓦斯和煤尘共存时,会降低各自的爆炸下限。（　）
24. 煤与瓦斯突出的危险性随煤（岩）层倾角的增大而增大。（　）
25. 当独头上山下部出口被水淹没无法撤退时,可在独头工作面暂避。（　）
26. 钻眼时发现炮眼渗水,不要拔出钎杆。（　）
27. 用架线电机车牵引矿车运送人员时,邻近电机车的两辆矿车内可以乘人。（　）
28. 突出矿井的人员必须携带过滤式自救器。（　）
29. 液压支架顶梁与顶板平行支设,其最大仰角小于 5°。（　）
30. 综合机械化采煤工作面,照明灯间距不得小于 30 m。（　）
31. 失爆指电气设备的隔爆外壳失去了耐爆性或隔爆性,缺螺栓、弹簧垫圈,密封圈老化。（　）
32. 变压器中性点直接接地供电系统发生人体触电时,增大了人体触电电流。（　）
33. 两根爆破导线,一根与轨道接触,另一根与地或管路接触,不会引起爆炸。（　）
34. 乘坐平巷人车或专列人车,上、下车时必须切断该区段架空线电源。（　）
35. 对触电人员进行抢救时,若触电人员呼吸和心跳都已停止,应同时进行人工呼吸、胸外心脏按压。（　）
36. 调度绞车又称慢速绞车,是用来拆除和回收采掘工作面支柱的一种绞车。（　）
37. 矿灯必须有可靠的短路保护装置。（　）
38. 机电硐室内必须设置足够数量的扑灭电气火灾的灭火器材。（　）
39. 凡修补过的屏蔽电缆,必须对屏蔽层进行测试。（　）
40. 值班室电钳工每天应对漏电继电器的运行情况进行 1 次检查和试验。（　）
41. 检修电气设备,严格执行"谁停电,谁送电"的原则。（　）
42. 检修电气设备停电后,就可以开盖检修。（　）
43. 职工有权对危害职工安全行为提出批评、检举和控告。（　）
44. 检修、搬迁电气设备前,检验无电后,必须检查瓦斯,在其巷道风流中瓦斯浓度在 1% 以下时,方可进行导体对地放电。（　）
45. 防爆设备的密封胶圈的内径与电缆外径间隙不大于 1 mm。（　）
46. 巡视电气设备时,人体与带电导体的距离,要大于最小安全距离,10 kV 以下不小于 0.7 m,35 kV 不小于 1 m。（　）
47. 安全检查工发现不安全问题和隐患,有权要求有关部门和单位采取措施限期解决整改。（　）
48. 季节性安全大检查是指每季度要检查 1 次。（　）
49. 安全检查工应尊重被查单位和人员、以礼待人和气平等、文明检查,不准训斥谩骂、恶语伤人。（　）
50. 一台局部通风机最多只能向 2 个掘进工作面供风。（　）
51. 斜井人车发生跑车时,乘车人员要迅速跳车逃生。（　）

52. 安全检查工要检查是否有风速过小或风速超限、风量过小、微风或无风等现象。( )
53. 安全大检查时,不需要被检查单位安全生产第一责任者在现场接受检查。( )
54. 开采冲击地压煤层时应采用垮落法控制顶板,切顶支架应有足够的工作阻力,采空区中所有支柱必须回净。( )
55. 维修井巷支护时,必须有安全措施。严防顶板冒落伤人、堵人和支架歪倒。( )
56. 倾角在20°以上的小眼、人行道、上山和下山的上口,必须设有防止人员坠落的设施。( )
57. 井下采掘工作面的进风流中,氧气浓度不得低于25%。( )
58. 井下每人每分钟供给风量不得小于 4m³。( )
59. 生产水平和采区可不实行分区通风。( )
60. 采掘工作面应实行独立通风。( )
61. 采掘工作面的进风和回风不得经过采空区或冒顶区。( )
62. 采区回风巷、采掘工作面回风巷风流中瓦斯浓度超过1.0%或二氧化碳浓度超过1.5%时,必须停止工作,撤出人员,采取措施,进行处理。( )
63. 有煤与瓦斯突出的矿井,入井人员必须携带过滤式自救器。( )
64. 井下机电设备硐室,主要巷道内带式输送机机头两端各10 m范围内,都必须用不燃性材料支护。( )
65. 某年某月某日,某矿生产副矿长安排电焊工在井底车场进行电焊作业,因电焊工有事,委托气焊工进行作业。在进行作业前,气焊工没有清理工作场所杂物,也未准备消防材料,作业过程中,引燃地面杂物,气焊工马上找井下值班矿长,值班矿长赶到着火点时,火势已无法控制,值班矿长通知井下人员撤离后,才向矿山救护队报告。这个事故没有造成人员伤亡,属于偶然事故。( )
66. 某矿生产矿长在井下掘进工作面发现顶板淋水,立即安排探水工探水,探水工向正前方打了3个深水孔,没有发现涌水迹象。当值班人员交接班时,把本班的情况及时交接给下一班;下一班在技术矿长的带领下,继续掘进,3小时后,从顶板上发生涌水,造成17人死亡,这个事故发生前已经采取了措施,应该是自然事故,人力不可抗拒。( )
67. 安全检查工张某在对采煤工作面顶板进行检查时,发现控顶距离已超过作业规程规定,遂下令禁止采煤,进行处理。( )
68. 机电硐室的空气温度超过30 ℃时,必须采取降温措施逐步解决。( )
69. 我国劳动保险条例规定,大拇指轧断一节的视为轻伤。( )
70. 局部通风机安装位置必须位于巷道口进风侧距巷道口不小于10 m的安全地点,风机吸入风量必须小于巷道内全风压供风量,以防出现循环风。( )
71. 发现造成事故的紧急危险情况时,安全检查工有权命令立即停止作业,撤出人员。( )
72. 不准进入无风盲巷和设有栅栏、禁止入内的巷道。( )
73. 某年某月某日,龙某在井下1203工作面作业时,擅自开动绞车,使下放的两节重车撞到停在空车道上的车斗,将掘进区爆破工庄某挤死,属于重大责任事故罪。( )
74. 防爆门在正常情况下,应是半开的,以便在事故发生时发挥作用。( )
75. 对于井下电气引起火灾,首先要迅速采取灭火措施。( )
76. 在高瓦斯矿井中爆破,不应采用反向爆破。( )
77. 工作面瓦斯、煤尘超限时,必须立即停止割煤,必要时按规定停电,撤出人员。( )
78. 某乡办小煤矿瓦斯检查工王某,自某年8月下旬起,已测知井下瓦斯浓度日趋上升,但未及时报告处理。9月2日,井下爆破时,王某又没检查瓦斯,结果爆破引起瓦斯爆炸,死伤多人,属于玩忽职守罪。( )
79. 发生重大矿山事故,由矿山企业负责调查和处理。( )
80. 采区开采结束后50天内,必须在所有与已采区相连通的巷道中设置防火墙,全部封闭采区。( )

81. 开采有瓦斯喷出或有煤(岩)与瓦斯(二氧化碳)突出危险的煤层时,严禁任何2个工作面之间串联通风。   (   )
82. 《煤矿安全规程》规定,采煤工作面开工前,安全检查工必须对工作面安全情况进行全面检查,确认无危险后,方准人员进入工作面。   (   )
83. 每一生产矿井必须至少有2个能行人的通达地面的安全出口,各个出口间的距离不得小于20 m。 (   )
84. 煤矿企业每2年必须至少组织1次矿井救灾演习。   (   )
85. 煤矿企业可不建立入井检身制度和出入井人员清点制度。   (   )
86. 采煤工作面初次放顶及收尾时,应该制定安全措施。   (   )
87. 综合机械化采煤时,倾角大于15°时,液压支架必须采取防倒、防滑措施。   (   )
88. 采用综合机械化采煤法放顶煤开采时,大块煤(矸)卡住放煤口时,严禁爆破处理。   (   )
89. 使用滚筒采煤机采煤时,采煤机上的控制按钮,必须设在靠采空区一侧,并加保护罩。   (   )
90. 煤矿井下严禁裸露爆破。   (   )
91. 使用掘进机掘进、检修掘进机时,严禁其他人员在截割臂和转载桥下方停留或作业。   (   )
92. 高瓦斯区域、煤与瓦斯突出危险区域煤巷掘进工作面。严禁使用钢丝绳牵引的耙装机。   (   )
93. 发生矿山事故,矿山企业必须立即组织抢救,防止事故扩大,减少人员伤亡和财产损失,对伤亡事故必须立即如实报告劳动行政主管部门和管理矿山企业的主管部门。   (   )
94. 对于装有风电闭锁装置的掘进工作面,电气设备的总开关与局部通风机开关是闭锁起来的。   (   )
95. 低瓦斯矿井采掘供电可以设置在一起,且简单方便,节约资金。   (   )
96. 必须按规定乘人车和乘罐笼以及其他载人设备,不准爬踏跳车和违章乘车,更不准爬带式输送机。
                                                                                              (   )
97. 巷道贯通时,为加快进度,两个掘进工作面可以同时向前掘进。   (   )
98. 安全检查工在井下现场工作必须是满3年以上的。   (   )
99. 安装锚杆前,必须检查锚孔的孔位、孔深、孔径及锚杆部件,必须符合规定。   (   )
100. 发现有人触电,应赶紧拉其脱离电源。   (   )
101. 煤电钻综合保护装置在每天使用前必须进行1次跳闸试验。   (   )
102. 煤矿各级领导拒不接受安全检查人员的正确意见,坚持违章指挥冒险生产,或因工作打击报复安全检查工,安全检查人员有权越级上告。   (   )
103. 严禁在控顶区域内提前摘柱。碰倒或损坏失效的支架,必须立即恢复或更换。   (   )
104. 自救器除使用时间有限制外,其他方面没有限制要求。   (   )
105. 爆破工应严禁执行"一炮三检制"和"三人连锁放炮制"。   (   )
106. 现场安全检查的重点是查隐患和"三违"。   (   )
107. 开采有煤尘爆炸危险煤层的矿井,应该有预防和隔绝煤尘爆炸的措施。   (   )
108. 安全检查工不可以直接对"三违者"开罚单,可送交安全部门对其帮教。   (   )
109. 有瓦斯或煤尘爆炸危险的采煤工作面,可采用分组装药,但必须1次起爆。   (   )
110. 采煤工作面人员不准进入采空区回收材料。   (   )
111. 采煤工作面初次放顶时,必须制定专门措施。   (   )
112. 特殊情况下,煤矿井下可进行裸露爆破,但必须有专门措施。   (   )
113. 倾斜巷道的棚子必须有足够的迎山角。   (   )
114. 砌碹巷道的碹体和顶帮之间必须用杂物充满充实。   (   )
115. 独头巷道拆换支架,必须由外向里进行。   (   )
116. 综采支架要垂直顶底板,歪斜要小于±7°。   (   )
117. 主要通风机无管理制度、经常停开的矿井必须停止生产。   (   )

118. 采掘工作面必须实行湿式钻眼。　　　　　　　　　　　　　　　　　　　　（　）
119. 局部通风机风筒末端距工作面的距离,岩巷不大于 5 m,煤巷不大于 10 m。（　）
120. 采掘工程平面图是矿图中最基本、最主要的综合性图纸。　　　　　　　　（　）
121. 矿井通风系统是矿井主要通风机的工作方法、矿井通风方式和通风网络的总称。（　）
122. 因支承条件改变而使巷道两侧载荷增加形成的集中应力称为矿山压力。　　（　）
123. 通常所说的顶板管理,就是控制工作面矿山压力显现的方法。　　　　　　（　）
124. 直接顶的作用力必须由支架完全承担。　　　　　　　　　　　　　　　　（　）
125. 随着工作面不断推进,基本顶(又称老顶)周而复始地发生断裂的现象,称为基本顶初次来压。（　）
126. 巷道变形、破坏的原因主要是受到顶压、侧压和底压的作用,其中主要受顶压的作用。只有在底板松软和顶压、侧压大的情况下,才会底鼓。（　）
127. 半煤岩巷在爆破掘进时,掏槽眼应尽可能布置在岩层中。　　　　　　　　（　）
128. 底板松软时,支柱要穿柱鞋。　　　　　　　　　　　　　　　　　　　　（　）
129. 煤矿安全检查是保护安全生产,保证职工安全健康的需要。　　　　　　　（　）
130. 不定期检查是不定时、不定点、不通知或通知的临时性抽查。　　　　　　（　）
131. 煤矿特种作业人员必须经过安全生产教育培训,其他人员则不必。　　　　（　）
132. 作业规程审批后,要组织全体员工学习贯彻,考试不及格者不准上岗作业。（　）
133. 倾斜煤层中液压支架的移架顺序是由上而下。　　　　　　　　　　　　　（　）
134. 液压支架升架时要有足够的初撑力,与顶板接触严密。　　　　　　　　　（　）
135. 液压泵站压力表要准确可靠,误差不超过±0.5 MPa。　　　　　　　　　　（　）
136. 液压支架的移架区内不准有人作业、停留或穿越。　　　　　　　　　　　（　）
137. 高档普采工作面内严禁混用不同型号的支柱。　　　　　　　　　　　　　（　）
138. 采煤工作面必须开展支护质量和顶板动态监测。　　　　　　　　　　　　（　）
139. 采煤工作面强行过断层时,要加强顶板管理,不必制定专门安全技术措施。（　）

单选题答案与解析

1. C	2. C	3. A	4. B	5. B	6. B	7. A	8. C
9. B	10. C	11. B	12. B	13. A	14. A	15. C	16. B
17. A	18. B	19. C	20. A	21. B	22. A	23. C	24. A
25. B	26. C	27. C	28. C	29. C	30. C	31. C	32. C
33. A	34. C	35. D	36. C	37. C	38. D	39. A	40. C
41. B	42. A	43. A	44. A	45. C	46. B	47. C	48. B
49. C	50. C	51. C	52. C	53. C	54. B	55. C	56. B
57. B	58. C	59. B	60. C	61. C	62. A	63. B	64. B
65. C	66. C	67. C	68. B	69. C	70. D	71. C	72. C
73. C	74. C	75. A	76. A	77. A	78. C	79. D	80. C
81. B	82. C	83. C	84. C	85. C	86. C	87. C	88. C
89. B	90. C	91. C	92. C	93. C	94. C	95. C	96. B
97. C	98. A	99. B	100. C	101. B	102. A	103. C	104. C
105. B	106. B	107. A	108. B	109. B	110. C	111. B	112. C
113. B	114. B	115. A	116. B	117. C	118. C	119. C	120. C
121. B	122. B	123. C	124. A	125. B	126. C	127. C	128. A
129. B							

1. "三违"行为容易产生安全隐患,一旦造成事故,轻则造成财产损失,重则致人伤亡。因此应赋予安全检

查工处置权,发现"三违"现象时,立即进行制止,AB 项没有执行权。选 C。
2. 为了保证井下人员的正常活动和生产,《煤矿安全规程》第一百七十四条规定,采掘工作面风流中二氧化碳浓度达到 1.5%时,必须停止工作,撤出人员,查明原因,制定措施,进行处理。此题易错,选 C。
3. 采用上行风时,工作面运输平巷中的运输设备位于新鲜风流中,安全性较好。下行风在起火地点引起瓦斯爆炸的可能性比上行风要大些。选 A。
4. 较大事故,是指造成 3 人以上(包括 3 人)10 人以下死亡,或者 10 人以上 50 人以下重伤,或者 1000 万元以上 5000 万元以下直接经济损失的事故。选 B。
5. 矿井轨道必须按标准铺设,扣件齐全、牢固并与轨型相符;轨道接头间隙不得大于 5 mm,高低和左右错差不得大于 2 mm。选 B。
6. 煤层按倾角分为四类:近水平煤层:煤层倾角小于 8°;缓倾斜煤层:煤层倾角为 8°～25°;倾斜煤层:煤层倾角为 25°～45°;急倾斜煤层:煤层倾角大于 45°。选 B。
7. 上盘相对下降,下盘相对上升为正断层;上盘相对上升,下盘相对下降为逆断层,选 A。
8. 比例尺 1∶1 000 是指图上和实际距离之比,图上 1 mm 表示实际 1000 mm,即 1 m。选 C。
9. 根据《煤矿安全规程》第一百八十四条规定,抽采的瓦斯浓度低于 30%时,不得作为燃气直接燃烧。选 B。
10. 甲烷传感器必须垂直悬挂在巷道上方风流稳定的位置,距顶板(顶梁)不得大于 300 mm,距巷道侧壁不得小于 200 mm,并应安装维护方便,不影响行人和行车。选 C。
11. 根据《煤矿安全规程》第四九十二条规定,采用载体催化元件的甲烷传感器必须使用校准气样和空气气样在设备设置地点调校,便携式甲烷检测报警仪在仪器维修室调校,每 15 天至少 1 次。选 B。
12. 根据《煤矿安全规程》第二百四十九条规定,矿井必须设地面消防水池和井下消防管路系统。地面的消防水池必须经常保持不少于 200 m^3 的水量。选 B。
13. 若电气设备的运行电流超过额定电流,设备的表面温度一定会上升并超过允许值,内部元件的温度也会超过允许值,轻则减少使用寿命,严重时会产生隐患,引起火灾。选 A。
14. 检漏继电器的辅助接地线应当是橡套电缆,其芯线总面积不小于 10 mm^2。辅助接地极应单独设置,规格要求与局部接地极相同,距局部接地极的直线距离不小于 5 m,不能使用同一个接地极。选 A。
15. 值班电工应当每天对检漏继电器的运行情况进行一次检查,有试验记录;检查检漏继电器的外观、防爆性能是否完好;欧姆表的指示数值是否正常。选 C。
16. 连接主接地极母线,应当采用截面不小于 50 mm^2 的铜线,或者截面不小于 100 mm^2 的耐腐蚀铁线,或者厚度不小于 4 mm、截面不小于 100 mm^2 的耐腐蚀扁钢。选 B。
17. 1140 V 设备及采掘工作面的 660 V 或 380 V 设备属于低压,应当使用分相屏蔽矿用橡套软电缆。选 A。
18. 根据《煤矿安全规程》第四百六十五条规定,井筒和巷道内的通信和信号电缆应当与电力电缆分挂在井巷的两侧,如果受条件所限:在井筒内,应当敷设在距电力电缆 0.3 m 以外的地方;在巷道内,应当敷设在电力电缆上方 0.1 m 以上的地方。选 B。
19. 解析见上题。选 C。
20. 采用轨道机车运输的巷道净高,为自轨面起不得低于 2 m。选 A。
21. 采用轨道机车运输时,列车或者单独机车均必须前有照明,后有红灯。红灯主要起安全警示作用。选 B。
22. 根据《煤矿安全规程》第九十二条规定,在双向运输巷中,采用轨道运输的巷道:对开时不得小于 0.2 m,采区装载点不得小于 0.7 m,矿车摘挂钩地点不得小于 1 m。此题易错,选 A。
23. 根据《煤矿安全规程》第三百七十七条规定,采用轨道机车运输时,运送物料时制动距离不得超过 40 m;运送人员时制动距离不得超过 20 m。此题易错,选 B。
24. 解析见上题。选 A。

25. 根据《煤矿安全规程》第三百八十一条规定,采用架线电机车运输时,架空线悬挂高度、与巷道顶或者棚梁之间的距离等,应当保证机车的安全运行。一般不得小于0.2 m,悬吊绝缘子距电机车架空线的距离,每侧不得超过0.25 m。选B。

26. 根据《煤矿安全规程》第二百五十二条规定,井筒与各水平的连接处及井底车场,主要绞车道与主要运输巷、回风巷的连接处,井下机电设备硐室,主要巷道内带式输送机机头前后两端各20 m范围内,都必须用不燃性材料支护。选C。

27. 采用人力推车时,1次只准推1辆车。严禁在矿车两侧推车。选A。

28. 采用人力推车时,同向推车的间距,在轨道坡度小于或者等于5‰时,不得小于10 m;坡度大于5‰时,不得小于30 m。此题易错,选C。

29. 采用人力推车时,为安全考虑,严禁放飞车和在巷道坡度大于7‰时人力推车。选B。

30. 根据《煤矿安全规程》第三百七十五条规定,采用钢丝绳牵引带式输送机运送人员时,人员乘坐间距不得小于4 m。乘坐人员不得站立或者仰卧,应当面向行进方向。选B。

31. 突出矿井煤层中瓦斯含量高且有突出危险,爆破后等待30 min,目的是使煤层中的瓦斯能充分释放,随炮烟被吹散出工作面,保证作业人员的安全。选C。

32. 根据《煤矿安全规程》第二百五十一条规定,井口房和通风机房附近20 m内,不得有烟火或者用火炉取暖。通风机房位于工业广场以外时,除开采有瓦斯喷出的矿井和突出矿井外,可用隔焰式火炉或者防爆式电热器取暖。选B。

33. 使用止血带止血带持续时间一般不超过1 h,如果必须延长使用,应在30 min到1 h放松3~5 min,然后再绑起来。再绑时部位要上、下略加移动。选A。

34. 根据《煤矿安全规程》第四百六十三条规定,非固定敷设的高低压电缆,必须采用煤矿用橡套软电缆。移动式和手持式电气设备应当使用专用橡套电缆。选C。

35. 瓦斯矿井必须依照矿井瓦斯等级进行管理。根据矿井相对瓦斯涌出量、矿井绝对瓦斯涌出量、工作面绝对瓦斯涌出量和瓦斯涌出形式,进行瓦斯等级划分。选D。

36. 根据《煤矿安全规程》第一百七十三条规定,采掘工作面及其他作业地点风流中甲烷浓度达到1.0%时,必须停止用电钻打眼;爆破地点附近20 m以内风流中甲烷浓度达到1.0%时,严禁爆破。选C。

37. 矿井通风设施主要有:风门、风桥、密闭墙、风墙、风窗、临时设置的风障和导风筒、测风站、井下局部通风设施和矿井反风设施等。其中风桥、风窗、风障是引导风流。风门、风墙可以隔断风流。选C。

38. "三先三后"原则:① 对窒息或心跳、呼吸停止不久的伤员必须先复苏后搬运;② 对出血伤员必须先止血后搬运;③ 对骨折伤员必须先固定后搬运。选D。

39. 根据《煤矿安全规程》第四百四十二条规定,井下不得带电检修电气设备。检修或者搬迁前,必须切断上级电源,检查瓦斯,在其巷道风流中甲烷浓度低于1.0%时,再用与电源电压相适应的验电笔检验;检验无电后,方可进行导体对地放电。选A。

40. 根据《煤矿安全规程》第一百七十六条规定,在排放瓦斯过程中,排出的瓦斯与全风压风流混合处的甲烷和二氧化碳浓度均不得超过1.5%,且混合风流经过的所有巷道内必须停电撤人,其他地点的停电撤人范围应当在措施中明确规定。此题易错,选C。

41. 根据《煤矿安全规程》第一百七十三条规定,采掘工作面及其他作业地点风流中、电动机或者其开关安设地点附近20 m以内风流中的甲烷浓度达到1.5%时,必须停止工作,切断电源,撤出人员,进行处理。选B。

42. 过滤式自救器内装有催化剂和干燥剂,可将空气中的一氧化碳转化为无毒的二氧化碳,并吸收空气中的水汽,已被隔离式自救器取代。选C。

43. 根据《煤矿安全规程》第四百六十五条规定,高、低压电力电缆敷设在巷道同一侧时,高、低压电缆之间的距离应当大于0.1 m。高压电缆之间、低压电缆之间的距离不得小于50 mm。此题易错,选A。

44. 《煤矿安全规程》中的第六章防灭火,对煤矿火灾防治做了详细的规定。选A。

45. 安全检查工李某发现有瓦斯突出迹象,建议采煤机司机张某暂停作业、进行监测和处理,属于正确做法。但未及时制止张某违反规程规定继续进行作业,从而造成事故,负纠正不力责任。选 B。
46. 新版《煤矿安全规程》已做修改,高瓦斯、突出矿井的容易自燃煤层,采用放顶煤开采时,应当采取以预抽方式为主的综合抽采瓦斯措施,保证本煤层瓦斯含量不大于 6 m³/t,并采取综合防灭火措施。
47. 采煤工作面上隅角附近发生瓦斯爆炸,瓦斯检查工没有按规定检查该处瓦斯,虽然瓦斯检查工已因事故死亡,仍是该起事故的直接责任者。选 C。
48. 采煤工作面所有安全出口与巷道连接处超前压力影响范围内必须加强支护,且加强支护的巷道长度不得小于 20 m;综合机械化采煤工作面,此范围内的巷道高度不得低于 1.8 m,其他采煤工作面,此范围内的巷道高度不得低于 1.6 m。此题易错,选 B。
49. 工作面安全出口要保持畅通,人行道宽度不小于 0.8 m,综采工作面安全出口高度不低于 1.8 m,其他工作面不低于 1.6 m。此题易错,选 C。
50. 根据《煤矿安全规程》第一百一十七条规定,使用滚筒式采煤机采煤,更换截齿和滚筒时,采煤机上下 3 m 范围内,必须护帮护顶,禁止操作液压支架。必须切断采煤机前级供电开关电源并断开其隔离开关,断开采煤机隔离开关,打开截割部离合器,并对工作面输送机施行闭锁。选 C。
51. 根据《煤矿安全规程》第一百二十一条规定,使用刮板输送机运输时,采煤工作面刮板输送机必须安设能发出停止、启动信号和通信的装置,发出信号点的间距不得超过 15 m。此题易错,选 C。
52. 根据《煤矿安全规程》第一百四十条规定,矿井必须建立测风制度,每 10 天至少进行 1 次全面测风。对采掘工作面和其他用风地点,应当根据实际需要随时测风,每次测风结果应当记录并写在测风地点的记录牌上。选 A。
53. 一氧化碳有剧毒,最高允许浓度为 0.0024%。选 C。
54. 采煤工作面、掘进中的煤巷和半煤岩巷最低允许风速为 0.25 m/s,最高允许风速为 4 m/s。选 B。
55. 局部通风机因故停止运转,在恢复通风前,必须首先检查瓦斯,只有停风区中最高甲烷浓度不超过 1.0% 和最高二氧化碳浓度不超过 1.5%,且局部通风机及其开关附近 10 m 以内风流中的甲烷浓度都不超过 0.5% 时,方可人工开启局部通风机,恢复正常通风。此题易错,选 A。
56. 采掘工作面及其他作业地点风流中甲烷浓度达到 1.0% 时,必须停止用电钻打眼;爆破地点附近 20 m 以内风流中甲烷浓度达到 1.0% 时,严禁爆破。选 B。
57. 根据《煤矿安全规程》第一百七十三条规定,采掘工作面及其他巷道内,体积大于 0.5 m³ 的空间内积聚的甲烷浓度达到 2.0% 时,附近 20 m 内必须停止工作,撤出人员,切断电源,进行处理。选 B。
58. 根据《煤矿安全规程》第一百七十四条规定,采掘工作面风流中二氧化碳浓度达到 1.5% 时,必须停止工作,撤出人员,查明原因,制定措施,进行处理。选 C。
59. 采掘工作面的甲烷浓度检查次数如下:低瓦斯矿井,每班至少 2 次;高瓦斯矿井,每班至少 3 次;突出煤层、有瓦斯喷出危险或者瓦斯涌出较大、变化异常的采掘工作面,必须有专人经常检查。选 B。
60. 采掘工作面的甲烷浓度检查次数如下:低瓦斯矿井,每班至少 2 次;高瓦斯矿井,每班至少 3 次;突出煤层、有瓦斯喷出危险或者瓦斯涌出较大、变化异常的采掘工作面,必须有专人经常检查。选 C。
61. 采掘工作面二氧化碳浓度应当每班至少检查 2 次;有煤(岩)与二氧化碳突出危险或者二氧化碳涌出量较大、变化异常的采掘工作面,必须有专人经常检查二氧化碳浓度。此题易错,选 B。
62. 根据《煤矿安全规程》第一百八十条规定,井下停风地点栅栏外风流中的甲烷浓度每天至少检查 1 次,密闭外的甲烷浓度每周至少检查 1 次。选 A。
63. 根据《煤矿安全规程》第三百五十九条规定,炮眼深度小于 0.6 m 时,不得装药、爆破;在特殊条件下,如挖底、刷帮、挑顶确需进行炮眼深度小于 0.6 m 的浅孔爆破时,必须制定安全措施并封满炮泥。选 B。
64. 根据《煤矿安全规程》第四十五条规定,当事人对行政处罚决定不服的,可以在接到处罚决定通知之日起十五日内向作出处罚决定的机关的上一级机关申请复议;当事人也可以在接到处罚决定通知之日起十五日内直接向人民法院起诉。选 B。

65. 煤矿企业凡符合下列情况之一者,为一级非伤亡事故:事故使全矿山停产(工)8 h以上的;事故使矿山一翼停产(工)24h或采区停产(工)72 h以上的;高瓦斯、煤与瓦斯突出矿井误揭煤层的;煤矿井下发生瓦斯、煤尘燃烧、爆炸的;煤矿井下发生煤(岩)与瓦斯(二氧化碳)突出,其突出煤(岩)量50 t以上的;同一个矿井一个月内瓦斯超限3次以上的。选A。

66. 煤炭自燃是指煤堆中的煤与空气接触,发生氧化反应,产生一系列气体,并放出热量。煤油味、松香味和煤焦油味等是煤炭自燃的预兆。选C。

67. 根据《煤矿安全规程》第三百二十三条规定,钻探接近老空时,应当安排专职瓦斯检查工或者矿山救护队员在现场值班,随时检查空气成分。如果甲烷或者其他有害气体浓度超过有关规定,应当立即停止钻进,切断电源,撤出人员,并报告矿调度室,及时采取措施进行处理。选B。

68. 煤电钻必须使用具有检漏、漏电闭锁、短路、过负荷、断相和远距离控制功能的综合保护装置。每班使用前,必须对煤电钻综合保护装置进行1次跳闸试验。A、C项为综合保护的一个方面,选B。

69. "三违"容易产生安全隐患,一旦造成事故,轻则造成财产损失,重则致人伤亡。为了避免出现"三违"现象,保障矿井安全,应赋予安全检查工直接对"三违者"开罚款单的权利,或送交安全部门对其帮教。选C。

70. 进行煤矿安全生产系统检查作业时,必须依据法律法规进行。煤矿井下采煤、掘进、机电、运输和提升以及"一通三防"等各个生产环节专业性很强,应遵守的安全法律、法规涉及面比较广,ABC项均为要遵守的内容。选D。

71.《煤矿安全规程》第三百六十九条规定,爆破前,班组长必须清点人数,确认无误后,方准下达起爆命令。爆破工接到起爆命令后,必须先发出爆破警号,至少等5 s后方可起爆。选B。

72.《煤矿安全规程》第一百一十四条规定,采用综合机械化采煤时,当采高超过3 m或者煤壁片帮严重时,液压支架必须设护帮板。当采高超过4.5 m时,必须采取防片帮伤人措施。选B。

73.《煤矿安全规程》第二百七十四条规定,矿井必须制定防止采空区自然发火的封闭及管理专项措施。采煤工作面回采结束后,必须在45天内进行永久性封闭,每周至少1次抽取封闭采空区内气样进行分析,并建立台账。选C。

74. 煤矿井下采煤、掘进、机电、运输和提升以及"一通三防"等各个生产环节专业性很强,因此要求安全检查工具有相应煤矿专业知识,须在井下现场工作满5年以上。选C。

75. 根据瓦斯排放分级治理:巷道瓦斯浓度超过1%,不超过1.5%时,由通防部门值班领导制订措施,可由瓦斯检查工按措施要求排放。此题易错,选A。

76. 为了防止局部通风机发生循环风,压入式局部通风机和启动装置安装在进风巷道中,距掘进巷道回风口不得小于10 m。选A。

77. 此题出自《煤矿安全规程》规定,甲烷传感器(便携仪)设置在煤巷、半煤岩巷和有瓦斯涌出岩巷的掘进工作面、高瓦斯和突出矿井掘进巷道中部时,断电范围为掘进巷道内全部非本质安全型电气设备。选A。

78. 采掘工作面或用风地点一旦发生事故,将会影响或波及被串联的采掘工作面或用风地点,扩大灾害范围。一般情况下不应采用串联通风方式。布置独立通风有困难时,在制定措施后,可采用串联通风,但串联通风的次数不得超过1次。选A。

79. 安装甲烷报警器和甲烷断电仪,目的一方面预防设备产生电火花而引发瓦斯爆炸,另一方面当瓦斯浓度达到设定值时,仪器会自动发出指示、报警信号并断电,防止发生意外事故。选D。

80. 瓦斯在煤层中的赋存状态有两种:游离状态和吸附状态。选C。

81. 掘进的工作面每次爆破前,必须派专人和瓦斯检查工共同到停掘的工作面检查工作面及其回风流中的瓦斯浓度,瓦斯浓度超限时,必须先停止在掘工作面的工作,然后处理瓦斯,只有在2个工作面及其回风流中的甲烷浓度都在1.0%以下时,掘进的工作面方可爆破。每次爆破前,2个工作面入口必须有专人警戒。选B。

82. 根据《煤矿安全规程》第四百八十七条规定,所有矿井必须装备安全监控系统、人员位置监测系统、有线调度通信系统。选C。

83. 当爆破地点20 m以内,有矿车、未清除的煤矸或其他物体堵塞巷道断面1/3以上时,既妨碍爆破操作,又增加巷道阻力,炮烟不能很快被吹散,同时,万一工作面发生冒顶、片帮时,还影响在工作面的作业人员安全撤离。因此,必须事先清除这些杂物,否则严禁装药、爆破。选B。

84. 处理拒爆(包括残爆)时,由于连接不良造成的拒爆,可重新连线起爆。但确认不是连线引起时,应在距拒爆炮眼0.3 m以外另打与拒爆眼平行的新炮眼,重新装药爆破。其目的是为了防止新炮眼打偏打斜,或因钻纤打眼的强烈震动、撞击,引起拒爆炮眼药卷内摩擦感度高的电雷管、炸药爆炸。选C。

85. 根据《煤矿安全规程》的规定,开采冲击地压煤层时,在应力集中区内不得布置2个工作面同时进行采掘作业。2个掘进工作面之间的距离小于150 m时,采煤工作面与掘进工作面之间的距离小于350 m时,2个采煤工作面之间的距离小于500 m时,必须停止其中一个工作面。综合机械化掘进巷道在相距50 m前,其他巷道在相距20 m前,必须停止一个工作面作业,做好调整通风系统的准备工作。选A。

86. 根据《煤矿安全规程》第四百四十五条规定,照明和手持式电气设备的供电额定电压不超过127 V。远距离控制线路的额定电压不超过36 V。选C。

87. 新版《煤矿安全规程》已做修改,架空线悬挂高度、与巷道顶或者棚梁之间的距离等,应当保证机车的安全运行。在行人的巷道内、车场内,以人在行走时,不低头也触碰不到架线的安全高度为自轨面起到架线的高度不低于2 m。一般身材佩戴安全帽后,不超过1.9 m,触碰不到架线。选C。

88. 根据《煤矿安全规程》第四百一十一条规定,升降人员或者升降人员和物料用的缠绕式提升钢丝绳,自悬挂使用后每6个月进行1次性能检验;悬挂吊盘的钢丝绳,每12个月检验1次。选C。

89. 根据《煤矿安全规程》第四百零八条规定,在用的缠绕式提升钢丝绳在定期检验时,安全系数专为升降人员用的小于7时,应当及时更换。选B。

90. 过滤式自救器内装有催化剂和干燥剂,它们可将空气中的一氧化碳转化为无毒的二氧化碳,并吸收空气中的水汽,仅能防护一氧化碳气体。选C。

91. 佩戴过滤式自救器所需氧气来自于外部环境,已被隔离式自救器取代。选C。

92. 口对口人工呼吸时吹气时间占一次呼吸周期的比例一般应为1:2。吹气时间过短可能会导致病人的氧气供应不足,影响病人的呼吸节律,使病人出现呼吸困难等状况;而吹气时间过长可能会把病人的胸壁强行挤压,使病人出现疼痛、呼吸困难等症状。选B。

93. 根据《煤矿安全规程》第六百四十二条规定,煤矿必须对生产性粉尘进行监测,并遵守下列规定:总粉尘浓度,井工煤矿每月测定2次;露天煤矿每月测定1次。粉尘分散度每6个月测定1次。呼吸性粉尘浓度每月测定1次。粉尘中游离SiO_2含量每6个月测定1次,在变更工作面时也必须测定1次。选A。

94. 采煤工作面所有安全出口与巷道连接处超前压力影响范围内必须加强支护,且加强支护的巷道长度不得小于20 m;综合机械化采煤工作面,此范围内的巷道高度不得低于1.8 m,其他采煤工作面,此范围内的巷道高度不得低于1.6 m。选B。

95. 工作面安全出口要保持畅通,人行道宽度不小于0.8 m,综采工作面安全出口高度不低于1.8 m,其他工作面不低于1.6 m。选C。

96. 根据《煤矿安全规程》第一百一十四条规定,采用综合机械化采煤时,工作面煤壁、刮板输送机和支架都必须保持直线。倾角大于15°时,液压支架必须采取防倒、防滑措施;倾角大于25°时,必须有防止煤(矸)窜出刮板输送机伤人的措施。选B。

97. 根据《煤矿安全规程》第一百一十四条规定,采用综合机械化采煤时,当采高超过3 m或者煤壁片帮严重时,液压支架必须设护帮板。当采高超过4.5 m时,必须采取防片帮伤人措施。选C。

98. 生产矿井主要通风机必须装有反风设施,并能在10 min内改变巷道中的风流方向;当风流方向改变后,主要通风机的供给风量不应小于正常供风量的40%。选A。

99. 矿井必须建立测风制度,每10天至少进行1次全面测风。对采掘工作面和其他用风地点,应当根据实际需要随时测风,每次测风结果应当记录并写在测风地点的记录牌上。选B。

100. 当采掘工作面的空气温度超过30 ℃、机电设备硐室超过34 ℃时,必须停止作业。选C。

101. 根据《煤矿安全规程》第一百七十三条规定,采掘工作面及其他作业地点风流中甲烷浓度达到1.0%时,必须停止用电钻打眼;爆破地点附近20 m以内风流中甲烷浓度达到1.0%时,严禁爆破。此题易错,选B。

102. 解析见上题。选A。

103. 采掘工作面及其他巷道内,体积大于0.5 m³的空间内积聚的甲烷浓度达到2.0%时,称为局部瓦斯积聚,附近20 m内必须停止工作,撤出人员,切断电源,进行处理。选C。

104. 采掘工作面的甲烷浓度检查次数如下:低瓦斯矿井,每班至少2次;高瓦斯矿井,每班至少3次;突出煤层、有瓦斯喷出危险或者瓦斯涌出较大、变化异常的采掘工作面,必须有专人经常检查。选C。

105. 解析见上题。选B。

106. 为防止局部通风机发生循环风,《煤矿安全规程》规定,压入式局部通风机和启动装置安装在进风巷道中,距掘进巷道回风口不得小于10 m。选B。

107. 根据《煤矿安全规程》第一百七十五条规定,临时停工的地点,不得停风;否则必须切断电源,设置栅栏、警标,禁止人员进入,并向矿调度室报告。停工区内甲烷或者二氧化碳浓度达到3.0%或者其他有害气体浓度超过本规程规定不能立即处理时,必须在24 h内封闭完毕。选A。

108. 平巷是指在井下煤(岩)层中开掘的坡度小于5°的巷道,平巷的坡度根据运输和排水的要求确定,一般为3‰~5‰。选B。

109. 准备巷道是指服务于采区运输和通风的巷道。包括采区上(下)山、区段集中巷道、区段石门、采区煤仓、采区停车场等。选B。

110. 若巷道断面中,煤层占4/5以上时,称为煤巷;专为采煤而开掘的巷道;煤层占1/5以上而小于4/5时,称为半煤岩巷;岩层占4/5以上,称为岩巷。选A。

111. 采煤工作面必须保持至少2个畅通的安全出口,一个通到进风巷道,另一个通到回风巷道。选B。

112. 新建矿井、生产矿井新掘运输巷的一侧,从巷道道碴面起1.6 m的高度内,必须留有宽0.8 m(综合机械化采煤及无轨胶轮车运输的矿为1 m)以上的人行道,管道吊挂高度不得低于1.8 m。选C。

113. 采煤工作面所有安全出口与巷道连接处超前压力影响范围内必须加强支护,且加强支护的巷道长度不得小于20 m;综合机械化采煤工作面,此范围内的巷道高度不得低于1.8 m,其他采煤工作面,此范围内的巷道高度不得低于1.6 m。选B。

114. 回柱放顶工作应制定相应安全措施:① 回柱与支柱距离应不小于15 m;② 分段回柱距离应大于15 m,端头处应打上隔离柱;③ 回柱地点以上5 m、以下8 m处与回柱无关人员禁止滞留;④ 放顶人员必须站在支架完整,无崩绳、崩柱、甩钩、断绳抽人等危险的安全地点工作;⑤ 回柱放顶前,必须对放顶的安全工作进行全面检查,清理好退路;⑥ 回柱放顶时,必须指定有经验的人员观察顶板。选B。

115. 根据《煤矿安全生产标准化管理体系基本要求及评分方法(试行)》中采煤部分规定,乳化液泵站完好,乳化液泵站压力综采(放)工作面不小于30 MPa,炮采、高档普采工作面不小于18 MPa,乳化液(浓缩液)浓度符合产品技术标准要求,并在作业规程中明确规定。选A。

116. 解析见上题。选B。

117. 井筒施工期间,在永久井壁内设留的卡子、梁、导水管等一切设施,其外露长度得不大于50 mm。不需要的硐口、梁窝,均用不低于永久井壁设计强度的材料砌好。选A。

118. 在长距离巷道施工中,应设置躲避硐室,倾斜巷道每掘进40 m,平巷根据施工需要,设一躲避硐室,硐室深度不小于2 m,不大于5 m。选C。

119. 巷道掘进施工中,必须标设中线及腰线。用激光指示巷道掘进方向时,所用的中、腰线点一般应不少于3个,点间距离以大于30 m为宜。用经纬仪标设直线巷道的方向时,在顶板上应至少悬挂3条垂线,其间距一般不小于2 m,垂线距掘进工作面一般不宜大于30 m。选A。

120. 对头巷道维修拆换,在两头相距5m时,要停止一头作业。以免造成压力集中发生冒顶。此题易错,选C。

121. 根据《煤矿安全规程》第二百三十一条规定,开采冲击地压煤层时,在应力集中区内不得布置2个工作面同时进行采掘作业。2个掘进工作面之间的距离小于150 m时,采煤工作面与掘进工作面之间的距离小于350 m时,2个采煤工作面之间的距离小于500 m时,必须停止其中一个工作面。选B。

122. 冲击地压煤层内掘进巷道贯通或错层交叉时,应当在距离贯通或交叉点50 m之前开始采取防冲专项措施,以免引起严重冲击危险。选B。

123. 有煤(岩)与瓦斯突出危险的工作面采取远距离爆破时,其起爆地点必须设在工作面进风侧,距工作面的安全距离至少不得小于300 m。选C。

124. 在采掘工作面,必须使用煤矿许用瞬发电雷管、煤矿许用毫秒延期电雷管或者煤矿许用数码电雷管。使用煤矿许用毫秒延期电雷管时,最后一段的延期时间不得超过130 ms。使用煤矿许用数码电雷管时,一次起爆总时间差不得超过130 ms,并应当与专用起爆器配套使用。选A。

125. 在突出危险煤层内掘进,每间隔50 m,掘一避难硐室,净断面不小于5 m²。选B。

126. 根据《煤矿安全规程》第五十八条规定,距掘进工作面10 m内的架棚支护,在爆破前必须加固。对爆破崩倒、崩坏的支架必须先行修复,之后方可进入工作面作业。选A。

127. 根据《煤矿安全规程》第一百五十九条规定,生产矿井主要通风机必须装有反风设施,并能在10 min内改变巷道中的风流方向。选C。

128. 强令违章冒险作业罪:强令他人违章冒险作业,因而发生重大伤亡事故或者造成其他严重后果的,处五年以下有期徒刑或者拘役;情节特别恶劣的,处五年以上有期徒刑。选A。

129. 人本原理,是管理学四大原理之一,顾名思义就是以人为本的原理。它要求人们在管理活动中坚持一切以人为核心,以人的权利为根本,强调人的主观能动性,力求实现人的全面、自由发展。选B。

多选题答案与解析

1. AB	2. ABCD	3. ABCD	4. CD	5. BD	6. BCD	7. BDE
8. BCD	9. ABCE	10. ABCDE	11. ABE	12. ABC	13. ADE	14. BCD
15. CDE	16. ACE	17. AB	18. ACE	19. ABCDE	20. ABCDE	21. ABC
22. BC	23. AB	24. ABCD	25. ABCD	26. ABCD	27. ABCDEFG	28. ABCD
29. BCDE	30. ABCDEF	31. AB	32. AE	33. BDE	34. BCD	35. ABD
36. ACD	37. ADE	38. ABC	39. ABD	40. ACDE	41. AC	42. BCD
43. ABCDE	44. ABCD	45. ABD	46. ABCDE	47. ACDE	48. ACD	49. ABCDE
50. BCDE	51. BCD	52. CD	53. CDEF	54. ABCDF	55. ACDF	56. ABCD
57. ABCD	58. ABCD	59. BCD	60. BCD	61. ABC	62. AC	63. ABCD
64. ABCD	65. ABC	66. ABC	67. ABC	68. ABC	69. ABC	70. ABCD
71. ACD	72. ABC	73. ABCD	74. ABCD	75. ABC	76. ABC	77. ABD
78. ABCE	79. BCD	80. ABC	81. ACD	82. ABD	83. ABCD	

1. 重大危险源可以分为生产场所重大危险源和储存区重大危险源两种。其中生产场所指危险物质的生产、加工及使用等场所,包括生产、加工及使用等过程中的中间储罐存放区及半成品、成品的周转库房;储存区指专门用于储存危险物质的储罐或仓库组成的相对独立的区域。选AB。

2. 煤矿重大事故会导致人员伤亡、经济损失等危害,共同特性比较多,包括突发性、灾难性、破坏性、继发性等。选ABCD。

3. 煤矿井下各种灾害事故抢险救灾的基本原则包括:① 及时报告;② 积极抢救。力争将事故消灭在初期阶段或控制在最小范围,最大限度地减少损失;③ 安全撤离。当无法避免事故时,井下矿工应高潮安全撤离;④ 妥善避难。当无法撤离时,遇险人员应在灾区内努力改善生存条件,等待救援。选 ABCD。

4. 事故隐患是指作业场所、设备及设施的不安全状态,人的不安全行为和管理上的缺陷,是引发安全事故的直接原因。A、B 项是事故隐患可能发生的作业场所,选 CD。

5. 安全措施是为了达到保障人民生命财产安全、维护社会公共秩序稳定、防范生产安全事故发生等目的而采取的举措与行动,包括技术措施和管理制度。选 BD。

6. 事故应急救援预案是指针对可能发生的事故,为迅速、有序地开展应急行动而预先制定的行动方案。是政府和企业为减少事故后果而预先制订的抢险救灾方案,是进行事故救援活动的行动指南,BCD 属于事故应急救援预案的内容,A 项针对事故发生后的措施。选 BCD。

7. 煤矿事故应急救援处理预案工作的基本原则是:在"安全第一,预防为主,综合治理"的前提下,坚持统一指挥、分级负责、区域为主、煤矿企业自救和社会救援相结合的原则。选 BDE。

8. 按伤员的伤情可分为:危重伤、重伤、轻伤、死亡。A 项为干扰项,选 BCD。

9. 煤矿事故应急救援管理是一个动态管理,包括预防、准备、响应和恢复四个阶段。在实际情况中,这些阶段往往会重叠,但每一部分都有自己单独的目标,并且成为下个阶段内容的一部分。选 ABCE。

10. 根据《煤炭工业企业职工伤亡事故报告和统计规定》(试行)第十三条规定,煤炭企业伤亡事故按企业分为:煤炭生产、基本建设、地质勘探、火工及机械制造。选 ABCDE。

11. ABE 三项属于机掘工作面在安全方面的要求。C 项巷壁或棚子保持直线,偏差不大于±0.01 m,D 项锚杆外漏部分不大于 0.05 m。选 ABE。

12. ABC 三项属于炮掘工作面在安全方面的要求。D 项使用瞬发电雷管至少等待 5 min,使用延期电雷管至少等待 15 min,E 项必须采取湿式钻眼。选 ABC。

13. ADE 三项属于斜巷(上、下山)运输在安全方面的要求。B 项上、下车场挂车时,斜绳不得超过 1.0 m,C 项兼作行人的斜巷人行道宽不小于 1 m。选 ADE。

14. BCD 三项属于瓦斯管理在安全方面的要求。A 项矿井总回风巷或者一翼回风巷中甲烷或者二氧化碳浓度超过 0.75%时,必须立即查明原因,进行处理。E 项对因甲烷浓度超过规定被切断电源的电气设备,必须在甲烷浓度降到 1.0%以下时,方可通电开动。此题易错,选 BCD。

15. CDE 三项属于矿井防火方面的要求。A、B 项井下消防管路系统应当敷设到采掘工作面,每隔 100 m 设置支管和阀门,但在带式输送机巷道中应当每隔 50 m 设置支管和阀门。选 CDE。

16. ACE 三项属于矿井水害防治方面的要求。B 项矿井井口和工业场地内建筑物的地面标高必须高于当地历年最高洪水位。D 项探水后掘进中,掘到批准位置时,最后 0.5 m 停止爆破。选 ACE。

17. 井下供电应做到"三无、四有、两齐、三全、三坚持"。三无:即无鸡爪子,无羊尾巴,无明接头。四有:即有过流和漏电保护装置,有螺钉和弹簧垫圈,有密封圈和挡板,有接地装置。两齐:即电缆悬挂整齐,设备硐室清洁整齐。三全:即防护装置全,绝缘用具全,图纸资料全。三坚持:即坚持使用检漏继电器,坚持使用煤电钻、照明和信号综合保护,坚持使用瓦斯电和风电闭锁。CDE 应为"两齐"、"三全"、"三坚持",选 AB。

18. 伤亡事故按伤害程度和伤亡人数分为五类:① 轻伤事故:指负伤职工只有轻伤的事故;② 重伤事故:批负伤职工只有重伤(多人时包含轻伤)的事故;③ 死亡事故:指死亡 1~2 人(多人时包含轻伤、重伤)的事故;④ 重大伤亡事故:指一次死亡 3~9 人的事故;⑤ 特别重大伤亡事故:指一次死亡 10 人以上的事故。选 ACE。

19. ABCDE 是煤矿生产中常见的五大灾害,都会对煤矿的安全生产造成重大影响,应当有针对性的采取措施进行预防。

20. 复苏成功的有效指标包括:患者恢复自主呼吸、恢复自主心跳、恢复正常血压、散大的瞳孔缩小、皮肤和黏膜恢复红润、恢复意识以及恢复生理性反射等。选 ABCDE。

21. 《企业职工伤亡事故调查分析规则》已废止。现场处理:事故发生后,应救护受伤害者。采取措施制止事故蔓延扩大;认真保护事故现场。凡与事故有关的物体、痕迹、状态,不得破坏;为抢救受伤害者需要移动现场某些物体时,必须做好现场标志。选 ABC。

22. 在生产劳动过程中发生伤亡事故以后,要进行调查分析,其目的是查明原因,分清责任,拟订改进措施,防止事故重复发生。AD 两项处罚不是调查的主要目的,选 BC。

23. AB 项属于在使用避难硐室时的注意事项,C 项应关闭密闭门,防止有毒气体进入,选 AB。

24. 生活中常见的现场止血方法主要有指压动脉止血法、直接压迫止血法、加压包扎止血法、填塞止血法、止血带止血法。AB 为压迫止血,C 加压包扎止血法,D 为止血带止血,选 ABCD。

25. 隔离式自救器是一种自生氧的往复式闭路呼吸系统的自救设备,不受外界气体成分条件的限制,可以在题中 ABCD 等有毒气体及缺氧的环境下使用,选 ABCD。

26. ABCD 皆是保证人员安全撤离灾区的编制原则。

27. ABCDEFG 属于企业对职工的行政处分。H 项拘留包括行政拘留、刑事拘留和司法拘留。行政拘留属于行政处罚,刑事拘留属于对犯罪嫌疑人的强制措施,司法拘留也是一种强制措施。选 ABCDEFG。

28. 根据《煤炭工业企业职工伤亡事故报告和统计规定》(试行)第十八条规定,下列事故不统计到本企业伤亡事故总数中,列表外统计上报备案。① 本企业支援或承包外单位工程发生伤亡事故由外单位统计报告。② 企业外组织的安全检查、培训、科研、学习、参观等活动发生的伤亡事故。③ 职工在生产岗位直接原因因突发疾病造成的伤亡事故。④ 发生不可抗拒的自然灾害造成的伤亡事故,如冰雹、地震、龙卷风等。选 ABCD。

29. 根据《煤炭工业企业职工伤亡事故报告和统计规定》(试行)第十八条规定,按事故原因分析,有三违(违章作业、违章指挥、违反劳动纪律)、工程质量、安全措施、安全设施不全或失效等四种原因。A 项文化程度有单独的原因分析,选 BCDE。

30. 题目中 ABCDEF 都是存在重大危险源的矿井。

31. 我国现行的安全管理体制是:企业全面负责、行业管理、国家监察、群众监督,劳动者遵章守纪。选 AB。

32. AE 是按事故形成的因素划分的。BCD 是按行业生产特点进行划分的。选 AE。

33. 非责任事故可分为三种:自然事故,意外事故,技术事故。AC 是责任事故,选 BDE。

34. "三同时"是指:生产经营单位新建、改建、扩建工程项目的安全设施,必须与主体工程同时设计、同时施工、同时投入生产和使用。选 BCD。

35. 煤矿的"一通三防"中"一通"是指矿井通风,"三防"是指防治瓦斯、防治煤尘、防治矿井火灾。选 ABD。

36. 煤矿安全生产要坚持"三并重"原则,"三并重"是指管理、装备、培训并重。选 ACD。

37. 煤矿"三大规程"是指:煤矿安全规程、作业规程、操作规程。选 ADE。

38. D 项井下所有煤仓和溜煤眼都应当保持一定的存煤,不得放空,处理煤仓堵塞时可以放空,应制定安全措施,E 项有涌水的煤仓和溜煤眼,可以放空,但放空后放煤口闸板必须关闭,并设置引水管。选 ABC。

39. 根据《煤矿安全规程》第九十七条规定,采煤工作面必须保持至少 2 个畅通的安全出口,一个通到进风巷道,另一个通到回风巷道。综合机械化采煤工作面,此范围内的巷道高度不得低于 1.8 m,其他采煤工作面,此范围内的巷道高度不得低于 1.6 m。选 ABD。

40. B 项应为安全出口的宽度不得小于 0.8 m,E 项当采高超过 3 m 或者煤壁片帮严重时,液压支架必须设护帮板。当采高超过 4.5 m 时,必须采取防片帮伤人措施。选 ACDE。

41. 在临床上包扎伤口可以起到减轻疼痛,固定敷料,预防感染,保护伤口的作用,另外在一定的程度上还能够非常有效的压迫止血。B 项为干扰项,选 AC。

42. 煤矿井下发生事故后,应及时制订组织灾区人员自救、安全撤离灾区以及抢救人员的措施。包括进入井下人员的行动路线、方法和措施。A 项指挥人员一般在地面或井下安全地点进行指挥,选 BCD。

43. 在现场指挥系统组织结构中,后勤部负责为事故的应急响应提供设备、设施、物资、人员、运输、服务等。选 ABCDE。

44. 煤矿事故调查必须坚持实事求是,尊重科学的原则,坚持严肃认真、秉公处理的态度,以便查清事故原因,防范类似事故发生。选 ABCD。
45. 现场急救"三先三后"原则:对窒息或心跳、呼吸刚停止不久的伤员,必须先复苏,后搬运;对出血的伤员,必须先止血,后搬运;对骨折的伤员必须先固定,后搬运。选 ABD。
46. 题中 ABCDE 都需要矿井编制相应的安全措施,避免出现安全隐患。
47. 一个完整的应急体系应由组织体制、运作机制、法制基础和应急保障系统构成。B 项为干扰项,选 ACDE。
48. 危重伤员是指受伤后可能会对生命和健康造成重大危害的伤员,其病情可能会发展到危及性命的情况,因此需要对其进行危重护理。其伤情范围包括:窒息、昏迷、休克、大出血,头、颈、胸、腹的严重损伤,脏器伤及大面积烧伤、溺水、触电、中毒。B 项骨折及脱位属于重伤或轻伤的范围。选 ACD。
49. 事故应急救援是指由于各种原因造成或可能造成人员伤亡、财产损失及其他较大社会危害时,为及时控制危害源、抢救受害人员、指导职工防护和组织撤离、清除危害后果而组织的救援活动。包括工程、设备、器材、材料、工具的数量、使用地点和使用方法及管理办法等。选 ABCDE。
50. 急救、止血、包扎、骨折临时固定都是现场应急救护措施,需要迅速送到医院进一步救治。选 BCDE。
51. 如果存在脊椎的骨折,或者椎体间的关节损伤的话,如果站起、坐立和行走,可能由于关节的不平衡,或者骨折位置的受力不稳,导致进一步损伤脊椎里面的神经,有造成截瘫的可能。脊椎骨折的病人应该用硬板担架,或者床板之类的,在多人的协调下平衡的搬动。A 项大腿骨折的伤员用普通担架即可,选 BCD。
52. 轻伤指伤情较轻,能行走。或仅有一处骨折或软组织挫伤的伤员,经门诊或者手术处理即可回家休养而不要转送医院者。如皮肤割裂伤、擦挫伤、烧伤或烫伤面积不大者,关节脱位或一处肢体、肋骨骨折者。AB 项为重伤,选 CD。
53. 安全评价分为安全预评价(在建设项目可行性研究阶段、工业园区规划阶段或生产经营活动组织实施之前)、安全验收评价(在建设项目竣工后正式生产运行前或工业园区建设完成后)、安全现状评价(针对生产经营活动中、工业园区的事故风险、安全管理等情况)、专项安全评价。选 CDEF。
54. ABCDF 属于煤矿安全检查的内容。E 项查干部出勤情况,不属于安全检查的范围。
55. 煤矿安全检查的种类根据煤矿安全生产的目的、性质和要求,可分为以下四种:经常性的安全检查、定期的安全检查、监督性的安全检查、特殊的检查。经常性的安全检查包括专业人员的检查、业务保安检查、领导巡回检查、岗位安全检查。选 ACDF。
56. 在探放水钻进时,发现煤岩松软、片帮、来压或者钻孔中水压、水量突然增大和顶钻等突(透)水征兆时,应当立即停止钻进,但不得拔出钻杆;现场负责人员应当立即向矿井调度室汇报,撤出所有受水威胁区域的人员,采取安全措施,派专业技术人员监测水情并进行分析,妥善处理。选 ABCD。
57. ABCD 都是普采工作面的现场安全检查的重点。
58. 根据题中描述,该事故属于运输事故,选项中 ABCD 都是事故发生的主要原因。选 ABCD。
59. 根据题中描述,该事故属于运输事故,选项中 ABCD 都是事故发生的主要原因。选 ABCD。
60. 根据《煤矿安全规程》第九十九条规定,台阶采煤工作面必须设置安全脚手板、护身板和溜煤板。倒台阶采煤工作面,还必须在台阶的底脚加设保护台板。此题易错,选 BCD。
61. A 项临时抽采瓦斯泵站应当安设在抽采瓦斯地点附近的新鲜风流中;B 项抽出的瓦斯可引排到地面、总回风巷、一翼回风巷或者分区回风巷,但必须保证稀释后风流中的瓦斯浓度不超限,不可以引至进风巷。此题易错,选 AB。
62. 根据题中事故描述,选项中 AC 的说法正确,BD 项说法和 AC 项相悖,错误。
63. 选项中 ABCD 都可能产生电火花,若出现瓦斯超限,容易引起瓦斯爆炸。
64. 选项中 ABCD 都主要通风机的检查内容。
65. 选项中 ABC 是瓦斯防治的检查重点,D 项是防治水的检查重点。此题易错,选 ABC。

66. 选项中 ABC 是掘进通风管理检查的内容,D 项是主要通风机的检查重点。此题易错,选 ABC。
67. 选项中 ABC 应是阻燃材料制成的,D 项支架是金属材料不可燃。选 ABC。
68. 电缆与电缆的连接以及电缆与电气设备的连接,应当通过电缆接线盒、插销连接器、母线盒等连接装置,不得有明接头、冷包头和"鸡爪子"、"羊尾巴"。选 ABC。
69. 选项中 ABC 是机采工作面顶板管理要检查的内容,D 项是炮采工作面检查的内容。
70. 炮采工作面支护的安全检查内容有:① 检查支柱布置是否符合作业规程规定,呈一条直线,中心距偏差不应超过 100mm;② 顶梁铰接率大于 90%,是否出现不铰接现象;③ 支柱初撑力、迎山、棚梁、背板、柱鞋、柱窝是否符合作业规程规定;④ 无失效柱、失效梁和空载支柱,不同型号支柱是否混用;⑤ 是否按作业规程及时架设密集支柱或木棚木垛,其数量、位置符合规定;⑥ 柱梁是否全部编号管理,并做到牌号清晰。选 ABCD。
71. 使用水炮泥、"一炮三检"、三人联锁爆破都是实现安全爆破的措施,B 项应是一组装药必须一次起爆,选 ACD。
72. 禁止使用震动爆破揭穿突出煤层。选 ABC。
73. 选 ABCD。
74. 根据《煤矿安全规程》第一百七十三条规定,采掘工作面及其他巷道内,体积大于 $0.5~m^3$ 的空间内积聚的甲烷浓度达到 2.0% 时,附近 20 m 内必须停止工作,撤出人员,切断电源,进行处理。选 ABCD。
75. 预抽煤层瓦斯或开采保护层以后,必须进行效果检验。主要检查 4 个指标:煤的破坏类型、瓦斯放散初速度、煤的坚固性系数、煤层瓦斯压力。其中有一项指标不合格,就说明突出的危险依然存在,还需要重新采取措施。此题易错,选 ABCD。
76. 煤矿安全检查一般遵循五个程序:检查准备、实施检查活动、隐患处理、隐患的整改和反馈、行政制裁。E 项司法干预是法院采取的一种措施。此题易错,选 ABCD。
77. 煤矿安全隐患有三种类型:一般隐患、重大隐患、紧急隐患。C 项为干扰项。此题易错,选 ABD。
78. 重大伤亡事故的处理,可分为四个阶段:应急阶段、抢救处理、调查处理、结案处理。D 项善后处理属于事故处理后的阶段。此题易错,选 ABCE。
79. 瓦斯是煤矿开采过程中释放出来的无色、无味、无毒的气体,有四大危害:一是可以燃烧,引起矿井火灾;二是会引起瓦斯爆炸;三是浓度过高时会导致人员缺氧窒息,甚至死亡;四是会发生煤(岩)与瓦斯突出。A 项有毒错误。此题易错,选 BCD。
80. 矿井井下避灾的基本原则是及时报告、积极救灾、安全撤离、妥善避灾。选 ABCD。
81. 煤炭自燃的条件是:具有自燃倾向性的煤炭,呈一定厚度的破碎状堆积和有连续的供氧条件,且热量易于积聚,3 个条件同时存在且持续足够的时间。此题易错,BE 两项不满足热量积聚的条件,ACD 容易发生煤炭自燃。
82. 井下灭火方法一般分三类:① 直接灭火法。在燃烧区域或燃烧点附近直接进行灭火,以便在火灾发生时,能迅速扑灭火灾;② 隔绝灭火法。它是在通往火源的所有通路构筑防火墙来隔绝通向火源的空气,等待火灾因氧气不足而自行熄灭的方法;③ 联合灭火法。把直接灭火法和隔绝灭火法联合起来,使火源加速熄灭的方法。选 ABD。
83. 煤与瓦斯突出危险煤层中掘进巷道主要检查以下几项:① 在突出危险煤层中掘进时,必须有防突措施;② 严禁在突出危险煤层的顶分层中掘进和布置巷道;③ 在突出危险煤层中掘进必须按照设计测量的中线和腰线进行施工,不得任意拐弯和抬高,以免产生应力集中;④ 在突出危险煤层中掘进时,严禁使用风镐落煤和用风钻打眼;⑤ 必须采用长距离爆破的作业方式。爆破地点必须在工作面入风侧;⑥ 煤层或顶底板松软,不能采取爆破作业时,只准使用镐作业,并采用"做半面、背半面"的施工方法;⑦ 上山掘进工作面同上部平巷贯通前,平巷必须超前贯通的位置等。此题易错,选 ABCD。

判断题答案与解析

1. √ 2. √ 3. × 4. √ 5. √ 6. × 7. × 8. √

9. √	10. √	11. √	12. ×	13. √	14. ×	15. ×	16. √
17. √	18. √	19. √	20. √	21. ×	22. √	23. √	24. √
25. √	26. √	27. ×	28. √	29. √	30. √	31. √	32. √
33. ×	34. √	35. √	36. √	37. √	38. √	39. √	40. √
41. √	42. ×	43. √	44. √	45. √	46. √	47. √	48. ×
49. √	50. √	51. √	52. √	53. √	54. √	55. √	56. √
57. ×	58. √	59. √	60. √	61. √	62. √	63. √	64. √
65. ×	66. √	67. √	68. √	69. √	70. √	71. √	72. √
73. √	74. √	75. √	76. √	77. √	78. √	79. √	80. √
81. √	82. √	83. √	84. √	85. √	86. √	87. √	88. √
89. √	90. √	91. √	92. √	93. √	94. √	95. √	96. √
97. ×	98. √	99. √	100. √	101. √	102. √	103. √	104. ×
105. √	106. √	107. ×	108. √	109. √	110. √	111. √	112. √
113. √	114. √	115. √	116. √	117. √	118. √	119. √	120. √
121. √	122. ×	123. √	124. √	125. √	126. √	127. √	128. √
129. √	130. √	131. √	132. √	133. √	134. √	135. √	136. √
137. √	138. √	139. ×					

1. √。安全检查工必须必须经专门的安全技术培训和考核合格,由省级煤矿安全培训主管部门颁发《中华人民共和国特种作业操作证》(简称特种作业操作证)后,方可上岗作业。

2. √。行政责任,是指违反了国家行政法规而需承担的责任。安全检查工不坚守岗位而发生事故属于没有履行安全检查职责,应承担行政责任。

3. ×。安全与生产是相互依存的关系。施工过程中必须保证安全,不安全就不能生产。

4. √。安全检查工有权制止违章指挥、违章作业和违反劳动纪律行为,发现不安全因素和隐患,有权要求有关部门和单位采取措施限期解决、整改。无故不处理、整改的,安全检查工有权停止作业并按规定给予责任者处罚或帮教。

5. √。煤矿井下过流保护、漏电保护、接地保护称为三大保护。为保证井下高压电动机、动力变压器的高压控制设备的安全运行,避免电气故障事故的发生,井下高压供电必须装设三大保护。

6. ×。此题易错,技术事故是指由于技术手段或者设备条件所限而无法避免的人员伤亡或经济损失。但并非所有由于设备原因引起的事故都是技术事故,如设备出现障碍,操作者或者护理者应当发现而未能发现,造成重大事故的,属于责任事故。

7. ×。根据《关于加强非伤亡事故管理的通知》规定,掘进工作面冒顶长 5 m 及以上者,属一级非伤亡事故。

8. √。根据《煤矿安全规程》第五十六条规定,由下向上施工 25°以上的斜巷时,必须将溜矸(煤)道与人行道分开。人行道应当设扶手、梯子和信号装置。斜巷与上部巷道贯通时,必须有专项措施。

9. √。直接责任指行为人的行为与事故之间有直接因果关系,对事故发生起决定性作用。直接责任者是指其行为与事故的发生有直接关系的人员。

10. √。责任事故需要追究相关责任人,就是有人要对事故承担责任,原因是其对事故的发生可能存在渎职或其他责任。

11. √。使用局部通风机通风的掘进工作面,不得停风;因检修、停电、故障等原因停风时,容易造成瓦斯积聚,会出现瓦斯爆炸的危险,因此必须将人员全部撤至全风压进风流处,切断电源,设置栅栏、警示标志,禁止人员入内。

12. ×。采空区抽放瓦斯检查抽放点必须用不燃材料建筑永久性密闭,其厚度不得小于 600 mm,每个密闭前都要设反水池、设举灌浆管。此题易错。

13. √。根据《煤矿安全规程》第二百五十条规定,进风井口应当装设防火铁门,防火铁门必须严密并易于关闭,打开时不妨碍提升、运输和人员通行,并定期维修;如果不设防火铁门,必须有防止烟火进入矿井的安全措施。
14. ×。使用铰接顶梁工作面铰接率要大于90%。此题易错。
15. ×。严禁使用3台及以上局部通风机同时向1个掘进工作面供风。不得使用1台局部通风机同时向2个及以上作业的掘进工作面供风。
16. √。根据《煤矿安全规程》第三百零八条规定,防水闸门硐室前、后两端,应当分别砌筑不小于5 m的混凝土护碹,碹后用混凝土填实,不得空帮、空顶。
17. √。根据《煤矿安全规程》第二百八十八条规定,采掘工作面或者其他地点发现有煤层变湿、挂红、挂汗、空气变冷、出现雾气、水叫、顶板来压、片帮、淋水加大、底板鼓起或者裂隙渗水、钻孔喷水、煤壁溃水、水色发浑、有臭味等透水征兆时,应当立即停止作业,撤出所有受水患威胁地点的人员,报告矿调度室,并发出警报。在原因未查清、隐患未排除之前,不得进行任何采掘活动。
18. √。根据《煤矿安全规程》第三百二十五条规定,排除井筒和下山的积水及恢复被淹井巷前,应当制定安全措施,防止被水封闭的有毒、有害气体突然涌出。排水过程中,应当定时观测排水量、水位和观测孔水位,并由矿山救护队随时检查水面上的空气成分,发现有害气体,及时采取措施进行处理。
19. √。运送人员前,必须卸除输送带上的物件,防止人员乘坐时太高,运行中碰伤头部,也防止因脱槽和断带时埋人。
20. √。斜巷运输时,为防止发生跑车事故伤人,行车时严禁行人;绞车道上悬挂"行车不行人,行人不行车"的警示牌和声光信号。斜井兼作人行道时设有专用人行道、躲避硐室、行车信号。
21. ×。钻杆,铁锹等长工具,都要拿在手里,不要扛在肩上,是为了避免碰伤人或碰坏电灯、电缆等设备。在有架线电机车行驶的巷道里行走时,尤其要留意不能让工具碰着排击线,否则,会有触电的危险。
22. √。当瓦斯和空气的混合气体中混入可燃性气体不仅增加爆炸气体总浓度且会使瓦斯爆炸下限降低。
23. √。在瓦斯和空气的混合气体中,如果混入有爆炸性煤尘时,能使瓦斯爆炸下限降低,同时也会降低煤尘爆炸的下限。
24. √。煤与瓦斯突出危险性随煤层埋藏深度、煤层厚度、煤层倾角增加而增大。
25. √。当独头上山下部唯一出口被淹没无法撤退时,可在独头上山迎头暂避待救,因为独头上山水位上升到一定位置后,上山上部能因空气压缩增压而保持一定的空间。
26. √。如果继续钻进,或将钻杆拔出,极有可能会造成更大的出水难以控制以及钻杆在拔出的过程中被高压水顶出伤人事故,后果不堪设想,因此,必须及时停止钻进,将钻杆固定,严禁移动和起拔。
27. ×。用架线电机车牵引矿车运送人员时,邻近电机车的两辆矿车内严禁乘人。
28. ×。突出矿井的人员必须携带隔离式自救器。
29. ×。采煤工作面用液压支架支护顶板,支架顶梁与顶梁平行支设,其最大仰俯角应小于7°。此题易错。
30. ×。综合机械化采煤工作面照明灯间距不得大于15 m。此题易错。
31. √。失爆指电气设备的隔爆外壳失去了耐爆性或隔爆性能,缺螺栓、弹簧垫圈,密封圈老化等都属于失爆。
32. √。变压器中性点直接接地供电系统发生人体触电时,会增大人体触电电流。因此严禁井下配电变压器中性点直接接地。
33. ×。矿井杂散电流可能引起电雷管的误爆炸,威胁人身安全。因为雷管中通过电流大于300 mA时,或者雷管的两脚线间电压达到1~1.5 V时就可以引爆。矿井杂散电流远一般超过300 mA,有的矿井掘进巷道的杂散电流达到7 A,在杂散电流的影响下,轨道与大地之间的电位差也可能达到1.5 V,甚至远远超过这个数值。因此,两根爆破导线,一根与轨道直接或间接接触,另一根与地或管路(远端与地接触)接触,可能引起爆炸。
34. √。根据《煤矿安全规程》第三百八十五条规定,采用平巷人车运送人员时,人员上下车地点应当有照明,架空线必须设置分段开关或者自动停送电开关,人员上下车时必须切断该区段架空线电源。

35. √。对触电人员进行抢救时,若触电人员呼吸和心跳都已停止,应同时进行人工呼吸、胸外心脏按压,即心肺复苏。
36. ×。矿用回柱绞车,又称慢速绞车,是用来拆除和回收矿山回采工作面顶柱的机械设备。此题易错。
37. √。矿灯灯头内的保险断电(短路保护)装置是为防止井下瓦斯爆炸用的。
38. √。井下爆炸物品库、机电设备硐室、检修硐室、材料库、井底车场、使用带式输送机或者液力偶合器的巷道以及采掘工作面附近的巷道中,必须备有灭火器材,其数量、规格和存放地点,应当在灾害预防和处理计划中确定。
39. √。凡修补过的屏蔽电缆,必须对屏蔽层测试;如有中断的屏蔽层必须查找断开点,重新修补。
40. √。漏电继电器是指用来检测设备是否有漏电现象,并将其转换为开关信号的保护电器。值班室电钳工每天必须对漏电继电器的运行情况进行1次检查和跳闸试验。
41. √。检修电气设备,严格执行"谁停电,谁送电"的原则,严禁约时送电,目的是严禁带电检修。
42. ×。断电检修设备时。不能直接进行开盖检修。需要先对设备进行验电,并做好安全防护措施后,才能进行开盖检修。
43. √。根据《矿山安全法》第二十二条规定,矿山企业职工必须遵守有关矿山安全的法律、法规和企业规章制度。矿山企业职工有权对危害安全的行为,提出批评、检举和控告。
44. √。根据《煤矿安全规程》第四百四十二条规定,检修或者搬迁前,必须切断上级电源,检查瓦斯,在其巷道风流中甲烷浓度低于1.0%时,再用与电源电压相适应的验电笔检验;检验无电后,方可进行导体对地放电。
45. √。对防爆设备的密封胶圈有下列要求:① 胶圈外径与腔室内径间隙不大于2 mm。② 胶圈内径与电缆外径间隙不大于1 mm。③ 胶圈宽度不得小于0.7倍的电缆外径,但不得小于10 mm。④ 胶圈厚度不得小于0.3倍的电缆外径,但不得小于4 mm。
46. √。对于不停电的电气设备,值班人员在工作时必须和带电设备保持一定的安全距离,按照《电业安全工作规程》的相关规定,10 kV及以下安全距离是0.7 m,20~35 kV是1.0 m,44 kV是1.2 m。
47. √。安全检查工发现不安全问题和隐患时,有权要求有关部门和单位采取措施,限期整改;有权制止"三违",有权对"三违"开罚单或送交安全部门对其帮教。
48. ×。季节性安全检查是针对气候特点(如夏季、冬季、雨季、风季等)可能对施工生产带来的安全危害而组织的安全检查。可知检查周期是根据气候特点制定的。此题易错。
49. √。本题考核的是安全检查工的职业道德,应尊重被查单位和人员、以礼待人、和气平等、文明检查,不准训斥谩骂、恶语伤人。
50. ×。严禁使用3台及以上局部通风机同时向1个掘进工作面供风。不得使用1台局部通风机同时向2个及以上作业的掘进工作面供风。
51. ×。斜井人车都有断绳保险装置,断绳后会使人车自动停止下来,乘坐人员一般不会发生严重伤害。因此乘车人员发现人车运行情况出现异常时,应握紧车内的座椅靠背或扶手,以免人车快速停止时摔伤和出现其它伤害。
52. √。本题是安全检查工对矿井通风的检查,检查是否有风速过小或风速超限、风量过小、微风或无风等现象,若发现上述现象,应立即停止生产。
53. ×。安全大检查时,必须有被检查单位安全生产第一责任者在现场接受检查。检查要认真严格,不能讲情面、走过场、走形式。
54. √。根据《煤矿安全规程》第二百三十一条内容,冲击地压矿井巷道布置与采掘作业应当遵守下列规定:采用垮落法管理顶板时,支架(柱)应当有足够的支护强度,采空区中所有支柱必须回净。
55. √。在维修井巷作业中很容易发生冒顶砸人和冒顶堵人等事故,在处理高顶时又易发生有害气体中毒,在倾斜巷维修作业时还易发生物体滚落和跑车等事故,所以维修井巷要制定安全措施。

56. ×。根据《煤矿安全规程》第一百三十三条规定,倾角在25°以上的小眼、煤仓、溜煤(矸)眼、人行道、上山和下山的上口,必须设防止人员、物料坠落的设施。此题易错。

57. ×。井下采掘工作面的进风流中,氧气浓度不得低于20%。

58. √。据测算,工作时一个人的耗氧量为1~3 L/min,因此《煤矿安全规程》规定,井下每人每分钟供给风量不得少于4 m^3。

59. ×。根据《煤矿安全规程》第一百四十九条规定,生产水平和采(盘)区必须实行分区通风。

60. √。根据《煤矿安全规程》第一百五十条规定,采、掘工作面应当实行独立通风,严禁2个采煤工作面之间串联通风。

61. √。根据《煤矿安全规程》第一百五十三条规定,采煤工作面必须采用矿井全风压通风,禁止采用局部通风机稀释瓦斯。采掘工作面的进风和回风不得经过采空区或者冒顶区。

62. √。根据《煤矿安全规程》第一百七十二条规定,采区回风巷、采掘工作面回风巷风流中甲烷浓度超过1.0%或者二氧化碳浓度超过1.5%时,必须停止工作,撤出人员,采取措施,进行处理。

63. ×。煤矿入井人员必须携带隔离式自救器。

64. ×。根据《煤矿安全规程》第二百五十二条规定,井筒与各水平的连接处及井底车场,主要绞车道与主要运输巷、回风巷的连接处,井下机电设备硐室,主要巷道内带式输送机机头前后两端各20 m范围内,都必须用不燃性材料支护。此题易错。

65. ×。该起事故因电焊工有事,委托气焊工进行作业。气焊工没有清理工作场所杂物,也未准备消防材料,作业过程中,引燃地面杂物,属于责任事故。

66. ×。该起水害事故中,下一班工作人员没有贯彻"预测预报、有疑必探、先探后掘、先治后采"基本原则,属于责任事故。

67. √。安全检查工对采煤工作面顶板进行检查时,发现控顶距离已超过作业规程规定,有权下令禁止采煤,撤出人员,进行处理。。

68. ×。当采掘工作面空气温度超过26 ℃、机电设备硐室超过30 ℃时,必须缩短超温地点工作人员的工作时间,并给予高温保健待遇。当采掘工作面的空气温度超过30 ℃、机电设备硐室超过34 ℃时,必须停止作业。

69. ×。大拇指轧断一节,食指、中指、无名指、小指任何一只轧断两节或任何两只各轧断一节;局部肌肉受伤甚剧,引起机能障碍,有不能自由伸曲的残废可能的,都为重伤。

70. √。为了防止局部通风机发生循环风,根据《煤矿安全规程》规定,压入式局部通风机和启动装置安装在进风巷道中,距掘进巷道回风口不得小于10 m。全风压供给该处的风量必须大于局部通风机的吸入风量。

71. √。安全检查工发现造成事故的紧急危险情况时,有权命令立即停止作业,撤出人员。

72. √。无风盲巷和设有栅栏、禁止入内的巷道由于没有正常通风,巷道内氧气含量低,有毒有害气体增加,没有采取安全措施前,工作人员不准进入。

73. √。龙某违反操作规程,擅自开动绞车,使下放的两节重车撞到停在空车道上的车斗,将掘进区爆破工庄某挤死,属于重大责任事故罪。

74. ×。防爆门在正常情况下,应是关闭状态的。防爆门的作用是,井下发生瓦斯煤尘爆炸时产生的高压气流(冲击波)冲开防爆门得以卸压,避免其冲向主要通风机,保证主要通风机装置不被损坏并保持正常运行,高压气流过后防爆门自动关闭。

75. ×。对于井下电气引起火灾,首先要切断电源,再迅速采取灭火措施。此题易错。

76. √。反向装药与正向装药相比,能够提高炮眼利用率,加强岩石破碎,减小大块率,爆破效果更好。但反向爆破不仅需要较长的脚线而且不够安全,容易引爆瓦斯,所以高瓦斯矿不允许采用。

77. √。工作面瓦斯、煤尘超限时,继续生产容易造成瓦斯、煤尘爆炸事故,因此必须立即停止割煤,必要时按规定停电,撤出人员。

78. ×。瓦斯检查工王某明知瓦斯浓度日趋上升,未及时报告处理,井下爆破时没有检查瓦斯,结果爆破引起瓦斯爆炸,死伤多人,属重大责任事故罪。

79. ×。发生一般矿山事故,由矿山企业负责调查和处理。发生重大矿山事故,由政府及其有关部门、工会和矿山企业按照行政法规的规定进行调查和处理。

80. ×。采空区必须及时封闭。必须随采煤工作面的推进逐个封闭通至采空区的连通巷道。采区开采结束后45天内,必须在所有与已采区相连通的巷道中设置密闭墙,全部封闭采区。

81. √。根据《煤矿安全规程》第一百五十条规定,开采有瓦斯喷出、有突出危险的煤层或者在距离突出煤层垂距小于10 m的区域掘进施工时,严禁任何2个工作面之间串联通风。

82. ×。根据《煤矿安全规程》第一百零四条规定,开工前,班组长必须对工作面安全情况进行全面检查,确认无危险后,方准人员进入工作面。此题易错。

83. ×。根据《煤矿安全规程》第八十七条规定,每一生产矿井必须至少有2个能行人的通达地面的安全出口,各个出口间的距离不得小于30 m。此题易错。

84. ×。煤矿企业每年必须至少组织1次矿井救灾演习。煤矿必须建立矿井安全避险系统,对井下人员进行安全避险和应急救援培训,每年至少组织1次应急演练。

85. ×。煤矿必须建立入井检身制度和出入井人员清点制度;必须掌握井下人员数量、位置等实时信息。

86. ×。根据《煤矿安全规程》第一百零五条规定,采煤工作面初次放顶及收尾时,必须制定安全措施。此题易错。

87. √。当工作面倾角大于15°时,液压支架很容易倾倒。目前生产的液压支架,在设计时一般有防倒功能,但由于回采工作面生产的多变性,加之其他因素,所以,当工作面倾角大于15°时,液压支架必须采取相应的防倒、防滑措施。

88. √。此题是旧版《煤矿安全规程》的规定,新版已做修改。

89. √。采煤机上的控制按钮,必须设在靠采空区一侧,防止人员进入靠煤壁侧操作。加保护罩是防止人员在进行各项作业时,无意触及控制按钮而引起事故。

90. √。裸露爆破是把炸药放在被爆破的煤、岩块的表面上,用黄泥等把炸药盖上进行爆破,又叫放糊炮。容易引起瓦斯、煤尘燃烧或爆炸、容易崩倒和崩坏支架、容易崩坏机电设备、造成生产事故等。因此,煤矿井下严禁裸露爆破。

91. √。掘进机检修时,要对掘进机各部件和各种功能进行测试、调整,有时还要进行试运转,此时若在截割臂和转载桥下方停留或作业,很容易发生事故。

92. √。根据《煤矿安全规程》第六十一条规定,高瓦斯、煤与瓦斯突出和有煤尘爆炸危险矿井的煤巷、半煤岩巷掘进工作面和石门揭煤工作面,严禁使用钢丝绳牵引的耙装机。

93. √。根据《矿山安全法》第三十六条规定,发生矿山事故,矿山企业必须立即组织抢救,防止事故扩大,减少人员伤亡和财产损失,对伤亡事故必须立即如实报告劳动行政主管部门和管理矿山企业的主管部门。

94. √。使用局部通风机供风的地点必须实行风电闭锁和甲烷电闭锁,保证当正常工作的局部通风机停止运转或者停风后能切断停风区内全部非本质安全型电气设备的电源。

95. ×。采掘供电不能混用,应分开供电。

96. √。爬踏跳车和违章乘车,或者爬带式输送机,都属于不安全的操作,容易产生事故。因此必须按规定乘人车和乘罐笼以及其他载人设备。

97. ×。巷道贯通前应当制定贯通专项措施。综合机械化掘进巷道在相距50 m前、其他巷道在相距20 m前,必须停止一个工作面作业,做好调整通风系统的准备工作。

98. ×。安全检查工要求在井下现场工作必须满5年以上。

99. √。安装锚杆前,应先检查锚杆孔布置形式、孔距、孔深、角度以及锚杆部件是否符合作业规程要求,不符合规定的要进行处理及更换。应将眼孔内的积水、煤岩粉屑用掏勺或压风吹扫干净。

100. ×。发现有人触电,为保障自身和触电人员的安全,首先应赶紧切断电源。
101. ×。每班使用前,必须对煤电钻综合保护装置进行1次跳闸试验。此题易错。
102. √。煤矿企业领导拒不接受正确意见,坚持违章指挥冒险生产,或因工作打击报复,安全检查人员有权越级上告。
103. √。根据《煤矿安全规程》第一百零一条规定,采煤工作面必须及时支护,严禁空顶作业。所有支架必须架设牢固,并有防倒措施。严禁在控顶区域内提前摘柱。碰倒或者损坏、失效的支柱,必须立即恢复或者更换。移动输送机机头、机尾需要拆除附近的支架时,必须先架好临时支架。
104. ×。自救器有许多可能的使用限制,如使用条件、使用时间、储存条件、设备寿命等。
105. √。爆破作业必须执行"一炮三检"和"三人连锁爆破"制度,并在起爆前检查起爆地点的甲烷浓度。
106. √。煤矿安全检查人员主要检查人的不安全行为、物的不安全状态、作业环境的调节治理,监督各项安全管理制度的落实、制止各种"三违"行为,发现处理各种隐患。现场安全检查的重点是查作业场所是否存在隐患和"三违"现象。
107. ×。根据《煤矿安全规程》第一百八十六条规定,开采有煤尘爆炸危险煤层的矿井,必须有预防和隔绝煤尘爆炸的措施。此题易错。
108. ×。安全检查工发现不安全问题和隐患时,有权要求有关部门和单位采取措施,限期整改;有权制止"三违",有权对"三违"开罚单或送交安全部门对其帮教。
109. √。在有瓦斯或者煤尘爆炸危险的采掘工作面,应当采用毫秒爆破。在掘进工作面应当全断面一次起爆,不能全断面一次起爆,必须采取安全措施。在采煤工作面可分组装药,但一组装药必须一次起爆。
110. √。采空区内没有支护,顶板会随时垮落,空气环境复杂,有毒有害气体增加,人员进入会危及安全,因此禁止工作面人员进入采空区回收材料。
111. √。采煤工作面初次放顶时,顶板下沉速度急增,使支架受力猛增,顶板破碎,并出现平行煤壁的裂隙,甚至出现工作面顶板台阶下沉,煤壁片帮。因此,根据《煤矿安全规程》第一百零五条规定,采煤工作面初次放顶及收尾时,必须制定安全措施。
112. ×。裸露爆破是把炸药放在被爆破的煤、岩块的表面上,用黄泥等把炸药盖上进行爆破,又叫放糊炮。容易引起瓦斯、煤尘燃烧或爆炸,容易崩倒和崩坏支架,容易崩坏机电设备、造成生产事故等。因此,煤矿井下严禁裸露爆破。
113. √。倾斜巷道内架棚没有一定的迎山角,架棚就会后仰,受力时会造成架棚歪倒;所以,倾斜巷道内架棚必须有2°~4°的迎山角。
114. ×。巷道砌碹时,碹体与顶帮之间必须用不燃物充满填实,其作用一是阻止顶帮围岩的变形、破坏,二是使支架能均匀受力。
115. √。在独头巷道拆换支架时,必须保证通风安全并由外向里逐架进行,严禁人员进入维修地点以里。
116. ×。综采支架要垂直顶底板,歪斜要小于±5°。此题易错。
117. √。矿井通风系统完善性的安全检查中,发现以下情况之一时,应当停止矿井生产:① 无主要通风机,采用自然通风;② 用局部通风机或局部通风机群作为主要通风机使用;③ 无独立进、回风系统;④ 主要通风机无独立双回路供电,经常停电;⑤ 主要通风机无管理制度,经常停开。
118. √。为了消除岩尘和煤尘的危害,必须采取湿式钻眼、冲洗井壁巷帮、水炮泥、爆破喷雾、装岩(煤)洒水和净化风流等综合防尘措施。
119. ×。风筒末端到工作面的距离,必须在作业规程中明确规定,岩巷不大于10 m,煤巷不大于5 m,必须保证工作面有足够的风量。此题易错。
120. √。采掘工程平面图是反映开采煤层或开采分层内采掘工程现状及采掘计划和地质资料的综合性图纸,是煤矿生产建设中最基本最重要的图纸,主要用以指挥生产,及时掌握采掘进度,了解与邻近煤层的空间关系,进行采区设计,修改地质图纸,安排生产计划,进行"三量"计算等许多方面。

121. √。矿井通风系统是矿井通风方式、主要通风机的工作方法、通风网络和通风设施的总称。
122. ×。把支承条件改变而使巷道两侧载荷增加而形成的集中应力称为支承压力。
123. √。在矿山压力作用下,围岩或支护物呈现的各种力学现象,例如巷道冒顶、片帮、底鼓等现象,称之为矿山压力显现。通常所说的顶板管理,就是控制工作面矿山压力显现的方法。
124. √。顶板一般分为老顶、直接顶、伪顶,伪顶随采随落,直接顶承担上覆岩层的压力,为了避免直接顶离层,出现冒顶事故,直接顶的作用力必须由支架完全承担。
125. ×。随着工作面不断推进,基本顶(老顶)周而复始地发生断裂的现象,称为基本顶周期来压。
126. √。巷道变形、破坏的原因主要是受到顶压、侧压和底压的作用,其中主要受顶压的作用。只有在底板松软和顶压、侧压大的情况下,才会底鼓。① 顶压作用:掘进巷道后,暴露出来的顶板形成一个岩石梁,如巷道无支架支撑,裂隙和离层继续发展,最后顶板就会冒落;② 侧压作用:侧压是指两帮岩石或煤向巷道内挤压而产生的;③ 底压的作用:当巷道两侧煤帮或岩帮受到支承压力的作用时,高支承压力使巷道两帮和底板内部都产生一个侧压力,侧压力又可产生向上的底压,底压可使底板臌起,并产生离层、弯曲和破坏。
127. √。半煤岩巷在爆破掘进时,掏槽眼应尽可能布置在岩层中。
128. √。底板松软时,支柱直接架设,容易出现钻底现象,使支柱初撑力降低,达不到支撑效果,因此为了保障支柱有足够的初撑力,要给其穿柱鞋,增大和底板的接触面积。
129. √。煤矿实行安全检查的目的是为了认真贯彻党和国家的安全生产方针、政策和一系列的安全法律、法规,坚持"管理、装备、培训并重"原则,保证煤矿安全生产和职工安全健康。
130. √。不定期检查是煤矿安全检查的形式之一,是指不定时、不定点、不通知或临时通知的抽查。不定期检查一般由上级部门组织进行,带有突击性,可以看到安全生产的真实面貌,以便采取针对性措施,确保安全生产。
131. ×。煤矿所有从业人员包括特种作业人员都必须经过安全生产教育培训。
132. √。作业规程审批后,要组织全体员工学习贯彻,考试不及格者不准上岗作业。其目的是保证员工熟知作业规程,在工作中按照规程要求作业。
133. ×。倾斜煤层中的移架顺序应当坚持由下而上。
134. √。液压支架升柱同时调整平衡千斤顶,保持顶梁与顶板严密接触约 3~5 s,使支架达到规定初撑力。目的是使支架能有效地承担直接顶的压力。
135. ×。液压泵站泵体应安放平稳,部件完好无缺,密封良好,运行可靠,压力表准确可靠,误差不超过±0.1 MPa。此题易错。
136. √。液压支架的移架区内不准有人作业、停留或穿越,以防漏矸伤人。
137. √。根据《煤矿安全规程》第一百条规定,在同一采煤工作面中,不得使用不同类型和不同性能的支柱。
138. √。为掌握矿压的基本规律,做好顶板管理工作,杜绝顶板事故发生,采煤工作面必须开展支护质量和顶板动态监测。
139. ×。在断层带上往往岩石破碎,过断层时会有冒顶的威胁,有积存瓦斯的空间,有沟通地表水及地下含水层水的通道等。因此《煤矿安全规程》规定,采煤工作面遇顶底板松软或者破碎、过断层、过老空区、过煤柱或者冒顶区,以及托伪顶开采时,必须制定安全措施。

参 考 文 献

[1] 冯建国.煤矿安全检查作业[M].徐州:中国矿业大学出版社,2017.
[2] 王永湘.煤矿安全检查作业[M]北京:应急管理出版社,2019.
[3] 国家安全生产监督管理总局宣传教育中心.煤矿安全检查作业操作资格培训考核教材[M].徐州:中国矿业大学出版社,2017.
[4] 国家安全生产监督管理总局宣传教育中心.煤矿安全检查作业现场操作实训教材[M].北京:团结出版社,2013.
[5] 纪晓峰,谢耀社.《煤矿重大事故隐患判定标准》应用指南[M].北京:地质出版社,2021.
[6] 本书编委会.《煤矿安全规程》实施指南[M].北京:应急管理出版社,2022.
[7] 张晓军,穆三奴,宋明明.煤矿岗位作业流程标准化建设指南[M].北京:应急管理出版社,2022.
[9] 本书编写组.《煤矿安全生产标准化管理体系基本要求及评分方法(试行)》达标指南[M].北京:应急管理出版社,2020.
[10] 国家安全生产应急救援指挥中心.矿山事故应急救援典型案例及处置要点[M].北京:应急管理出版社,2018.